普通高等教育计算机系列规划教材

大学计算机应用基础和实训教程

（Windows 7+Office 2010）

杨玉蓓　王继鹏　主　编

方　洁　陈　希　副主编

電子工業出版社

Publishing House of Electronics Industry

北京 • BEIJING

内容简介

本书根据全国计算机等级考试大纲（2013 年版）的基本内容组织编写，以培养学生实际技能为目的，强调基本原理、基础知识、操作技能三者的有机结合。

本书的主要内容包括计算机基础知识、Windows 7 操作系统、文字处理软件 Word 2010、电子表格处理软件 Excel 2010、PowerPoint 2010 演示文稿及计算机网络基础，并通过项目实训的方式使读者掌握基本的计算机软硬件知识和常用的操作，提高计算机应用能力，为后续的专业学习和工作打下良好的基础。

本书不仅可作为高等院校各专业本科生通用计算机基础的教材，也适合参加全国计算机等级考试一级考试的学生使用，还可以作为广大计算机爱好者的自学参考书。

图书在版编目（CIP）数据

大学计算机应用基础和实训教程：Windows 7+Office 2010 / 杨玉蓓，王继鹏主编. —北京：电子工业出版社，2017.8

（普通高等教育计算机系列规划教材）

ISBN 978-7-121-31661-6

Ⅰ. ①大… Ⅱ. ①杨… ②王… Ⅲ. ①Windows 操作系统－高等学校－教材②办公自动化－应用软件－高等学校－教材 Ⅳ. ①TP316.7②TP317.1

中国版本图书馆 CIP 数据核字（2017）第 120290 号

策划编辑：徐建军（xujj@phei.com.cn）
责任编辑：徐建军　　特约编辑：方红琴　俞凌娣
印　　刷：涿州市京南印刷厂
装　　订：涿州市京南印刷厂
出版发行：电子工业出版社
　　　　　北京市海淀区万寿路 173 信箱　邮编 100036
开　　本：787×1 092　1/16　印张：24　字数：614.4 千字
版　　次：2017 年 8 月第 1 版
印　　次：2018 年 6 月第 2 次印刷
定　　价：55.00 元

凡所购买电子工业出版社图书有缺损问题，请向购买书店调换。若书店售缺，请与本社发行部联系，联系及邮购电话：（010）88254888，88258888。

质量投诉请发邮件至 zlts@phei.com.cn，盗版侵权举报请发邮件至 dbqq@phei.com.cn。

本书咨询联系方式：（010）88254570。

前言
Preface

随着社会信息化的发展，计算机已成为人们工作、学习和日常生活中不可或缺的工具，计算机的应用能力也成为衡量个人基本素质高低的重要标准之一。大学计算机基础教育的目标是满足社会对大学生计算机方面的基本要求，同时又为其在与本专业结合的计算机类课程上打下良好的基础。

“大学计算机应用基础”课程是大学计算机基础教育中的第一个环节。随着信息社会的不断发展，大学生不但要掌握计算机操作的基本技能，而且要具有熟练使用计算机处理复杂事务的能力。从大学计算机应用基础课程教学的现状来看，传统的教学方式仍然占据主体，但其教学效果已无法满足社会对大学生人才的需求。本书根据全国计算机等级考试大纲（2013 年版）的基本内容组织编写，主要介绍当前应用最普及最实用的计算机知识和应用方法。

本书分为基础知识篇和操作实训篇，从实用的角度出发介绍计算机的理论技术、使用方法与技巧，实现了理论学习向实践训练的转变。

基础知识篇系统地介绍了计算机科学各个领域的基础知识，旨在为大学新生提供计算机入门知识，使他们对计算机科学有一个整体认识。该篇包括计算机基础知识、Windows 7 操作系统、Office 2010 系列软件，以及计算机网络基础知识。

操作实训篇遵从“任务驱动、案例教学”的指导思想，根据理论篇介绍的每个知识单元，从易到难地安排了 2～4 个实验案例。每个案例均配以详细的操作步骤、文字描述与图片，从零开始详细讲解基本操作步骤，辅以大量截图，真正做到图文并茂、浅显易懂、实用性强。

本书由武汉工程大学邮电与信息工程学院的杨玉蓓、王继鹏担任主编，方洁、陈希担任副主编。其中基础知识篇中的第 1 章由王继鹏编写，第 2 章由陈希编写，第 3 章和第 4 章由杨玉蓓编写，第 5 章和第 6 章由方洁编写。操作实训篇中的第 7 章和第 8 章由王继鹏编写，第 9 章和第 10 章由杨玉蓓编写，第 11 章由陈希编写。全书由杨玉蓓负责统稿，由赵振华主审。本书在编写的过程中得到了各方面的大力支持，在此一并表示感谢。

为了方便教师教学，本书配有电子教学课件，请有此需要的教师登录华信教育资源网（www.hxedu.com.cn）注册后免费进行下载，有问题时可在网站留言板留言或与电子工业出版社联系（E-mail：hxedu@phei.com.cn）。

由于编者水平有限，加之时间仓促，书中难免有疏漏之处，敬请广大读者批评指正。

编　者

目录
Contents

第一篇　基础知识

第二篇　操作实训

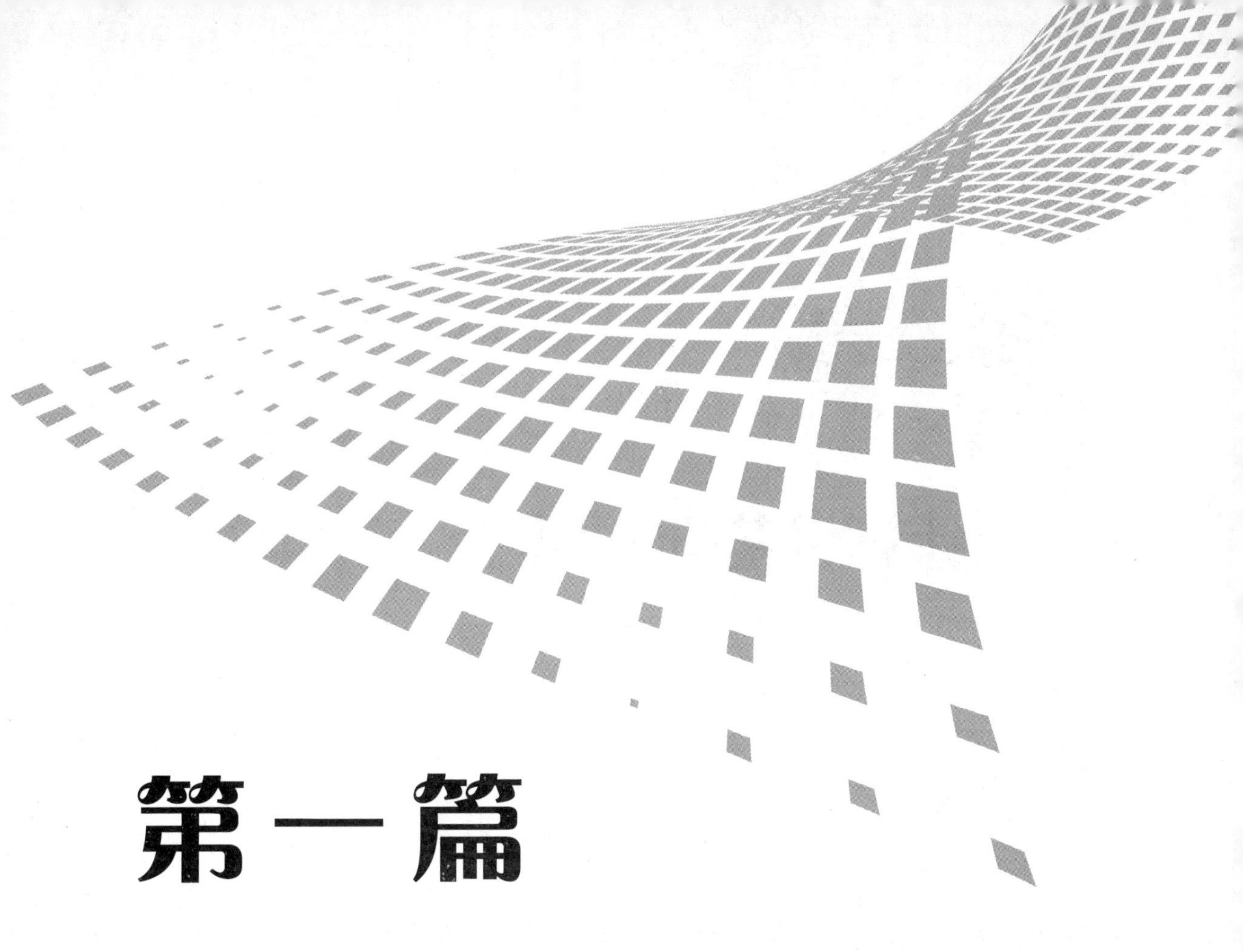

第一篇

基础知识

第 1 章 计算机基础知识

1.1 概述

计算机也叫电子数字计算机，它是一种能够按照事先存储的程序，自动、高速地进行大量数值计算和各种信息处理的现代化智能电子设备。计算机既可以进行数值计算，又可以进行逻辑计算，还具有存储记忆功能。

计算机是由硬件和软件组成的一个完整系统，两者是不可分割的。由于电子计算机能够模仿人脑的功能，如记忆、分析、推理、判断等，所以人们又把它称为“电脑”。

1.1.1 计算机的发展

英文中，Computer（计算机）这个单词出现于 1646 年，但是它的原意并不是计算机，而是指完成计算工作的人，直到 20 世纪 40 年代第一台现代电子计算机出现后，这个词才被赋予了现在的含义。

1. 计算机的发展简史

世界上公认的第一台通用电子数字计算机 ENIAC（Electronic Numerical Integrator and Calculator，电子数字积分器和计算器）如图 1-1 所示，它是美国宾夕法尼亚大学莫尔学院的物理学教授约翰•莫克利（John Mauchly，1907—1980）和研究生埃克特（J.Preper Eckert，1919—1995）等组成的科研小组建造的。1943 年 4 月，美国陆军阿伯丁弹道实验室与宾夕法尼亚大学莫尔学院签订合同，开始研制 ENIAC，1945 年年底宣告研制成功，并于 1946 年 2 月 15 日公之于世。ENIAC 当时的造价约 48 万美元，占地面积 170 平方米，约相当于 10 间普通房间的大小，重达 30 吨，耗电量 150kW/h。它使用了 18000 个电子管、70000 个电阻、10000 个电容、1500 个继电器、6000 多个开关、每秒可执行 5000 次加法或 400 次乘法，是继电器计算机的 1000 倍、手工计算的 20 万倍。虽然 ENIAC 体积庞大，耗电量多，运算速度和当前的计算机相比微不足道，而且不是存储程序计算机，但它作为第一台电子数字计算机，在整个计算机发展史上具有划时代的意义。

图 1-1　ENIAC 计算机

ENIAC 诞生后短短的几十年间，计算机功能越来越强，技术越来越完善。在推动计算机发展的各种因素中，电子元器件的更新起着决定性的作用，相继使用了电子管、晶体管、中小规模集成电路和大规模、超大规模集成电路作为计算机的基本元器件。每一次更新都使计算机的体积和耗电量大大减小，功能更强大而且价格更便宜，应用领域进一步拓宽。根据计算机硬件所采用的基本元器件，将计算机的发展过程分成以下四代：

第一代计算机（约 1946—1955 年）采用电子管作为基本元器件。用阴极射线管、汞延迟线、磁芯、磁鼓等作为主存储器，用穿孔卡片机作为数据和指令的输入设备，运算速度为几千次/秒至几万次/秒，程序设计使用机器语言或汇编语言。第一代计算机的特点是体积大、运算速度慢、能耗高、可靠性低。

第二代计算机（约 1956—1963 年）采用晶体管作为基本元器件。用铁氧体磁芯作为主存储器，用磁带、磁盘作为外部存储器，运算速度为几十万次/秒，在软件方面配置了子程序库和批处理管理程序，并且推出了 Ada、FORTRAN、COBOL、ALGOL 等高级程序设计语言及相应的编译程序。由于第二代计算机使用了晶体管，与第一代计算机相比，它的特点是体积小、运算速度快、能耗低、可靠性高。高级程序设计语言的广泛使用，将计算机从少数专业人员手中解放出来，使其成为广大科技人员都能够使用的工具，推进了计算机的普及与应用。

第三代计算机（约 1964—1971 年）采用中、小规模集成电路作为基本元器件。1958 年，第一个集成电路问世。所谓集成电路是指将大量的晶体管和电子线路组合在一块硅晶片上，故又称其为芯片。小规模集成电路每个芯片上的元器件数量为 100 个以下，中规模集成电路每个芯片上则可以集成 100～10000 个元器件。1965 年，DEC（Digital Equipment Corporation，数字设备公司）推出了第一台商业化的使用集成电路为主要元器件的小型计算机 PDP-8，从而开创了计算机发展史上的新纪元。第三代计算机采用半导体存储器作为主存储器，用磁带、磁芯、磁盘作为外存储器，使用微程序设计技术简化处理机的结构，在软件方面则广泛引入多道程序、并行处理、虚拟存储系统以及功能完备的操作系统，同时还提供了大量面向用户的应用程序。这一代计算机的特点是体积更小、运算速度更快、可靠性和存储容量进一步提高。

第四代计算机（1972 年至今）采用大规模或超大规模集成电路作为基本元器件，每块芯片上集成的元器件数量超过 10000 个。用大容量的半导体存储器作为内存储器；在体系结构方面进一步发展了并行处理、多机系统、分布式计算机系统和计算机网络系统；在软件方面发展了数据库系统、分布式操作系统、高效而可靠的高级语言以及软件工程标准化等，并逐渐形成软件产业部门。这一代计算机的特点是体积更小，运算速度超过几百万次/秒，存储容量和可靠性又有了很大提高，造价更低。

四代计算机的发展历程简史如表 1-1 所示。

表 1-1　四代计算机的发展历程简史

代　数	基本元器件	存　储　器	软　件	应　用
第一代 约 1946—1955 年	电子管	磁芯、磁鼓	机器语言、 汇编语言	科学计算
第二代 约 1956—1963 年	晶体管	磁芯、磁带、磁盘	汇编语言、 高级语言	数据处理，工业控制，科学计算
第三代 约 1964—1971 年	中小规模集成电路	半导体、磁芯、 磁盘、磁带	操作系统、 高级语言	系统模拟，系统设计，大型科学计算
第四代 1972 年至今	大规模与超大规模集成电路	半导体、 磁盘、光盘	数据库、操作系统、 网络软件	事务处理、智能模拟、大型科学计算，普遍应用于各领域

除了上面列出的四代计算机外，从 20 世纪 80 年代开始，日本、美国和欧洲纷纷开始了新一代计算机（第五代计算机）的研究。

新一代计算机与前四代计算机的本质区别是：计算机的主要功能将从信息处理上升为知识处理，使计算机具有人类的某些智能，所以又称为人工智能计算机。通常认为，第五代计算机具有以下几个方面的功能：

- 具有处理各种信息的能力。
- 具有学习、联想、推理和解释问题的能力。
- 具有人类的自然语言的能力。

2. 计算机的发展趋势

计算机作为计算、控制和管理的有力工具，极大地推动了科研、国防、工业、交通、电力、通信等各行各业的发展。目前，计算机的发展表现为 5 种趋向：巨型化、微型化、多媒体化、网络化和智能化。

（1）巨型化。

指发展高速、大存储容量和强功能的巨型计算机，这既是为了满足天文、气象、宇航、核反应等尖端科学以及基因工程、生物工程等新兴科学发展的需要，也是为了使计算机具有学习、推理、记忆等功能。巨型机的研制反映了一个国家科学技术的发展水平。

（2）微型化。

指利用微电子技术和超大规模集成电路技术，研制出体积小、重量轻、耗电少、可靠性高的微型计算机。如各种笔记本计算机、PDA（掌上计算机）等，都是在向微型化方向发展。

（3）多媒体化。指计算机不仅具有处理文本信息的能力，而且具有处理声音、图像、动画、影像（视频）等多种媒体的能力。正是由于多媒体计算机技术的发展，计算机与人的交互界面越来越友好，使人能以接近自然的方式与计算机交互。

（4）网络化。

指利用现代通信技术和计算机技术，把分布在不同地点的计算机互联起来，组成一个规模大、功能强的计算机网络。网络化的目的是使网络内众多的计算机系统共享相互的硬件、软件、数据等计算机资源。

（5）智能化。

使计算机能模拟人的感觉、行为、思维过程，从而使其具备“视觉”、“听觉”、“语言”、“行为”、“思维”、“逻辑推理”、“学习”、“证明”等能力。智能化使计算机突破了“计算”这一初级含义，从本质上扩充了计算机的能力，因此，也有人称智能计算机为新一代计算机。

1.1.2 计算机的分类

从不同角度来看，计算机有以下几种分类方式：

1. 根据计算机处理的数据类型划分

根据计算机处理的数据类型，可将计算机分为数字电子计算机和模拟电子计算机。

数字电子计算机所处理的数据是在时间和幅度上离散的、不连续变化的数字量，一般为由“0”和“1”两个数字构成的二进制数（“0”表示低电平，“1”表示高电平）。通常所说的电子计算机就是指数字电子计算机。

模拟电子计算机所处理的数据是在时间和幅度上连续变化的模拟量，即用连续变化的电压表示数据信息。

2. 根据计算机的用途划分

根据计算机的用途划分，可将计算机分为通用计算机和专用计算机。

通用计算机能解决多种类型的问题，通用性强，一般的数字电子计算机都属于通用计算机。专用计算机是为解决某个特定问题而专门设计的，它具有高效、快速和经济的特性。

3. 根据计算机的规模和处理能力划分

根据计算机的规模和处理能力划分，可将计算机分为5大类，即巨型机、大型机、小型机、工作站和微型计算机。

（1）巨型机。

巨型机（Super Computer）也称超级计算机。巨型计算机数据存储量很大、规模大、结构复杂、价格昂贵。它采用大规模并行处理的体系结构，CPU由数以万计的处理器组成（见图1-2），有极强的运算处理能力，运算速度达每秒1000万次以上，对国民经济、社会发展、国家安全，尤其是国防现代化建设起着极其重要的作用，在密码分析、核能工程、航空航天、基因研究、气象预报、石油勘探等领域有着广阔的应用前景。2016年6月20日，新一期全球超级计算机500强榜单公布，使用中国自主芯片制造的“神威·太湖之光”取代“天河二号”登上榜首，峰值性能3.168万亿次/秒，核心工作频率1.5GHz。

（2）大型机。

大型机（Main Frame）也称主干机。它指运算速度快、处理能力强、存储容量大、可扩充性好、通信联网功能完善、有丰富的系统软件和应用软件、规模较大的计算机，通常用于大型企事业单位，在信息系统中起着核心作用，承担主服务器功能。和巨型机相比，它运行速度和规模都不如巨型机，结构上也较为简单（见图1-3），而且价格便宜得多，因此使用更为普遍。

图 1-2　巨型计算机

（3）小型机。

小型机（Minicomputer）是运行原理上类似于微机，但性能及用途又与它们截然不同的一种高性能计算机（见图 1-4）。小型机比大型机的价格低，却拥有几乎相同的处理能力。现在生产小型机的厂商主要有 IBM 和 HP 及国内的浪潮、曙光等。小型机曾经对计算机的应用普及起了很大的推动作用，但后来受到微型机的严重挑战，市场大为缩水，现在主要作为小型服务器使用。

图 1-3　大型机　　　　图 1-4　小型机

（4）工作站。

工作站（Workstation）是指具有高速运算能力、大存储容量、较强的网络通信功能及很强的图像处理功能的计算机（见图 1-5）。它的专用性较强、兼容性较差，主要用于特殊的专业应用领域，如图像处理、计算机辅助设计等。

图 1-5　某品牌图形工作站

（5）微型计算机。

微型计算机（Microcomputer）也称微机或个人计算机（PC），它是大规模集成电路发展的产物。微型计算机体积小、功耗低、可靠性高、灵活性和适用性强，而且价格低、产量大，因此是当今使用最为广泛的计算机类型。微型计算机还分台式机和便携机两类（见图 1-6），后者如笔记本电脑、平板电脑，具有体积小、重量轻等特点，可以不使用交流电源，便于外出使用。

图 1-6　台式机、笔记本电脑和平板电脑

随着计算机技术和微电子技术的飞速发展，上述 5 类机型的划分界限已越来越不明显，并且有更多新的类型计算机不断出现。如嵌入式计算机，它是以应用为中心，软硬件可裁减的，适用于对功能、可靠性、成本、体积、功耗等综合性严格要求的应用系统的专用计算机系统。嵌入式计算机早已走进了人们的生活和生产中，如掌上 PDA、移动计算设备、电视机顶盒、手机上网、数字电视、汽车导航仪、家庭自动化系统、住宅安全系统、自动售货机、工业自动化仪表与医疗仪器等。图 1-7 列出了几种常见的嵌入式计算机设备。

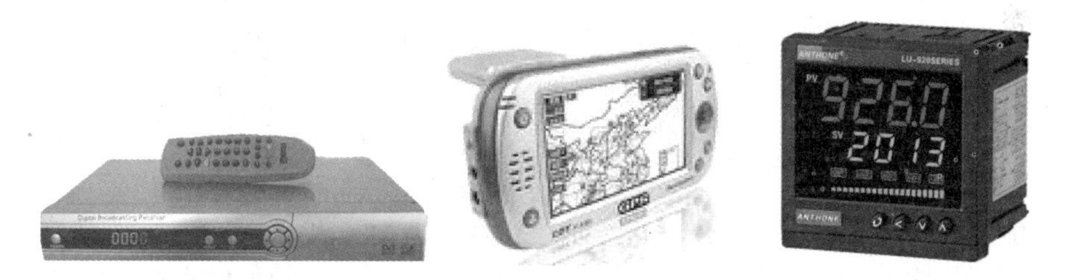

图 1-7　数字电视机顶盒、汽车导航仪、自动化仪表

1.1.3　计算机的应用

自电子计算机问世以来，计算机技术以惊人的速度发展，并广泛深入到科学技术、国民经济、社会生活的各个领域，对人类社会的发展产生巨大而深远的影响。目前计算机主要应用在以下几个方面。

1．科学计算

科学计算又称数值计算。在近代科学和工程技术中常常会遇到大量复杂的科学问题，因此科学研究、工程技术的计算是计算机应用的一个基本方面，也是计算机最早的应用领域。

科学计算的特点是计算公式复杂，计算量大和数值变化范围大，原始数据相应较少。这类问题只有具有高速运算和信息存储能力，以及高精度的计算机系统才能完成。例如，数学、物理、化学、天文学、地理学、生物学等基础科学的研究，以及航天飞船、飞机设计、船舶设计、建筑设计、水力发电、天气预报、地质探矿等方面的大量计算都可以使用计算机来完成。

2. 数据处理

数据处理又称信息处理。据统计，世界上80%以上的计算机主要用于数据处理。数据处理是对数值、文字、图表等信息数据及时地加以记录、整理、检索、分类、统计、综合和传递，得出人们所要求的有关信息。它是目前计算机最广泛的应用领域。

数据处理的特点是原始数据多，时间性强，计算公式相应比较简单。如财贸、交通运输、石油勘探、电报电话、医疗卫生等方面的计划统计、财务管理、物资管理、人事管理、行政管理、项目管理、购销管理、情况分析、市场预测等工作。目前，在数据处理方面已进一步形成事务处理系统（TPS）、办公自动化系统（OAS）、电子数据交换系统（EDI）、管理信息系统（MIS）、决策支持系统（DSS）等应用系统，使人们从大量繁杂的数据统计与管理事务中解脱出来，极大地降低了劳动强度，提高了工作效率与工作质量。

3. 实时控制

实时控制又称为过程控制。过程控制是指利用计算机进行生产过程、实时过程的控制，它要求极快的反应速度和很高的可靠性，以提高产量和质量，节约原料消耗，降低成本，达到过程的最优控制。

过程控制的特点是要求实时性强，即计算机做出反应的时间必须与被控过程的实际时间相适应。因此计算机广泛应用于石油化工、水电、冶金、机械加工、交通运输及其他国民经济部门中生产过程的控制以及导弹、火箭和航天飞船等的自动控制。

4. 计算机辅助设计和制造

计算机辅助设计是指用计算机帮助工程技术人员进行设计工作，使设计工作半自动化甚至全自动化，不仅大大缩短设计周期、降低生产成本、节省人力物力，而且还能保证产品质量。

目前，计算机辅助系统已被广泛应用在大规模集成电路、计算机、建筑、船舶、飞机、机床、机械，甚至服装的设计上。如计算机辅助设计（CAD）、计算机辅助制造（CAM）、计算机集成制造系统（CIMS）、计算机辅助测试（CAT）、计算机辅助教学（CAI）等。

5. 人工智能

人工智能（Artificial Intelligence，AI）是使计算机能模拟人类的感知、推理、学习和理解等某些智能行为，实现自然语言理解与生成、定理机器证明、自动程序设计、自动翻译、图像识别、声音识别、疾病诊断，并能用于各种专家系统和机器人构造等。人工智能在机器人研究方面取得较为显著的成就，如机器人的视觉、触觉、嗅觉、声音识别技术。在手写字的识别技术、智能决策系统、专家系统等方面的应用已经比较广泛。

6. 多媒体技术

多媒体技术使计算机将文字、音频、图形、动画和视频图像等多种技术集于一身，并采用了图形界面、窗口操作、触摸屏等技术，使计算机兼具了电视机、录像机、录音机和游戏机的功能。随着微电子、计算机、通信和数字化声像技术的飞速发展，多媒体计算机技术迅速崛起，极大地改善了人机界面，也改变了计算机的使用方式，给人类的工作、生活和娱乐带来极大的变化。

7. 网络通信

网络通信是利用通信设备和线路将地理位置不同的、功能独立的多个计算机系统连接起来形成一个计算机网络。利用计算机网络，可以使一个地区、一个国家，甚至在世界范围内计算机与计算机之间实现软件、硬件和信息资源共享，这样可以大大促进地区间、国际间的通信与各种数据的传递与处理，同时也改变了人们的时空概念。计算机网络的应用已渗透到社会生活的各个方面。

Internet 是一个典型的国际性广域网，它的应用非常广泛，包括网页浏览、资料查询、电子邮件、及时消息、视频会议、远程使用计算机、文件传输等。

8. 仿真

仿真是对设想的或实际的系统建立模型，并对模型进行实验及观察它的行为的一个过程。仿真用于了解一个系统的行为，或评估不同参数、运行策略的效果，是解决设计问题的一个有效手段。

例如，设计一座大桥，用计算机建立起大桥模型后，通过计算机仿真，可以模拟不同车流情况下大桥的承受情况，观察大桥受到重压和震动时开裂的情况，甚至是经受战争攻击和自然灾害的能力等。这样为设计人员提供了很多有价值的参数，同时可以节省一笔实验测试的费用。

1.2　计算机系统

1.2.1　计算机系统的组成

一个完整的计算机系统由硬件系统和软件系统两部分组成（见图 1-8），二者协调工作，缺一不可。

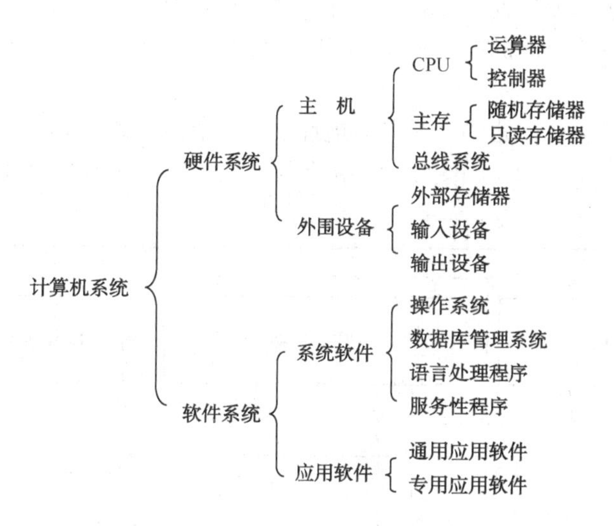

图 1-8　计算机系统的组成

硬件是计算机中各种看得见、摸得着的物质实体，是计算机系统的“物质基础”。

软件是为运行、维护、管理及应用计算机所编制的所有程序及文档资料的总和，是计算机系统的“灵魂”。

随着计算机技术的发展，计算机应用逐渐渗透到科学研究、生产、生活各个领域，计算机似乎无所不能，而它的神奇是依赖于不断发展的硬件技术，更来源于各式各样的软件。没有安装软件的计算机称为“裸机”，它几乎不能做任何工作；而如果没有硬件基础的支持，软件也根本毫无用处。可见，计算机硬件系统与计算机软件系统是相互依存、相互促进的关系，它们协调工作以实现计算机系统的各种功能。

1.2.2 计算机的硬件系统

1. 计算机的工作原理

当前，几乎所有的电子计算机结构都基于冯·诺伊曼结构（以美籍匈牙利科学家 John von Neumann 的名字命名），这个结构有以下 3 个主要特征。

（1）计算机硬件由运算器、控制器、存储器、输入设备和输出设备构成，如图 1-9 所示。

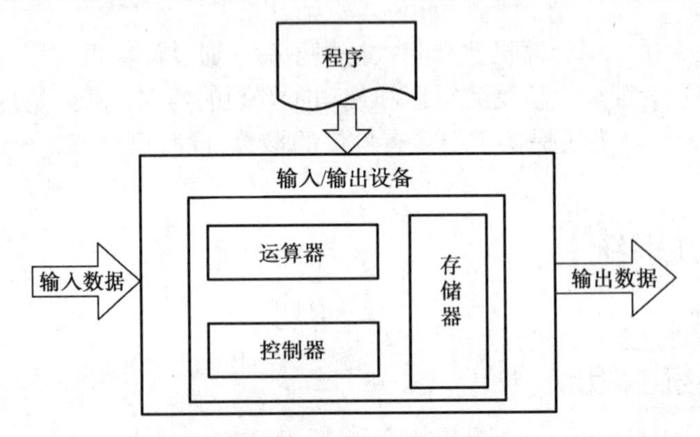

图 1-9 冯·诺伊曼结构

程序和数据通过输入设备进入计算机，并存储在计算机的存储器（内存储器）中。

存储器是计算机中的存储机构，输入的程序、数据、运算的中间结果以及将要输出的结果等都存放在存储器中。

控制器根据程序指令在存储器中的存放地址，从存储器中取出指令，对该指令进行分析，并通过向其他部件发控制信号（如图 1-10 中的虚线所示）控制指令的执行。当前一条指令执行之后从存储器中取下一条指令。

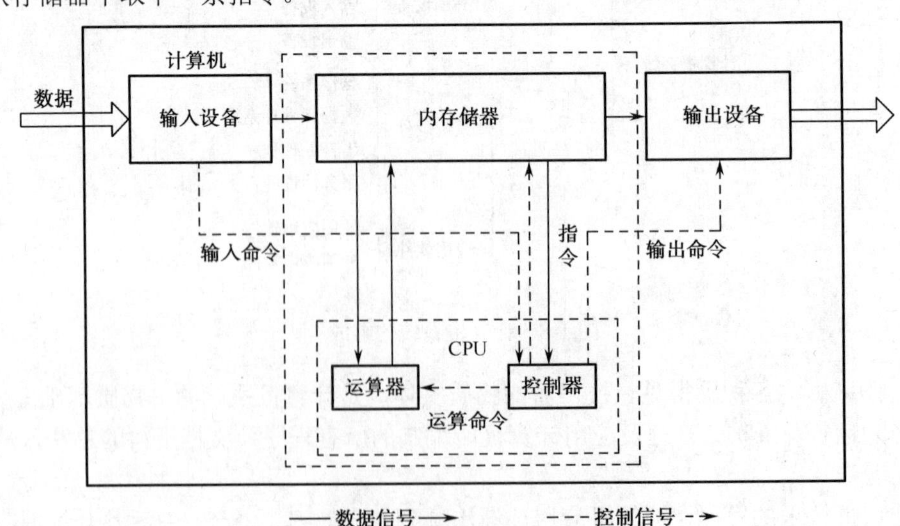

图 1-10 计算机基本工作原理图

运算器的主要功能是实现算术运算或逻辑运算（例如，对一列数据求和是算术运算，比较数据的大小并排序为逻辑运算）。参与运算的操作数来源于内存储器（也可能直接来自输入设备），运算的结果会放回内存储器（或者直接输出到输出设备）。

输出设备将计算机的处理结果送到计算机外部，如输出到显示器或打印机上。

（2）计算机采取“存储程序”的工作方式。

所谓存储程序原理，简单地说，就是程序存储在计算机内部，计算机能在程序控制下自动执行。存储程序原理是所有现代电子计算机的基础，也是冯•诺伊曼模型的核心，按此原理设计的计算机称为存储程序计算机。

计算机采取存储程序工作方式意味着人们要事先编制好程序。当须要运行某个程序时，程序和数据装入计算机的主存储器中，计算机将自动地、连续地从存储器中取出指令、分析指令并执行指令，而无须人工干预。

（3）采用二进制。

计算机中，程序和数据一起存放在计算机内存中，这就要求它们必须采用统一的格式进行存储。在电子电路中，电压的高低、开关的闭合和断开等都可以用两种状态来表示，为了便于描述，人们使用 0、1 这两个符号来表示上面所有的两种状态。二进制运算的传输可靠性高，技术上容易实现，运算规则相对于其他进制而言更加简单。在计算机中，指令和各种形式的数据都是以二进制的形式存储、处理的。

2. 计算机的硬件组成

根据冯•诺伊曼体系结构，计算机硬件包含五大部件，下面分别进行介绍。

（1）运算器和控制器。

运算器又称算术逻辑部件（Arithmetical Logic Unit，ALU），是执行算术运算和逻辑运算的功能部件。算术、逻辑运算包括加、减、乘、除四则运算，与、或、非等逻辑运算以及数据的传送、移位等操作。

控制器（Controller）是整个计算机系统的控制中心，它指挥计算机各部分协调地工作，保证计算机按照预先规定的目标和步骤有条不紊地进行操作及处理。控制器从内存中逐条取出指令，分析每条指令规定的是什么操作（操作码），以及进行该操作的数据在存储器中的位置（地址码）。然后，根据分析结果，向计算机其他部分发出控制信号。控制过程为：根据地址码从存储器中取出数据，对这些数据进行操作码规定的操作。根据操作的结果，运算器及其他部件要向控制器反馈信息，以便控制器决定下一步的工作。

将运算器和控制器封装在一起，就是中央处理器（Central Processing Uint，CPU）。中央处理器是计算机的核心部件，是整个计算机的控制指挥中心。如图 1-11 所示为各种 CPU。

（2）存储器。

存储器（Memory）的主要功能是用来存储程序和各种数据信息，并能在计算机运行中高速自动完成指令和数据的存取。

存储器按其在计算机中的作用可分为内存储器（Internal Memory，内存、主存）、辅助存储器（Auxiliary Memory、Secondary Memory，辅存、外存）和高速缓冲存储器（Cache，快存）。

① 内存储器。

内存储器，简称主存，作用是存放 CPU 正在运行和将要运行的程序和数据。主存根据存取方式不同又分为两类：随机存储器（Random Access Memory，RAM）和只读存储器（Read Only Memory，ROM）。这两种存储器都采用半导体材料制成。

（a）4004 CPU （b）386 CPU （c）486 CPU （d）Pentium pro

（e）AMD Opteron （f）Core i7 （g）龙芯 3 号

图 1-11 各种 CPU

RAM 是一种可读/写的存储器，存储器中的每个单元的数据可以随时读出、写入或修改；计算机断电后，RAM 中的内容随之丢失。RAM 通常用于存放用户输入的程序和数据。我们常说的计算机的内存条（见图 1-12）就属于 RAM。

ROM 是一种只读性的存储器，其中的信息只可读出而不能写入；计算机断电后，ROM 中的内容保持不变。ROM 通常用于存放固定不变的程序和数据。一般固化在 ROM 中的是机器的自检程序、初始化程序、基本输入/输出设备的驱动程序等。如基本输入/输出系统（BIOS）就保存在 ROM 中，每次启动计算机时，由 BIOS 引导系统启动。

随着 CPU 主频的提升，主存的存取速度成为提升计算机系统性能的一个“瓶颈”。若 CPU 工作速度较高，但内存存取速度较低，则会造成 CPU 需要长时间等待，显然不利于计算机总体性能的发挥。要解决这个问题，可以使用新型或更快的主存储器；或者在 CPU 和主存间插入一个容量较小，而速度较快的存储器——Cache。目前常用的方法是后者，它能保证在不增加成本的前提下，提高存储系统的速度。

② Cache。

Cache 是一种高速的随机存储器，它的速度介于主存和 CPU 之间，用来缓和主存和 CPU 之间的速度差异，其容量比主存小得多。在计算机硬件系统中，Cache 位于 CPU 与主存之间，如图 1-13 所示。

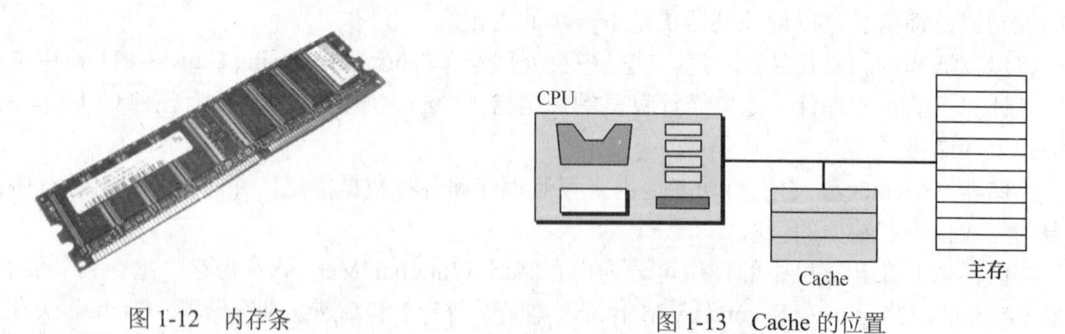

图 1-12 内存条

图 1-13 Cache 的位置

③ 外存储器。

外部存储器又称辅助存储器，它是内存的扩充。外存的存储容量大、价格低，但存储速度较慢，一般用来存放大量暂时不用的程序、数据和中间结果。常用的辅助存储器有软盘、硬盘、移动硬盘、光盘、U 盘等。

根据各种外存储器构成和工作原理不同，可以分为以下 3 类：

- 磁存储设备（Magnetic Storage Devices）。

磁存储设备采用磁性材料来存储和保存信息，存储的信息断电后能够保存，并且一般不会由于外界干扰而丢失，也不会因长时间保存而衰亡，比较常见的磁存储设备有软盘、硬盘、移动硬盘、磁带等。计算机中的绝大部分程序和数据（如操作系统、应用程序、用户数据等）都以文件形式保存在硬盘上，当需要时调入内存。硬盘（见图 1-14）是计算机系统不可缺少的存储设备之一。

图 1-14　硬盘

- 光存储设备（Optical Storage Devices）。

光存储设备是由光盘驱动器和光盘片组成的光盘驱动系统，通过光学的方法读/写数据。根据读/写功能的不同，可将用于计算机系统的 CD 光盘分为 3 种：只读型光盘、一次性写入光盘和可擦写型光盘。DVD 光盘与 CD 光盘的直径、厚度相同，但是存储密度要远远高于 CD 光盘。与 CD 光盘类似，DVD 光盘根据读/写功能的不同也分为 3 种：DVD-ROM、DVD-R 和 DVD-RW。DVD 光盘信息的读取必须通过 DVD 驱动器进行。随着 DVD 驱动器价格的降低，目前 DVD 光盘正逐渐取代 CD 光盘。光盘必须通过机电装置才能存取信息，这些机电装置称为"驱动器"，简称光驱。光盘和光驱如图 1-15 所示。

图 1-15　光盘和光驱

- 固态存储器（Solid-state Storage）。

固态存储器（又称闪存，Flash Memory）是新一代存储器，采用 Flash Memory 为存储介质，通过 USB（通用串行总线）接口与主机相连，即插即用，断电后存储的数据不会丢失。

（3）输入设备。

输入设备可以帮助使用者将外部信息（如文字、数字、声音、图像、程序、指令等）转变为数据输入到计算机中，以便加工、处理。输入设备是人们和计算机系统之间进行信息交换的主要装置之一。键盘、鼠标、扫描仪、光笔、手写输入板、游戏杆、语音输入装置等都属于输入设备，如图 1-16 所示。

（4）输出设备。

输出设备的作用是把计算机对信息加工的结果返回给用户，所以，输出设备是计算机实用价值的生动体现。输出设备分为显示输出、打印输出、绘图输出、影像输出及语音输出 5 大类。

键盘、鼠标、扫描仪、打印机、显示器、音箱等都属于输出设备，如图 1-17 所示。

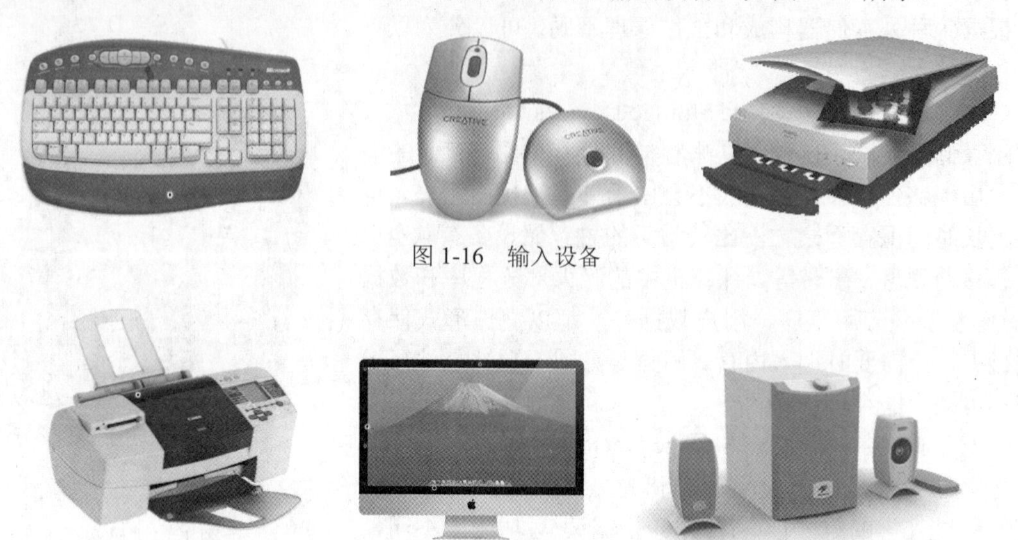

图 1-16　输入设备

图 1-17　输出设备

3. 微型计算机的硬件配置

微型计算机的硬件系统由主机箱和外部设备两大部分组成。图 1-18 是从外部看到的典型的微型计算机系统的组成。

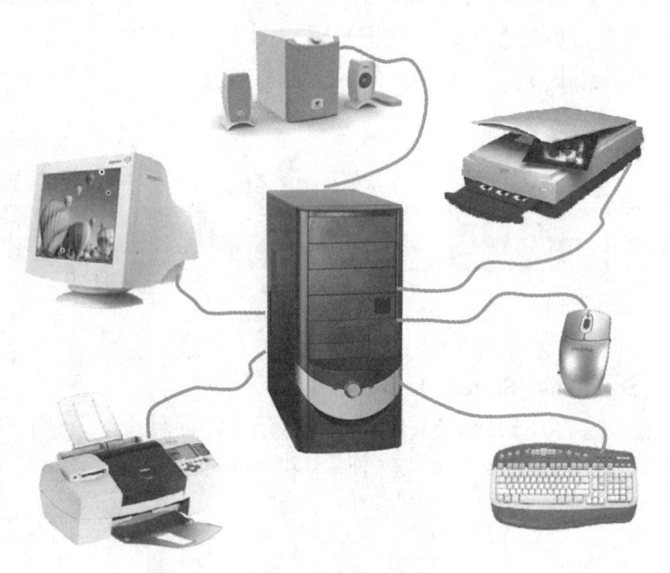

图 1-18　微型计算机硬件系统的组成

（1）主机箱。

主机箱包含外部的机箱和内部的各种部件，注意不要将主机箱和前面介绍的“主机”混淆了。主机箱内主要装有电源、主板、各种驱动卡（又称适配器）、各种驱动器等。图 1-19 是从主机箱内部看到的微型计算机的各个部件。

① 电源。

电源的作用是将供电线路送来的 220V 交流电压变成微型计算机所需要的±5V、±12V 的直流电压。5V 电压用于微型计算机电路工作，12V 电压用于驱动磁盘驱动器工作。

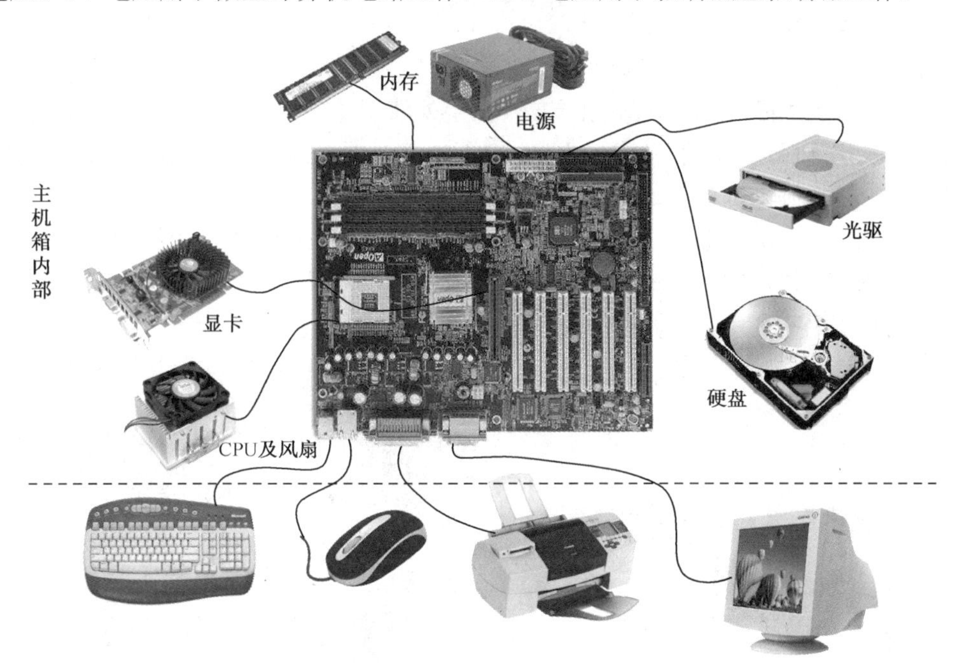

图 1-19　微型计算机主机箱的内部结构

② 主板。

主板（Mother Board）是计算机系统中最大的一块电路板，主板上布满各种电子元件、插槽、接口等。这些器件各司其职，并将所有周边设备紧密地联系在一起。如果把 CPU 比作人的心脏，那么主板可比作血管和神经。有了主板，CPU 才可以控制硬盘、光驱、鼠标、键盘等设备。

主板上有 CPU、只读存储器 ROM、系统内存（RAM）、PCI 扩充插槽（目前大部分显卡、网卡、声卡、内置 MODEM 都采用了 PCI 总线接口）、AGP 扩充插槽、I/O 接口（如 COM1 或 PS/2 通常连接鼠标、COM2 通常连接外置 MODEM、LPT1 通常连接打印机）。

③ 总线。

总线（Bus）是计算机各种功能部件之间传送信息的公共通信干线，它是由导线组成的传输线束。按照所传输的信息种类，微型计算机的总线可以划分为数据总线（DataBus）、地址总线（AddressBus）和控制总线（ControlBus），分别用来传输数据、数据地址和控制信号，如图 1-20 所示。

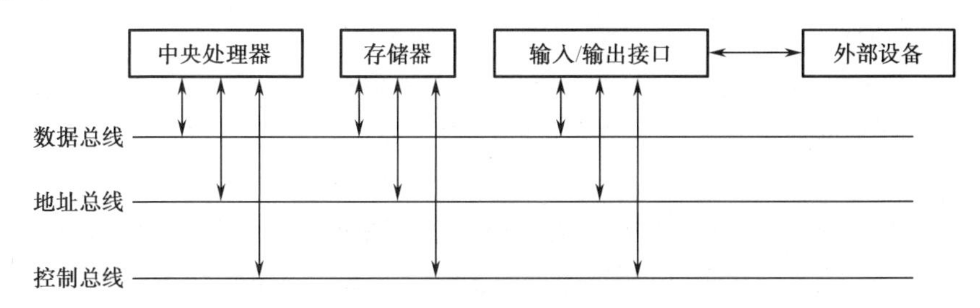

图 1-20　微型计算机的 3 种总线

总线是一种内部结构，它是 CPU、内存、输入设备、输出设备之间传递信息的公用通道，微型计算机的各个部件与总线相连接，外部设备通过相应的接口电路也与总线相连接，从而形成了计算机硬件系统。

④ 驱动卡。

驱动卡，又称为适配器、输入/输出接口，它是外部设备与 CPU 连接的纽带。CPU 将外设要执行的命令发送给驱动卡，驱动卡负责将 CPU 的命令进行解释，并转换成外部设备所能识别的控制信号，来控制外部设备的机电装置进行工作。

驱动卡通过主板上的扩展槽与 CPU 连接，以接收 CPU 的控制命令，外部设备通过外接电缆与驱动卡连接。主板上的扩展槽一般有 4～8 个，上面可以接插显卡、声卡、防病毒卡、网卡、视频卡等各种驱动卡。

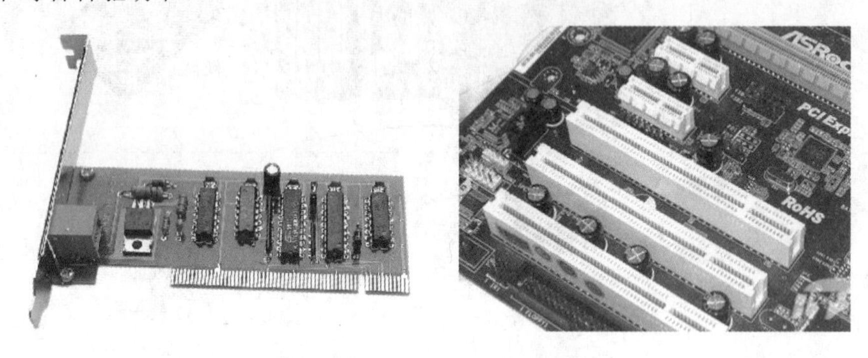

图 1-21　驱动卡和主板扩展槽

⑤ 驱动器。

常用的驱动器有软盘驱动器（软驱）、硬盘驱动器（硬盘）和光盘驱动器（光驱）。软盘驱动器和光盘驱动器的作用是读取放入驱动器内的软盘或光盘，供计算机处理。而硬盘和硬盘驱动器是一体的，计算机可以随时读取。

（2）外部设备。

这里的外部设备指的是微型计算机的输入设备和输出设备。各种外部设备都是通过主板上扩展槽中的驱动卡连接的，因此硬盘驱动器虽然位于主机箱内部，但却属于外部设备。

1.2.3　计算机的软件系统

现在大家所使用的计算机实际上是在硬件系统上安装了软件系统的计算机。在计算机的硬件确定以后，计算机功能的强弱、计算机工作效率的高低和方便用户使用计算机的程度等就要由软件来实现。

1. 软件及其功能

软件是指计算机运行需要的程序、数据和有关文档资料的集合。程序是为解决某一个问题而设计的一连串指令的符号表示，它是软件的主体，一般保存在软盘、硬盘或光盘上。文档资料是在软件开发过程中建立的技术资料，为软件的使用和维护提供依据。随软件产品发布的文档资料主要是使用手册。使用手册中包括该软件产品的功能介绍、软件运行环境的要求、软件的安装方法、操作说明和错误信息说明等。软件的运行环境是指运行该软件所需要的硬件和软件的配置。

作为用户与计算机硬件之间的桥梁，软件的主要功能如下：

（1）实现对计算机硬件资源的控制与管理，协调计算机各组成部分的工作。

（2）在硬件提供的基本功能的基础上，扩展计算机的功能。

（3）向用户提供方便灵活的计算机操作界面。

（4）为专业人员提供开发计算机软件的工具和环境等。

按照其功能划分，软件通常分为系统软件和应用软件两大类。

在计算机硬件系统（裸机）上，首先需要加载操作系统，其他软件都加载在操作系统上，在它的管理下运行。如图1-22所示。

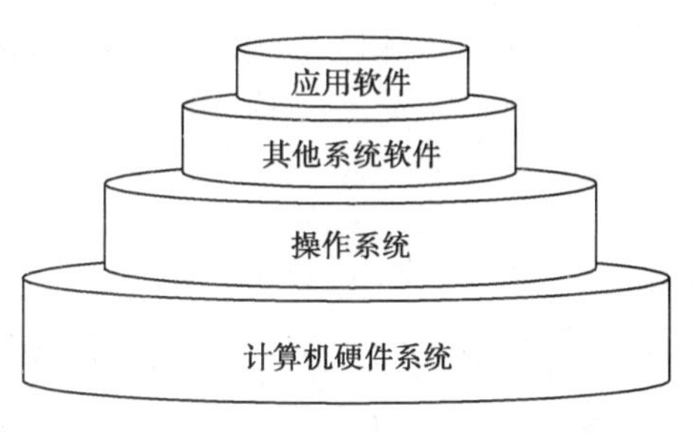

图1-22　计算机软件系统层次示意图

2. 系统软件

系统软件是指管理、控制和维护计算机硬件和软件资源的软件，它介于硬件和应用软件之间，一般是由计算机生产厂家或软件公司提供的使用和管理计算机的通用软件。系统软件包括操作系统、语言处理程序、数据库管理软件、常用服务程序等。

（1）操作系统。

操作系统（Operating System，OS）是系统软件的核心。它直接运行在裸机之上，负责管理计算机系统的全部软件资源和硬件资源。

① 操作系统的功能。

操作系统通常具有处理机管理、存储器管理、设备管理、文件管理和操作系统与用户之间的接口五大功能。

- 处理机管理主要解决CPU的分配策略，即实施方法及资源的回收等问题。
- 存储器管理主要是指对内存储器的管理，特别是指对内存储器中用户区域的管理，包括存储分配、存储共享、存储扩充、存储保护和地址映射等功能。
- 设备管理是指操作系统对外部设备（外部存储器和输入/输出设备）进行全面的管理，实现对设备的分配，启动指定的设备进行实际的输入/输出操作，并在操作完成后进行善后处理。
- 文件管理指对计算机的软件资源进行管理，实现文件的存储和检索，为用户提供方便灵活的文件操作以及实现文件共享，并提供安全、保密等措施。
- 操作系统与用户之间的接口使用户和程序员更方便地取得操作系统的服务。

② 操作系统的分类。

按照功能的不同，操作系统大致可分为7类：单用户操作系统、多用户操作系统、批处理操作系统、分时操作系统、实时操作系统、网络操作系统和分布式操作系统。

单用户操作系统是微型计算机中广泛使用的操作系统，它又分单任务和多任务两类。例如，DOS操作系统属于单用户单任务操作系统，早期版本的Windows属于单用户多任务操作系统。

与单用户操作系统相反，多用户操作系统同时面向多个用户，使系统资源为多个用户所共享，UNIX操作系统就是多用户操作系统。

批处理操作系统是以作业为处理对象，连续处理在计算机系统内运行的作业流，这类操作系统的特点是作业的运行完全由系统自动控制，系统的吞吐量大，资源的利用率高。

分时操作系统使多个用户同时在各自的终端上联机使用同一台计算机，CPU 按优先级给各个终端分配时间，轮流为各个终端服务。分时操作系统侧重于及时性和交互性，使用户的请求尽量在较短的时间内得到响应。由于计算机具有高速运算能力，故每个用户都感觉自己独占这台计算机。常用的分时操作系统有 UNIX、XENIX 和 Linux 等。

实时操作系统可以对随机发生的外部事件在限定的时间内做出响应，进而对该事件进行处理。外部事件一般指与计算机系统相联系的设备的服务要求或数据采集。实时操作系统在工业生产的过程控制和事务数据处理中得到广泛应用。常用的实时操作系统有 RDOS。

为计算机网络配置的操作系统称为网络操作系统，它负责网络管理、网络通信、资源共享和系统安全等工作。常用的网络操作系统有 Novell 公司的 Netware、Microsoft 公司的 Windows 2000 Server/Advanced Server 及 Windows NT 等。

分布式操作系统是用于分布式计算机系统的操作系统。分布式计算机系统由多个并行的处理机组成，分布式操作系统可为其提供高度的并行性及有效的同步算法和通信机制，自动实行全系统范围的任务分配并自动调节各处理机的工作负载。如 MDS、CDCS 操作系统等。

③ 典型的操作系统。

计算机的操作系统种类很多，常见的有 DOS、Windows、UNIX、Linux、MacOS 等。

• DOS 操作系统

DOS 是英文 Disk Operating System 的缩写，意思是“磁盘操作系统”，是一种字符界面的操作系统。通过一些接近于自然语言的 DOS 命令，可以完成大多数的日常操作。另外，DOS 系统还能有效地管理各种软硬件资源。

• Windows 操作系统

Windows 是目前微机中使用最广泛的操作系统，也叫视窗操作系统，采用图形用户界面（Graphic User Interface，GUI），使用户可以直观、方便地管理计算机的各种资源。从微软 1985 年推出 Windows 1.0 以来，Windows 系统从最初运行在 DOS 下的 Windows 3.x，到现在风靡全球的 Windows XP、Windows 7、Windows 8、Windows 10，Windows 成为了微机中最受用户欢迎的操作系统之一。

• UNIX 操作系统

UNIX 操作系统是一个通用的、多用户、交互式的分时操作系统，可以安装在不同的计算机系统上。UNIX 的特点是具有开放性，用户可以方便地向 UNIX 系统中逐步添加新的功能与工具，这样可使 UNIX 系统功能越来越完善。同时，UNIX 还具有强大的网络通信与网络服务功能，因此它也是很多分布式系统中服务器上广泛使用的一种网络操作系统。

• Linux 操作系统

Linux 是一种自由和开放源码的类 UNIX 操作系统，它可以安装在各种计算机硬件设备中，如手机、平板电脑、台式计算机、大型机等。目前存在着许多不同版本的 Linux，但它们都使用了 Linux 内核。

Linux 操作系统具有如下特点：它是一个免费软件，用户可以自由安装并自由修改源代码；Linux 操作系统与 UNIX 操作系统兼容；支持几乎所有的硬件平台。

• Mac OS

Mac 系统是苹果机专用系统，是基于 UNIX 内核的图形化操作系统，增强了系统的稳定性、性能以及响应能力。它提供无与伦比的 2D、3D 和多媒体图形性能以及广泛的字体支持和集成的 PDA 功能。Mac 系统由苹果公司自行开发，一般情况下在其他计算机上无法安装。

（2）语言处理系统。

计算机语言是人和计算机交换信息的一种工具，它不是自然语言，而是人们根据描述问题的需要设计出来的。用计算机解决实际问题时，人们首先必须将解决该问题的方法和步骤按一定规则用计算机语言描述出来，形成计算机程序，之后将计算机程序输入到计算机内，计算机就可以按照人们事先设定的步骤自动地执行了。随着计算机技术的发展，计算机语言经历了由低级向高级发展的历程，不同风格的语言不断出现，逐步形成了计算机语言的体系。

① 计算机语言的分类。

按照计算机语言接近人类自然语言的程度，可将计算机语言分为3类：机器语言、汇编语言和高级语言。

• 机器语言

机器语言是直接用计算机指令作为语句与计算机交换信息的语言。计算机指令是一串由"0"和"1"组成的二进制代码，指令的格式和含义是设计者规定的，它能被计算机硬件直接理解和执行。机器语言与计算机硬件的逻辑电路有关，不同类型的计算机，指令的编码不同，拥有的指令条数也不同。

用机器语言编写的程序，计算机能识别，可直接运行。但由于机器语言很难记忆，编写程序很困难，编程效率低且容易发生差错，而且它与硬件有关，程序的可移植性差。

• 汇编语言

汇编语言是一种与计算机机器语言很接近的符号语言，它采用有意义的符号来代替二进制的计算机指令，这些符号称为助记符，如用add表示加法，用sub表示减法，以方便人们编写程序。但是，汇编语言依赖于特定计算机的指令集，与计算机硬件有关，程序的可移植性差，因此汇编语言与机器语言一样，也是一种低级语言。

由于计算机只能识别用机器语言编写的程序，而不能直接执行用汇编语言编写的程序，所以必须将汇编语言程序翻译成机器语言程序才能被计算机执行。翻译工作一般由计算机完成，用来翻译汇编语言程序的翻译程序称为汇编程序。用汇编语言编写的程序称为汇编语言源程序，经汇编程序翻译后得到的机器语言程序称为目标程序。

• 高级语言

由于机器语言和汇编语言与计算机硬件直接相关，用这两种语言编写的程序可移植性差，用它们编程也很困难。因此人们创造出与计算机指令无关，表达方式更接近于被描述的问题，更易于被人们掌握和书写的语言，这就是高级程序设计语言，简称高级语言。

② 常用的高级语言。

BASIC：该语言是一种简单易学的计算机高级语言。尤其是Visual Basic语言，具有很强的可视化设计功能，给用户在Windows环境下开发软件带来了方便，是重要的多媒体编程工具语言。

FORTRAN：它是科学和工程计算领域中的传统编程语言。它首先引入了变量、表达式语句、子程序等概念，成为以后出现的其他高级程序设计语言的重要基础，且至今在科学计算领域充满着生命力。

COBOL：它是通用的面向商业语言，主要用于进行数据处理，应用于商业和管理方面，其特点是语法结构与英语类似。

C：该语言具有灵活的数据结构和控制结构，表达力强，可移植性好。用C语言编写的程序兼有高级语言和低级语言两者的优点，表达清楚且效率高。C语言主要用于系统软件的编写，也适用于科学计算等应用软件的编制。

PASCAL：这是一种描述算法的结构化程序设计语言，适用于教学、科学计算、数据处理和系统软件的开发。

SQL：SQL 即结构化的查询语言，它是一种关系数据库的标准语言，主要用于对数据库中的数据进行查询和其他相关操作。上面提到的几种语言，解决问题时必须详细地描述问题的解法和处理过程。然而用 SQL 语言解决问题，只需要提出需要完成的工作目标就行了。因此前面几种语言称为“过程语言”，而 SQL 语言称为“目标语言”。

C++：该语言是在 C 语言基础上发展起来的。C++保留了结构化语言 C 的特征，同时融合了面向对象的能力，是一种有广泛发展前景的语言。

Java：该语言是近几年比较流行的高级语言。它是一种面向对象的编程语言，简单、安全、可移植性强。适用于网络环境的编程，多用于交互式多媒体应用。

LISP：它是 20 世纪 60 年代开发的一种表处理语言，适用于人工智能程序设计，具有较强的表达能力，可以进行符号演算，公式推导及其他各种非数值处理。

Prolog：它是一种逻辑程序设计语言，广泛应用于人工智能领域。

③ 高级语言的翻译。

用高级语言编写的程序与汇编语言程序一样，不能被计算机识别，必须先将它们翻译成机器语言程序，才能由计算机执行。翻译高级语言的方式有两种：编译方式和解释方式。

- 编译方式是先由编译程序将高级语言编写的源程序翻译成机器语言程序，生成目标代码，再将目标代码与子程序库相连接，生成可执行程序，由计算机来执行。
- 解释方式是由解释程序对高级语言源程序逐句进行分析，边翻译边执行，直至程序的结束。解释方式不生成目标程序。

与解释方式相比，采用编译方式，程序执行的速度快，而且一旦编译完成后，生成的可执行程序可以脱离编译程序而独立运行，所以大多数高级语言采用编译方式，如 C 语言、FORTRAN 语言等，而 BASIC 语言、LISP 语言等采用解释方式。

（3）数据库管理软件。

数据库（Data Base，DB）是以一定的组织方式存储起来的、具有相关性的数据的集合。数据库管理系统（Data Base Management System，DBMS）是帮助用户建立、管理、维护和使用数据库，从而对数据进行管理的软件，它是用户和数据库之间的接口。数据库软件是用于数据管理的软件系统，具有信息存储、检索、修改、共享和保护的功能。目前流行的数据库软件有 Oracle、SQL Server、DB2、Sybase、Access、FoxPro 等。

（4）常用服务程序。

现代计算机系统提供多种服务程序，这些服务程序方便用户管理和使用计算机，例如：能提供方便的编辑环境的编辑程序，能检测计算机硬件故障并对故障定位的诊断程序，能检查出程序中的某些错误的测试程序等。

3. 应用软件

应用软件是指设计用来完成某个特定功能的软件，它主要面向计算机用户，因而也称为用户软件。根据应用软件的应用范围不同，又可以分为通用应用软件和专用应用软件两类。常用的 IE 浏览器、Microsoft Word、Acrobat Reader、腾讯 QQ 等都属于通用应用软件；一些专业处理用到的多媒体处理软件、排版印刷软件、机器人控制软件等属于专用应用软件。

常见应用软件包括以下几种。

- 办公软件：微软 Office、WPS。
- 图像处理软件：Adobe Photoshop、Picasa、光影魔术手。

- 媒体播放器：爱奇艺、搜狐视频、暴风影音、酷我音乐。
- 媒体编辑器：会声会影、爱剪辑、Edius。
- 图像浏览工具：ACDSee、美图秀秀、光影魔术手。
- 动画编辑工具：Flash、OpenGL、3ds Max。
- 即时通信工具：QQ、微信。
- 翻译软件：金山词霸（PowerWord）、MagicWin。
- 防火墙和杀毒软件：金山毒霸、诺顿、360 安全卫士。
- 阅读器：CAJViewer、Adobe Reader。
- 汉字输入法：微软输入法、QQ 拼音、搜狗拼音。
- 系统优化/保护工具：Windows 优化大师、360 安全卫士、数据恢复软件（EasyRecovery Pro）、硬件检测工具（everest）。
- 下载软件：迅雷、BT、网际快车。
- 压缩软件：WinRAR、快压。
- 文本编辑器：UltraEdit、Notepad++。

1.3　计算机中的数据及运算

日常生活中人们所说的“数据”大多是指可以比较其大小的一些数值。但在计算机中，数据不仅仅是数值。国际标准化组织（ISO）对数据所下的定义是：“数据是对事实、概念或指令的一种特殊的表达形式，这种特殊的表达形式可以用人工的方式或自动化的装置进行通信、翻译和转换或者进行加工处理。”因此，通常意义下的数字、文字、图画、声音、动画、视频等都可以认为是数据。

计算机内部数据可以分为数值型数据和非数值型数据。数值型数据是指用来表示数量多少和数值大小的数据，对它们可以进行各种数学运算和处理；其他的数据统称为非数值型数据，包括其他所有类型的数据，如文字、图画、声音、动画、视频等，对非数值型数据一般不进行数学运算，而是其他更复杂的操作。

计算机要处理各种信息，首先要将信息表示成具体的数据形式。计算机内的信息都是以二进制数的形式表示的，常用的进制形式还有八进制、十进制、十六进制等。因此，了解各进制的特点和转换方法，能更好地理解信息的存储、处理和传输的过程。

1.3.1　进制和进制转换

1. 进制

进制即进位计数制，它是一种科学的计数方法，以累计和进位的方式进行计数，实现用较少的符号表示较大范围数字的目的。在计算机的设计与使用上常常使用的是十进制、二进制、八进制和十六进制，下面分别加以介绍：

（1）十进制。

生活中，我们习惯使用的是十进位计数制（简称是十进制）。十进制数中有十个不同的数字符号：0、1、2、3、4、5、6、7、8、9，按照一定顺序排列起来表示数值的大小。十进制的基本运算规则是“逢十进一”。

任意一个十进制数，如 329 可表示为（329）$_{10}$、$[329]_{10}$或 329D。有时表示十进制数后的下标 10 或字母 D 也可以省略。

为了便于描述，首先引入两个基本概念——基数和权。

- 基数即某种进制中所使用的数字符号的个数。如十进制采用 0～9 共 10 个数符，因而它的基数为 10；同理，二进制的基数为 2。为了表述方便，统一将各种进制称为 R 进制（R 取 2、8、10、16）。
- 权表示某种进制的数中不同位置上数字的单位数值，R 进制数第 i 位的权即为 R^i。

例如，十进制数 1234.567 各位的权如图 1-23 所示。

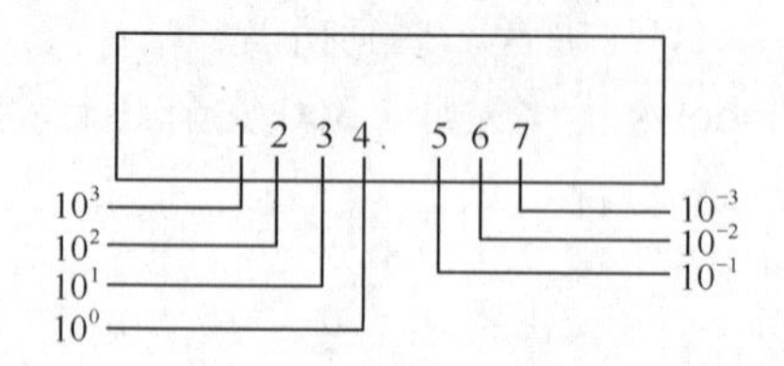

图 1-23　十进制数 1234.567 各位的权

某数位的数值等于该位的系数和权的乘积，因此一个十进制数可以表示成各数位上数值的和。例如，十进制数 1234.567 可以表示成：

$(1234.567)_{10}=1\times10^3+2\times10^2+3\times10^1+4\times10^0+5\times10^{-1}+6\times10^{-2}+7\times10^{-3}$

（2）二进制。

十进制数是人们最熟悉、最常用的一种数制，但在计算机中使用的是二进制数。二进制数中只有两个数字符号（0 和 1），它的基数是 2，基本运算规则是"逢二进一"，各数位的权为 2 的幂。

（3）八进制。

由于二进制数的书写一般比较长，容易出错，因此为了便于书写，在编写计算机程序时常常用八进制数或十六进制数等价地表示二进制数，再由计算机将这些数自动地转换成二进制数。在八进制中，基数为 8，它有 0、1、2、3、4、5、6、7 八个数字符号，八进制的基本运算规则是"逢八进一"，各数位的权为 8 的幂。

（4）十六进制。

十六进制数由 0、1、2、3、4、5、6、7、8、9、A、B、C、D、E、F 十六个数字符号组成，其中的 A、B、C、D、E、F 相当于十进制数中的 10、11、12、13、14、15 的值。十六进制数的基数是 16，进位方法是"逢十六进一"，各数位的权为 16 的幂。

2. 进制的转换

（1）二进制、八进制、十六进制转换为十进制。

二进制、八进制、十六进制数转换为十进制数的方法可以归纳为：各位按权展开并相加。

【例 1.1】 将 $(5F)_{16}$、$(123.4)_8$、$(1101.11)_2$、$(84.5)_{10}$ 按从小到大的顺序排列。

解： $(1101.11)_2=1\times2^3+1\times2^2+0\times2^1+1\times2^0+1\times2^{-1}+1\times2^{-2}=8+4+1+0.5+0.25=(13.75)_{10}$

$(123.4)_8=1\times8^2+2\times8^1+3\times8^0+4\times8^{-1}=64+16+3+0.5=(83.5)_{10}$

$(5F)_{16}=5\times16^1+15\times16^0=80+15=(95)_{10}$

因此，四个数按照大小顺序排列是：$(1101.11)_2<(123.4)_8<(84.5)_{10}<(5F)_{16}$

由此可见，对不同进制下的数据比较大小，必须先将它们转换成相同进制下的数值，再进行比较。

（2）十进制数转换为二进制、八进制、十六进制数。

十进制转换为R进制的方法可描述为：将整数部分采用“除R取余法”转换为R进制整数，小数部分采用“乘R取整法”转换成R进制小数，再将两部分结果合并在一起。

- 除R取余法：整数部分逐次除以R，将每次得到的余数从后向前读取，则得到R进制数对应的整数部分。
- 乘R取整法：小数部分逐次乘以R，取出每次乘积的整数部分，乘到积为0或达到所要求的精度为止。将每次得到的整数从前往后读取，则得到R进制数对应的小数部分。

【例1.2】 求（14.875）$_{10}$＝（？）$_2$

整数部分除2取余。

			余数	
2	14	………………	0	（低位）↑
2	7	………………	1	
2	3	………………	1	
2	1	………………	1	（高位）
	0			

整数部分（14）$_{10}$＝（1110）$_2$

小数部分乘2取整。

		整数部分	
0．875			
× 2			
[1].750	…………	1	（高位）
× 2			
[1].500	…………	1	
× 2			
[1].000	…………	1	（低位）↓

小数部分（0.875）$_{10}$＝（0.111）$_2$

最后合并两部分结果，得到（14.875）$_{10}$＝（1110.111）$_2$

十进制数转换成八进制、十六进制的方法，和转换为二进制的方法类似，唯一的变化是除数和乘数由2变成8或16。

（3）二进制数和八进制数间的相互转换。

因为二进制数的基数是2，八进制数的基数是8，而$2^3=8$，所以3位二进制数与1位八进制数相对应。

二进制数转换为八进制数的方法是：整数部分从低位到高位，每3位为一组，至最高位不足3位时，高位补0；小数部分从高位到低位每3位为一组，至最低位不足3位时，低位补0，然后将每组二进制数用1位等值的八进制数代替即可。

【例1.3】 求（10100101.01）$_2$＝（？）$_8$

（10100101.01）$_2$＝（010 100 101. 010）$_2$＝（245.2）$_8$

八进制数转换为二进制数的方法是：将每1位八进制数用3位等值的二进制数代替

即可。

【例 1.4】 求（123.4）$_8$=（？）$_2$

（123.4）$_8$=（$\underline{001}\ \underline{010}\ \underline{011}.\underline{100}$）$_2$=（1010011.1）$_2$

（4）二进制数和十六进制数间的相互转换。

因为二进制数的基数是 2，十六进制数的基数是 16，而 2^4=16。类似的，按照二进制转换为八进制的转换方法（以 4 位为一组），来实现二进制与十六进制数的转换。

【例 1.5】 求（10100101.01）$_2$=（？）$_{16}$

（10100101.01）$_2$=（$\underline{1010}\ \underline{0101}.\ \underline{0100}$）$_2$=（A5.4）$_{16}$

十六进制数转换为二进制数的方法是：将每一位十六进制数用 4 位等值的二进制数代替即可。

【例 1.6】 （93.BA）$_{16}$=（？）$_2$

（93.BA）$_{16}$=（$\underline{1001}\ \underline{0011}.\ \underline{1011}\ \underline{1010}$）$_2$=（1001 0011. 1011 101）$_2$

1.3.2 二进制的计量单位

在计算机内部，各种信息都是以二进制编码的形式存储的。信息的计量单位常采用位、字节、字等几种。

- 位（bit，缩写为 b）。表示一位二进制信息（0 或 1），是二进制信息的最小计量单位。
- 字节（Byte，缩写为 B）。一个字节由 8 位二进制位组成，通常用 b_7、b_6、b_5、b_4、b_3、b_2、b_1、b_0 来表示。其中 b_7 是最高位，b_0 是最低位。

字节是计算机信息的基本计量单位，通常用来描述文件大小、内存或其他存储设备容量。

- 字（Word）。是计算机信息交换、加工、存储的基本单元，其包含的二进制位的个数称为字长。字长表示计算机能并行处理的数据长度，是计算机性能的一个重要指标。不同计算机系统的字长不同，计算机发展过程中曾出现的计算机字长有 8 位、16 位、32 位、64 位等。目前主流的计算机都是 64 位的，也就是说它一次可以处理 64bit 的数据。

在实际应用中，常采用 K、M、G、T 来辅助表示巨大存储容量，它们与十进制数的换算关系如下：

$1K=2^{10}=1024$

$1M=2^{20}=1024K=1024\times1024$

$1G=2^{30}=1024M=1024\times1024K=1024\times1024\times1024$

$1T=2^{40}=1024G=1024\times1024M=1024\times1024\times1024K=1024\times1024\times1024\times1024$

1.3.3 二进制数据的运算

二进制数的运算有两种：算术运算和逻辑运算。算术运算指数的加、减、乘、除及乘方、开方等数学运算。逻辑运算是指数的与、或、非等运算。

1. 算术运算

二进制数的加、减、乘、除运算方法与十进制数的运算方法类似，但二进制只有 0、1 两个数码，在做加减法时，遵循“逢二进一”、“借一当二”的原则。

- 加法运算规则是：

0+0=0　　0+1=1　　1+0=1　　1+1=10（逢二进一）

- 减法运算规则是：

0−0=0　　1−1=0　　1−0=1　　0−1=1（借一当二）

- 二进制乘法运算的规则是：

0×0=0　　0×1=0　　1×0=0　　1×1=1

- 二进制除法运算的规则是：

0÷1=0　　1÷1=1

【例 1.7】 计算 $(101101)_2+(1011.01)_2$

$$\begin{array}{r} 101101 \\ +\quad 1011.01 \\ \hline 111000.01 \end{array}$$

所以 $(101101)_2+(1011.01)_2=(111000.01)_2$

【例 1.8】 计算 $(1011011)_2-(1101.01)_2$

$$\begin{array}{r} 1011011 \\ -\quad 1101.01 \\ \hline 1001101.11 \end{array}$$

所以 $(1011011)_2-(1101.01)_2=(1001101.11)_2$

【例 1.9】 计算 $(1011.11)_2\times(101)_2$

$$\begin{array}{r} 1011.11 \\ \times\quad 1\ 01 \\ \hline 1011\ 11 \\ 101111 \\ \hline 111010.11 \end{array}$$

所以 $(1011.11)_2\times(101)_2=(111010.11)_2$

【例 1.10】 计算 $(100100.01)_2\div(101)_2$

$$\begin{array}{r} 111.01 \\ 101\overline{)\,100100.01} \\ \underline{101} \\ 1000 \\ \underline{101} \\ 110 \\ \underline{101} \\ 101 \\ \underline{101} \\ 0 \end{array}$$

所以 $(100100.01)_2\div(101)_2=(111.01)_2$

2. 逻辑运算

计算机不仅能进行算术运算，而且能进行逻辑运算。每一个二进制位有两种状态：0 或者 1。如果把 0 当做 false，1 当成 true，则计算机存储器中的每一位可以表示一个逻辑值，进而可以为它们设计逻辑运算。常见的逻辑运算符包括一个单目运算符“非”（NOT）和三个双目运算符 “与”（AND）、“或”（OR）、“异或”（XOR）。

（1）非逻辑。

“非”逻辑关系简称非逻辑，表示的结果与条件之间的关系为：条件具备时结果不发生，条件不具备时结果才发生。非运算符是“¯”，$\overline{X}$ 表示对数 X 按位取反。非运算只有一个操作数，它的运算规则为：

$\overline{0}=1$　　　　$\overline{1}=0$

【例 1.11】　若 X=41，求 $\overline{X}$。

解：先将 X 转换为二进制数，得到 00101001B。

对 X 的各位分别取反，得到 $\overline{X}$ =11010110B。

（2）或逻辑。

或逻辑是指当决定事物结果的几个条件中，有一个或一个以上的条件得到满足时，结果就会发生。或运算一般使用“∨”或者“+”运算符。

（3）与逻辑。

与逻辑是指只有决定某件事情的所有条件都具备时，结果才会发生。与运算一般用“∧”或“·”表示。

（4）异或逻辑。

异或逻辑关系是：当 A、B 两个变量取值不相同时，输出为 1；而 A、B 两个变量取值相同时，输出为 0。一般用符号“⊕”表示。

逻辑运算的真值表如表 1-2 所示。

表 1-2　逻辑运算的真值表

A	NOT *A*
0	1
1	0

A	*B*	*A* AND *B*
0	0	0
0	1	0
1	0	0
1	1	1

A	*B*	*A* OR *B*
0	0	0
0	1	1
1	0	1
1	1	1

A	*B*	*A* XOR *B*
0	0	0
0	1	1
1	0	1
1	1	0

【例 1.12】　若 A=10011010B，B=11001010B，分别求 $A \wedge B$，$A \vee B$，$A \oplus B$。

解：

$$
\begin{array}{r}
10011010 \\
\wedge\ \ 11001010 \\
\hline
10001010
\end{array}
\qquad
\begin{array}{r}
10011010 \\
\vee\ 11001010 \\
\hline
11011010
\end{array}
\qquad
\begin{array}{r}
10011010 \\
\oplus\ 11001010 \\
\hline
01010000
\end{array}
$$

$A \wedge B$＝10011010B∧11001010B＝10001010B

$A \vee B$＝10011010B∨11001010B＝11011010B

$A \oplus B$ ＝10011010B ⊕ 11001010B＝01010000B

可见，计算机中的逻辑运算是按位进行的，不像算术运算需要进位和借位。

1.3.4 数据的表示

计算机不仅能处理数值型数据，还可以处理字符、汉字、图形、音频和视频等非数值型数据，但这些数据必须按照一定的信息编码标准表示成二进制编码形式才能由计算机存储和处理。需要输出时，将二进制编码形式的数据还原成用户可以识别的信息即可。

1. 字符编码

计算机在对字母、数字和其他符号进行处理时，需要将这些非数值型信息用二进制编码表示。目前存在着多种字符集和字符编码方式，使用最多的是 1963 年美国标准学会 ANSI 制定的美国标准信息交换码（American Standard Code for Information Interchange），简称 ASCII 码。

ASCII 码是用 7 位二进制数表示一个字符，7 位二进制数可表示 2^7 共 128 个字符，其中包括：数字 0～9、26 个大写英文字母、26 个小写英文字母、各种运算符（如+、−、*、/、＝等）以及各种控制符。虽然 ASCII 码是 7 位的编码，但由于字节是计算机中的基本处理单位，一般仍用一个字节（8 位）存放 ASCII 码，其最高位一般置 0，如表 1-3 所示。

表 1-3 ASCII 码表

高 3 位 / 低 4 位	000	001	010	011	100	101	110	111
0000	NUL	DLE	SP	0	@	P	`	p
0001	SOH	DC1	!	1	A	Q	a	q
0010	STX	DC2	“	2	B	R	b	r
0011	ETX	DC3	#	3	C	S	c	s
0100	EOT	DC4	$	4	D	T	d	t
0101	ENQ	NAK	%	5	E	U	e	u
0110	ACK	SYN	&	6	F	V	f	v
0111	BEL	ETB	‘	7	G	W	g	w
1000	BS	CAN	（	8	H	X	h	x
1001	HT	EM	）	9	I	Y	i	y
1010	LF	SUB	*	：	J	Z	j	z
1011	VT	ESC	+	；	K	[	k	{
1100	FF	FS	，	<	L	\	l	|

续表

高3位 低4位	000	001	010	011	100	101	110	111
1101	CR	GS	-	=	M	]	m	}
1110	SO	RS	.	>	N	^	n	~
1111	SI	US	/	?	O	_	o	DEL

为了书写方便，常把ASCII码写成2位十六进制数。例如，S的ASCII码值是01010011，也可以写成53H。

2. 汉字编码

对于英文，大小写字母总计只有52个，加上数字、标点符号和其他常用符号，128个编码基本够用，所以ASCII码基本上满足了英语信息处理的需要。我国使用的汉字是象形文字，与西文字符相比，汉字的数量巨大，必须使用更多的二进制位。1981年我国国家标准局颁布的《信息交换用汉字编码字符集·基本集》（GB 2312—80），收录了6763个汉字和682个图形符号。在GB 2312—80中，根据汉字使用频率分为两级，第一级有3755个，按汉语拼音字母的顺序排列，第二级有3008个，按部首排列。在GB 2312—80中规定用2个连续字节，即16位二进制代码表示一个汉字。由于每个字节的高位规定为1，这样就可以表示128×128=16384个汉字。

英文的基本符号比较少，编码比较容易，而且在计算机系统中，输入、内部处理、存储和输出都可以使用同一代码。汉字种类繁多，编码比英文要困难得多，而且在一个汉字处理系统中，输入、内部处理、输出对汉字代码要求不尽相同，所以用的代码也不尽相同。汉字信息处理系统在处理汉字和词语时，要进行输入码、机内码、字形码一系列的汉字编码转换，如图1-24所示。

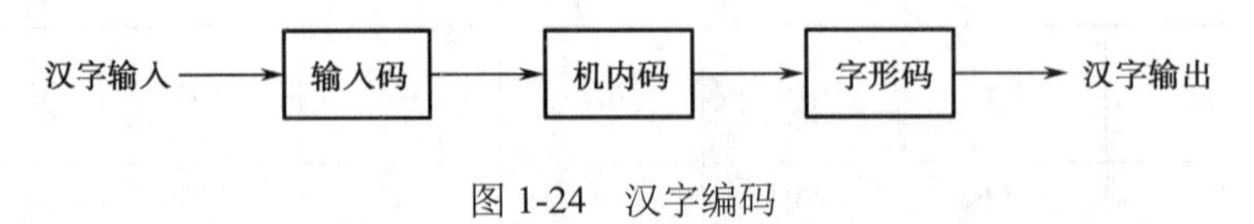

图1-24 汉字编码

（1）输入码。

由于汉字的输入需要依靠键盘来完成，而标准的键盘不具备直接输入汉字的功能。因此，必须利用几个英文字母或数字的组合来表示一个汉字，这样的汉字编码称为汉字输入码。

目前，已有的汉字输入法有很多种，常用的有拼音输入法和五笔字型输入法等。每一种输入法对同一汉字的编码各不相同，但输入计算机后经过转换，变成统一的机内码，即内码。

（2）机内码（内码）。

汉字机内码是计算机系统内部存储、处理和传输汉字所使用的代码。一般用两个字节来存放汉字的内码。由于英文字符的机内代码是7位ASCII码，最高位为0。因此将汉字机内代码中两个字节的最高位置设为1，使汉字编码和英文编码能相互区别开。

（3）字形码（输出码）。

字形码是汉字笔画构成的图形编码，是为实现汉字输出而制定的。每一个汉字的字形都必须预先存放在计算机内，一套汉字（如GB 2312国标汉字字符集）的所有字符的形状描述信息集合在一起称为字形信息库，简称字库。不同的字体，如宋体、仿宋体、楷体、黑体等对应不同的字库。

目前普遍使用的汉字字形码是用点阵方式表示的，常用的汉字点阵字形有 16×16 点阵、24×24 点阵、32×32 点阵和 48×48 点阵等。汉字字形点阵中，每个点的信息用 1 位二进制数表示，1 表示对应位置处是黑点，0 表示对应位置处是空白。图 1-25 为汉字“大”的 16×16 点阵字形码及编码。

	0	1	2	3	4	5	6	7	8	9	10	11	12	13	14	15	十六进制数			
0							●	●									0	3	0	0
1							●	●									0	3	0	0
2							●	●									0	3	0	0
3							●	●						●			0	3	0	0
4	●	●	●	●	●	●	●	●	●	●	●	●	●	●	●	●	F	F	F	F
5							●	●									0	3	0	0
6							●	●									0	3	0	0
7							●	●									0	3	0	0
8							●	●									0	3	0	0
9							●	●	●								0	3	8	0
10						●	●			●							0	6	4	0
11					●	●					●						0	C	2	0
12				●	●						●	●					1	8	3	0
13				●								●	●				1	0	1	8
14			●										●	●	●		2	0	0	E
15	●	●												●			C	0	0	4

图 1-25 “大”字的 16×16 点阵字形及编码

一个汉字 16×16 点阵字形码须要占用 2×16＝32 字节的内存容量，24×24 点阵字形码须要占用 72 字节的内存容量，32×32 点阵字形码须要占用 128 字节的内存容量，48×48 点阵字形码须要占用 288 字节的内存容量。点阵越大，输出的字形越美观。

（4）图形和图像。

对于图形和图像也可以使用二进制代码编码。当前，计算机中的图像主要有两种：位图（Bitmap Graphic）和矢量图（Vector Graphic）。

- 位图图像，也称为点阵图像或绘制图像，是由像素点按照一定的顺序排列组成的。这些点以不同的排列顺序和颜色来表示图像。当位图被放大到一定比例时，就可以看到构成整个图像的单个颜色块，这其实就是单个像素。像素的大小取决于分辨率（Resolution）。分辨率越高，图片的质量越高，存储图片占用的空间越大。

对于一个黑白图像，每个像素可以用 1 位二进制数表示（如 0 代表黑，1 代表白）；如果要表示彩色图像，每一个像素由红、绿、蓝 3 个基色组合构成，因而需要更多的数位来表示。在图 1-26 中，一个黑白图像用 4×8 点阵表示，需要 4 个字节来存储相关图像信息。

- 矢量图像，指通过线连接的点来描述图像，图像的元素是点和线。矢量图形先被分解为单个的线条、文字、图形、矩形等图形元素，再利用代数表达式分别表示每个元素。这些图形元素都具有各自的颜色、形状、大小等属性，在图像中是相对独立的实体。在计算机中，使用二进制数表示图形元素的属性信息。

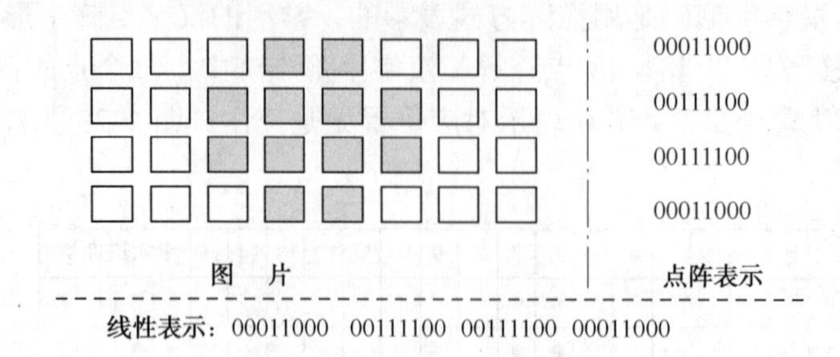

图 1-26 用位图表示黑白图像

（5）音频。

音频是因为物体振动而产生的声音信号。音频信号是模拟信号，而计算机只能处理数字信号，所以要将连续的音频信号转换为离散的数字信号，其过程分为以下 3 步（见图 1-27）。

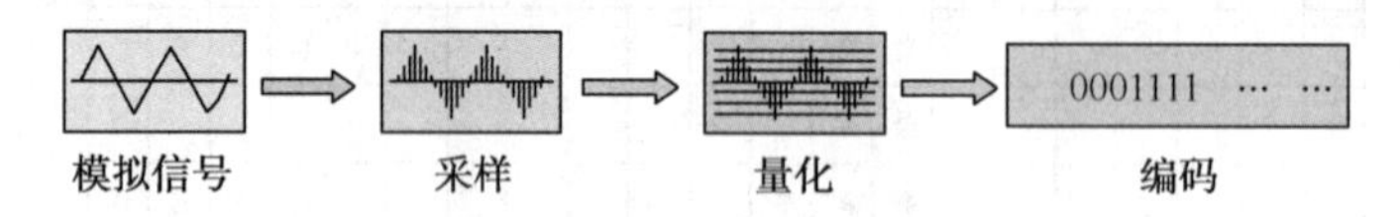

图 1-27 音频转换

① 采样：每隔一个时间间隔在模拟声音的波形上取一个幅度值，把时间上的连续信号编成时间上的离散信号。

② 量化：对采样值数字化的过程称为量化。例如，如果一个采样结果为 30.9，而样本取值范围为 0～100 的整数值，那么该采样值被量化为 31。

③ 编码：按照一定的格式把经过采样和量化得到的离散数据记录下来，转换为二进制数。如上面的 31 被编码后变为二进制数 00011111。

将编码产生的二进制数顺序存入计算机以表示一段声音或音乐。

（6）视频和动画。

视频和动画信息是连续渐变的静态图像或图形序列沿时间轴顺次更换显示，从而构成运动视觉媒体。因而知道如何存储图像，也就能理解如何存储视频文件。视频中的每一幅图像都能转换为对应的二进制数进行存储，它们的组合构成一个视频文件。要注意的是，当前的视频文件都采用某些标准进行压缩，否则信息量会非常巨大。

练习题

一、单选题

1．计算机历史上的各个发展阶段划分的依据是____。

A．计算机的系统软件　　B．计算机的处理速度
C．计算机的应用领域　　D．计算机的主要元器件

2．世界上第一台电子数字计算机采用的主要逻辑部件是____。

A．电子管　　B．晶体管　　C．继电器　　D．光电管

3. 用晶体管作为电子部件制成的计算机属于____。

A. 第一代　　B. 第二代　　C. 第三代　　D. 第四代

4. 计算机由五大部件组成，它们是____。

A. 控制器、运算器、存储器、输入/输出设备

B. CPU、运算器、存储器、输入/输出设备

C. 总线、控制器、存储器、输入/输出设备

D. 控制器、运算器、存储器、总线、I/O

5. 下列不符合冯•诺伊曼原理的是____。

A. 计算机内部采用二进制存储处理信息

B. 程序存入计算机，计算机按程序序列自动执行

C. 计算机由五大功能部件构成

D. 采用并行、流水技术达到更高的计算速度

6. 个人计算机属于____。

A. 小巨型机　　B. 中型机　　C. 小型机　　D. 微机

7. 在计算机应用中，“计算机辅助设计”的英文缩写为____。

A. CAD　　B. CAM　　C. CAE　　D. CAT

8. 所谓“裸机”是指____。

A. 单片机　　B. 没安装任何软件的计算机

C. 单板机　　D. 只安装操作系统的计算机

9. 计算机的运算器、控制器及存储器的总称是____。

A. CPU　　B. ALU　　C. 主机　　D. MPU

10. 在计算机中，控制器的基本功能是____。

A. 实现算术运算和逻辑运算　　B. 存储各种控制信息

C. 保持各种控制状态　　D. 控制机器各个部件协调一致地工作

11. 计算机中，存储器采用分级存储方式，是为了____。

A. 减小主机箱的体积

B. 解决容量、价格、存储速度三者之间的矛盾

C. 便于保存更多的数据

D. 操作方便

12. 在计算机中，访问存储器的速度从快到慢的顺序依次为____。

A. 软盘，硬盘，光盘　　B. 硬盘，光盘，软盘

C. 光盘，硬盘，软盘　　D. 硬盘，软盘，光盘

13. 和内存相比，外存的特点是____。

A. 容量小、速度快、成本高　　B. 容量小、速度快、成本低

C. 容量大、速度慢、成本低　　D. 容量大、速度快、成本低

14. 下列四条叙述中，属 RAM 特点的是____。

A. 可随机读/写数据，且断电后数据不会丢失

B. 可随机读/写数据，断电后数据将全部丢失

C. 只能顺序读/写数据，断电后数据将部分丢失

D. 只能顺序读/写数据，且断电后数据将全部丢失

15．在下列设备中，属于输出设备的是____。

A．扫描仪　B．显示器　C．键盘　D．麦克风

16．下列设备中，属于输入设备的是____。

A．音箱　B．打印机　C．鼠标　D．显示器

17．计算机软件通常分为____。

A．高级软件和一般软件　B．管理软件和控制软件

C．系统软件和应用软件　D．专业软件和大众软件

18．在计算机中的 DOS，从软件归类来看，应属于____。

A．应用软件　B．工具软件　C．系统软件　D．编辑系统

19．下列四种软件中，属于系统软件的是____。

A．WPS　B．Word　C．Windows　D．Excel

20．操作系统是系统软件的核心，下列选项中不属于操作系统的是____。

A．Word　B．DOS　C．Linux　D．Macintosh

21．不属于操作系统功能的是____。

A．处理机管理　B．文件管理　C．模板管理　D．存储器管理

22．语言处理程序的发展经历了____3 个发展阶段。

A．机器语言、BASIC 语言和 C 语言

B．二进制代码语言、机器语言和 FORTRAN 语言

C．机器语言、汇编语言和高级语言

D．机器语言、汇编语言和 C++语言

23．把用高级语言写的源程序转换为可执行程序，要经过____。

A．汇编和解释　B．编辑和连接　C．编译和连接　D．解释和编译

24．以下属于高级语言的有____。

A．汇编语言　B．C 语言　C．机器语言　D．以上都是

25．8 字节等于____个二进制位。

A．16　B．32　C．64　D．128

26．3 MB 等于____。

A．1024×1024 bit　B．1000×1024 Byte

C．1000×1024 bit　D．3×1024×1024 Byte

27．在表示存储容量时，1M 表示 2 的____次方。

A．10　B．11　C．20　D．19

28．二进制是目前计算机唯一能识别的编码，关于二进制的描述，错误的是____。

A．二进制就是采用 0 或 1 构成，且进位规则为“逢二进一，借一当二”的进位计数制度

B．在二进制计量单位中，一个二进制数称为一位，英文表述为 Byte

C．计算机数据编码，即是把各种常用的符号、文字等，表示成二进制数

D．二进制常被用来表示存储容量，其中 1KB 代表 1024 字节

29．下列四组数依次为二进制、八进制和十六进制，符合要求的是____。

A．11，78，19　B．12，77，10　C．12，80，10　D．11，77，19

30．图像在计算机中通过____方式表示。

A．位图图像　B．矩阵图形　C．矢量图　D．A 或 C

31．计算机能够处理的数据包括____。

A．字符　　B．音频　　C．视频　　D．以上都是

32．在“半角”方式下输入一个英文字母“w”，它的内码将占用____。

A．1字节　　B．2字节　　C．3字节　　D．4字节

33．用拼音法输入汉字“中国”，拼音是“zhongguo”那么，“中国”两个字的内码占字节数是____。

A．2　　B．4　　C．8　　D．16

二、填空题

1．世界上第一台电子计算机诞生于________年，该计算机的英文缩写是________。自第一台计算机发明到现在，计算机发展一共经历了________个时代。以________为主要元器件的计算机称为第三代计算机。第四代计算机的主要元器件是________。

2．计算机辅助设计的英文缩写是________，计算机辅助教学的英文缩写是________。

3．世界上首次提出使用二进制和存储程序计算机体系结构的是________。

4．计算机硬件由________、________、________、输入设备和输出设备5个主要功能部件构成。

5．一个完整的计算机系统包括________和________两大部分。

6．CPU是计算机的核心，它的中文含义是________，主要由________和________组成。

7．计算机中，运算器的主要功能是进行________和________。

8．计算机系统中，通常采用三层存储结构，Cache、内存、外存。________速度最快，容量最小。内存包括________和________两类。

9．计算机总线分为________、________和________。

10．软件是为运行、维护、管理及应用计算机所编制的所有_______、_______及______的总和。

11．根据软件的用途，计算机软件一般分为_________和应用软件两大类。DOS属于________，Word属于________。

12．计算机能直接识别并执行的语言是________。

13．在计算机中，bit的含义是_________，Byte的含义是_________。计算机存储容量的基本单位是_________。计算机存储容量的1KB＝_________B，1MB＝_________KB，1GB＝________MB。

14．计算机中英文字母一般占用________字节，而汉字的一般用________字节来存放。

三、计算题

1．$(101101101101.110)_2=(\qquad)_{10}=(\qquad)_8$

2．$(10011011.0011011)_2=(\qquad)_8=(\qquad)_{16}$

3．$(89)_{10}=(\qquad)_2$

4．$(227.125)_{10}=(\qquad)_2$

5．$(756)_8=(\qquad)_2$

6．$(1234)_8=(\qquad)_{10}=(\qquad)_2$

7．$(7AC)_{16}=(\qquad)_2$

8．$(ACF)_{16}=(\qquad)_8$

9．$(6D8)_{16}=(\qquad)_{10}=(\qquad)_2$

10. $(101011)_2+(100010)_2=(\qquad)_2$
11. $(111011)_2+(100010)_2=(\qquad)_2$
12. $(110011)_2-(101010)_2=(\qquad)_2$
13. $(111001)_2-(100010)_2=(\qquad)_2$
14. $(110001)\wedge(101010)=(\qquad)$
15. $(101011)\vee(100010)=(\qquad)$
16. $\overline{110011}=(\qquad)$

四、简答题

1. 计算机的发展经历了哪几个阶段？各阶段的主要特征元件是什么？
2. 冯·诺伊曼结构计算机有哪些主要特征？
3. 简述计算机硬件系统的基本组成及其功能。
4. 简述计算机存储器的分类及其各自的特点。
5. 计算机中的常用输入/输出设备各有哪些？请分别列出来。
6. 简述计算机软件系统的分类及其功能。
7. 什么是操作系统？它的主要任务是什么？目前常用的操作系统有哪几种？
8. 分别说明机器语言、汇编语言和高级语言的特点。

第2章 Windows 7 操作系统

操作系统作为计算机的核心管理软件，用于控制和维护计算机的软件和硬件资源，是各种应用软件赖以运行的基础，同时也是计算机与用户交流的平台。Windows 7 操作系统是微软公司发布的一款视窗操作系统，它不仅具有美观的界面，而且在操作及文件管理上获得了用户的喜爱。

通过本章 2.1～2.3 节的学习，读者应掌握以下知识：

- Windows 7 的基本知识
- Windows 7 的常用基本操作
- Windows 7 文件和文件夹的命名
- Windows 7 文件和文件夹的基本操作
- 回收站的功能和使用

通过本章 2.4～2.5 节的学习，读者还可以了解：

- Windows 7 的系统设置
- Windows 7 实用工具

2.1 Windows 7 基础知识

Windows 7 操作系统继承了 Windows 前期版本的所有优秀性能，同时也增加了很多显著特点。Windows 7 具有运行可靠、稳定而且速度快的特点，它不但运用了更加成熟的技术，而且外观设计清新明快，使用户有良好的视觉享受。Windows 7 系统增强了多媒体性能，使媒体播放器与系统完全融为一体，用户无须安装其他的多媒体播放软件，就可以播放和管理各种格式的音频和视频文件。

2.1.1 Windows 的发展史

微软公司于 1983 年推出了 Windows 1.0 版，它使 PC 开始进入图形用户界面时代。1987 年 10 月，微软公司推出 Windows 2.0 版，该版本使用了层叠式的窗口系统。Windows 划时代的发展是 1990 年 5 月发行的 Windows 3.0 版，它提供了全新的用户界面和方便的操作手段，速度快且内存容量大的 PC 成为 Windows 3.0 最有效的平台。

1995 年，微软公司推出 Windows 95，它是第一个真正的图形化操作系统。此后，陆续推出 Windows 98 和 Windows 2000。Windows 2000 集 Windows NT 的先进技术和 Windows 95/98 的优点于一身，低成本、高可靠性、全面支持 Internet。

2001 年，微软公司发布的 Windows XP 是 Windows 操作系统发展史上的一次全面飞跃。它是一个支持多用户的操作系统，允许多个用户登录到计算机系统中，而且每个用户除了拥有公共系统资源外，还可以拥有个性化的桌面、菜单、我的文档和应用程序等。

Windows Vista 于 2007 年 1 月 30 日正式发行，由于相应硬件、软件厂商没有及时发布升级产品，导致 Vista 存在大量硬件、软件兼容性问题。

2009 年 10 月，微软公司发布了 Windows 7，该系统让人们的日常电脑操作更加简单和快捷，为人们提供高效易行的工作环境。Windows 7 版本包含如下几种：

- Windows 7 Starter（简易版）
- Windows 7 Home Basic（家庭普通版）
- Windows 7 Home Premium（家庭高级版）
- Windows 7 Professional（专业版）
- Windows 7 Enterprise（企业版）
- Windows 7 Ultimate（旗舰版）

2012 年 10 月 26 日微软公司发布了 Windows 8，该系统独特的开始界面和触控式交互系统，旨在让人们的日常电脑操作更加简便和快捷，为人们提供高效易行的工作环境。

Windows 10 是目前微软发布的最后一个独立 Windows 版本，自 2014 年 10 月 1 日开始公测，Windows 10 经历了 Technical Preview（技术预览版）以及 Insider Preview（内测者预览版），下一代 Windows 将作为 Update 形式出现。Windows10 将发布 7 个发行版本，分别面向不同用户和设备。

2.1.2 Windows 7 的特点

Windows 7 之所以流行，是因为具有如下特点：

- 易用性。Windows 7 简化了许多设计，如快速最大化，窗口半屏显示，跳转列表，系统故障快速修复等。
- 简单。Windows 7 会让搜索和使用信息更加简单，包括本地、网络和互联网搜索功能，直观的用户体验将更加高级，还会整合自动化应用程序提交和交叉程序数据透明性。
- 效率。在 Windows 7 中，系统集成的搜索功能非常强大，只要用户打开“开始”菜单并输入搜索内容，无论是查找应用程序还是文本文档，搜索功能都能自动运行，给用户的操作带来极大的便利。
- 小工具。Windows 7 的小工具没有侧边栏，可以放在桌面的任何位置。
- 高效搜索框。Windows 7 系统资源管理器的搜索框在菜单栏的右侧，可以灵活调节宽窄。它能快速搜索 Windows 中的文档、图片、程序、Windows 帮助甚至网络等信息。Windows 7 系统的搜索是动态的，当我们在搜索框中输入第一个字时，Windows 7 的搜索即开始工作，大大提高了搜索效率。

2.2　Windows 7 基本操作

Windows 7 是基于图形界面的操作系统，众多的技术和功能使用户能轻松地完成各种管理和操作。

2.2.1　Windows 7 的安装

1. 硬件基本要求

- 处理器（CPU）：时钟频率为 1GHz 及以上的处理器；Windows 7 包括 32 位及 64 位两种版本，安装 64 位操作系统必须使用 64 位处理器。
- 内存（RAM）：32 位的需要 1GB 以上内存（64 位的需要 2GB 内存）。
- 硬盘：32 位的需要 16GB 以上可用空间（64 位的需要 20GB 以上）。
- 显卡：有 WDDM1.0 或更高版驱动的集成显卡 64MB 以上。
- 显示卡和监视器：Super VGA（800×600 像素）或分辨率更高的视频适配器和监视器。
- 其他设备：CD/DVD-ROM，键盘和鼠标或兼容的指针设备。

2. 系统的安装

Windows 7 采用安装向导方式，用户只须按照提示操作即可。Windows 7 最好安装到一个大于 30GB 的分区上，为以后添加应用程序以及其他文件提供灵活性。

2.2.2　Windows 7 的启动和退出

1. Windows 7 的启动

每次启动安装有 Windows 7 的计算机后，自检完毕都会自动引导该系统。在启动时，有两种情况：

（1）如果系统没有创建用户，会直接进入 Windows 7 的桌面。

（2）如果创建了用户，则系统要求选择一个用户名，必要时还需输入密码。当在屏幕上出现 Windows 7 桌面，则认为操作系统启动成功。

2. Windows 7 的退出

非正常退出 Windows 7 有可能导致后台程序的数据丢失以及磁盘空间的浪费，因此，必须正常退出 Windows 7 系统。Windows 7 为用户提供了注销与关闭计算机两种退出方法。

（1）单击“注销”命令退出。

“注销”命令会使系统释放当前用户使用的所有资源，清除当前用户对于系统的状态设置。注销不可以代替重新启动，只可以清空当前用户的缓存空间和注册表信息。单击“开始”按钮，鼠标指向“开始”菜单右下角“关机”按钮旁边的箭头，然后单击“注销”命令，如图 2-1 所示。

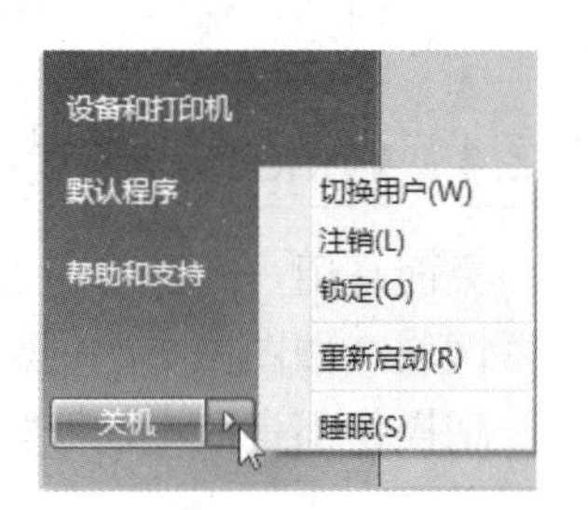

图 2-1　注销和关闭计算机

（2）单击“关机”命令退出。

单击“关机”按钮即可关闭计算机。

提示：在单击“关机”时，计算机关闭所有打开的程序以及

Windows 本身，然后完全关闭计算机和显示器。关机前需要先保存你的文档。

2.2.3 鼠标的基本操作

鼠标是计算机时代人机交互的工具之一，它极大地方便了人们对计算机的操作。

1. 鼠标指针及状态

鼠标指针是计算机开始使用鼠标后，用于在图形界面上标识鼠标所指位置，它在不同的状态下以不同的形式显示，如表 2-1 所示。

表 2-1 鼠标指针及状态

鼠 标 指 针	状 态
正常选择	所有 Windows 7 应用程序的标准鼠标指针。出现此指针时，鼠标处于预备状态，等待执行用户的命令
帮助选择	用于获得帮助信息。如果用鼠标单击帮助按钮，将出现该指针。这时，单击某一选项，便出现该选项的帮助信息
后台运行	程序处于后台运行状态
忙	程序处于忙状态，此时不能使用该程序的相关功能，但可以切换至另一个应用程序继续操作
插入 I	等待用户输入文字的状态。这个指针选择的位置就是输入文字的起始位置
十字 ＋	十字指针在“画图”工具中经常出现，在处理图形时起精确定位作用
移动	在处理图片或表格时起移动作用
调节大小	用于调整边框尺寸
链接选择	鼠标在超链接上停留时会出现该指针

2. 鼠标的基本操作

鼠标一般由左键、右键、滚轮组成。鼠标的常用操作有下面几种：

（1）指向：移动鼠标，使鼠标指针移动到某对象或位置上。

（2）单击：快速按下并松开鼠标左键，一般用于选择某个对象。

（3）右击：快速按下并松开鼠标右键，一般用来弹出与指向对象相关的快捷菜单。

（4）双击：快速、连续单击两次。

（5）拖动：指向某个对象，按住鼠标左键，移动鼠标到目标位置后释放。

2.2.4 Windows 7 的桌面

桌面是用户和计算机交流的重要界面，它是计算机操作系统正常启动并成功登录后的整个屏幕区域，如图 2-2 所示。桌面主要由桌面图标、任务栏、“开始”菜单等组成。Windows 7 的一切操作都是从桌面开始。

图 2-2　桌面

1. 设置桌面图标

桌面上有排列整齐的图标，图标类型有文件、文件夹、应用程序、快捷方式和硬件设备等。用户双击图标即可快速打开文件或应用程序。

（1）添加图标。

Windows 7 系统安装完后，在桌面上只有“回收站”1 个图标，而没有“计算机”、“用户的文件”、“网络”图标。如果要添加这些图标，可以按以下步骤进行。

① 在桌面空白处右击，在弹出的快捷菜单中单击“个性化”命令。

② 在弹出的“个性化”窗口左侧单击“更改桌面图标”命令。

③ 在“桌面图标设置”对话框中选中“计算机”等复选框，单击“确定”按钮，如图 2-3 所示。

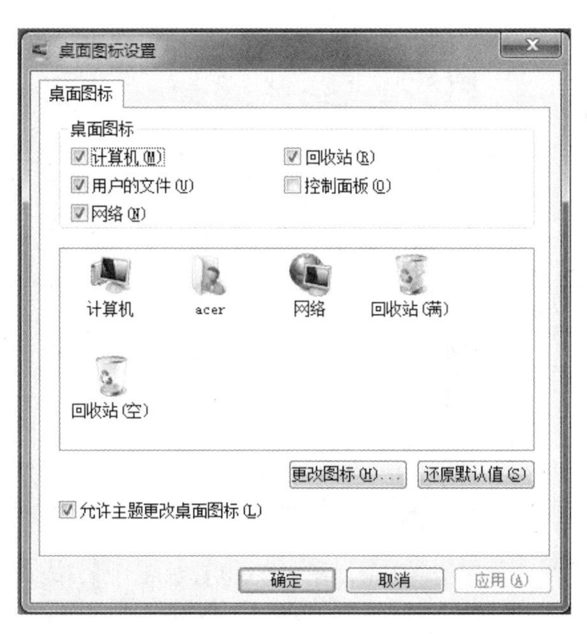

图 2-3 “桌面图标设置”对话框

（2）查看和排序图标。

在 Windows 7 中，可以对图标以不同方式进行查看或排序。

① 查看。

在桌面空白处单击鼠标右键，在弹出的快捷菜单中，单击“查看”命令，展开级联菜单，如图 2-4 所示。

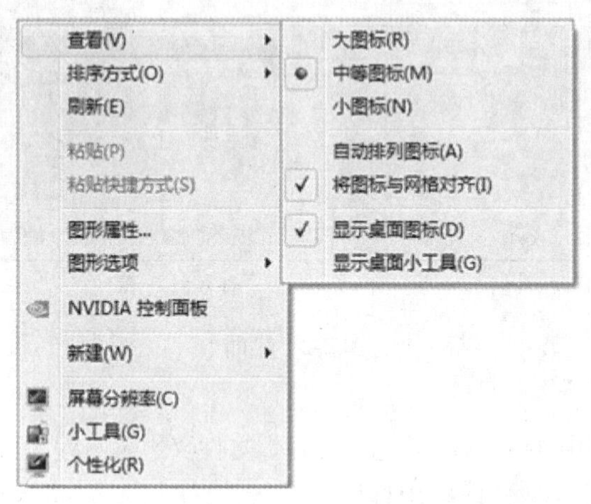

图 2-4 “查看”级联菜单

“查看”命令可以将图标以“大图标”、“中等图标”或“小图标”方式显示，还可以“自动排列图标”或“将图标与网格对齐”。其中，自动排列图标表示图标按照行列自动对齐，将图标与网格对齐表示图标以一定的间距按行列对齐。

② 排序。

在桌面空白处单击鼠标右键，在弹出的快捷菜单中，选择“排序方式”命令，展开级联菜单，可以选择将图标按名称、大小、项目类型或修改时间进行排序，如图 2-5 所示。

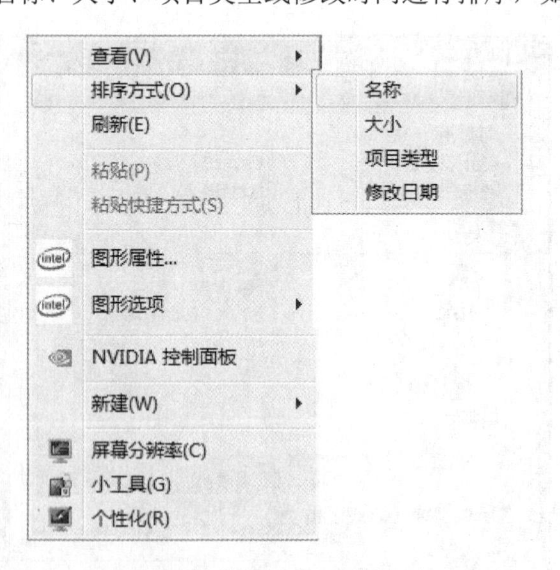

图 2-5 “排序方式”级联菜单

2. 设置显示属性

（1）设置桌面背景。

Windows 7 可以自定义桌面背景。在桌面空白处单击鼠标右键，在弹出的菜单中选择“个性化”命令，打开“个性化”窗口，选择“桌面背景”命令，进入“桌面背景”窗口，如图 2-6 所示。在此窗口中单击要用于桌面背景的图片或颜色，单击“保存修改”按钮即可。

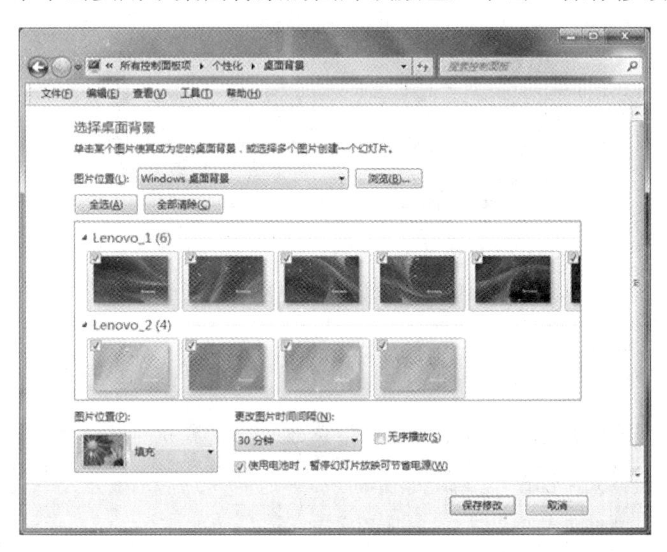

图 2-6 “桌面背景”的设置

提示：若要使用存储在计算机上的任何图片（或当前查看的图片）作为桌面背景，在图片上单击鼠标右键选择“设置为桌面背景”命令即可。

（2）设置屏幕保护程序。

屏幕保护程序是为了保护 CRT 显示器而设计的一种专门的程序。设计的初衷是为了防止计算机因无人操作而使显示器长时间显示同一个画面，导致显示器老化而缩短寿命。另外，它还有一定的省电作用。屏幕保护程序的设置方法如下：

打开“个性化”窗口，选择“屏幕保护程序”命令，弹出“屏幕保护程序设置”对话框，如图 2-7 所示，在“屏幕保护程序”下拉列表中选择屏幕保护的样式。在“等待”文本框中设置时间，表示在该时间段内无操作状态之后，屏幕保护程序开始运行。单击“确定”按钮即可。

（3）设置屏幕分辨率和刷新频率。

屏幕分辨率是屏幕上显示的像素个数，如分辨率 1366×768 表示水平像素数为 1366 个，垂直像素数为 768 个。在屏幕尺寸一定的情况下，分辨率越高，像素的数目就越多，显示效果就越精细。屏幕分辨率的设置方法如下。

在桌面的空白处单击鼠标右键，在弹出的菜单中单击“屏幕分辨率”命令。打开“屏幕分辨率”窗口，在此窗口中单击“分辨率”下拉列表，将滑块移动到所需的分辨率，然后单击“应用”按钮，如图 2-8 所示。在弹出的“显示设置”对话框中，单击“保留更改”按钮应用新的分辨率，或单击“还原”按钮回到以前的分辨率。

提示：更改屏幕分辨率会影响登录到此计算机上的所有用户。如果将监视器设置为它不支持的屏幕分辨率，那么该屏幕会在几秒钟内变为黑色，监视器则还原至原始分辨率。

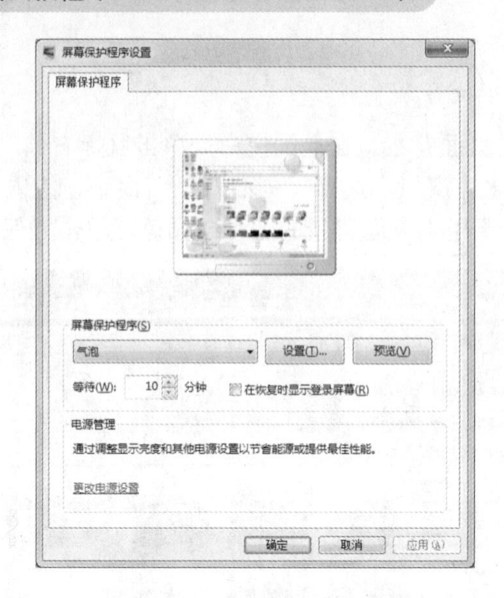

图 2-7 “屏幕保护程序”设置

图 2-8 “屏幕分辨率”设置

屏幕刷新频率是指屏幕刷新的速度。对于 CRT 显示器来说，刷新频率越高，所显示的图像（画面）稳定性就越好，刷新频率越低，图像闪烁和抖动就越厉害，眼睛疲劳得也越快。一般来讲，屏幕的刷新频率要达到 75 赫兹以上，显示器在视觉上才无闪烁感。刷新频率的设置方法如下。

在“屏幕分辨率”窗口中单击“高级设置”按钮，弹出如图 2-9 所示的对话框，单击打开“监视器”选项卡。在“屏幕刷新频率”下拉列表中选择合适的刷新频率并确定。

提示：由于 LCD 显示器和 CRT 显示器的显像原理不同，所以 LCD 显示器不需要设置刷新频率。

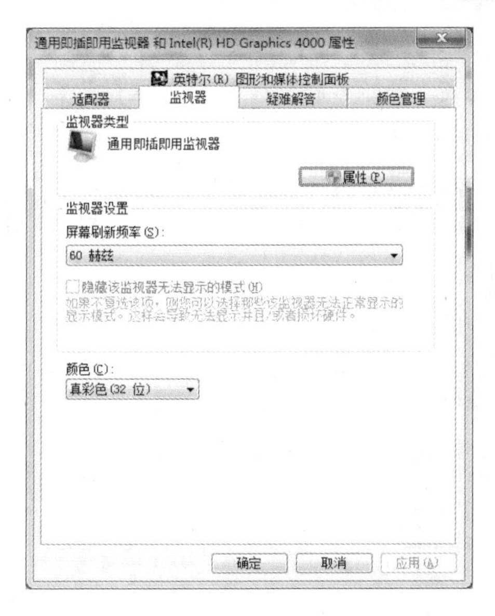

图 2-9 “刷新频率”的设置

3. 设置“开始”菜单

“开始”菜单是通往计算机内部的入口，“开始”菜单中包含设置系统的绝大多数命令，还可以通过它使用当前系统中的所有程序，如图 2-10 所示。

图 2-10 “开始”菜单

“开始”菜单最上方标明了当前登录计算机系统的用户，具体内容会根据登录的用户而不同；左边窗格是常用应用程序的快捷启动项，可以快速启动应用程序；左边窗格的底部是搜索框，通过输入搜索项可在计算机中查找程序或文件；右边窗格是系统控制工具菜单区域，如包括“计算机”、“控制面板”、“文档”等选项，通过这些菜单项可以实现对计算机的操作与管理；“所有程序”中显示计算机系统中安装的全部应用程序；在“开始”菜单右下方是“关机”按钮。

“开始”菜单的设置方法如下：

（1）右击任务栏的空白处或“开始”按钮，选择“属性”命令，弹出“任务栏和‘开始’菜单属性”对话框，如图 2-11 所示。

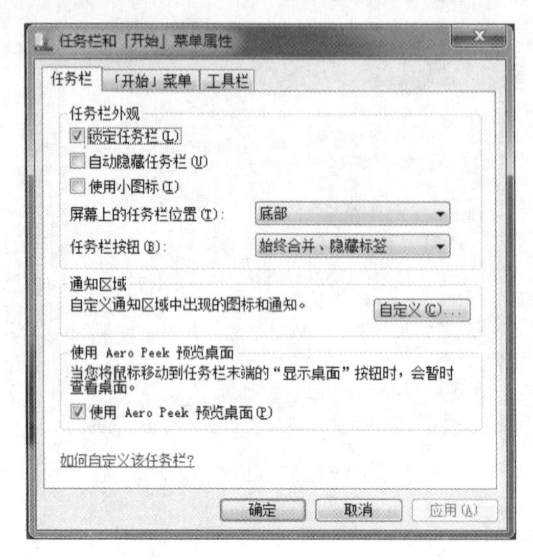

图 2-11 “任务栏和‘开始’菜单属性”对话框

（2）在“‘开始’菜单”选项卡中，单击“自定义”按钮，打开“自定义‘开始’菜单”对话框，如图 2-12 所示。

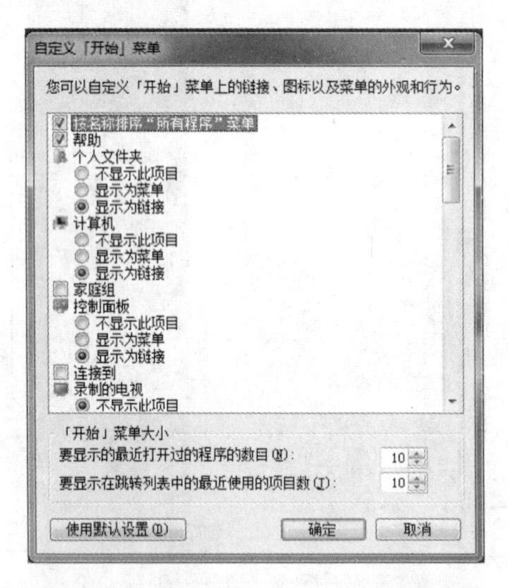

图 2-12 “自定义‘开始’菜单”对话框

（3）在“自定义‘开始’菜单”对话框中，可以设置图标大小、程序数目等，设置完成后单击“确定”按钮即可。

提示：从“开始”菜单中删除项目，仅仅是删除项目的快捷方式，而项目本身并没有从计算机中删除。

4. 设置任务栏

默认情况下任务栏位于桌面底部，是 Windows 7 的重要组件，如图 2-13 所示，其中包含

“开始”按钮、锁定程序、运行程序栏（或应用程序栏）、语言选项栏和通知区域（系统栏）等几部分。

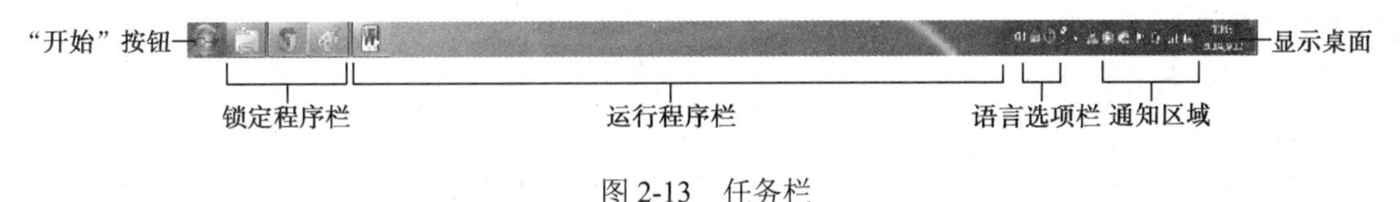

图 2-13　任务栏

下面分别介绍任务栏各个部分的功能和使用方法。

- “开始”按钮：鼠标单击可打开“开始”菜单。
- 锁定程序栏：可以快速打开应用程序。
- 运行程序栏：显示当前打开的多个应用程序。
- 语言选项栏：显示当前输入法状态。
- 通知区域：通知区域以图标的形式显示部分应用程序的状态、输出音量、系统时间等信息。
- 显示桌面：可以快速切换到桌面。

相比之前版本的 Windows 系统而言，Windows 7 的任务栏增加了一些新的功能。

① 任务栏图标。

任务栏图标不但拥有新外观，还有其他新增功能。例如在默认视图中，为了获得干净整洁的外观效果，每个程序都作为单独的未标记图标显示，即使同时打开一个程序的多个项目也是如此。其次可以自定义任务栏外观，以便更改同时打开多个项目时图标的显示方式和分组方式。还可以选择查看与每个打开的文件对应的按钮。

② 使用 Aero Peek 功能预览打开的窗口。

Aero Peek 是 Windows 7 中用来提升桌面效果的一个功能。通过 Aero Peek，用户可以快速切换到任意打开的窗口或桌面。

③ 锁定程序到任务栏。

与在早期版本的 Windows 不同，Windows 7 取消了快速程序任务栏。用户可以将常用的程序锁定到任务栏，并通过单击方便地对其进行访问。

④ 跳转列表。

跳转列表是最近打开或频繁打开的项目（如文件、文件夹、任务或网站）列表，按照打开这些项目的程序进行组织。除了使用跳转列表打开最近使用的项目，还可以将常用的项目固定到跳转列表，以便快速找到日常使用的项目。

任务栏可隐藏，也可将其移至桌面的两侧或顶部。任务栏的常见操作有以下几种：

（1）查看任务栏的锁定状态。

在任务栏空白区域单击鼠标右键，在快捷菜单中选择“锁定任务栏”命令。若在该命令前出现“√”标记，则表明任务栏已被锁定，再次单击将取消锁定。锁定后的任务栏不能被移动或改变大小。

（2）改变任务栏的位置。

① 确定任务栏处于非锁定状态。

② 在任务栏空白处按住鼠标左键不放，移动鼠标指针到目的位置后释放。

（3）改变任务栏及各区域大小。

① 确定任务栏处于非锁定状态。

② 将鼠标指针悬停在任务栏的边缘，当鼠标指针变为双向箭头时，按住鼠标左键不放，拖动任务栏到合适大小后释放。

（4）设置任务栏属性。

① 右击任务栏空白区域，单击“属性”命令。

② 在“任务栏和‘开始’菜单属性”对话框的“任务栏”选项卡中可以自定义任务栏外观及通知区域，如图 2-14 所示。

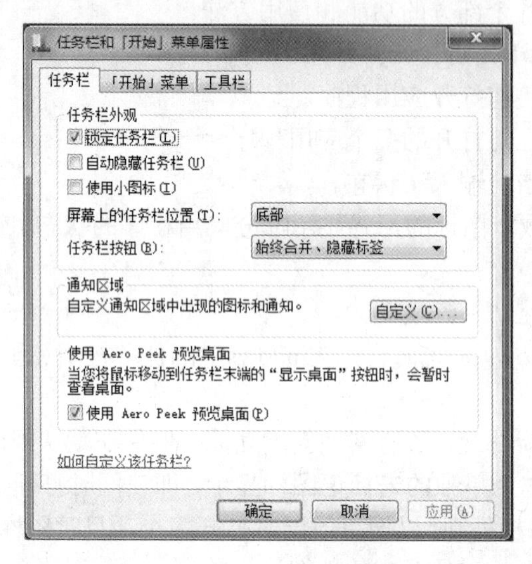

图 2-14 “任务栏”选项卡

5. 设置日期、时间、时区

在桌面右下角的时间显示区单击鼠标左键，出现时间与日期的对话框，在此对话框中单击“更改时间和日期设置”命令，将会出现“日期和时间”对话框，如图 2-15 所示，可以对时间、日期以及年份等进行修改。

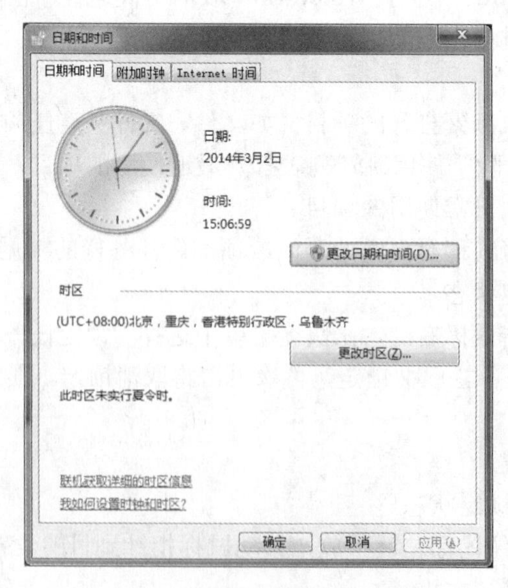

图 2-15 “日期和时间”对话框

2.2.5 Windows 7 的窗口

Windows 7 是一个多任务的操作系统，可以同时运行多个应用程序，每个打开的程序或文档都会以窗口的形式显示在桌面上，如图 2-16 所示。

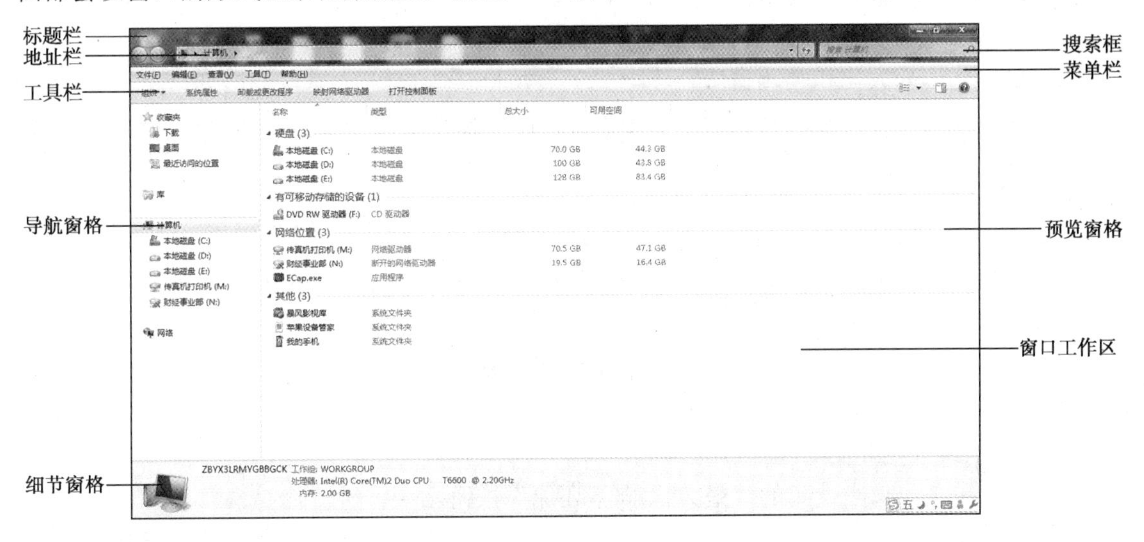

图 2-16 “计算机”窗口

1. 窗口的组成

（1）标题栏：位于窗口的顶部，它标明了当前窗口的名称，左侧有控制菜单图标，右侧有“最小化”按钮、“最大化”按钮以及“关闭”按钮。

（2）菜单栏：位于标题栏的下面，它提供了用户在操作过程中要用到的各种菜单功能。

（3）工具栏：包括了一些常用的功能按钮。

（4）地址栏：出现在每个文件夹窗口的顶部“标题栏”下方，将当前的位置显示为以箭头分隔的一系列链接。通过地址栏可以查看当前窗口的路径，也可以通过它访问硬盘和网站。

（5）细节窗格：位于窗口的最下方，它可以查看与选定文件或程序关联的最常见属性。如选中文件时细节窗格中显示的是该文件的作者、上一次更改文件的日期等信息。

（6）窗口工作区：窗口的内部区域称为窗口工作区，其中显示当前文件夹或库的内容。如果用户通过在搜索框中输入内容来查找文件，则仅显示与当前内容相匹配的文件（包括子文件夹中的文件）。

（7）滚动条：当文件列表区的内容太多而不能全部显示时，窗口将自动出现滚动条，用户可以通过拖动水平或者垂直滚动条来查看所有的内容。“垂直滚动条”上包含“上移”按钮、“下移”按钮和滚动块；“水平滚动条”上包含“左移”按钮、“右移”按钮和滚动块。

（8）导航窗格：使用导航窗格可以访问库、文件夹、保存的搜索结果，甚至可以访问整个硬盘。

（9）预览窗格：使用预览窗格可以查看大多数文件的内容。例如，选择电子邮件、文本文件或图片，则无须在程序中打开即可查看其内容。如果看不到预览窗格，可以单击工具栏中的“预览窗格”按钮□打开预览窗格。

（10）搜索框：在搜索框中输入关键字可查找当前文件夹或库中的项。

2. 窗口的基本操作

窗口是 Windows 7 系统的重要组成部分，很多操作都是在窗口中完成的。

（1）打开窗口。

当需要打开一个窗口时，可以通过以下两种方式来实现。

方法一：选中要打开的窗口图标，双击打开。

方法二：在图标上单击鼠标右键，选择“打开”命令。

（2）最小化、最大化和关闭窗口。

单击窗口右上角的“最小化”按钮或“最大化”按钮，可以实现窗口的最小化或最大化。

① 窗口的最小化。

方法一：单击窗口右上角的“最小化”按钮。

方法二：单击标题栏最左端的“控制菜单”图标，打开窗口的“系统菜单（控制菜单）”图标，选择其中的“最小化”命令。

提示：单击任务栏中的“显示桌面”按钮或使用 Win+D/Win+M 组合键，可以将桌面上的所有窗口全部最小化。

② 窗口的最大化和向下还原。

方法一：单击窗口右上角的“最大化/向下还原”按钮。

方法二：单击窗口标题栏左端的“控制菜单”图标，打开“控制菜单”，选择其中的“最大化/还原”命令。

方法三：双击窗口的标题栏。

③ 关闭窗口。

方法一：单击标题栏中的“关闭”按钮。

方法二：单击“控制菜单”图标，选择“关闭”命令。

方法三：在菜单栏单击“文件”→“关闭”命令。

方法四：双击“控制菜单”图标。

方法五：使用组合键 Alt+F4。

（3）调整窗口大小。

为了方便操作，需要经常调整窗口的大小，而不是简单地最大化或最小化窗口。缩放窗口的具体操作方法如下：

将鼠标指针指向窗口的边框，根据指向位置的不同，鼠标指针会变化不同的形状，例如 ⇕ ⇔ ⤡ ⤢。按下鼠标左键，并拖动鼠标进行窗口的缩放调整。

（4）移动窗口。

移动窗口有以下两种方法。

方法一：在标题栏上按住鼠标左键进行移动。

方法二：打开“控制菜单”，单击“移动”命令，这时鼠标指针变为 ✥，使用键盘上的上、下、左、右四个方向键移动窗口。

提示：用 Alt+Space 组合键可以打开“控制菜单”。在拖动过程中按 Esc 键将放弃移动。

（5）滚屏显示。

当窗口显示区不足以显示全部内容时，在窗口的右侧或底部会自动出现“滚动条”。可采用以下方法实现滚屏显示：

方法一：拖动滚动块。

方法二：单击“上移”、“下移”、“左移”、“右移”按钮可滚动一行或一列。

方法三：使用键盘的上、下、左、右键可按行列滚动。

方法四：使用 PageUp 或 PageDown 键可向上或下滚动一屏。

方法五：按 Home 键滚屏到最上端；按 End 键滚屏到最下端。

（6）窗口的排列。

在桌面上可以同时打开多个窗口，但是进行操作的“活动窗口”只能有一个。可以根据须要按各种形式排列窗口，窗口的排列形式有“层叠”、“堆叠显示窗口”、“并排显示窗口”3 种。在任务栏空白处单击鼠标右键，弹出快捷菜单，从中选择需要的窗口排列方式。

（7）窗口的切换。

当用户打开多个窗口时，须要在各个窗口之间进行切换。切换方法如下。

方法一：单击任务栏上该窗口对应的按钮。

方法二：单击该窗口在桌面上的任一可见区域。

方法三：通过快捷键 Alt+Esc 或 Alt+Tab 在各窗口之间进行切换。

方法四：Win+Tab 可打开三维窗口切换。

提示：按 Alt+Tab 组合键在打开的项目之间切换；按 Alt+Esc 组合键以项目打开的顺序循环切换；当按下 Win 键时，重复按 Tab 键或滚动鼠标滚轮可以循环切换打开的窗口。

（8）对话框。

对话框是一种特殊的窗口，它是人机交流的一种方式，其中包含按钮和各种选项，通过它们可以完成特定的命令或任务。与常规窗口不同，多数对话框无法最大化、最小化和调整大小，但是它们可以被移动。如图 2-17 所示，单击“取消”按钮，或按 Esc 键可以关闭对话框。

图 2-17 对话框

2.2.6 菜单及其操作

菜单中包含了供用户使用的一系列命令，单击即可执行相应的命令。用鼠标单击菜单外的其他任何地方或按 Esc 键，菜单便自动关闭。常见的菜单包含下拉菜单和右键快捷菜单。菜单中某些命令项还带有特殊标志，不同的标志有不同的含义。

（1）灰色显示的命令表示该命令在当前状态下不可用。

（2）通常每个命令后都有一个用括号括起来的字母，称为热键。在打开菜单的前提下，按下键盘上的字母将快速执行相应命令。

（3）命令名后跟着省略号“…”表示如果选择了此命令，将会出现一个对话框。

（4）命令右侧有 ▶ 标记表示如果用户选择了此命令，将会出现一个级联菜单，如图 2-18 所示。

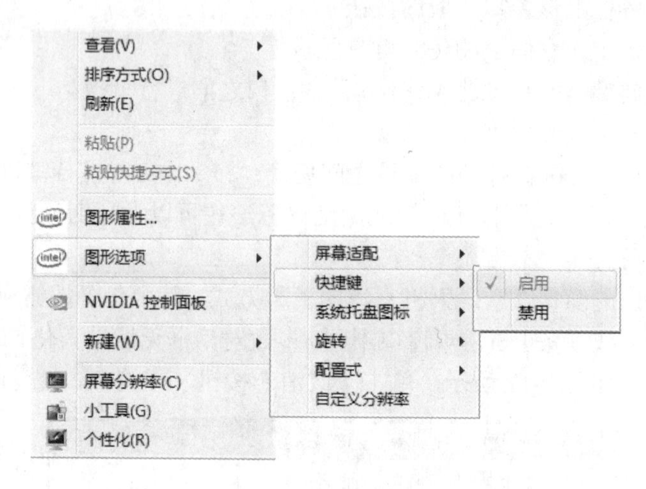

图 2-18 级联菜单

（5）命令名前的√标记表示该命令在当前状态已经选中。

2.2.7 Windows 7 程序的管理

Windows 7 通过各种应用程序实现各种功能。

1. 启动应用程序

启动应用程序的方法有以下几种：

- 通过“开始”菜单启动应用程序。
- 双击桌面上的应用程序图标或快捷方式。
- 在“计算机”中双击应用程序图标或快捷方式。
- 单击“开始”菜单，在搜索框中输入应用程序名，然后在结果列表中双击该程序即可打开。

2. 退出应用程序

- 单击应用程序右上角的“关闭”按钮退出应用程序。
- 使用“任务管理器”关闭应用程序或应用程序进程。
- 使用组合键 Alt+F4。

3. 快捷方式

快捷方式实际上是外存中的文件或外部设备的一个镜像文件，扩展名为.lnk，只占用很小的磁盘空间，它的外形特征是左下角有一个蓝色箭头。在应用程序或文件上单击鼠标右键，选择"发送到"→"桌面快捷方式"命令，可在桌面上建立一个快捷方式；或按住组合键 Ctrl+Shift 不放，将文件拖到桌面上的目标位置，也可以在桌面上建立一个快捷方式。

2.2.8 Windows 7 帮助系统

如果用户有疑难问题，可以通过 Windows 7 的帮助系统获得软件使用的各种帮助信息。执行以下操作之一，可以进入如图 2-19 所示的"Windows 帮助和支持"。

图 2-19 "Windows 帮助和支持"窗口

- 单击"开始"菜单中的"帮助和支持"命令。
- 按键盘的功能键 F1 键。
- 如果打开了某个窗口，单击工具栏上的"获取帮助"按钮。不过要注意，不同应用程序窗口中的帮助系统往往是不同的。

2.3 文件及文件夹管理

对文件的管理是 Windows 7 的一个重要功能，本节将详细介绍文件和文件夹及其管理。

2.3.1 文件和文件夹概述

文件是以单个名称在计算机上存储的信息集合。文件可以是文本文档、图片、程序等。文件夹是系统组织和管理文件的一种形式，是为方便用户查找、维护和存储而设置的，用户可以将文件分门别类地存放在不同的文件夹中。当一个文件夹中包含的文件太多时，可以在这个文件夹内部再进一步建立若干个下一级的文件夹，称为子文件夹。

1. 文件和文件夹的命名

文件名由主文件名和扩展名组成，格式为“主文件名.扩展名”。主文件名表示文件的名称，扩展名表示文件的类型。如果文件名包含多个“.”，则最右端一个“.”后面的部分为扩展名。文件夹和文件的主文件名命名方式相同，它没有扩展名。对文件的命名和使用有如下规则：

（1）主文件名是由多个字符组成的字符串，最多可以有 255 个字符。这些字符可以是字母、数字、下画线、空格、汉字和一些特殊符号。

（2）空格不能作为文件名的开头字符或单独作为文件名。

（3）文件名中不能使用的字符有：\，/，:，*，?，“，<，>，|。

（4）给文件命名时，字母不区分大小写。例如：ABC.DOC 和 abc.doc 被认为是同一个文件。

（5）同一存储位置中不能有同名的文件或者文件夹。

2. 文件类型

扩展名表示文件的类型，表 2-2 为常见的文件类型。

表 2-2 常见的文件类型

扩 展 名	文 件 类 型	扩 展 名	文 件 类 型
.exe	可执行文件	.bmp	位图文件
.txt	文本文件	.tif	tif 格式图形文件
.sys	系统文件	.html	超文本标记语言文件
.bat	批处理文件	.zip	zip 格式压缩文件
.ini	Windows 配置文件	.arj	arj 格式压缩文件
.wri	写字板文件	.wav	声音文件

3. 文件和文件夹路径

文件或文件夹在存储器上的位置称为存储路径。路径是用户在磁盘上寻找文件时所历经的文件夹线路，用“\”相互隔开。路径有绝对路径和相对路径两种。

绝对路径是从根文件夹开始描述的路径。如图 2-20 所示，文本文件 intel 的绝对路径为 C:\Program Files\Intel\intel.txt。

相对路径是从当前文件夹开始描述的路径。如图 2-20 所示，在 Program Files 文件夹中，文本文件 intel 的相对路径为 Intel\intel.txt。

4. 资源管理器

“资源管理器”是 Windows 7 管理文件的主要工具，包含“计算机”和“库”。它们不仅可以显示文件夹的结构和文件的详细信息，而且可以实现文件和文件夹的查看、复制、移动、删除等操作。

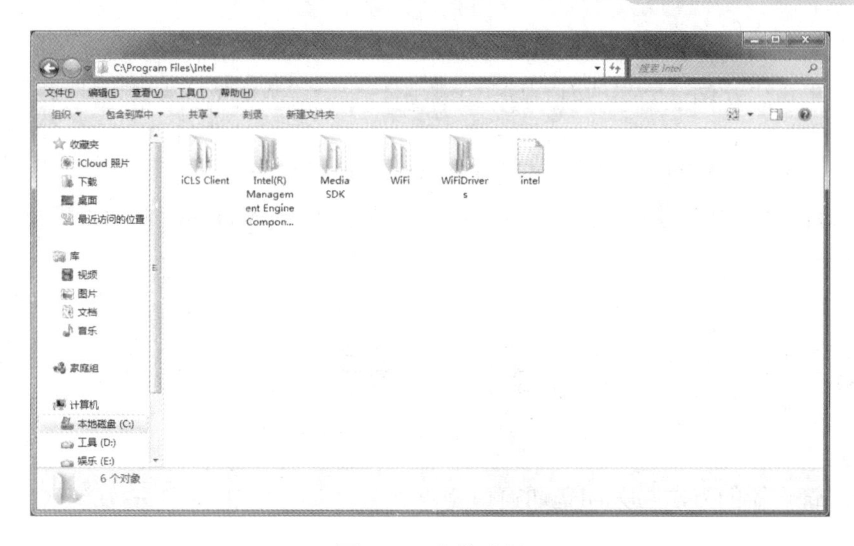

图 2-20　文件路径

（1）计算机。

“计算机”是文件和文件夹以及其他计算机资源管理的中心，可以直接对映射的网络驱动器、文件和文件夹进行管理。在窗口布局中引入导航窗格，可以使窗口以树形方式管理文件和文件夹。如图 2-16 所示，在“计算机”窗口中列出了计算机所有驱动器的图标，用户可以以驱动器作为工作的入口或者利用导航窗格对磁盘上存储的文件进行操作。

（2）库。

库是用于管理文档、音乐、图片和其他文件的位置，如图 2-21 所示。

在某些方面，库类似于文件夹。例如，打开库时将看到一个或多个文件。但与文件夹不同的是，库可以收集存储在多个位置中的文件。库实际上不存储项目，它监视包含项目的文件夹，并允许以不同的方式访问和排列这些项目。

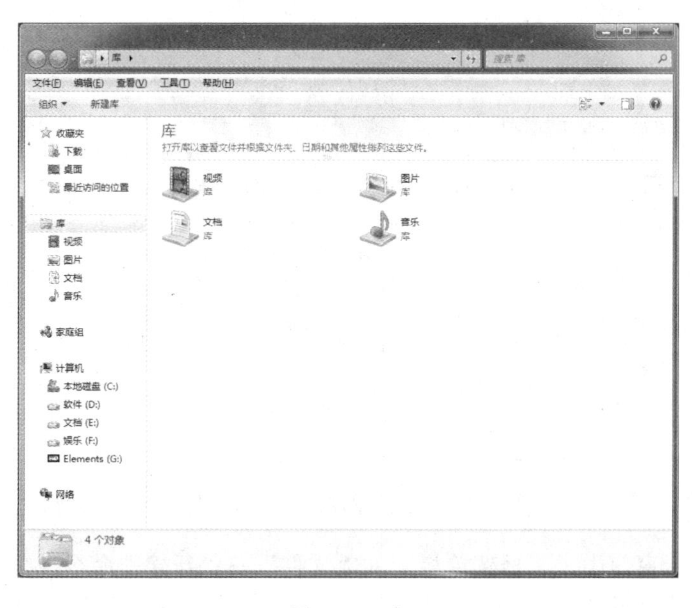

图 2-21　库

启动资源管理器的方法如下。

方法一：单击“开始”→“所有程序”→“附件”→“Windows 资源管理器”选项，即打开资源管理器窗口。

方法二：双击“计算机”图标，可以打开资源管理器窗口。

方法三：右击“开始”菜单，在弹出的菜单中“单击打开 Windows 资源管理器”。如图 2-22 所示。

图 2-22　打开 Windows 资源管理器

关闭资源管理器的方法与关闭普通窗口相同。

2.3.2　文件和文件夹的基本操作

文件和文件夹的操作主要在资源管理器和桌面上进行。

1. 新建文件和文件夹

在一般情况下，是通过应用程序来创建文件。除此以外，还可以在桌面或文件夹中新建文件和文件夹。在桌面或文件夹中新建文件和文件夹的方法有以下几种。

方法一：在目标位置单击鼠标右键，在弹出的菜单中选择“新建”，通过级联菜单选择需要创建的文件类型或文件夹，如图 2-23 所示。

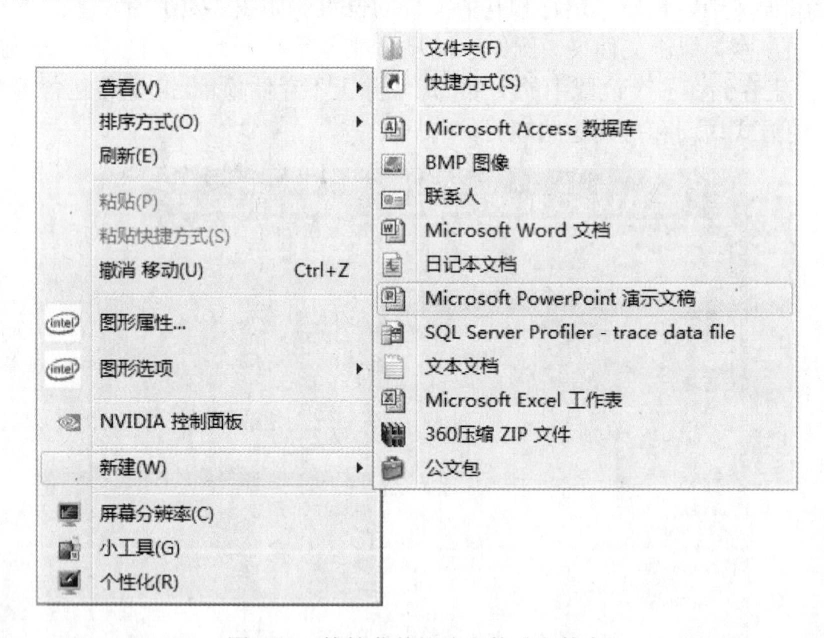

图 2-23　快捷菜单新建文件或文件夹

方法二：在目标窗口中，选择菜单栏上的“文件”→“新建”命令，在级联菜单中选择需要创建的文件类型或文件夹，如图 2-24 所示。

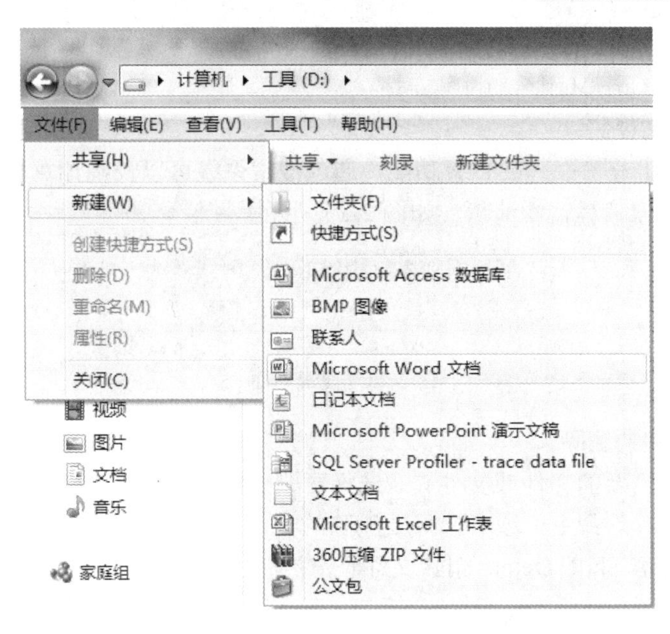

图 2-24　菜单栏命令新建文件或文件夹

2. 文件和文件夹的选取

在对文件和文件夹的管理操作中，必须遵循先选取对象再进行操作的原则。选取后的文件或文件夹呈高亮显示。在不同的需求下选取的方法不同。

（1）选取单个文件或文件夹：左键单击要选取的文件或文件夹。

（2）选取连续的文件或文件夹有两种方法。

方法一：左键单击要选取的第一个文件或文件夹，然后按住 Shift 键，再单击最后一个文件或文件夹。

方法二：按住鼠标左键并拖动形成矩形方框，则该矩形区的文件或文件夹将被选取。

（3）选取不连续的文件或文件夹：按住 Ctrl 键，依次单击要选取的文件或文件夹。

（4）选取全部的文件和文件夹：按组合键 Ctrl+A 或选择“编辑”菜单的“全选”命令。要取消全部选中的对象，可以单击窗口工作区的空白处；要取消部分选中的对象，可在按住 Ctrl 键的同时，单击要取消的对象。

3. 文件和文件夹重命名

在完成新建文件或新建文件夹命令后，名称部分呈选中状态，此时可以直接输入名字，然后按 Enter 键或者将鼠标移至其他任意位置单击。

用户可以根据需要对文件和文件夹重命名。选择要重命名的文件或者文件夹，单击鼠标右键或单击菜单栏上的“文件”→“重命名”命令，在弹出的对话框中输入新名字即可。

4. 移动、复制文件和文件夹

移动文件或文件夹操作是将原文件或文件夹从原位置移动到一个新的位置，操作完成后原位置的文件或文件夹不保留；复制文件或文件夹操作是为原文件或文件夹建立一个备份。

方法一：选取要移动或复制的文件或文件夹，用鼠标拖动到目标位置时，同时按住 Shift 键表示移动；同时按住 Ctrl 键表示复制。

方法二：选取要移动（复制）的文件或文件夹，在右键菜单中单击“剪切”（“复制”）命令，将鼠标移动到目标位置，在右键菜单中选择“粘贴”命令即可。

提示： 剪切命令可以通过按 Ctrl+X 组合键实现；复制命令可以通过按 Ctrl+C 组合键实现；粘贴命令可以通过按 Ctrl+V 组合键实现。

5. 搜索文件和文件夹

Windows 7 提供了非常强大的搜索功能，通过搜索系统可以找到计算机中存储的文件。在窗口搜索区，输入相应信息搜索即可，如图 2-25 所示。

图 2-25 搜索界面

6. 文件和文件夹的删除

用户可以删除不需要的文件或文件夹。选择要删除的文件或文件夹，单击鼠标右键，在弹出的菜单中单击“删除”命令，或者选择要删除的文件或文件夹，然后按键盘上的 Delete 键。

提示： 使用组合键 Shift+Delete 删除文件时，被删除的文件或者文件夹不进入回收站，而是彻底地被删除。

2.3.3 回收站

系统设立“回收站”主要是用来防止彻底地从硬盘上删除对象。系统把删除的对象放在“回收站”中，如果用户在操作过程中误删了文件或文件夹，可以在“回收站”中进行恢复。

在桌面上用鼠标左键双击“回收站”图标，打开如图 2-26 所示的“回收站”窗口。选中要恢复的文件或文件夹，单击菜单栏上的“文件”→“还原”命令，这样可以将文件恢复到原来的位置。

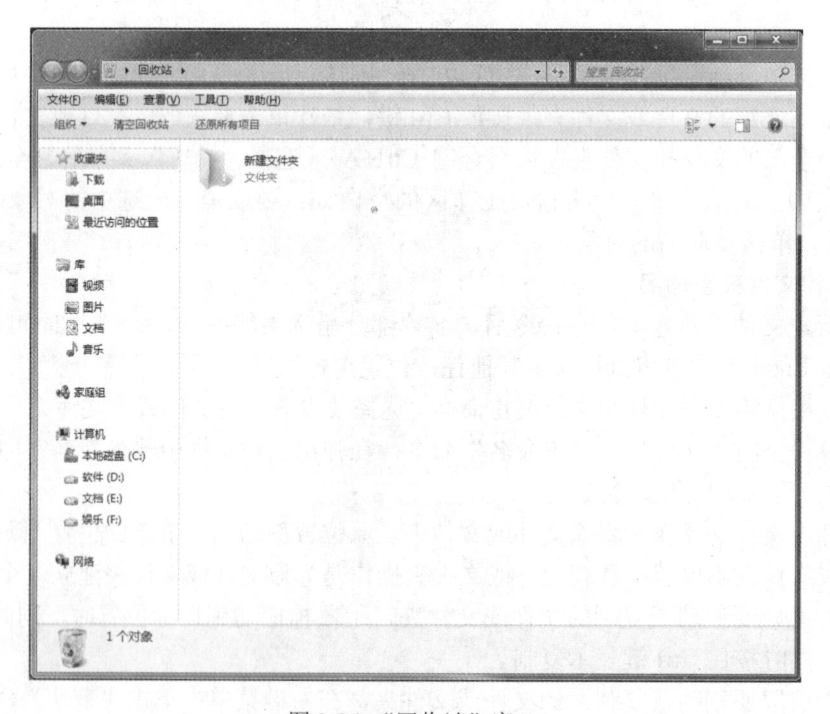

图 2-26 “回收站”窗口

如果用户确定删除的文件是不需要的，那么可以单击菜单栏上的“文件”→“清空回收站”命令来彻底删除这些文件。

2.4 Windows 7 的系统设置

Windows 7 将系统环境设置功能集中在控制面板中。单击“开始”→“控制面板”命令，打开控制面板窗口，然后将查看方式更改为大图标，如图 2-27 所示。在该窗口中可以调整系统的环境参数和各种属性，添加新的硬件和软件。

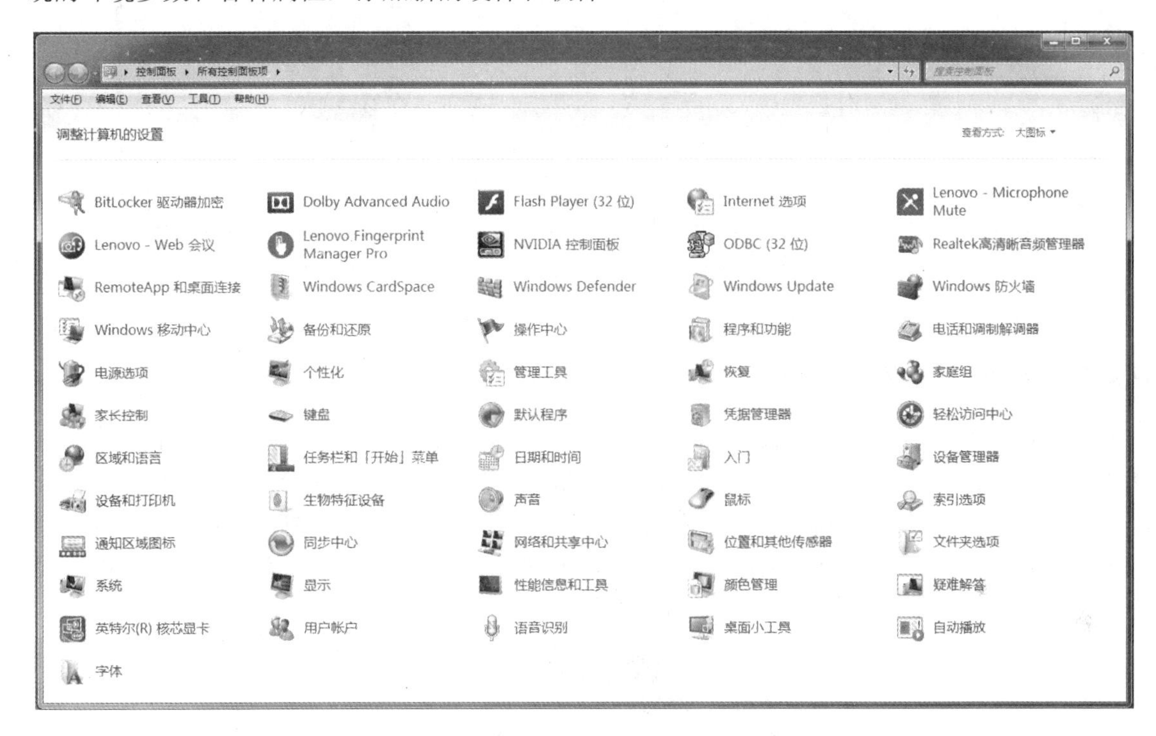

图 2-27 “控制面板”窗口

2.4.1 用户账户

Windows 7 允许设定多个用户使用同一台计算机，每个用户的个人设置和配置文件等可以有所不同，例如可以有不同的桌面、“开始”菜单、收藏夹等。可以为每一个用户单独设置账户，不同用户登录不同账户时，系统会应用相应的设置。

在“控制面板”窗口中，单击“用户账户”图标，进入“用户账户”窗口，如图 2-28 所示。选择“管理其他账户”命令（如果系统提示你输入管理员密码或进行确认，请输入该密码或提供确认），单击“创建一个新账户”，根据向导可添加一个新的用户账号。还可以选择“更改账户名称”或“更改用户账户控制设置”更改账户设置。

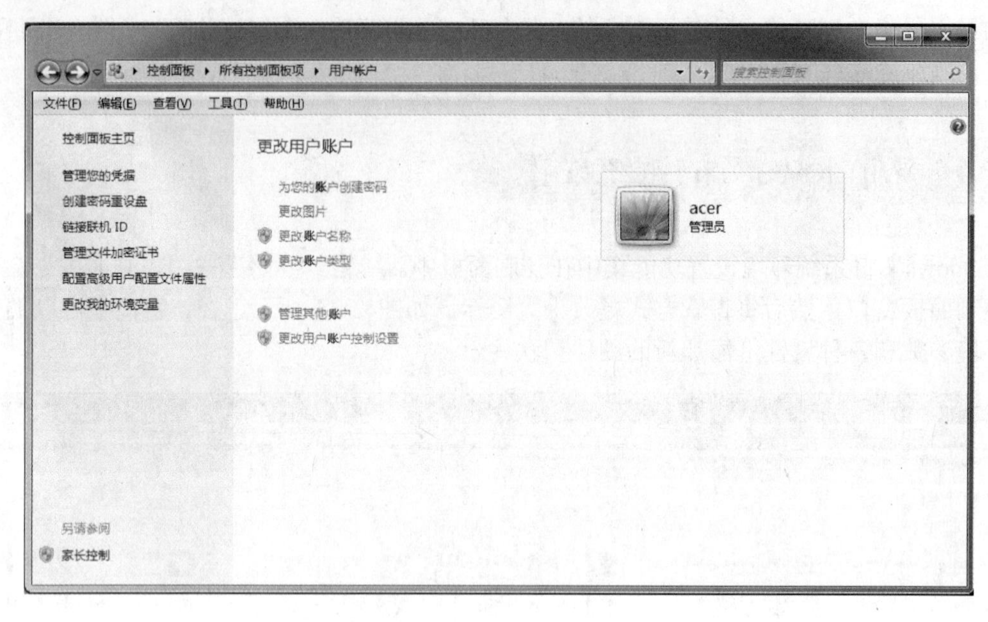

图 2-28 “用户账户”对话框

2.4.2 输入法设置

Windows 7 自带了微软拼音等输入法，有些输入法系统在默认情况下是没有加载的，用户可根据需要进行手工安装；而有些输入法不是很常用，用户可以将其删除。在控制面板中，单击“区域和语言”，打开“键盘和语言”选项卡，单击“更改键盘”按钮，在“文本服务和输入语言”对话框中可以进行输入法的相关设置，如图 2-29 所示。在“语言选项栏”上单击鼠标右键，再单击“设置”命令也可以打开该对话框。

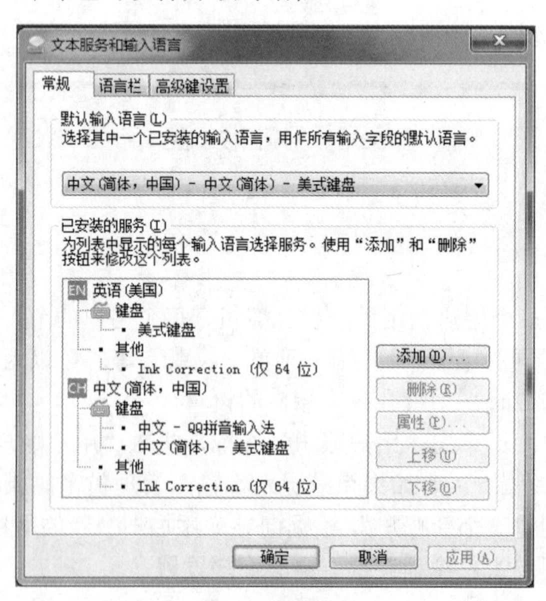

图 2-29 “文本服务和输入语言”对话框

2.4.3 鼠标和键盘的设置

鼠标和键盘是操作计算机过程中使用最频繁的设备，几乎所有的操作都要用到鼠标和键盘。用户可以根据个人的喜好对鼠标和键盘进行设置。

1. 调整鼠标设置

（1）单击“开始”→“控制面板”命令，打开“控制面板”对话框。

（2）单击“鼠标”图标，打开“鼠标属性”对话框，如图 2-30 所示。

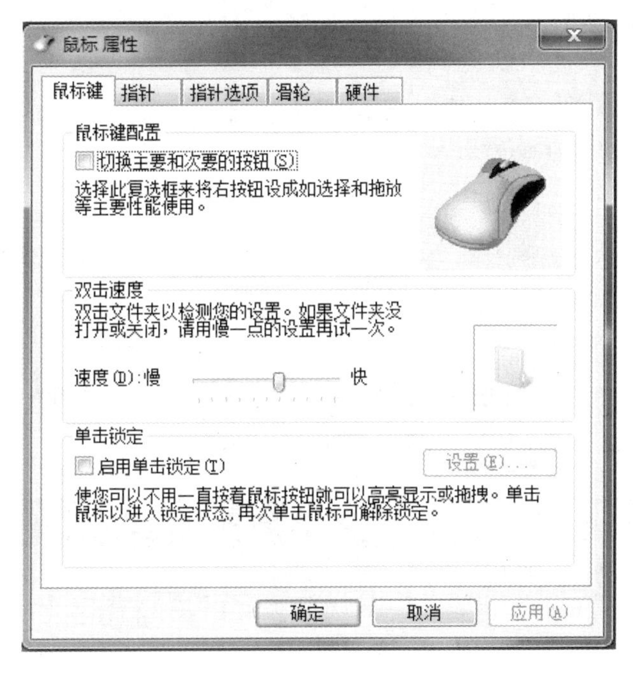

图 2-30 “鼠标属性”对话框

（3）单击打开“鼠标键”选项卡，各选项组设置如下：

- 在“鼠标键配置”选项组中，系统默认左边的键为主要键，若选中“切换主要和次要的按钮”复选框，则设置右边的键为主要键。
- 在“双击速度”选项组中拖动滑块可调整鼠标的双击速度，双击旁边的“文件夹”图标可检验设置的速度。
- 在“单击锁定”选项组中，若选中“启用单击锁定”复选框，则可以在显示或拖曳项目时不用一直按着鼠标键。

（4）单击打开“指针”选项卡，如图 2-31 所示。在该选项卡的“方案”下拉列表中提供了多种鼠标指针的显示方案，用户可以选择一种喜欢的鼠标指针方案，也可以在“自定义”列表框中选择合适的指针样式。

（5）单击打开“指针选项”选项卡，可以对鼠标的移动等进行设置，如图 2-32 所示。

2. 调整键盘设置

调整键盘的操作步骤如下：

（1）打开“控制面板”窗口。

（2）单击“键盘”图标，打开“键盘属性”对话框，如图 2-33 所示。

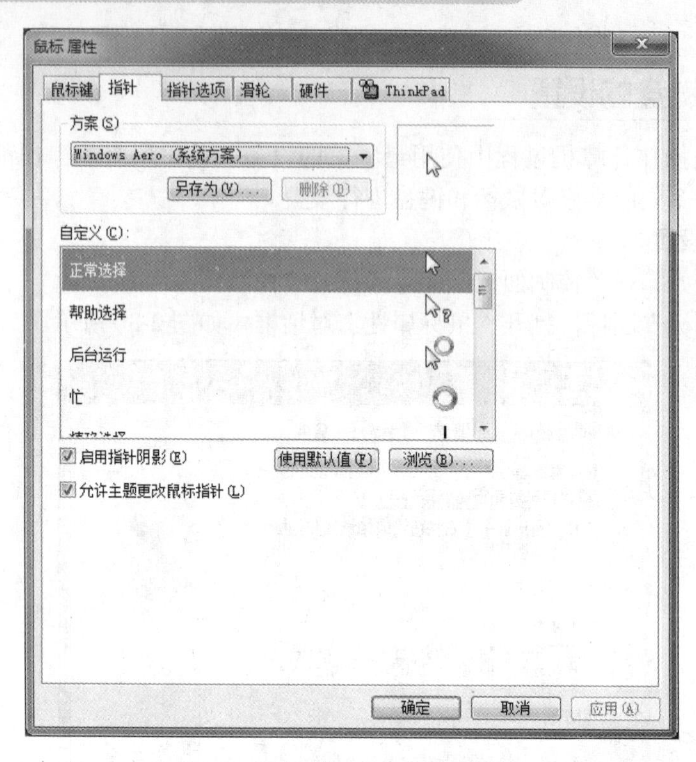

图 2-31 “指针”选项卡

图 2-32 “指针选项”选项卡

（3）在“速度”选项卡的“字符重复”选项组中，可以调整重复延迟的时间长短和重复的速率；在“光标闪烁速度”选项组中，拖动滑块，可调整光标的闪烁频率。

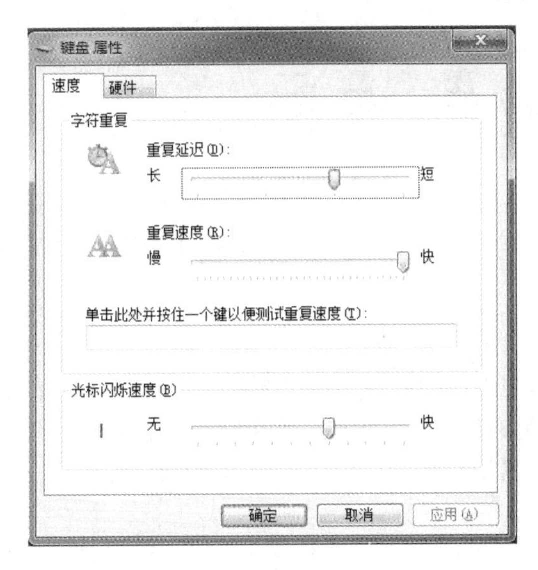

图 2-33 “键盘属性”对话框

2.4.4 添加或删除程序

安装程序可以通过双击软件提供商提供的扩展名为.exe 和.msi 的可执行文件安装，按照安装提示向导完成安装新程序的任务。安装这类软件时，通常双击文件夹中名为 Setup.exe、Install.exe、Setup.msi、Install.msi 等的文件。大多数程序安装后将在系统中进行相应的注册和设置，故删除时可以通过“控制面板”中“程序和功能”进行，如图 2-34 所示。选择程序后单击“卸载/更改”按钮即可删除程序。除了卸载选项外，某些程序还包含更改或修复程序选项，但许多程序只提供卸载选项。若要更改程序，请单击“更改”或“修复”命令。

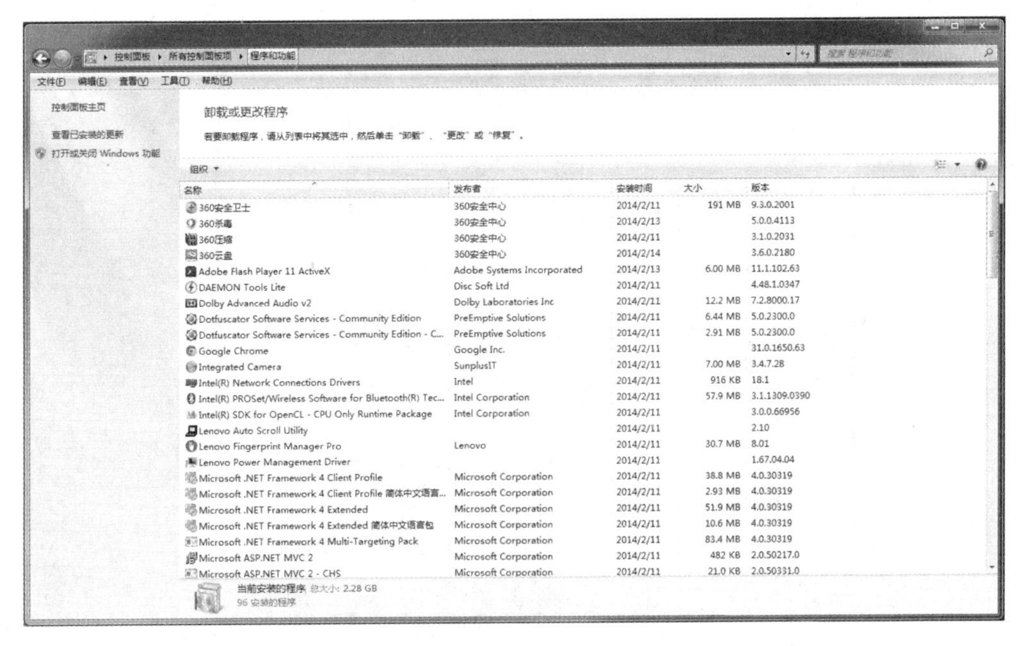

图 2-34 “程序和功能”窗口

2.5 Windows 7 的实用工具

为了方便用户，Windows 7 提供了一些实用工具以满足其应用需求，如记事本、计算器、画图程序等。此外还提供了一些系统工具，帮助用户对计算机进行日常维护。

2.5.1 磁盘管理

Windows 在运行过程中生成的各种“垃圾文件”（如安装程序的备份文件，浏览网页产生的临时文件等）会占用大量的磁盘空间，它们分布在磁盘的不同文件夹中，手工清除非常麻烦，使用 Windows 自带的“磁盘清理程序”可轻易地解决这一问题。

1. 磁盘清理

单击“开始”→“所有程序”→“附件”→“系统工具”→“磁盘清理”命令，打开如图 2-35 所示的对话框。

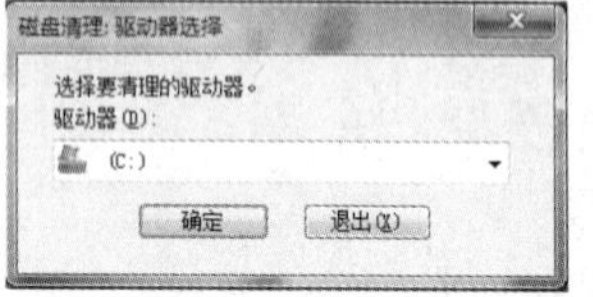

图 2-35 “驱动器选择”对话框

2. 磁盘碎片整理

电脑使用一段时间后，磁盘上保存了大量的文件，这些文件并非保存在一个连续的磁盘空间上，而是分散放置，这些零散的文件被称作“磁盘碎片”。磁盘碎片会降低系统的性能，每次读/写文件磁盘触头都要来回移动，浪费了时间。于是 Windows 提供了整理磁盘碎片的程序，它将计算机在长期使用过程中产生的碎片和凌乱文件重新整理，释放出更多的可用磁盘空间，提高了电脑的整体性能和运行速度。整理磁盘碎片的方法如下：

单击“开始”→“所有程序”→“附件”→“系统工具”→“磁盘碎片整理程序”命令，如图 2-36 所示。

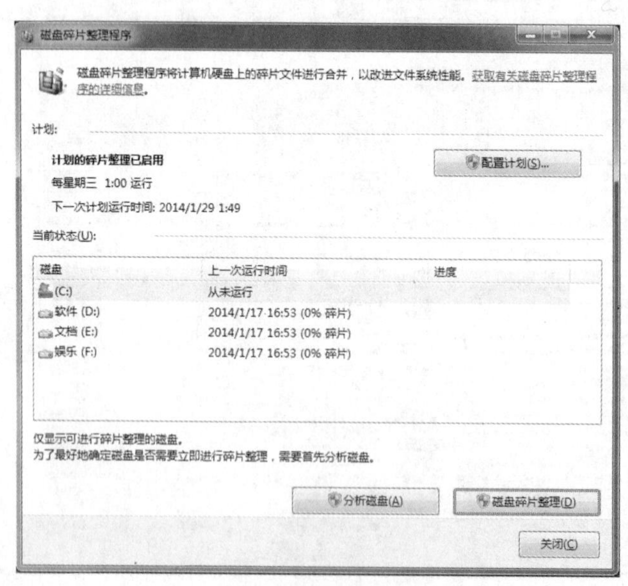

图 2-36 磁盘碎片整理程序

2.5.2 任务管理器

Windows 任务管理器提供了有关计算机性能的信息，并显示了计算机上所运行的程序和进程的详细信息。如果连接到网络，那么还可以查看网络状态并迅速了解网络是如何工作的。

最常见的启动任务管理器的方法如下。

方法一：在 Windows 7 中使用 Ctrl+Alt+Delete 组合键或 Ctrl+Shift+Esc 组合键，打开如图 2-37 所示的“Windows 任务管理器”窗口。

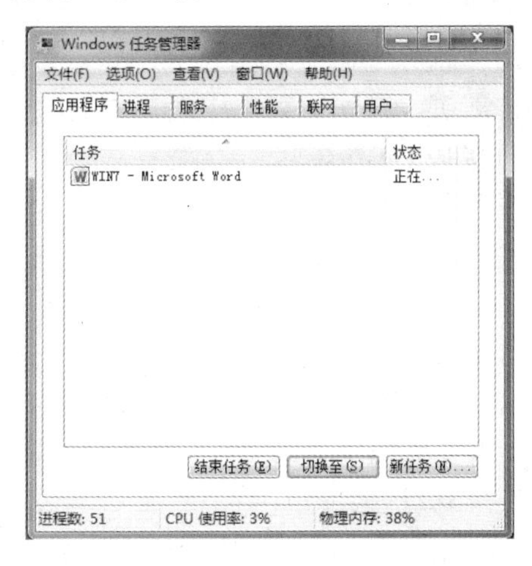

图 2-37 “Windows 任务管理器”窗口

方法二：在任务栏单击鼠标右键，再单击“启动任务管理器”命令。

在“应用程序”选项卡中显示了所有当前正在运行的应用程序，但只显示当前已打开窗口的应用程序，而 QQ、MSN Messenger 等最小化至系统托盘区的应用程序不会显示。用户可以单击“结束任务”按钮直接关闭一个或多个应用程序。

在“进程”选项卡中显示了所有当前正在运行的进程，包括应用程序、后台服务，以及隐藏在系统底层深处运行的病毒程序或木马程序。选中要结束的进程名，单击右键菜单中的“结束进程”命令可以对其强行终止，不过这种方式将丢失未保存的数据。

2.5.3 剪贴板

剪贴板是指 Windows 操作系统提供的一个暂存数据，并且提供共享的一个模块，也称为数据中转站。剪贴板在后台运行，是操作系统设置的一段存储区域。因存放在内存里，一旦电脑关闭重启，暂存在剪贴板中的内容将丢失。

练习题

一、选择题

1．当一个窗口已经最大化后，下列叙述中错误的是____。

A．该窗口可以被关闭　　B．该窗口不可以移动

C．该窗口可以最小化　　　　　　　　D．该窗口可以还原

2．Windows 7 为用户提供了良好的____。

A．命令行式单任务操作界面　　　　　B．命令式多任务操作界面

C．图形化单任务操作界面　　　　　　D．图形化多任务操作界面

3．在 Windows 7 操作系统中，将打开窗口拖动到屏幕顶端，窗口会____。

A．关闭　　　　B．消失　　　　C．最大化　　　　D．最小化

4．对选定的文件进行删除的操作中，不正确的是____。

A．选择“文件”菜单中的“删除”命令

B．选择“编辑”菜单中的“删除”命令

C．在要删除的文件上单击右键，在快捷菜单中选择“删除”命令

D．选择要删除的文件，直接按 Delete 键

5．下列窗口切换操作中，不正确的是____。

A．单击任务栏中的相关图标　　　　　B．单击另一窗口的任意位置

C．按 Alt+Tab 组合键　　　　　　　　D．按 Alt+F4 组合键

6．要选择若干个不连续的文件和文件夹，正确的操作是____。

A．在按住 Ctrl 键的同时，用鼠标依次单击

B．在按住 Alt 键的同时，用鼠标依次单击

C．在按住 Shift 键的同时，用鼠标依次单击

D．在按住 Ctrl+Shift 组合键的同时，用鼠标依次单击

7．在各种中文输入法之间的切换是用____组合键。

A．Ctrl+Space　　B．Ctrl+Alt　　C．Ctrl+Shift　　D．Alt+Space

8．在下列有关 Windows 7 菜单命令的说法中，不正确的是____。

A．带省略号的命令执行后，会打开一个对话框

B．命令前有符号“√”表示该命令有效

C．当鼠标指向带符号“▸”的命令时，会弹出一个子菜单

D．命令项呈暗淡颜色，表示相应的程序被破坏

9．在 Windows 7 操作系统中，显示桌面的快捷键是____。

A．Win+D　　B．Win+P　　C．Win+Tab　　D．Alt+Tab

10．在 Windows 7 的资源管理器中，不能____。

A．同时删除多个驱动器中的文件　　　B．同时删除一个驱动器中的多个文件

C．同时复制多个文件　　　　　　　　D．同时选择多个文件

11．为了正常退出 Windows 7，用户的操作是____。

A．在任何时刻关掉计算机的电源

B．单击“开始”菜单中的“关机”按钮

C．在没有运行任何应用程序的情况下关掉计算机的电源

D．在没有运行任何应用程序的情况下按 Ctrl＋Alt＋Del 组合键

12．在桌面上图标右键菜单中没有“删除”命令的图标是____。

A．用户的文档　　B．计算机　　C．网络　　D．回收站

13．操作系统是根据文件的____来区分文件类型的。

A．打开方式　　B．名称　　C．建立方式　　D．文件扩展名

14. 对文件重命名的方法不正确的是____。

A. 单击“工具栏”并选择“重命名”按钮

B. 选中文件，右键菜单选择“重命名”

C. 按 F2 键

D. 选择菜单栏“文件”→“重命名”命令

15. 在 Windows 7 中随时能得到帮助信息的快捷键是____。

A. Ctrl+F1　　B. Shift+F1　　C. F3　　D. F1

16. 要在桌面上移动 Windows 窗口，可以用鼠标指针拖动该窗口的____。

A. 标题栏　　B. 边框　　C. 滚动条　　D. 工具栏

17. 关于回收站叙述正确的是____。

A. 回收站中的内容不可恢复

B. 清空回收站后仍可用命令方式恢复

C. 暂存所有被删除的对象

D. 回收站的内容不占硬盘空间

18. 使用 Windows 7 的“记事本”输入一段文本，存盘后该文件的扩展名为____。

A. WAV　　B. PPTX　　C. DOCX　　D. TXT

19. Windows 7 中的剪贴板是____。

A. 硬盘中的一块区域　　B. 软盘中的一块区域

C. 高速缓存中的一块区域　　D. 内存中的一块区域

20. 鼠标器在屏幕上产生的标记符号变为一个状，表明____。

A. Windows 程序处于忙状态

B. Windows 执行的程序出错，终止其执行

C. 等待用户；输入 Y 或 N，以便继续工作

D. 提示用户注意某个事项，并不影响计算机继续工作

二、填空题

1. 计算机操作系统正常启动并成功登录后的整个屏幕区域称为________。

2. Windows 7 是一个________的操作系统，可以同时运行多个应用程序。

3. ________包含“开始”按钮、快速启动栏、运行程序栏（或应用程序栏）、语言选项带和通知区域（系统栏）等几部分。

4. 当用户打开多个窗口时，需要在各个窗口之间进行切换，可以通过快捷键________和________完成。

5. 在菜单中，命令名后跟着省略号“…”，表示如果选择了此命令，将会出现一个________。

6. 文件名是由________和________组成。

7. 文件或文件夹在存储器上的位置称为________。

8. 当窗口中工作区域的内容太多而不能全部显示时，窗口将自动出现________。

9. 剪切命令可以通过________组合键实现；复制命令可以通过________组合键实现；粘贴命令可以通过________组合键实现。

10. 使用组合键________删除文件时被删除的文件或者文件夹不进入回收站，而是彻底地被删除。

三、简答题

1．鼠标的基本操作有哪些？

2．如何设置屏幕分辨率和刷新频率？

3．简述 Windows 7 回收站的作用。

4．简述窗口与对话框的区别。

第3章 文字处理软件 Word 2010

文字处理软件 Word 2010 是 Microsoft 公司开发的 Office 2010 办公组件之一，也是目前市场上流行的文字处理和文档编辑软件。它取消了传统的菜单操作方式，提供简单易用的功能区新界面、生动的视觉效果、便捷的屏幕截图以及以操作对象为中心的命令组合方式，可以更轻松、高效地组织和编写文档，将文字处理系统的功能推到了一个崭新的境界。

通过本章的学习，读者应掌握以下知识：

- Word 文档的建立及编辑方法
- Word 文档的版面设计、字体及段落格式等的应用方法和技巧
- 图文混排的方法
- 表格的应用

3.1 Word 2010 的基本知识

3.1.1 Word 2010 的简介

文字处理软件改变了人们传统中用纸和笔完成文字处理的方式，在不断增长的功能需求下，Microsoft 公司对产品进行不断改进，先后推出了 Office 2000、Office 2003、Office 2007、Office 2010、Office 2013、Office 2016 等不同版本。Word 2010 将文字的输入、编辑、排版、存储、表格处理和打印融为一体，实现以下几大功能：文字编辑功能，即文字的输入、修改、删除、移动、复制以及查找和替换；文字校对功能，即自动拼写、自动更正；格式编辑功能，即对字体格式、段落格式及页面格式的编辑；表格制作功能，即创建及编辑表格；图文混排功能，即对图形、图片、艺术字、文本框等进行综合排版。此外，Word 2010、Word 2007 相比以前的版本，还增加了实时预览的功能，即当鼠标悬停在不同功能选项上时，显示该功能的效果预览，鼠标指针离开后将恢复原貌。

3.1.2 Word 2010 的启动

启动 Word 2010 的方法很多，这里简单介绍其中几种。

1. 使用“开始”菜单启动

单击“开始”→“所有程序”→“Microsoft Office”→“Microsoft Word2010”命令，如图 3-1 所示。

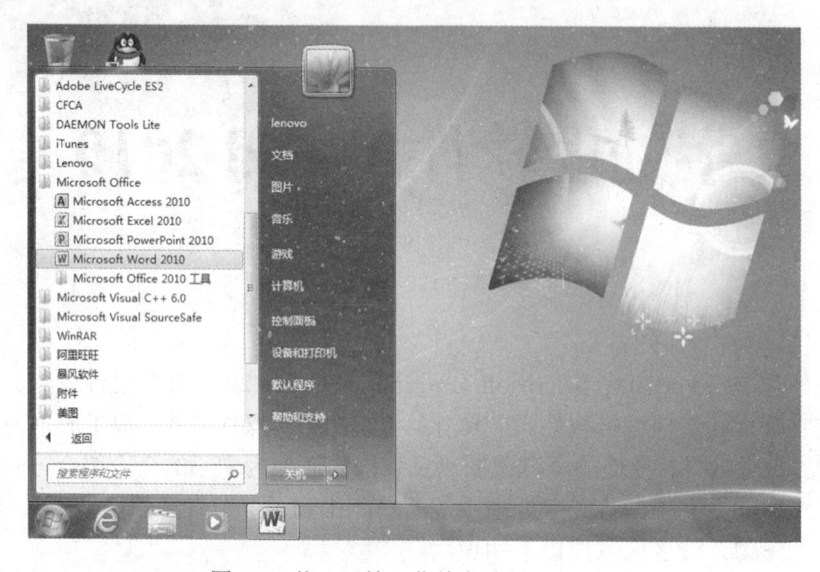

图 3-1 从“开始”菜单启动 Word 2010

2. 使用快捷方式直接启动

双击桌面上 Word 2010 快捷方式 直接启动。

若桌面上没有 Word 2010 快捷方式图标，需要首先在桌面上建立 Word 2010 快捷方式。创建方法是：在图 3-1 的 Microsoft Word 2010 图标上，单击鼠标右键，再在弹出的快捷菜单上单击“发送到”→“桌面快捷方式”命令。

3. 打开已有 Word 文档启动

在驱动器、文件夹或桌面双击任何已经存在的 Word 文档，也可以选中多个文档，然后按 Enter 键（或右击文档，在弹出的菜单中单击“打开”命令）启动文档。

3.1.3 Word 2010 的工作界面

启动 Word 2010，进入其工作界面，如图 3-2 所示。Word 窗口中的空白区域用于输入与编辑文字，它允许同时打开多个 Word 文档。

Word 窗口主要包括标题栏、选项卡、功能区、标尺（水平及垂直）、编辑区、视图切换按钮、缩放滑块、状态栏及滚动条等。

1. 标题栏

标题栏位于 Word 2010 工作界面的最上方，如图 3-3 所示，用来显示文档的名称。当打开或创建一个新文档时，该文档的名字就出现在标题栏上。标题栏从左到右依次是控制菜单图标、快速访问工具栏、文档名称和窗口控制按钮。

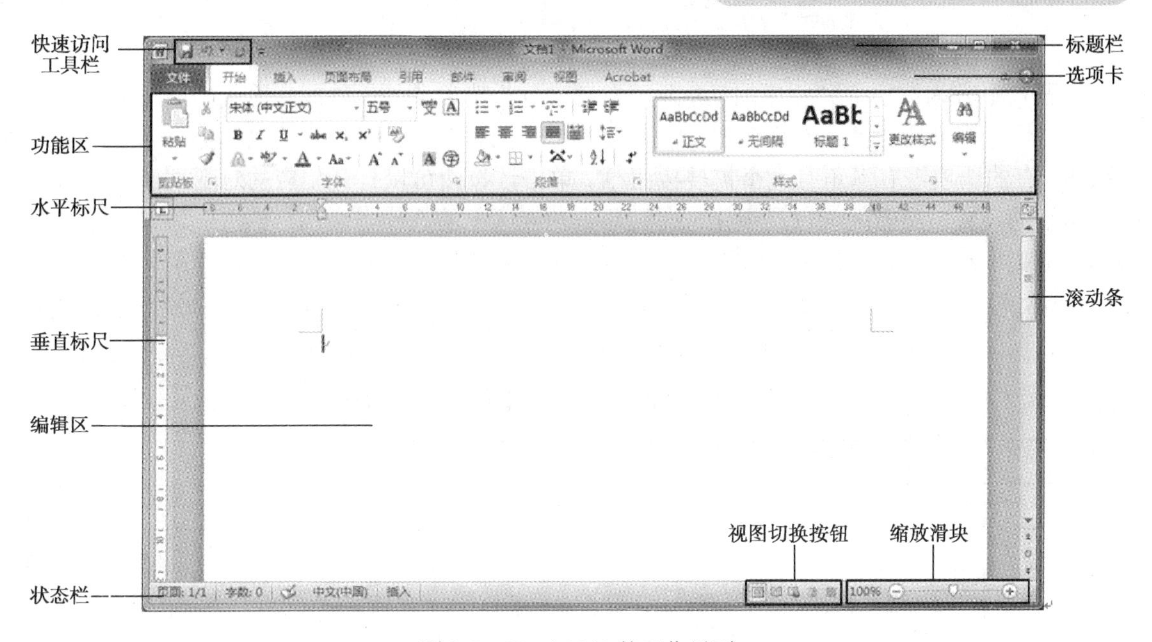

图 3-2 Word 2010 的工作界面

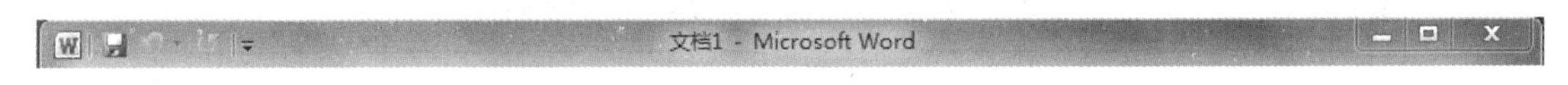

图 3-3 标题栏

（1）控制菜单图标。

位于标题栏的最左边。在该图标上单击鼠标左键，弹出控制菜单，可以对窗口进行还原、移动、大小、最小化、最大化和关闭等操作。

（2）快速访问工具栏。

位于控制菜单图标的右边。快速访问工具栏中可以添加常用的命令，如保存、撤销、恢复等。单击快速访问工具栏右侧的下拉箭头，在弹出的下拉菜单中可以选择常用的工具命令添加到快速访问工具栏中，如图 3-4 所示。

图 3-4 自定义快速访问工具栏

（3）文档名称。

正在使用的 Word 文档名称位于标题栏的中间位置，第一次新建时默认的文档名为“文档 1”。

（4）窗口控制按钮。

窗口控制按钮位于标题栏的右边，共有三个，从左到右分别为“最小化”按钮、“最大化”按钮和“关闭”按钮。

①“最小化”按钮：左键单击该按钮，窗口会缩小成 Windows 任务栏上的一个按钮。

②“最大化”按钮：左键单击该按钮，窗口会放大到整个屏幕，此时该按钮会变成“向下还原”按钮，单击它窗口会变回原来大小。

③“关闭”按钮：单击该按钮，窗口会被关闭。

提示：左击标题栏也可以实现在“最大化”按钮的功能，达到调整窗口大小的效果。

2. 选项卡和功能区

标题栏下方为选项卡和相应的功能区。除“文件”选项卡外，单击其他选项卡即可打开相应的功能区，每个功能区中有许多自动适应窗口大小的选项组。每个选项组里提供了常用的命令按钮，有的选项组右下角有一个扩展按钮，单击该按钮可以打开相应的对话框或任务窗格进行详细的设置。功能区可以最小化，即只显示功能区上的选项卡名称，单击选项卡一栏最右端的按钮可实现。图 3-2 中显示的是“开始”选项卡及其对应的功能区，包含了文本编辑常用的按钮，可以进行字体、段落、样式等多项设置操作，表 3-1、表 3-2、表 3-3 分别列举出“剪贴板”选项组、“字体”选项组、“段落”选项组的主要按钮及功能。

表 3-1 “剪贴板”选项组主要按钮及功能表

按　钮	名　称	功　能
	剪切	将选定文本剪切存于剪贴板中
	复制	将选定文本复制于剪贴板中
	粘贴	在光标所处位置粘贴剪贴板中的内容
	格式刷	复制所选文本或段落的格式

表 3-2 “字体”选项组主要按钮及功能表

按　钮	名　称	功　能
宋体 / 小四	字体、字号	从下拉列表选出相应字体、字号设置所选文本
A	增大字体	对所选文本增大字号
A	缩小字体	对所选文本减小字号
Aa	更改大小写	对所选文本更改大小写形式
wén 文	拼音指南	对所选文本添加拼音
A	字符边框	对所选文本添加字符边框
B	加粗	将所选文本加粗
I	倾斜	将所选文本设置为斜体
U	下画线	对所选文本添加下画线，线形可选
abc	删除线	对所选文本的中间添加一条删除线
x_2	下标	将所选文本设置为下标
x^2	上标	将所选文本设置为上标
A	文本效果	对所选文本应用外观效果（如阴影、发光或映像）
ab	突出显示	对所选文本设置相应颜色的突出显示
A	字体颜色	对所选文本设置字体颜色
A	字符底纹	对所选文本添加字符底纹
字	带圈字符	对所选的一个文字添加圆圈标识

表 3-3 “段落”选项组主要按钮及功能表

按 钮	名 称	功 能
	项目符号	对所选文本添加项目符号
	编号	对所选文本添加编号
	多级列表	对所选文本设置多级列表形式
	减少缩进量	减少段落的左缩进量
	增加缩进量	增加段落的左缩进量
	中文版式	自定义中文或混合文字的版式
	排序	按字母顺序排列所选文字或对数值数据排序
	显示/隐藏编辑标记	显示或隐藏文档中的编辑标记，如段落标记
	文本左对齐	将所选文本左对齐
	文本居中对齐	将所选文本居中对齐
	文本右对齐	将所选文本靠右对齐，左边可不齐
	两端对齐	将所选文本（除末行）左右两边同时对齐
	分散对齐	通过添加空格，使所选段落的各行等宽
	行和段落间距	对所选段落设置行间距
	底纹	对所选文本或段落设置背景色
	下框线	对所选文本或段落添加框线或底纹，选定某项后图标会随之改变

与 Word 2007 的工作界面相比，Word 2010 的工作界面新增了“文件”选项卡，单击“文件”选项卡会显示基本的文档操作命令，可以打开、保存、打印和管理 Word 文件。另外，还可以对功能区和快速访问工具栏中的各项工具进行添加、修改和删除。单击“选项”命令，弹出“Word 选项”对话框，单击左侧的“自定义功能区”选项卡，可以对功能区进行设置，如图 3-5 所示。同样，单击左侧的“快速访问工具栏”选项卡，可以对“快速访问工具栏”进行设置。

图 3-5 自定义功能区

3. 标尺

标尺是 Word 中的一个重要工具。利用标尺，可以调整边距，改变段落的缩进值，改变表格的行高和列宽以及进行对齐方式的设置。单击窗口右侧垂直滚动条上方的按钮，可以达到显示或隐藏标尺的效果。Word 中有水平和垂直两种标尺，标尺上的缩进标记（也叫游标）分为首行缩进、悬挂缩进、左缩进和右缩进 4 种，如图 3-6 所示。把鼠标指针移到缩进标记上，会显示相应的提示。

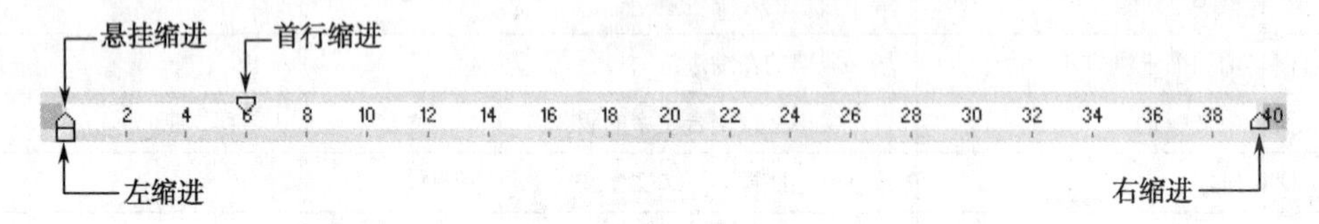

图 3-6　4 种缩进标记

提示：在按住 Alt 键的同时移动游标可实现微调。

4. 状态栏

状态栏位于 Word 窗口底部，提供了页面、字数统计、拼音、语法检查、改写、视图切换按钮、显示比例和缩放滑块等辅助功能，以显示当前文档的各种编辑状态。

5. 视图切换按钮

视图切换按钮位于状态栏的右端，包含“页面视图”、“阅读版式视图”、“Web 版式视图”、“大纲视图”以及“草稿”5 个视图按钮，用户可以单击这些按钮或在“视图”选项卡的功能区中单击相应的按钮进行不同视图方式的切换。另外，Word 2010 还提供了导航窗格，方便用户查看文章的内容、格式、段落等效果。

（1）页面视图。

页面视图是启动 Word 2010 后默认的视图方式，适用于概览整个文章的总体效果。它可以显示出页面大小和布局，编辑页眉和页脚，查看和调整页边距，处理分栏及图形对象等。同时，这种视图方式下的文档在屏幕上的显示与实际打印结果更为接近。

（2）阅读版式视图。

阅读版式视图适合于阅读长篇文章。在该视图下，原来的文章编辑区缩小，而文字大小保持不变，并在内容较多的情况下自动多屏显示。阅读版式视图下，选项卡、功能区等窗口元素都被隐藏起来，这样可以扩大显示区并方便用户进行审阅编辑。在阅读版式视图中同样可以进行文本的编辑，视觉效果较好，不容易感到疲劳。

在阅读版式下，要在文档中翻页，用滚动条或按 PageDown 和 PageUp 键即可滚动屏幕。还可以快速跳转到特定的屏幕，如按 Ctrl+Home 或 Ctrl+End 组合键跳至文档开头或结尾，或输入一个屏幕编号再按 Enter 键跳转到指定的屏幕上。

（3）Web 版式视图。

Web 版式视图可以预览具有网页效果的文本，在这种方式下，文档内容的显示会根据浏览器的窗口进行调整。同时，在此视图下可以创建能在浏览器上显示的 Web 页或文档。

（4）大纲视图。

大纲视图可以查看文档的结构，还能通过拖动标题来移动、复制和重新组织文本，特别适合编辑含有大量章节的长文档，既能让文档的层次结构清晰明了，又可根据需要进行内容调整。使用大纲视图查看文档时，可以通过折叠文档来隐藏正文内容而只显示主要标题，也可以展开文档查看所有正文。因此，在编辑较大文档时，可先在大纲视图下建立大纲，组织好文档结构，然后再添加详细内容。大纲视图中不显示页边距、页眉和页脚、图片和背景。

Word 2010 还提供了导航窗格显示文档结构，它独立于正文，在页面的左侧开辟一个新窗口，显示文档的标题列表，左键单击标题可快速在编辑窗口中切换到相应的内容。打开“视图”选项卡，在“显示”选项组中勾选或取消勾选“导航窗格”复选框即可设置显示或隐藏导航窗格。

提示：通过大纲视图和导航窗格查看文档的层次和结构，要求文章预先设置好标题样式。

（5）草稿。

草稿视图类似 Word 2003 中的普通视图，不显示页面边距、分栏、页眉页脚等页面效果，占用计算机资源比较少，浏览速度相对较快，适合编辑内容、格式简单的文章。

Word 2010 在“视图”功能区中的“显示比例”选项组还提供了显示比例的设置，可以以单页、双页等各种显示比例来查看和编辑文档。

6. 缩放滑块

缩放滑块位于视图切换按钮的右边，用于更改正在编辑的文档的显示比例。

7. 滚动条

Word 中的滚动条分为垂直滚动条和水平滚动条两种。单击水平、垂直滚动条两端的按钮或拖动滚动条上的滚动块都可以定位到文档中的任何位置。另外，Word 在垂直滚动条下面还提供了“前一页”、“选择浏览对象”和“下一页”按钮，以方便用户迅速定位到指定内容。

3.1.4 Word 2010 的退出

常用的退出 Word 文档的方式有以下几种：

- 单击“文件”→“退出”命令。
- 单击窗口右上角的“关闭”按钮。
- 使用快捷键 Alt+F4。
- 双击窗口标题栏最左边的控制菜单图标。

提示：单击“文件”→“关闭”命令或按快捷键 Ctrl+W 可以关闭当前打开的 Word 文档，但并不能退出 Word 应用程序。

3.2 Word 2010 的基本操作

Word 2010 基本操作包括创建文档、保存文档、打开已有文档、打印文档及保护文档等操作，以下一一进行介绍。

3.2.1 创建文档

利用 Word 2010 可以创建一个空白文档，也可以使用各种模板来创建文档，如博客文章、书法字帖等。空白文档方便用户进行编辑，而模板更能满足特殊用户的需要。

1. 创建空白文档

最常用的创建空白文档的方式有如下几种：

- 在启动 Microsoft Word 2010 时，应用程序自动创建一个名为“文档 1”的空白文档。

- 在“文件”选项卡中选择“新建”命令，在右侧“可用模板”区域选择“空白文档”，再单击“创建”按钮。
- 使用组合键 Ctrl+N。

2. 根据模板创建文档

在“文件”选项卡中选择“新建”命令，在右侧窗口中单击选择各种模板类型创建文档。

3.2.2 保存文档

文档的保存是文档管理中的重要操作，在工作时应每隔一段时间将文档保存一次，这样可以有效地避免因停电、死机等意外事故而导致损失。

在“文件”选项卡中单击“保存”命令，或单击快速访问工具栏中的“保存”按钮，或使用组合键 Ctrl+S 实现对文档的保存，Word 2010 文档的默认扩展名为.docx。

1. 保存新建文档

对新建的文档使用“保存”命令，将弹出“另存为”对话框，如图 3-7 所示，再选择合适的路径和文件名进行保存。默认的保存类型为“Word 文档”，若用户需要在 Word 2003 中查看文档，保存类型选择“Word 97-2003 文档”。

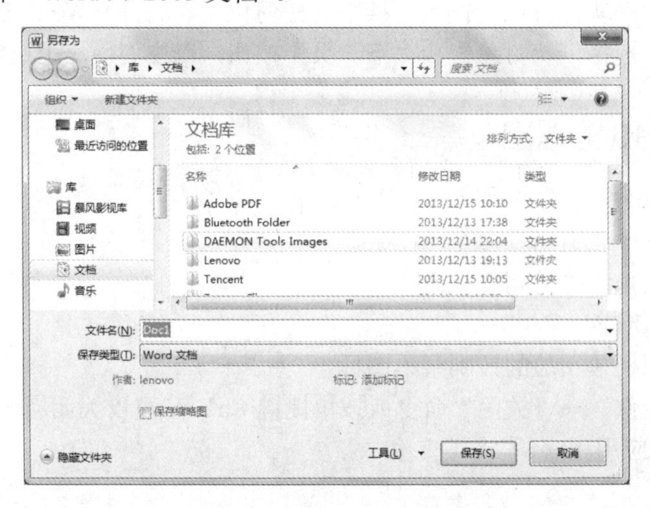

图 3-7 “另存为”对话框

2. 保存已有文档

对于已经保存的文档，使用“保存”命令会直接按照原路径及原文件名进行再次保存。若需要将当前文档保存为其他文件格式、文件名或保存于其他位置，可以单击“文件”选项卡中的“另存为”命令进行类似新建文档的保存。这种情况相当于在其他位置建立了该文档的复本，在两个位置均存在此文档。但要注意一旦选择“另存为”方式存于其他位置，则另存的文档为当前编辑文档，修改并不更新原文档。

3. 自动保存文档

Word 2010 还提供了自动保存文档的功能，以避免因断电或死机未及时保存文档造成的损失。在“文件”选项卡中单击“选项”命令，弹出“Word 选项”对话框，在左侧单击“保存”命令，即可在右侧窗口进行自动保存的设置，如图 3-8 所示。

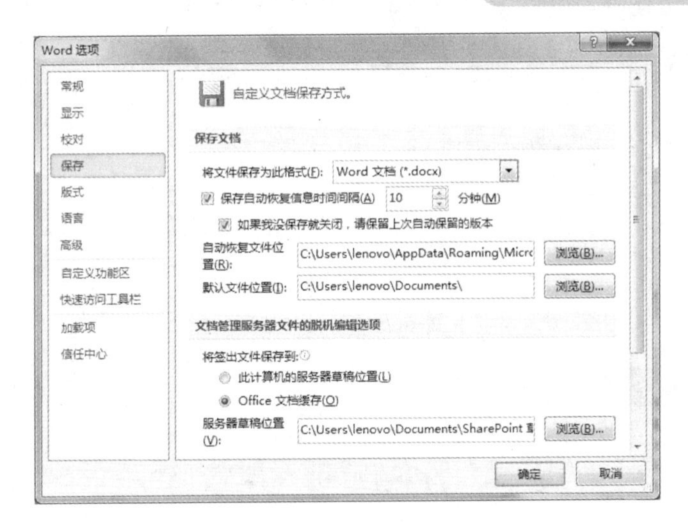

图 3-8　文档保存方式的设置

3.2.3　打开已有文档

在使用 Word 2010 进行编辑过程中，对已有文档编辑完成后可以多次修改，也可以利用某些已有文档对新文档提供相关的文字或图像信息。

1. 直接双击文档打开

通过“计算机”找到已有 Word 文档，直接双击该文档打开。

2. 利用“打开”命令打开

启动 Microsoft Word 2010 后，在“文件”选项卡中单击“打开”命令，弹出“打开”对话框，找到该文档并打开。

3. 打开最近使用过的文档

用户可以通过以下两种方式快速打开最近使用过的文档。

方法一：打开 Word 2010 窗口，在“文件”选项卡中单击“最近所用文件”命令，在右侧窗口出现若干最近使用过的文档，直接单击打开。

方法二：打开“开始”菜单，在 Microsoft Word 2010 的级联菜单中会出现用户最近编辑过的文档，直接单击打开。

3.2.4　打印文档

打印文档前往往需要进行打印预览，可以设定文档按一定比例以单页或多页的形式显示，保证文档以最接近打印效果的形式预览。在“文件”选项卡中单击“打印”命令，右侧窗口中将显示文档打印时的外观预览情况，如图 3-9 所示。通过窗口右下角的显示比例的调整设置一次预览的页面数。

预览文档确认无误后即可进行正式打印，正式打印文档前要检查打印机是否与计算机连接好。打印文档可按默认的形式打印，也可按用户要求进行打印。在图 3-9 所示的窗口的中间区域可以设置相关的打印参数，包括打印的页数、方向、纸张等，待所有参数设置好后单击“打印”按钮 即可。

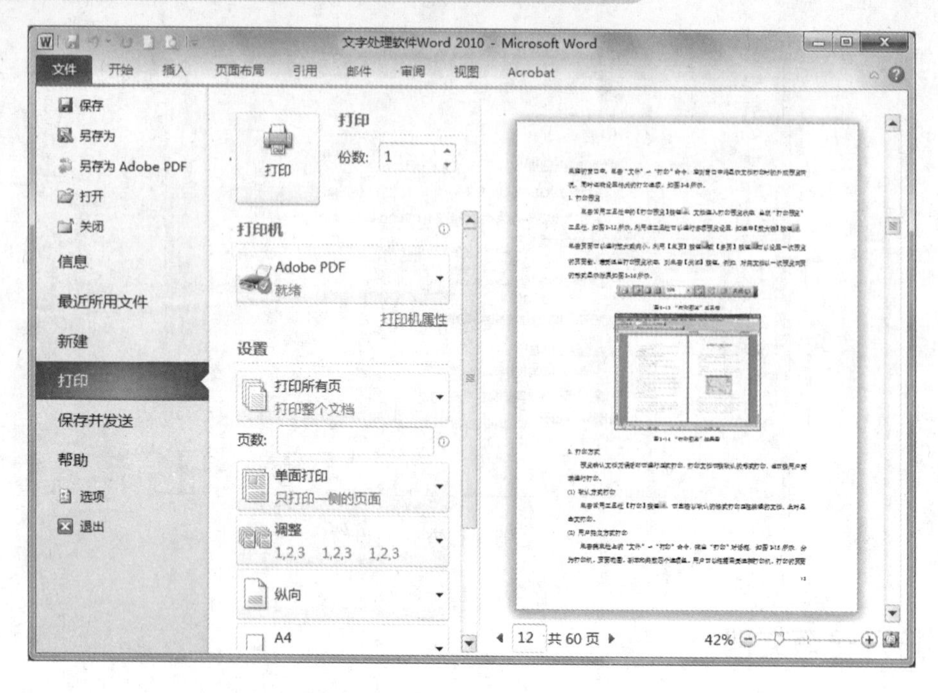

图 3-9 “打印预览和打印”窗口

3.2.5 保护文档

为了避免文档不被随意修改，需要对文档进行相关设置保证文档的安全，如可以对文档进行加密保护，使文档只具有读的权限等。

Word 2010 提供了多种方式保护文档，在“文件”选项卡中单击“信息”命令，弹出如图 3-10 所示的窗口。在“权限”区域单击“保护文档”按钮，显示“标记为最终状态”、“用密码进行加密”、“限制编辑”、“按人员限制权限”、“添加数字签名”5 种保护方式，用户可以根据个人对文档保护的要求选择相应的方式。

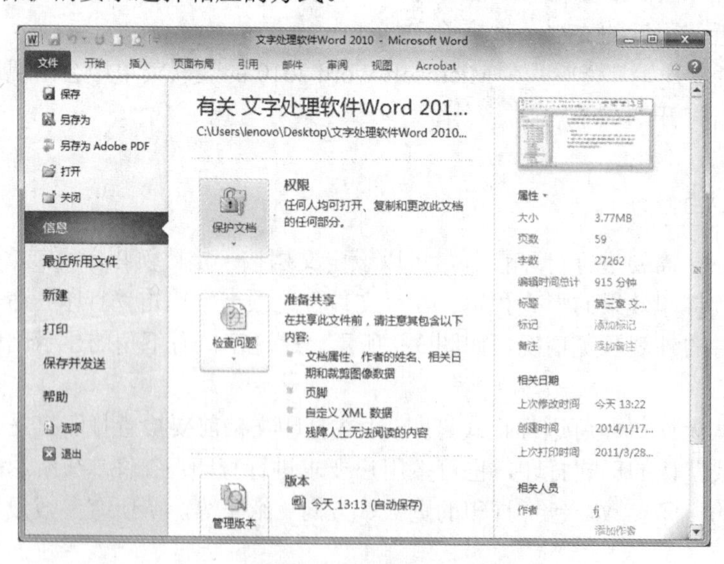

图 3-10 保护文档的设置

3.3　文档的编辑

文档的编辑包括文档的录入，文本的选定与编辑、撤销与恢复、查找与替换以及批注与修订等操作，以下一一进行介绍。

3.3.1　录入文档

Word 文档的内容主要为文字，还可以是各种符号、图片、表格等。这里简单介绍有关文字和各种符号的输入方法。

1. 输入中英文和数字

在光标所在处输入中英文、数字，按组合键 Ctrl+Shift 即可转换输入法进行输入。在页面中输入文本时，Word 会根据页面的大小自动选择换行。按下 Enter 键可以进行手动换行，系统会在行尾插入一个段落标记 ↵ 。

若需要将两个段落合并成一个段落（即删除分段处的段落标记），可把插入点移到分段处的段落标记前，然后按 Delete 键（或在标记后按 Backspace 键）删除该段落标记，即完成段落合并。

2. 插入符号

打开“插入”选项卡，在“符号”选项组中单击“符号”按钮Ω，显示如图 3-11 所示的符号列表，单击需要插入的符号图标完成插入。

图 3-11　符号列表

图 3-11 所示的符号列表中只列出了一些常用的符号，可以单击下方的“其他符号”按钮，弹出如图 3-12 的“符号”对话框查找其他的符号进行插入。在“符号”对话框中有两个选项卡，其中“符号”选项卡包含按字体及其子集的下拉列表，选中字体及其子集后，通过移动滚动条找到需要的符号，选中它再单击“插入”按钮。打开“符号”对话框中“特殊字符”选项卡，可以进行插入长画线、短画线、不间断连字符、全角空格、半角空格等特殊字符操作。此外，在需要插入符号的位置单击鼠标右键，在快捷菜单中单击“插入符号”命令也可以进入“符号”对话框。

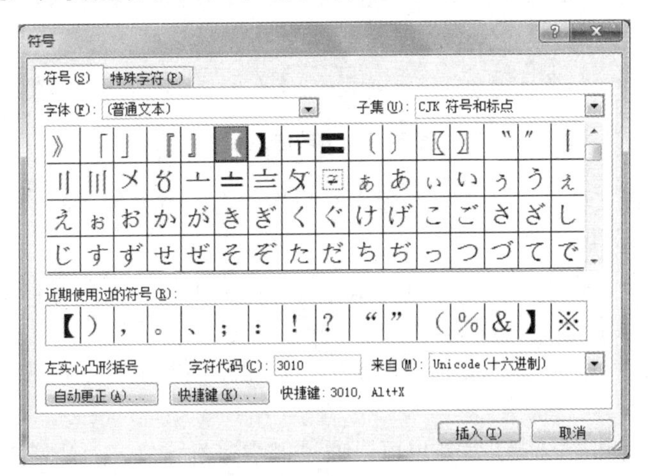

图 3-12　“符号”对话框

除了使用“符号”对话框外，还可以通过软键盘进行特殊符号的输入。在 Word 中切换成中文输入法，单击软键盘按钮▦显示各种符号类型列表，选择需要的符号类型，打开相应的软键盘进行操作。

3.3.2 选定与编辑文本

在输入了一段文本之后，如果要对它进行移动、复制和删除等操作，需要先选定文本。

1. 选定文本

选定文本后，该文本成淡蓝色底纹格式。根据选定内容的不同，操作方法也不同。

（1）选定一个词语：左键双击该词语所在位置。

（2）选定任意长度的文本：按住鼠标左键从开始位置拖动到终止位置；对于跨行或跨页的大块文本，选定起始位置并按住 Shift 键不放，再单击要选定文本的末尾。

（3）选定一句：按住 Ctrl 键，再单击句中任意位置。

（4）选定一行：在文档选定栏（见图 3-13），当鼠标指针呈指向右上方的箭头时，单击鼠标左键可选定所在的行。

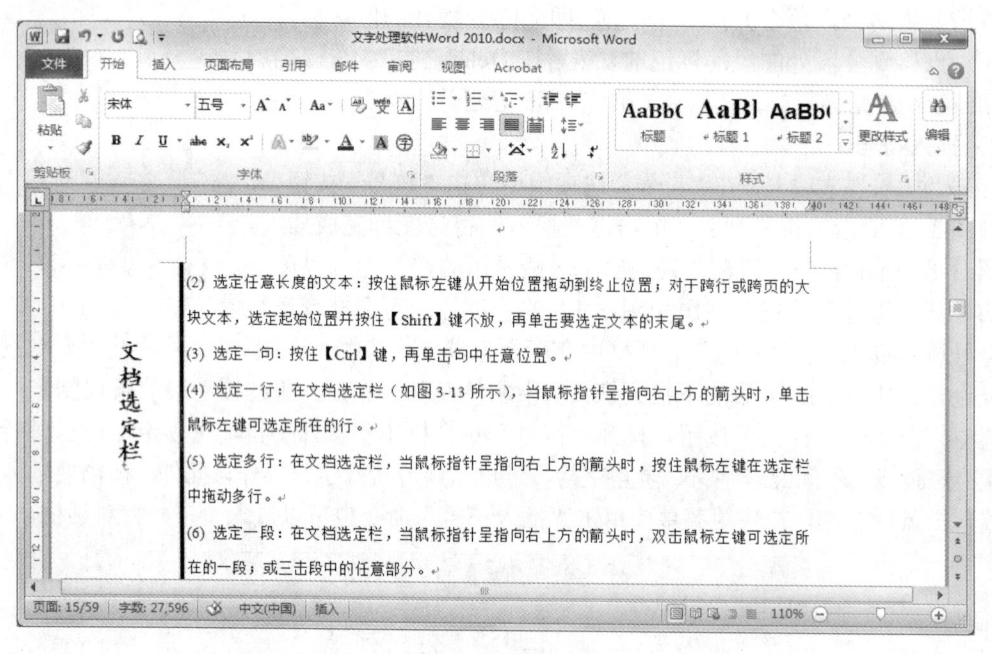

图 3-13　文档选定栏

（5）选定多行：在文档选定栏，当鼠标指针呈指向右上方的箭头时，按住鼠标左键在选定栏中拖动多行。

（6）选定一段：在文档选定栏，当鼠标指针呈指向右上方的箭头时，双击鼠标左键可选定所在的一段；或三击段中的任意部分。

（7）选定整篇文档：在文档选定栏，当鼠标指针呈指向右上方的箭头时，快速三击鼠标左键选定整篇文档。

以上都是通过鼠标进行选定，另外也可以通过键盘来选定文本，对应快捷键如表 3-4 所示。

表 3-4　选定文本的快捷键及其功能

快　捷　键	功　　能
Shift+↑（↓）	向上（下）选定一行
Shift+←（→）	向左（右）选定一个字符
Shift+Ctrl+↑（↓）	选定内容扩展至段落开头（结尾）
Shift+ Ctrl+←（→）	选定内容扩展至前（后）一单词
Shift+ Ctrl+Home	选定内容至文档开始处
Shift+ Ctrl+End	选定内容至文档结尾处
Ctrl+A 或 Ctrl+5（小键盘数字）	选定整个文档

若要取消选定的文本，在编辑区的任意位置单击鼠标左键即可。

2. 编辑文本

文本的复制、移动与删除是 Word 文档中最常用的编辑操作，灵活运用，会使文档内容的修改和调整变得更便捷。

复制和剪切操作都会用到剪贴板，Word 提供的剪贴板功能可以存储最近 24 次复制或剪切后的内容。打开“开始”选项卡，单击“剪贴板”选项组右下角的扩展按钮显示“剪贴板”窗格，如图 3-14 所示。可以将多个不同的内容（文本、表格、图形或样式等）通过剪切或复制放到剪贴板中，供用户多次使用。同时，它们也可以在 Office 软件（Word、Excel 等）中共用。

图 3-14　“剪贴板”窗格

（1）移动文本：将选定的文本从当前所在位置移到目标位置，原位置的文本消失。

① 鼠标移动：选定文本，将鼠标指针指向所选定文本使之呈指向左上方的箭头形状，按住鼠标左键不放拖动文本至目标位置。

② 剪贴板移动：通过剪贴板移动文本即为进行“剪切”操作。首先选定文本，在其上单击鼠标右键，在快捷菜单中单击“剪切”命令，再将光标移至目标位置，单击右键，选择“粘贴选项”命令中一种形式。这一操作也可以通过快捷键 Ctrl+X 和 Ctrl+V，或“开始”选项卡中“剪贴板”选项组的“剪切”和“粘贴”按钮完成。

提示：进行“粘贴”操作后，光标处出现“粘贴选项”按钮，单击该按钮打开其下拉菜单，可以选择数据粘贴后的格式。

- 保留源格式：保留所粘贴内容的原有格式。
- 合并格式：被粘贴内容保留原始内容，并且合并应用目标位置的格式。
- 只保留文本：只留下粘贴内容中的文本，并将文本的格式改为粘贴位置的格式。

（2）复制文本：将选定文本复制到目标位置，而原位置文本不变。

① 鼠标复制：选定文本，鼠标指向所选定文本呈指向左上方的箭头，在按住 Ctrl 键同时按住鼠标左键不放，拖动文本至目标位置，放开鼠标左键。

② 剪贴板复制：首先选定文本，在其上单击鼠标右键，在快捷菜单中单击“复制”命令，再将光标移至目标位置，单击鼠标右键选择“粘贴选项”命令中一种形式。这一操作也可以通过快捷键 Ctrl+C 和 Ctrl+V，或“开始”选项卡“剪贴板”选项组的“复制”和“粘贴”按钮完成。

（3）删除文本。

在文本编辑过程中，用 Backspace 键或 Delete 键均可以逐字删除文本，Backspace 键删除光标前的内容，而 Delete 键删除光标后的内容。如果要删除大段文本应该先选中所要删除的文本，再用上述方法删除。

3.3.3 撤销与恢复

Word 可记录近期完成的一系列操作步骤，并为某些误操作提供撤销与恢复功能。

1. 撤销

取消上一步或几步操作，使文档恢复到执行该操作之前的状态。撤销操作可采用以下方法实现。

方法一：单击快速访问工具栏中的“撤销”按钮。

方法二：利用快捷键 Ctrl+Z 实现撤销。

上述两方法都可以进行连续撤销，直至不能撤销为止。而单击快速访问工具栏中的“撤销”按钮右边的下拉箭头，可在下拉菜单中选择直接撤销回到指定的操作，如图 3-15 所示。

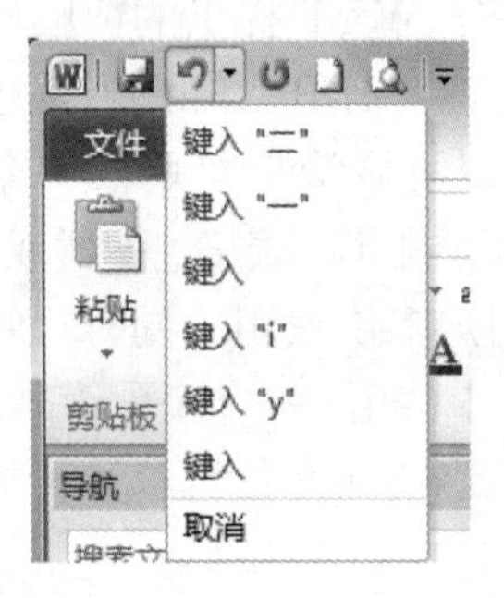

图 3-15　选择直接撤销回的位置

2. 恢复

恢复操作是撤销操作的逆操作，当执行了撤销操作后，可通过恢复操作来恢复上一步或几步操作。因此，只有进行过撤销操作后，快速访问工具栏的“恢复”按钮才能使用。与撤销操作类似，恢复操作可采用以下方法实现。

方法一：单击常用工具栏中的“恢复”按钮。

方法二：利用快捷键 Ctrl+Y 实现恢复。

Word 2010 中还提供了“重复键入”按钮，此按钮与“恢复”按钮位于快速访问工具栏的相同位置。“重复键入”按钮可以在 Word 2010 中重复执行最后的编辑操作，如重复输入文本，设置格式或重复插入图片、符号等。当用户进行编辑而未进行撤销操作时，则显示“重复键入”按钮；当执行过一次撤销操作后，则显示“恢复”按钮。

3.3.4 查找与替换

在使用 Word 编辑文档时，用户可以使用“查找和替换”功能迅速找到指定文字或语句的位置，实现批量替换文档中特定的词语、句子，并为多处文字设置格式。在如图 3-16 所示的“查找和替换”对话框中有查找、替换和定位三个选项卡，下面分别介绍它们的功能：

图 3-16　“查找和替换”对话框

1. 查找

将光标定位于所要查找的文档，选择“开始”选项卡，在“编辑”选项组中单击“查找”按钮，或通过组合键 Ctrl+F 调出“导航”窗格，如图 3-17 所示，可以在搜索文本框内输入需要查找的内容。

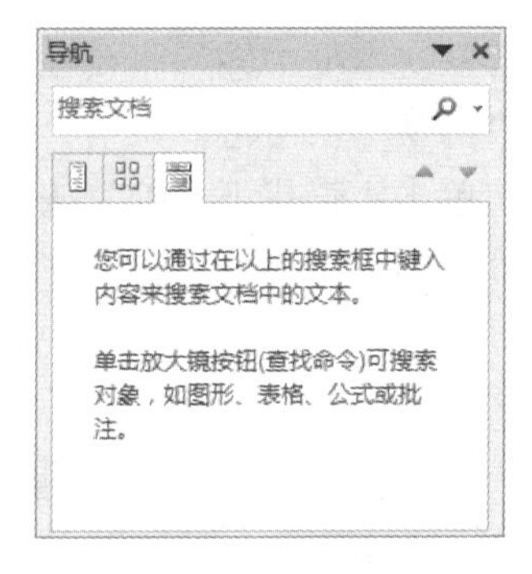

图 3-17　“导航”窗格

单击“查找”按钮右边的下拉箭头，选择“高级查找”弹出如图 3-16 所示的对话框。在“查找内容”文本框中输入要查找的内容，再单击“查找下一处”按钮进行查找。除了查找指定的文字内容，还可以通过单击“更多”按钮，展开“搜索选项”选项组设置查找内容的格式，如图 3-18 所示，再单击“查找下一处”按钮。

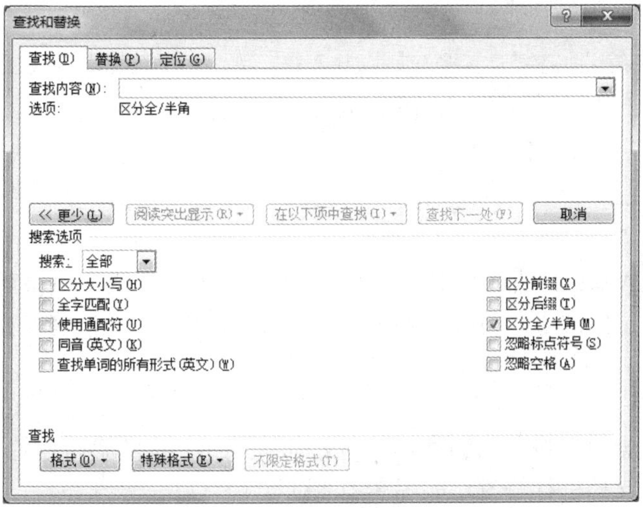

图 3-18　设置查找内容的格式

2. 替换

选择“开始”选项卡，在“编辑”选项组中单击“替换”按钮，或在“查找和替换”对话框中进入“替换”选项卡，设置内容如图 3-19 所示。此外，还可以通过组合键 Ctrl+H 直接进入该选项卡。

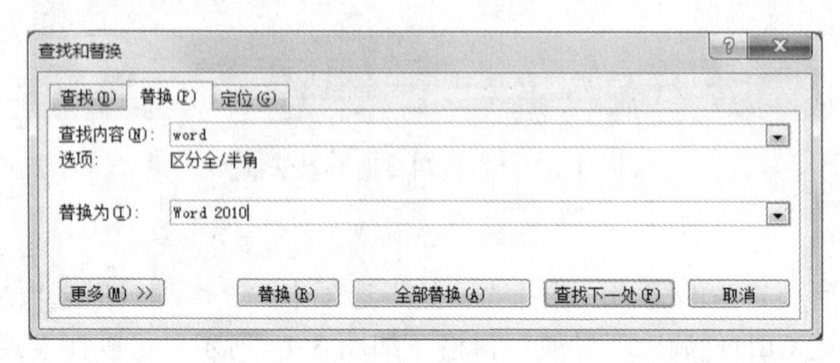

图 3-19 “替换”选项卡

类似于查找操作，在“查找内容”文本框中输入将要被替换的内容，并在“替换为”文本框中输入要替换为的新内容。单击“替换”按钮将替换第一个符合条件的内容；单击“全部替换”按钮替换符合条件的全部内容；单击“查找下一处”按钮，则放弃此处的替换，直接查找下一个符合条件的内容。同样，也可以单击“更多”按钮对查找内容或替换为的内容分别进行格式设置。

3. 定位

在“查找和替换”对话框中进入“定位”选项卡，或通过组合键 Ctrl+G 直接进入该选项卡，如图 3-20 所示。通过选择定位目标，并输入定位内容，单击“定位”按钮就可以方便地把光标定位到指定的位置。

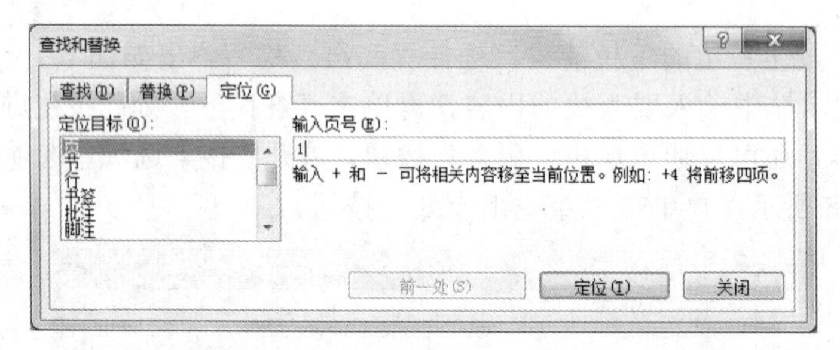

图 3-20 “定位”选项卡

3.3.5 批注与修订

在别的用户审阅 Word 文档过程中，若需要对作者提出一些意见或建议时，可以通过批注或修订的方法表达自己的意思。另外，Word 2010 还提供自动更正功能、检查拼写与语法错误等功能。

1. 批注文档

批注是审阅者根据自己对文档的理解，给文档添加的注解和说明文字，使文档的作者可以根据审阅者的批注对文档进行修改，如图 3-21 所示。

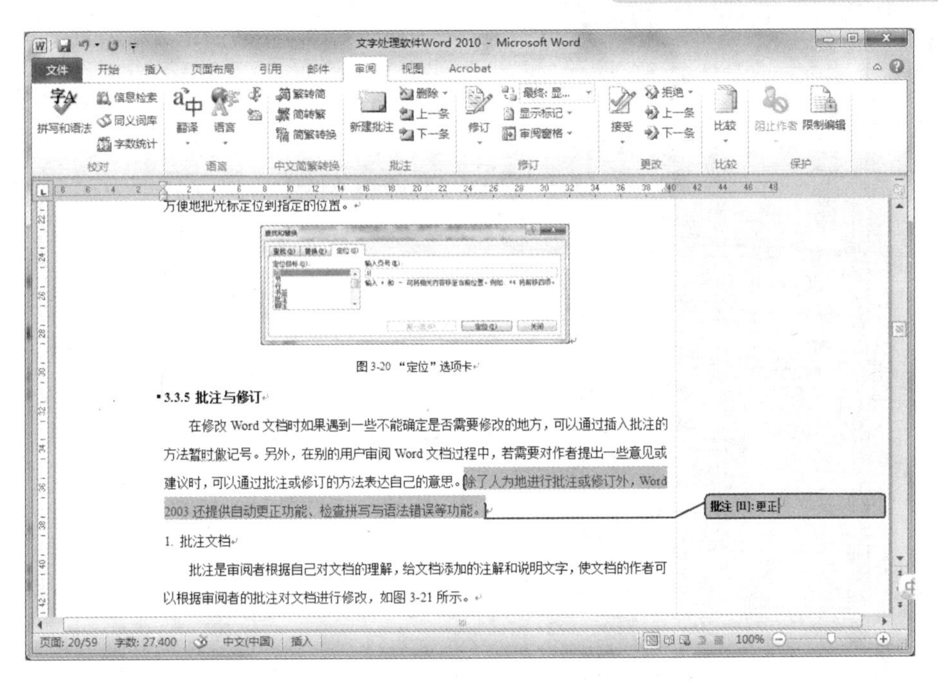

图 3-21　添加批注效果图

为文档添加批注可采用以下方法：选中需要添加批注的内容，选择“审阅”选项卡，在“批注”选项组中单击“新建批注”按钮。若要删除批注，在批注位置单击鼠标右键，在快捷菜单中单击“删除批注”命令或在“批注”选项组中单击“删除”按钮可删除选中的批注。单击“删除”按钮下方的下拉箭头，会出现“删除”、“删除所有显示的批注”、“删除文档中的所有批注”三个选项，用户根据可以需要进行选择。

2. 修订文档

修订是审阅者对文档做出的直接修改。它与常规编辑方法做出的修改不同，用户不仅能够看出何处做出了修改，还能接受或拒绝这些修改，大大提高了多个用户协同编辑文档时的效率。

启动修订功能可采用以下方法：打开“审阅”选项卡，在“修订”选项组中单击“修订”按钮，启动修订功能，接下来对文档进行修订。对文档中作出的修订，用户可以接受或拒绝。将光标定位到已修订位置，在“更改”选项组中，选择“接受”或“拒绝”。再次单击“修订”按钮可关闭修订功能。

3. 拼写和语法检查

Word 2010 可以在输入时自动检查拼写和语法错误，并将可能错误的拼写及语法标记出来。若要开启自动检查拼写和语法错误功能，在“文件”选项卡中单击“选项”命令，弹出“Word 选项”对话框，在左侧导航栏中选择“校对”，如图 3-22 所示，勾选“键入时检查拼写”和“随拼写检查语法”。此外，进入“审阅”选项卡，在“校对”选项组中单击“拼写和语法”按钮，弹出“拼写和语法”对话框，单击“选项”按钮，同样可以得到如图 3-22 所示的对话框来进行设置。

设置完成后，只要在文档中输入文本，即开始拼写和语法检查。文字下出现红色波浪线表示可能出现拼写错误，出现绿色波浪线表示可能出现语法错误。

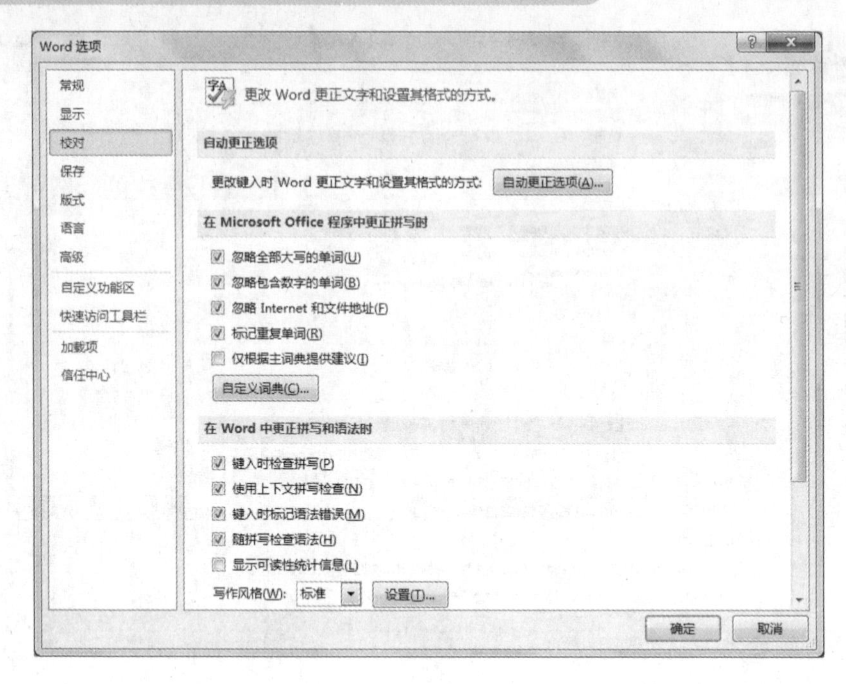

图 3-22　校对功能设置

4. 自动更正

Word 2010 提供的自动更正功能可在输入文本时自动将一些经常输入错误的词语改正过来，也可将常用的词语或句子以简写的形式添加在自动更正功能中。Word 2010 提供了很多可能需要自动更正的文本，如替换(c)为©等，用户也可根据需要添加自动更正项。

在图 3-22 所示对话框中，单击“自动更正选项”按钮，弹出“自动更正”对话框，进入“自动更正”选项卡进行添加，如图 3-23 所示。例如将 wit 替换为“武汉工程大学”自动更正项录入后，当在文档中输入 wit 后，再多输入一个空格即替换为“武汉工程大学”。

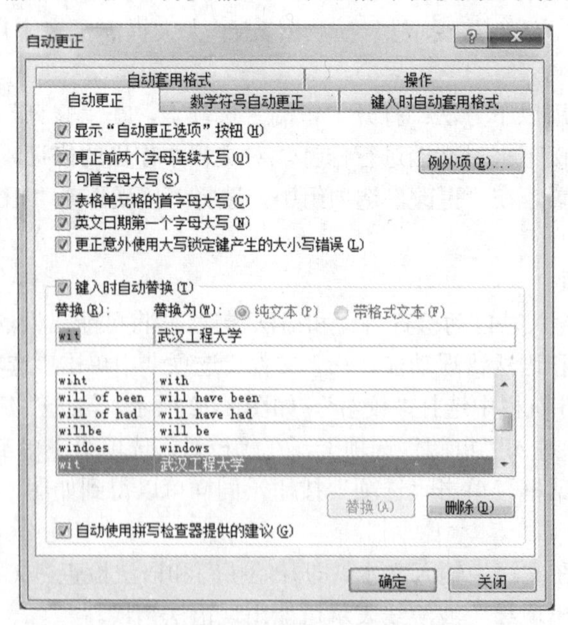

图 3-23　“自动更正”对话框

3.4　文档的排版

文档的排版是文字处理过程中的重要环节，对文字、段落以及图片等对象综合排版可以达到编辑和美化文档的目的。

3.4.1　文字排版

文字排版包括对字符格式的设置、字符边框底纹的设置以及对字符创建超链接等操作。

1. 设置字符格式

字符格式包括字体、字号、字形、下画线、颜色、字符间距等几方面。字符格式可通过“开始”选项卡“字体”选项组中的相应工具按钮进行设置，也可以通过“字体”对话框进行设置。

选定文本，打开“开始”选项卡，单击“字体”选项组右下角的扩展按钮，弹出“字体”对话框，如图3-24所示。

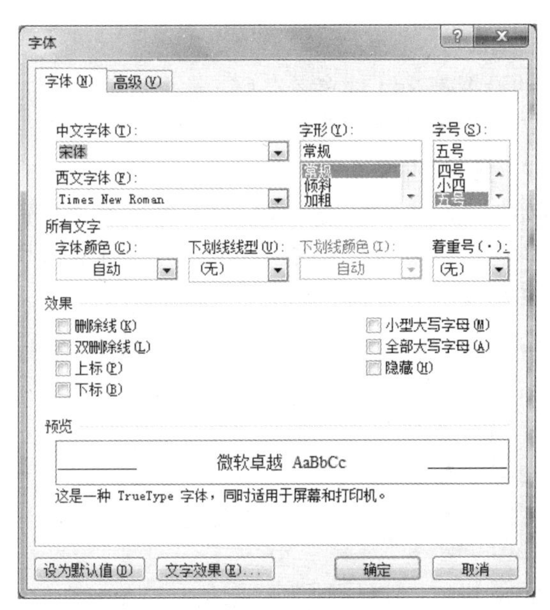

图3-24　“字体”对话框

- “字体”选项卡：设置字体、字形、字号、下画线、颜色等，并可勾选相应的效果，如上标、下标等。
- “高级”选项卡：设置文本的缩放比例、字符间的间距、字符的位置。

除上述方法外，还有一种非常便捷的方式设置字符格式。先选定文本，在其上单击鼠标右键会显示字符格式设置的浮动工具栏，从而进行字符格式的设置。

2. 设置文字效果

为了修饰文字，可以对文字进行改变颜色、添加边框、设置轮廓样式等操作。这些效果设置可通过“开始”选项卡的“字体”选项组进行设置，同样也可以通过“字体”对话框进行设置。单击“字体”对话框中的“文字效果”按钮，弹出“设置文本效果格式”对话框，如图 3-25 所示，选择左侧相应命令设置文本效果。

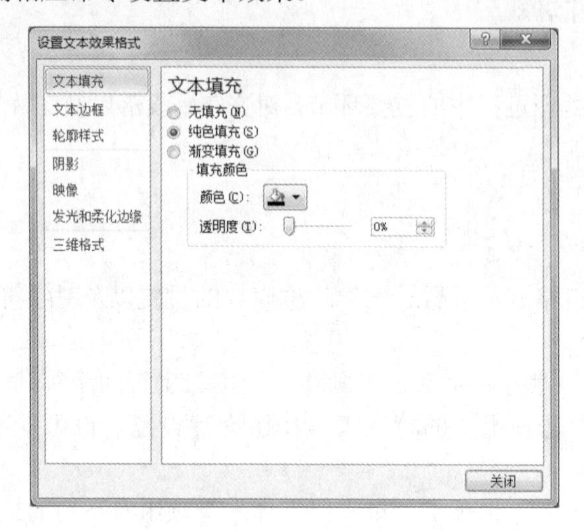

图 3-25 “设置文本效果格式”对话框

3. 设置边框和底纹

字符格式和文字效果的设置都是针对文字本身，若希望对文字加上外边框和底纹，可以通过“开始”选项卡“字体”选项组的“字符边框”A和“字符底纹”A按钮进行设置，同样也可以利用“边框和底纹”对话框进行设置。

选定文本，打开“开始”选项卡，单击“段落”选项组中“下框线”按钮旁的下拉箭头，选择“边框和底纹”选项，弹出“边框和底纹”对话框，如图 3-26 所示。可以对文字、段落、表格、图片、文本框等多种对象进行边框和底纹的设置。

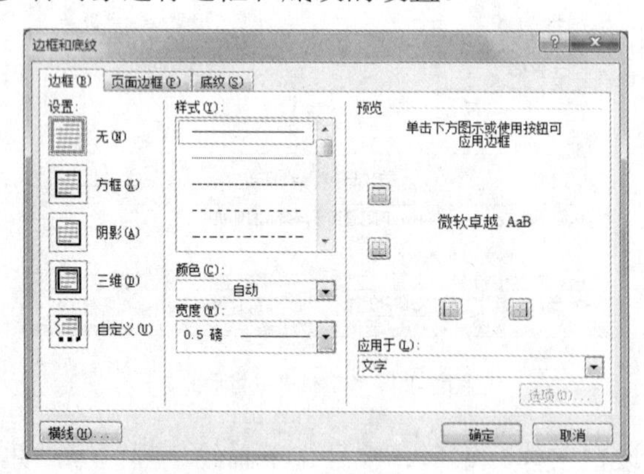

图 3-26 “边框和底纹”对话框

- “边框”选项卡：设置边框的类型、样式，线条颜色、宽度以及添加边框的范围。
- “页面边框”选项卡：设置内容与“边框”选项卡类似，只是在“艺术型”和“应用于”下拉列表中有区别。
- “底纹”选项卡：设置底纹填充颜色、样式以及应用的范围。

4. 复制格式

为了加快格式设置的速度，保证某些文字的格式一致，可使用“格式刷”按钮来进行格式复制。有多种方法可以获取“格式刷”按钮。

方法一：打开“开始”选项卡，在“剪贴板”选项组中就包含了“格式刷”按钮。

方法二：选定文本，在其上单击鼠标右键会显示字符格式设置的浮动工具栏，其中包含“格式刷”按钮。

先选取格式设置好的一段文字，然后单击或双击“格式刷”按钮，此时鼠标指针会变成一个小刷子，这个小刷子代表了一组字符格式的设置。当用这个小刷子刷过某些文字后，被刷过的文字立即应用选中的格式。

提示：单击和双击格式刷的区别在于单击表示只能应用一次该格式，双击可以多次应用该格式，直到再次单击格式刷为止。

5. 设置超链接

超链接不仅可以实现本文档内的跳转，而且可以实现从一个页面或文件跳转到另外一个页面或文件。通过超链接的设置，能更好地实现文字之间的联系。当然，这一操作不仅限于文字之间，也可以对 Word 中的其他对象如图片、文本框等设置超级链接。

（1）插入超链接：选中对象，打开“插入”选项卡，在“链接”选项组单击“超链接”按钮或直接在对象上单击鼠标右键，在弹出的快捷菜单中单击“超链接”命令，弹出“插入超链接”对话框，如图 3-27 所示。根据需要选择链接目标位置，单击“确定”按钮。在默认情况下，设置完成后，设置超链接的文字以蓝色加下画线显示。当鼠标指针移至其上时，按住 Ctrl 键，指针变为手形，单击左键，跳转到目标位置。

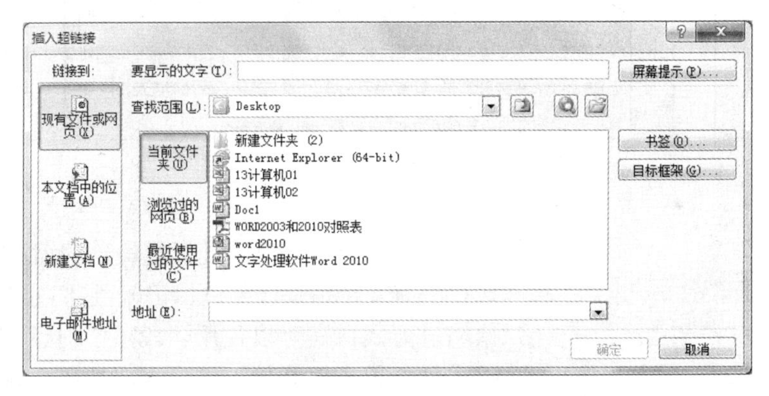

图 3-27 “插入超链接”对话框

（2）更改超链接：在需要更改的超链接上单击鼠标右键，选择快捷菜单中的“编辑超链接”命令，即可进入“编辑超链接”对话框进行更改。

（3）删除超链接：在需要删除的超链接上单击鼠标右键，弹出快捷菜单，单击“取消超链接”命令，即可删除该超链接。

3.4.2 段落排版

一篇 Word 文档通常由若干个段落组成，对于每个段落可以设置它的对齐方式、缩进方式、行距等，也可以使用制表位、项目符号和编号、首字下沉、分栏等功能来进行段落的排版。

1. 设置段落的格式

段落的格式设置包括对段落的缩进方式、对齐方式以及行距的设置，设置完成后使得段落的层次更加清晰，版面更加美观。

（1）段落的缩进方式。

段落缩进方式包括首行缩进、悬挂缩进、左缩进和右缩进四种，它们的表现形式如图 3-28 所示。

① 左缩进是指段落的左边离左页边距的距离。

② 右缩进是指段落的右边离右页边距的距离。

③ 首行缩进是指段落第一行由左缩进位置向内缩进的距离，在中文习惯中，一般首行缩进为两个汉字宽度。

④ 悬挂缩进是指段落中除第一行以外的其余各行由左缩进位置向内缩进的距离。

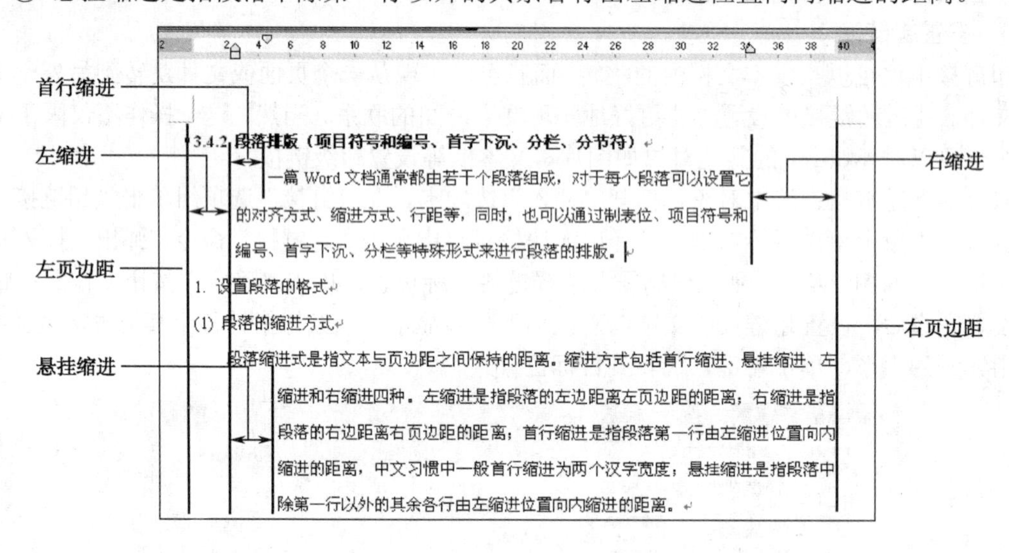

图 3-28　段落缩进方式

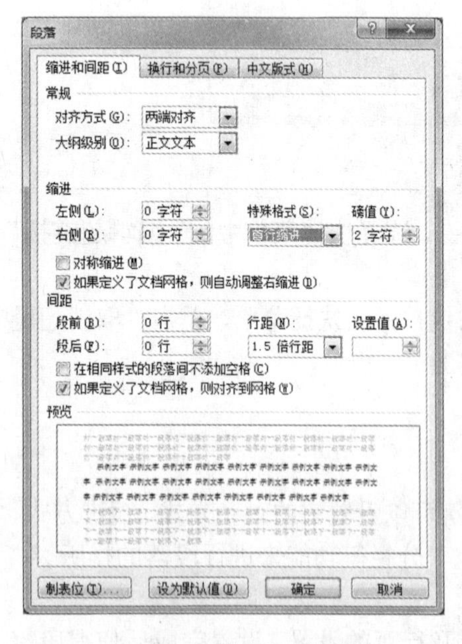

图 3-29 “段落”对话框

使用标尺可以直观地设置段落的缩进距离。Word 标尺栏上有 4 个滑块（缩进标记），它们分别对应这四种段落缩进方式。还可以使用“段落”对话框精确设置段落缩进量。单击“开始”选项卡“段落”选项组右下角的扩展按钮，弹出“段落”对话框，如图 3-29 所示，在“缩进”选项组进行设置。此外，可以通过“段落”选项组中的“减少缩进量”按钮或“增加缩进量”按钮来进行相应调整，还可以进入“页面布局”选项卡的“段落”选项组进行设置。

（2）段落的对齐方式。

段落的对齐方式分为左对齐、右对齐、居中、两端对齐、分散对齐 5 种。

① 左/右对齐是以左/右为基准进行对齐，而另一端则可能参差不齐。

② 居中对齐是指文本位于页面正中，对标题常采用居中对齐格式。

③ 两端对齐是指一段文字（两回车符之间）两边对齐，对微小间距自动调整，使右边对齐成一条直线，未满一行则左对齐。

④ 分散对齐是指首尾对齐，未满一行也是如此。

段落的对齐方式可通过“开始”选项卡下“段落”选项组的相应对齐方式按钮来操作，也可通过图 3-29 中的“常规”选项组进行设置。

提示：两端对齐与左对齐的区别在于两端对齐会对文字微小间距自动调整，使右边对齐成一条直线，而左对齐则不进行自动调整。

（3）行距。

行距是段落中各行文本间的垂直距离，默认值为单倍行距。段落中的行距可通过“开始”选项卡下“段落”选项组的“行和段落间距”按钮来更改，也可通过图 3-29 中的“间距”选项组进行设置。在“间距”选项组中，“段前”和“段后”文本框可分别用于设置当前段落与上一段落和与下一段落之间的距离。

2. 设置制表位

制表位是水平标尺上的位置，是指定文字缩进的距离或一栏文字开始之处，利用制表位可以把文本定位成表格的形式。把光标快速定位到指定的制表位处，再输入表中的内容。按 Tab 键可以快速地将光标移动到下一个制表位处。

制表位有默认制表位和自定义制表位两种。Word 页面中自左端起每隔 2 字符为一个默认的制表位。设置自定义制表位时，首先将光标定位到需要设置制表位的行，在图 3-29 所示的“段落”对话框，单击“制表位”按钮 制表位(T)...，弹出“制表位”对话框，如图 3-30 所示。

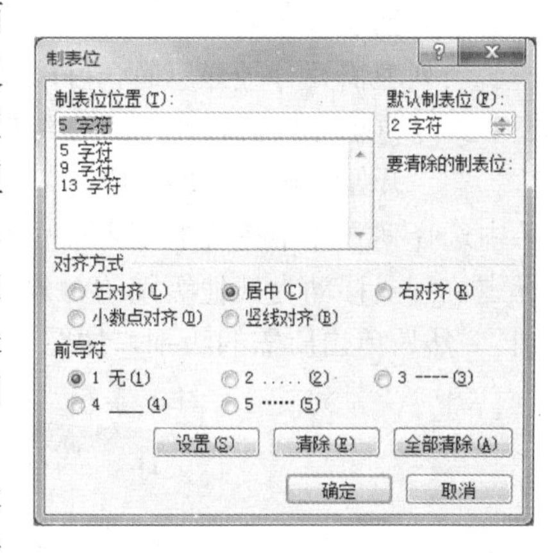

图 3-30 “制表位”对话框

其中，“制表位位置”表示该制表位所处位置距页面左边的距离；“对齐方式”与段落的对齐格式完全一致，只是多了“小数点对齐”和“竖线对齐”方式；“前导符”是制表位的辅助符号，用来填充制表位前的空白区间。

自定义制表位的设置方法是：在“制表位位置”文本框中输入第一个制表位位置后，单击“设置”按钮，继续设置第二个，以此类推。如按图 3-30 设置制表位并输入文字后，标尺栏及页面显示效果如图 3-31。另外，也可以通过标尺直接设置制表位，在标尺上需设置自定义制表刻度处单击鼠标左键即可。

提示：若要去掉制表位，则用鼠标左键按住制表位，拖离标尺栏，释放鼠标左键即可。

3. 添加项目符号和编号

项目符号和编号的使用可以使文档的层次更加清晰，方便用户进行阅读。

（1）使用项目符号和编号列表。

将光标定位到要插入项目符号或编号的位置，打开“开始”选项卡，在“段落”选项组中单击“项目符号”按钮或“编号”按钮可添加项目符号或编号。还可以通过右键快捷菜单添加项目符号或编号。单击“项目符号”按钮或“编号”按钮旁边的下拉箭头，在下拉菜单中显示项目符号库或编号库以及最近使用过的项目符号或编号，除此之外，还可以定义新项目符号和新编号格式。

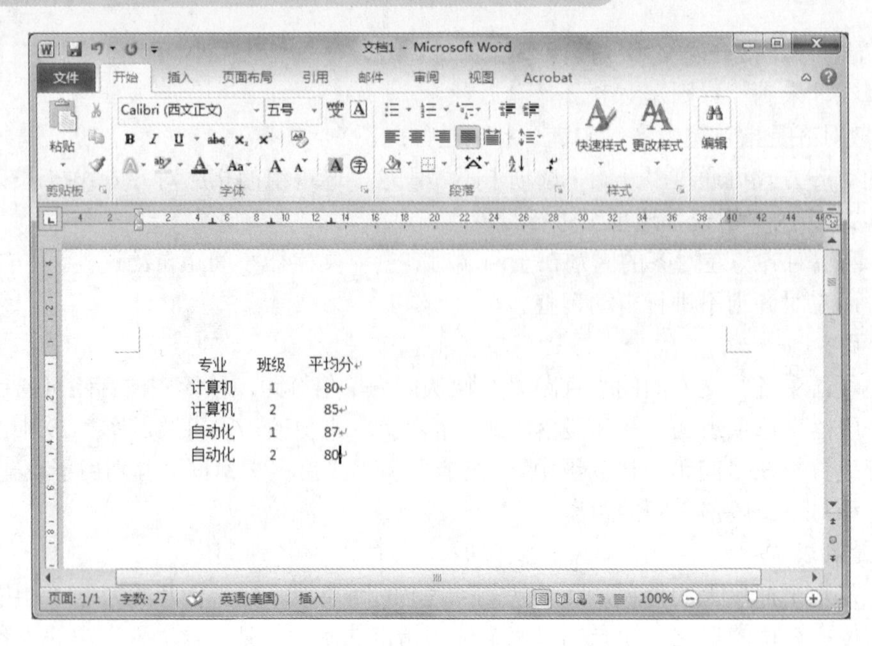

图 3-31　利用制表位对齐文字

（2）创建多级列表。

当列表需要分级显示时，可以创建多级列表。编辑文字前可以先在列表库中选择相应的列表形式，再填充内容，也可以在编辑过程中转换列表级别。

在“开始”选项卡的“段落”选项组中，单击“多级列表”按钮旁的下拉箭头，在下拉菜单中选择列表库中相应的列表级别样式，然后再编辑文本。若要更改已有的列表级别，先将光标定位到要移动为其他级别的对象位置，再按上述步骤操作，在下拉菜单中单击“更改列表级别”，然后单击所需的级别，如图 3-32 所示。

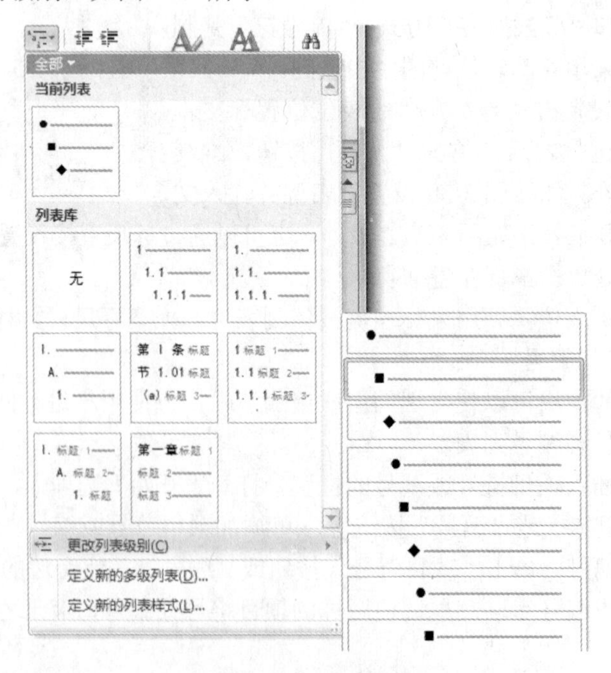

图 3-32　多级列表的设置

4. 设置首字下沉

首字下沉是把一段文字开头的第一个字放大，占据两行或者三行，周围的字围绕在它的右下方。设置首字下沉可以吸引读者对文档的注意力，并在一定程度上达到排版更加美观的效果。

设置首字下沉的方法是：将光标定位到需要设置首字下沉的段落，在“插入”选项卡的“文本”选项组中单击“首字下沉”按钮，在下拉菜单中，可以选择“无”、“下沉”或“悬挂”。若要设置首字下沉的字体、下沉行数等信息，单击下拉菜单中的“首字下沉选项”命令，弹出“首字下沉”对话框，如图 3-33 所示。选择下沉位置后还可以设置相应的字体、下沉行数及距正文的距离，单击“确定”按钮即可完成设置。设置成功后，显示效果如图 3-34 所示。

图 3-33 “首字下沉”对话框

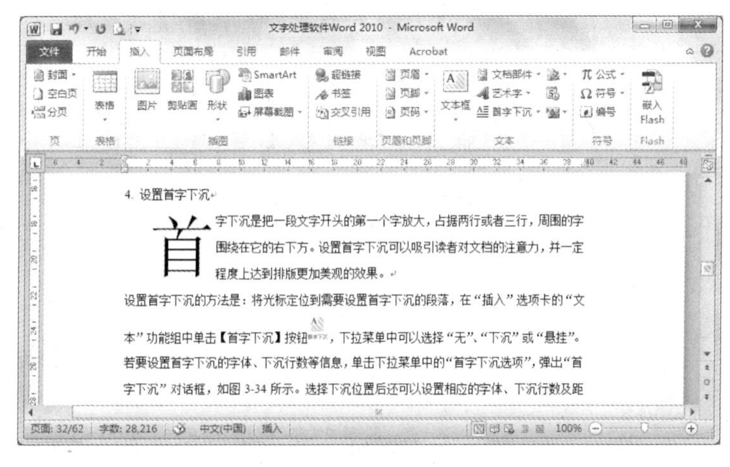

图 3-34 “首字下沉”效果图

5. 设置分栏

分栏排版是将文本分成并排的几栏。分栏的实际效果只能在页面视图或打印预览中才能看到。

设置分栏排版时，将页面切换到页面视图，选中需要分栏的文字，在“页面布局”选项卡的“页面设置”选项组中单击“分栏”按钮，在下拉菜单中可以选择“一栏”、“两栏”、“三栏”、“偏左”或“偏右”。若需要设置其他参数，则选择“更多分栏”命令，弹出“分栏”对话框，如图 3-35 所示。在对话框中，可以设置分为若干栏，并更改栏宽和间距，还能在右下角的预览区中预览分栏后的显示效果。

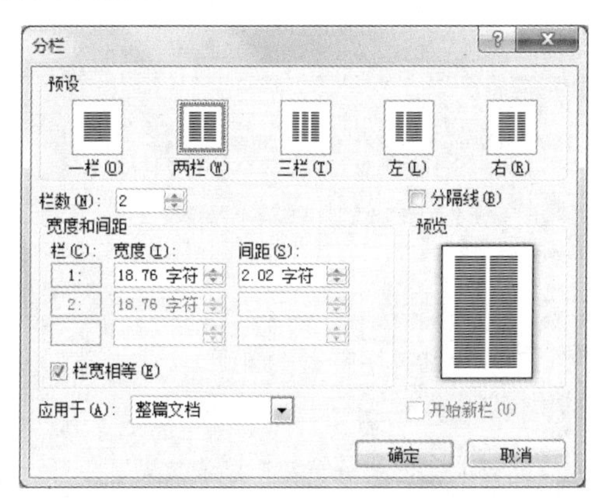

图 3-35 “分栏”对话框

6. 插入分隔符

为了对整篇文档进行不同的页面设置、页眉和页脚等设置，要求对文档进行分节。将光标定位到需要插入分隔符的位置，在“页面布局”选项卡的“页面设置”选项组中单击“分隔符”按钮 分隔符 ▾，显示如图 3-36 所示的下拉菜单。

Word 中的分隔符包括分页符和分节符两类，“分页符”类型包括分页符、分栏符、自动换行符，它们所起作用如下。

（1）分页符：分隔相邻页之间的文档内容的符号。

（2）分栏符：将其后的文档内容从下一栏起排版；

（3）自动换行符：在插入点插入自动换行符可以强制断行，与直接回车换行不同，这种方法产生的新行仍将作为前段的一部分。

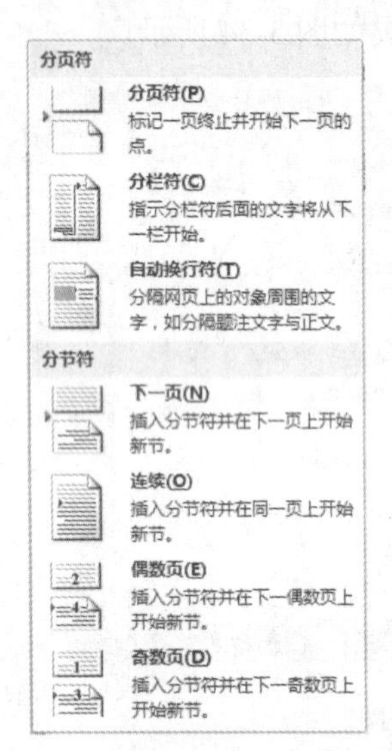

图 3-36 分隔符下拉菜

Word 中可以将文档分为多个节，不同的节可以有不同的页格式。通过将文档分隔为多个节，可以在一篇文档的不同部分设置不同的页格式（如页面边框、页眉、页脚等）。“分节符”类型包括下一页、连续、偶数页、奇数页，它们所起的作用如下：

（1）下一页：新的一节显示在下一页；

（2）连续：新的一节与上一节连续显示；

（3）偶数页：新的一节从一个偶数页开始显示；

（4）奇数页：新的一节从一个奇数页开始显示。

选择分节符类型并确定后，位于分节符后面的内容将成为新的一节。若要查看分节符是否插入成功，只需将页面切换到草稿视图中查看。例如，在文档中插入一个类型为“下一页”的分节符，在草稿视图中显示效果如图 3-37 所示。

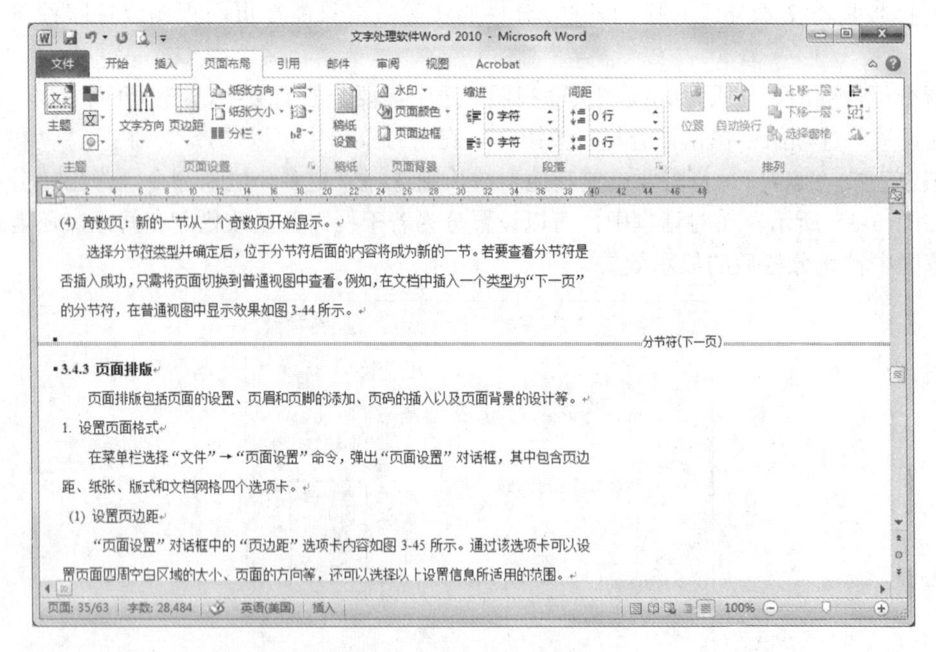

图 3-37 “分节符”显示效果

3.4.3　页面排版

页面排版包括页面的设置、页眉和页脚的添加、页码的插入以及页面背景的设计等。

1. 设置页面格式

打开“页面布局”选项卡，在“页面设置”选项组单击相应按钮即可设置页边距、纸张方向、大小等。单击“页面设置”选项组右下角的扩展按钮，将弹出“页面设置”对话框，其中包含页边距、纸张、版式和文档网格 4 个选项卡。

（1）设置页边距。

“页面设置”对话框中的“页边距”选项卡内容如图 3-38 所示。通过该选项卡可以设置页面四周空白区域的大小、页面的方向等，还可以选择以上设置信息所适用的范围。

（2）设置纸张。

“页面设置”对话框中的“纸张”选项卡内容如图 3-39 所示。通过该选项卡可设置纸张大小和纸张来源。

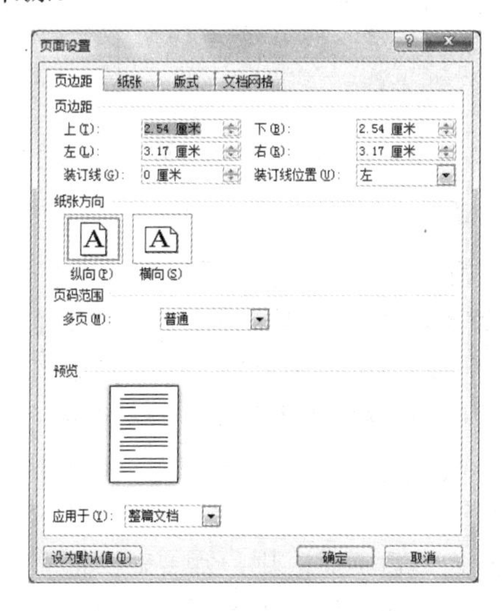

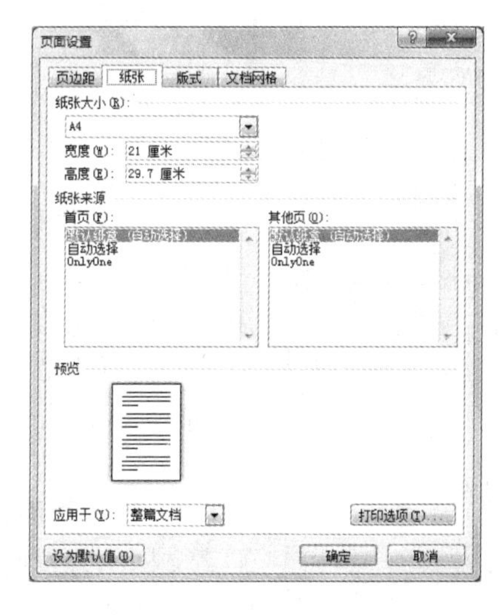

图 3-38 “页边距”选项卡

图 3-39 “纸张”选项卡

（3）设置版式。

“页面设置”对话框中的“版式”选项卡内容如图 3-40 所示。通过该选项卡可以对节的起始位置、页眉和页脚的位置、页面的垂直对齐方式等内容进行设置。

（4）设置文档网格。

“页面设置”对话框中的“文档网格”选项卡内容如图 3-41 所示。通过该选项卡，可以对文字排列方向、每页中的行数、每行中的字符数等内容进行设置。

2. 添加页眉和页脚

用户可以给文档添加合适的页眉和页脚，页眉与页脚的内容分别出现在每页的顶端与底部。在页眉区域可以进行文字输入或图片绘制等，操作方法类似于文本编辑；页脚中通常输入页码等内容。

打开“插入”选项卡，在“页眉和页脚”选项组中单击“页眉”按钮 页眉，在下拉菜单中选择任意一种页眉的格式。在菜单中选择“编辑页眉”命令，直接进入页眉区域进行编辑，也可以删除页眉。用相似的方法可以插入和删除页脚。双击页眉或页脚区域，可以直接编辑页眉或页脚。同时，窗口中新增“设计”选项卡，在各选项组中可进行相关设置。双击页面中间的编辑区即可退出页眉或页脚的编辑状态。

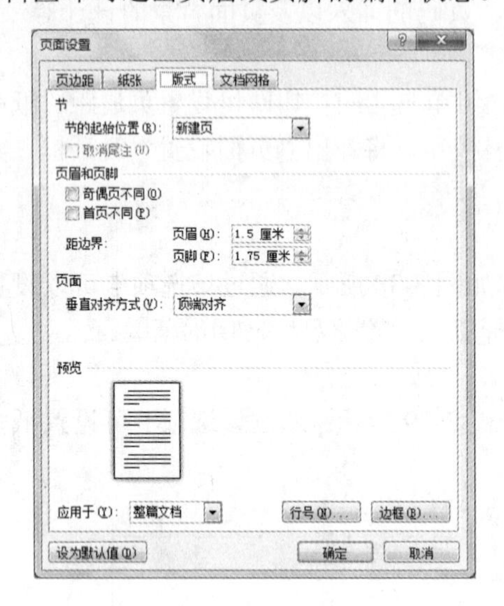

图 3-40 “版式”选项卡

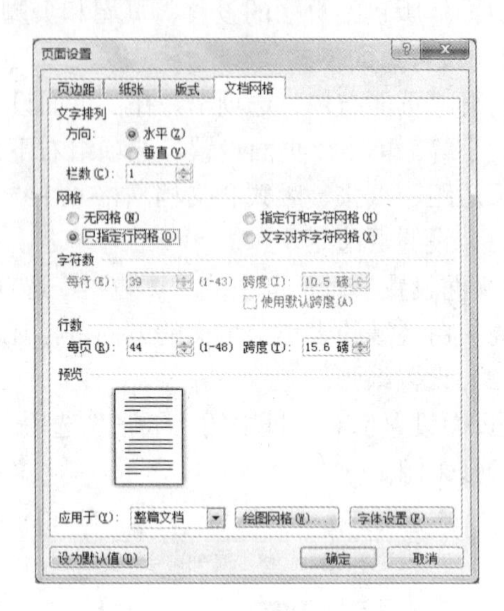

图 3-41 “文档网格”选项卡

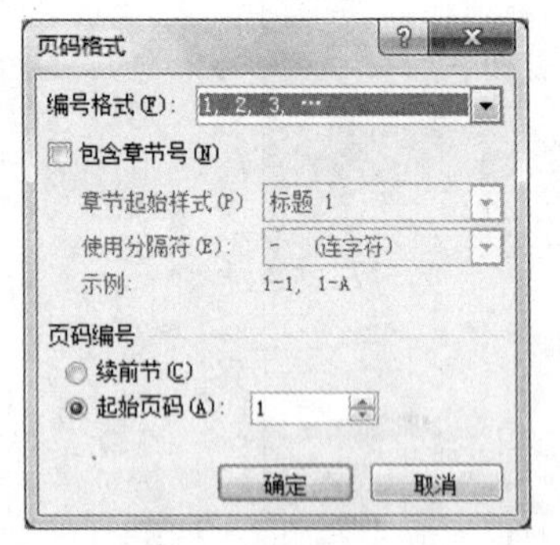

图 3-42 “页码格式”对话框

3. 插入页码

打开“插入”选项卡，在“页眉和页脚”选项组单击“页码”按钮 页码，在下拉菜单中可以选择页码插入在页面的顶端、底端、页边距还是当前位置，在每种位置的级联菜单下又可以选择页码的形式。此外，还可以选择“设置页码格式”命令，打开“页码格式”对话框，设置数字格式和编排方式，如图 3-42 所示。

4. 设计页面背景

文档的背景通常为白色，有时用户需要对页面背景进行设计以美化文档。打开“页面布局”选项卡，在“页面背景”选项组中可以选择页面颜色、水印和页面边框来设置背景。

3.4.4 图文混排

图文混排是制作精美页面常用的功能之一，通过将图片与文字有效地排列组合在一起，可以丰富版面，并提高版面的可视性。图文混排包括图形的绘制与编辑，图片、艺术字的插入与编辑，文本框的插入与设置，公式编辑器的使用等操作。对于这些图形、图片、艺术字、文本框、公式等对象，除了可以像处理文本一样进行复制、剪切、删除操作外，还有各自特有的编辑方法。

1. 绘制与编辑形状

打开“插入”选项卡，在“插图”选项组中可以进行相关的绘制与编辑形状的操作。

（1）绘制形状。

单击“插图”选项组的“形状”按钮，在下拉菜单中会显示可供使用的各种形状，如线条、箭头、矩形、流程图等。左键单击任一基本图形，鼠标指针变成十字形十，按住鼠标左键拖动可在页面上绘制图形。选择矩形，在按住 Shift 键的同时，按住鼠标左键进行拖动可绘制正方形，同理可绘制正圆形、正三角形等。在某些图形中还可以添加文字，只需在该图形上单击鼠标右键，在快捷菜单中单击“添加文字”命令即可输入文字，对形状中添加的文字编辑可以采用普通文本编辑方法。

单击“形状”按钮下拉菜单中的“新建绘图画布”命令，在页面编辑区会自动绘制绘图画布。绘图画布可以帮助用户在文档中安排形状的位置，还可以将图形中的各部分整合在一起。

（2）编辑形状。

选中已绘制的形状，该形状周围会出现多个控制柄，同时窗口中新增“绘图工具-格式”选项卡，可以对该形状进行各种编辑操作，也可以通过右键快捷菜单选择相应命令设置。

① 拖动控制柄可以调整该形状的尺寸和方向，也可以通过“格式”选项卡的“大小”选项组设置。单击“大小”选项组右下角的扩展按钮，弹出“布局”对话框，在“大小”选项卡中可以设置高度、宽度、旋转、缩放等，如图 3-43 所示。

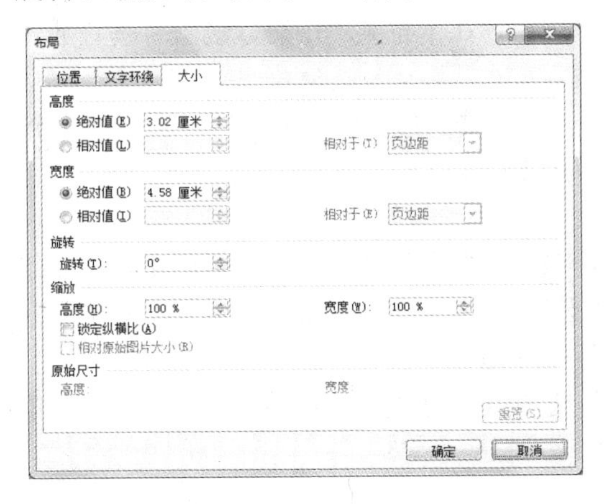

图 3-43 “大小”选项卡

② 在“格式”选项卡的“形状样式”选项组中可以设置形状填充、轮廓、效果等。单击右下角的扩展按钮，弹出“设置形状格式”对话框，如图 3-44 所示，在其中可以设置形状、填充的颜色、线条颜色、阴影等。

图 3-44 “设置形状格式”对话框

③ 在“格式”选项卡的“排列”选项组中可以设置形状的位置、环绕方式、叠放次序、对齐方式、组合、旋转等。

- 位置：单击“位置”按钮，在下拉菜单中可以设置“嵌入本行中”或其他文字环绕的形式。
- 环绕方式：单击“自动换行”按钮，在下拉菜单中可以设置“环绕方式”。
- 叠放次序：单击“上移一层”、“下移一层”按钮设置形状的叠放次序，还可以单击“选择窗格”按钮，在弹出的“选择和可见性”窗格对此页上各形状进行显示或隐藏。
- 对齐：单击“对齐”按钮，可以设置形状“左对齐”、“右对齐”、“顶端对齐”等。
- 组合：按住“Ctrl”键，依次选择需要组合的形状，将鼠标指针移至图形上呈十字箭头形✥时，选中该形状单击“组合”按钮选择“组合”，或在右键快捷菜单单击“组合”→“组合”命令。右击已组合的形状，在快捷菜单选择“组合”→“取消组合”命令即可取消已实现的组合。
- 旋转：单击“旋转”按钮，在下拉菜单中可以设置“垂直翻转”、“水平翻转”等。

（3）绘制与编辑文本框。

Word 2010 中还提供了一种特殊的形状——文本框，它既是一个可以独立存在的文字输入区域，又能实现图形和文字的混排。

① 绘制文本框。

打开“插入”选项卡，在“插图”和“文本”选项组中均可以绘制文本框。

方法一：单击“插图”选项组中的“形状”按钮，选择“文本框”或“垂直文本框”，鼠标变成十字形，按住鼠标左键拖动产生文本框。

方法二：单击“文本”选项组中的“文本框”按钮，在下拉菜单中可以选择内置的文本框形式进行插入。

② 编辑文本框。

文本框的编辑与其他形状的编辑类似，在文本框边框上单击鼠标右键，通过快捷菜单可设置叠放次序、设置环绕方式，并设置文本框格式。双击文本框边框，进入“格式”选项卡，其中，“艺术字样式”和“文本”选项组用于文本框中文本的编辑。

在图 3-44 所示的“设置形状格式”对话框中，进入“文本框”选项卡可以设置文字版式、自动调整及内部边距，如图 3-45 所示。

图 3-45 “文本框”选项卡

2. 插入与编辑图片

Word 2010 的剪辑库中包含了大量的剪贴画图片，用户可以根据不同的需要方便地将其插入到文档中，同时也可以对文件中的图片进行插入。

（1）插入图片。

选择“插入”选项卡，在“插图”选项组中单击“图片”按钮或“剪贴画”按钮。单击“图片”按钮后，会弹出“插入图片”对话框，用户根据需要选择相应路径下的图片进行插入；单击“剪贴画”按钮后，Word 窗口右侧会出现“剪贴画”窗格，可在其中进行搜索并插入。

（2）编辑图片。

选中已插入的图片，图片周围会出现 8 个控制柄，再对它进行编辑操作。在图片上单击鼠标右键选择“设置图片格式”命令，弹出“设置图片格式”对话框，如图 3-46 所示，各选项卡的含义等同于“设置形状格式”各选项卡。编辑操作也类似于形状的编辑，在这里仅介绍图片特有的编辑操作。

图 3-46 “设置图片格式”对话框

在“设置图片格式”对话框中的“图片更正”、“图片颜色”、“裁剪”等选项卡中，可以设置亮度对比度、裁剪的尺寸等。双击图片进入“格式”选项卡，在“调整”和“图片样式”选项组也可以进行相关的设置。在图片上单击鼠标右键，会出现编辑文本相似的浮动工具栏，如图 3-47 所示，可以设置图片的尺寸、层次、裁剪、旋转。其中应用较多的是“裁剪”按钮，使用方法如下：选中图片后，再单击“裁剪”按钮，将鼠标指针移至图片的控制柄上，按下鼠标左键拖动到适当位置后，松开，图片被裁剪。

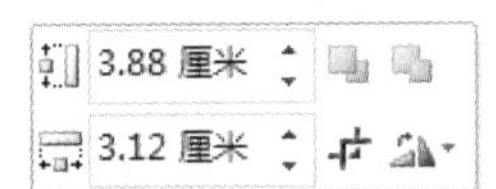

图 3-47　图片设置浮动工具栏

3. 插入与编辑艺术字

艺术字是高度风格化的文字，经常被应用于各种演示文稿、海报和广告宣传册中。它被作为图形对象放置在页面上，可以进行移动、旋转和调整大小等操作。

（1）插入艺术字。

选择“插入”选项卡，在“文本”选项组单击“艺术字”按钮，在下拉菜单中选择一种艺术字的格式进行插入。在默认状态下，艺术字框中出现“请在此放置您的文字”，可直接修改。

（2）编辑艺术字。

选中插入的艺术字边框，在右键快捷菜单中选择“设置形状格式”，与其他形状的设置方法一致。此外，双击插入的艺术字边框，进入“格式”选项卡，在“艺术字样式”选项组同样可以实现对艺术字样式、文本填充、轮廓、效果的设置，而其他选项组的设置等同于对形状、图片的编辑设置。

4. 插入与编辑 SmartArt

SmartArt 图形是 Word 2010 提供的一种特殊图形，它非常直观地表示信息之间的关系，常用于列表、流程、循环、层次结构、关系、矩阵等的编辑。在文档中插入 SmartArt 图形，需要根据内容选择合适的类别。

（1）插入 SmartArt 图形。

打开“插入”选项卡，在“插图”选项组中单击 SmartArt 按钮，弹出“选择 SmartArt 图形”对话框，如图 3-48 所示，选择需要的 SmartArt 图形，单击“确定”按钮即实现插入。

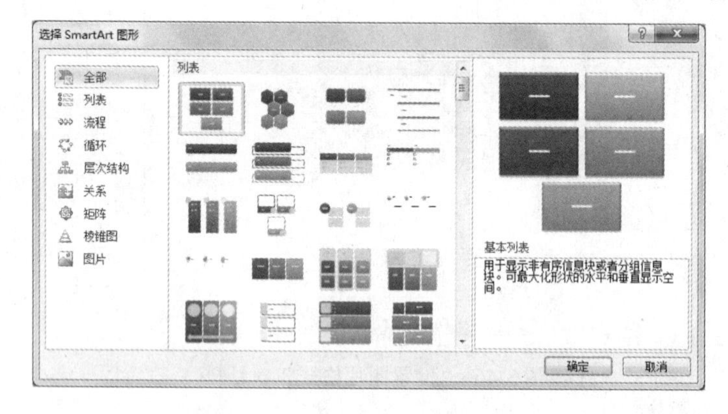

图 3-48 “选择 SmartArt 图形”对话框

（2）编辑 SmartArt 图形。

插入 SmartArt 图形后，在图形中相应位置可填充文本。同时，选项卡新增“SmartArt 工具-设计”和“SmartArt 工具-格式”选项卡，其中“格式”选项卡的设置与形状和图片的操作一致，而“设计”选项卡可对 SmartArt 图形创建图形、更改布局、更改样式等，如图 3-49 所示。SmartArt 图形作为一个整体，可以放大、缩小，其中文本也随之相应变化。图 3-50 是利用 SmartArt 图形编辑的层次结构图。

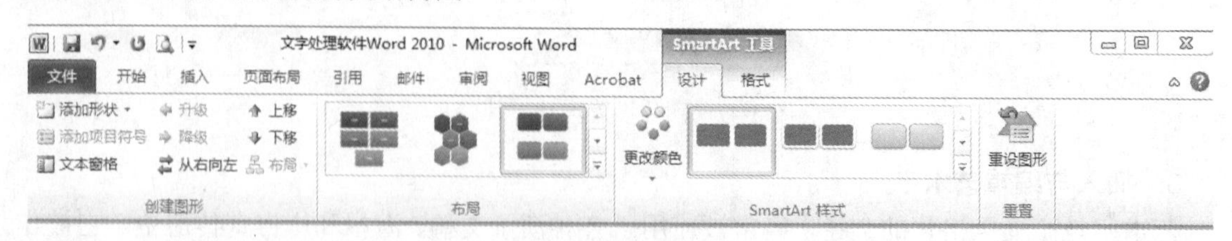

图 3-49 “SmartArt 工具-设计”选项卡

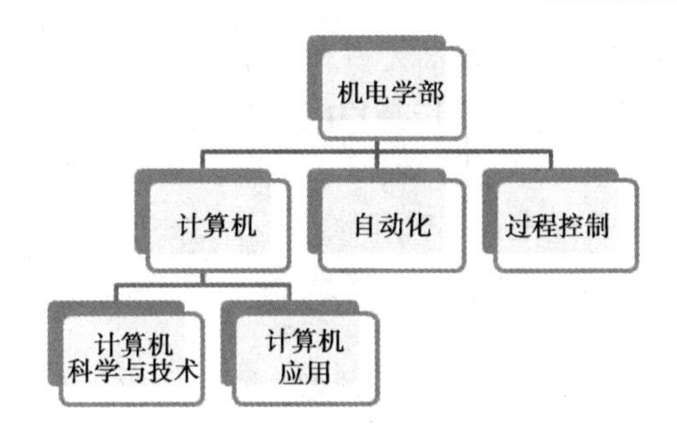

图 3-50　层次结构图

5. 插入与编辑图表

图表是用图形表现数值大小，比数据表格更加直观地反映数据之间的关系。

（1）插入图表。

打开“插入”选项卡，在“插图”选项组中单击“图表”按钮，弹出“插入图表”对话框，如图 3-51 所示。选中需要的图表样式，单击“确定”按钮，会产生初始状态的图表及相应的 Excel 文档，Excel 文档中的数据是对应于图表的源数据。用户可以修改 Excel 中的数据，以达到修改图表的目的。

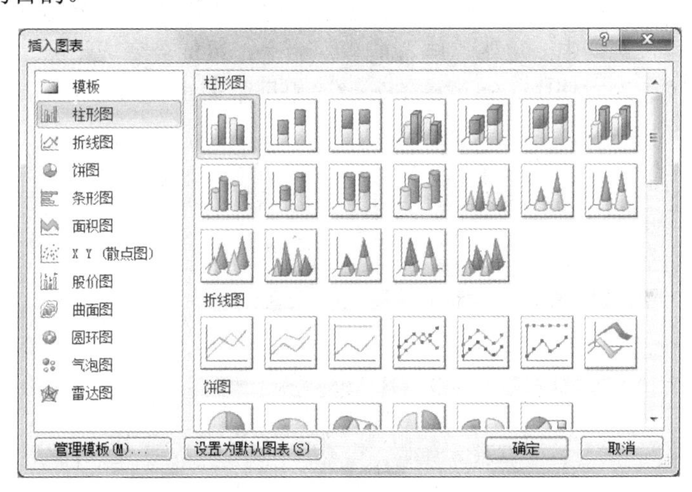

图 3-51　“插入图表”对话框

（2）编辑图表。

选中已插入的图表，窗口中新增“图表工具-设计”、“图表工具-布局”和“图表工具-格式”选项卡，其中“设计”选项卡中可以更改图表类型，选择/编辑数据，修改图表布局、样式等；“布局”选项卡中可以修改图表的标签、坐标轴、背景，进行曲线分析等；“格式”选项卡的功能与上文所述的作用相同，对图表的大小、颜色、排列等进行设置。双击图表的每个部分，都会弹出对应的对话框，可对图表的格式进行修改。

6. 插入与编辑公式

用户可以利用 Word 提供的公式编辑器创建和编辑数学公式，Word 2010 提供了一些内置数学公式供用户使用，也可以根据需要自行插入新公式。

首先将光标定位于需要插入公式的位置，打开“插入”选项卡，在“符号”选项组单击“公式”按钮π下方的下拉箭头，在下拉菜单中选择需要的数学公式进行插入。单击下拉菜单中的

“插入新公式”或单击“公式”按钮，在插入点会出现公式编辑窗口，同时选项卡区新增“公式工具-设计”选项卡，如图 3-52 所示。选择相应的符号和结构，创建公式完成后在编辑区以外单击左键即将公式插入文档中，并返回 Word 编辑区。若要再次修改公式，只需左键单击要修改的公式，进入编辑框可对公式进行编辑和修改。

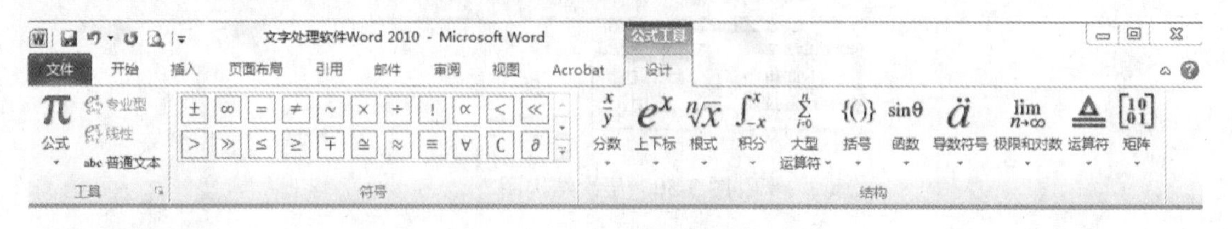

图 3-52 “公式工具-设计”选项卡

7. 屏幕截图

屏幕截图是 Word 2010 新增功能之一，它可以截取屏幕上的程序窗口图片，也可以截取程序窗口的任一区域，但它不能截取最小化的程序窗口。

打开“插入”选项卡，在“插图”选项组单击“屏幕截图”按钮，在下拉菜单中显示“可用视窗”和“屏幕剪辑”两项，如图 3-53 所示（假设打开资源管理器和 Windows Media Player 两个窗口）。其中“可用视窗”中列出了目前打开的两个程序窗口的缩略图，单击任意一个可将该程序窗口截图插入文档中。单击“屏幕剪辑”命令，鼠标会变成十字，可以在两个程序窗口中剪辑需要的区域插入文档中，也可按 Esc 键退出屏幕剪辑状态。

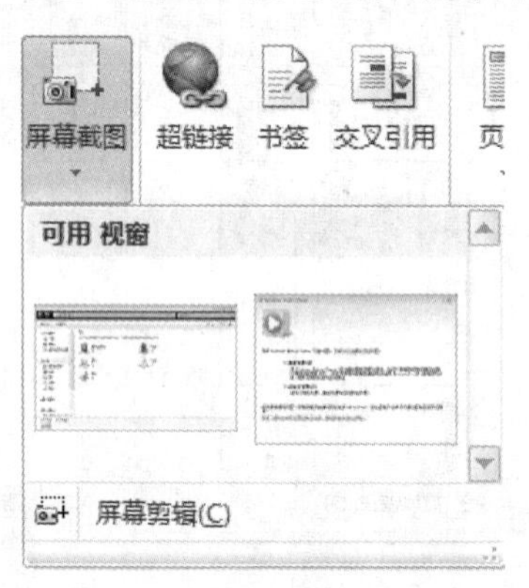

图 3-53 “屏幕截图”工具

3.5 表格应用

在文档的编排中经常会用到表格来组织信息，具有清晰、直观、信息量大等特点。虽然表格的应用不是 Word 2010 应用软件的特色所在，但它也在一定程度上满足了用户在 Word 中使用表格的需要。

3.5.1 创建表格

Word 2010 提供了多种创建表格的方式，可以绘制或插入一个指定大小的表格。打开“插入”选项卡，在“表格”选项组中单击“表格”按钮，下拉菜单中提供多项命令进行操作。

1. 利用网格插入表格

下拉菜单中显示 10×8 个方格，在其上移动鼠标选择需要的表格，同时左上方显示相应的表格组成，再单击鼠标完成插入，如图 3-54 所示。

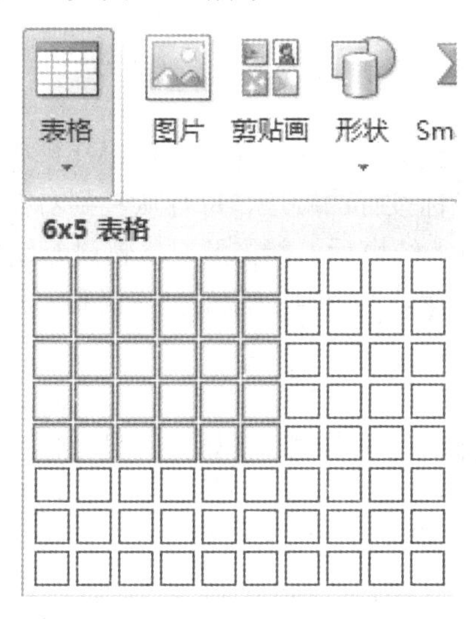

图 3-54　利用网格插入表格

2. 插入表格

下拉菜单中单击“插入表格”命令，弹出“插入表格”对话框，如图 3-55 所示，输入表格尺寸，选择“自动调整”操作后确定即可。

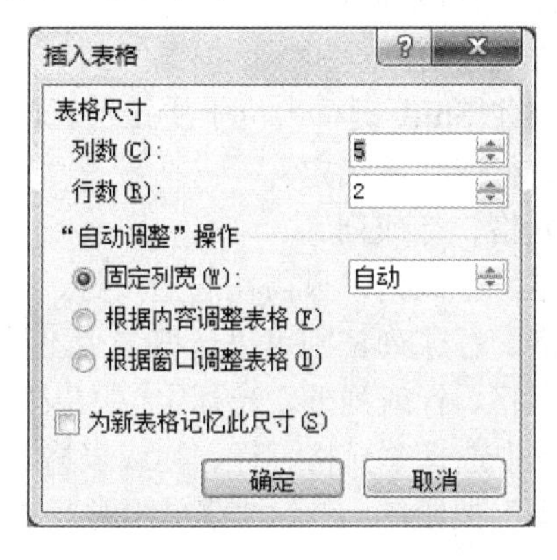

图 3-55　“插入表格”对话框

3. 绘制表格

在下拉菜单中单击“绘制表格”命令，鼠标变成铅笔状，可自行绘制需要的表格。同时，窗口中新增“表格工具-设计”和“表格工具-布局”两个选项卡，其中“设计”选项卡中可以绘制表格、修改表格样式等，“布局”选项卡中可以修改单元格大小、对齐方式、行列的插入以及进行数据的相关处理等。

4. Excel 电子表格

下拉菜单中选择“Excel 电子表格”命令，在插入点处插入一张 Excel 表格，可采用 Excel 中数据编辑方法编辑数据，编辑完成后单击表外区域可退出 Excel 表格状态。

5. 快速表格

在下拉菜单中单击“快速表格”命令，在级联菜单中选择任意一种需要的表格样式并插入。另外，还可以自行创建表格加入快速表格库，选中表格后单击“快速表格”级联菜单下方的“将所选内容保存到快速表格库”。

3.5.2 选定与编辑表格

创建表格后，光标自动定位到第一个单元格中，可以在单元格中输入数据、文字、图片和嵌入式表格等。按 Tab 键可使光标按行的顺序，每行从左到右在各单元格之间移动；或使用方向键移动光标。输入过程中或输入结束后可能需要对表格进行编辑操作，如行列的插入、删除、合并、拆分、行高和列宽的调整等，与其他对象的操作类似，遵从先选定再操作的原则。

1. 选定表格

（1）选定单个单元格。

方法一：将鼠标指针移到该单元格左侧，鼠标指针呈黑色实心右斜向上箭头时，单击鼠标左键就可以选取当前单元格。

方法二：将光标定位到该单元格，再三击鼠标左键。

（2）选定行或列。

将鼠标指针移至表格左侧选定栏，鼠标指针呈空心的斜向右上方箭头，左键单击即可选定一行；将鼠标移至表格上方，鼠标指针呈黑色实心向下箭头，左键单击即可选定一列。

（3）选定整个表格。

将鼠标指针移至表格左上角全选按钮⊞处，单击鼠标左键即选定整个表格。

（4）选定连续的多个单元格、行或列。

在单元格上拖动鼠标，拖动的起始位置和终止位置间的单元格被选定；也可单击位于起始位置的单元格、行或列，然后按住 Shift 键单击位于终止位置的单元格、行或列，起始位置和终止位置间矩形区域的单元格、行或列被选定。

（5）选定不连续的多个单元格、行或列。

要选定不连续的多个单元格、行或列，只需在选定一行、一列或一个单元格后，按下 Ctrl 键不放，再继续选定其他单元格、行或列，则可以选取多个不连续的对象。

除了上述方法可以选定单元格、行或列外，光标定位于表格，单击鼠标右键，在快捷菜单中单击“选择”命令，级联菜单中选择单元格、行、列或表格。同样，单击“表格工具-布局”选项卡“表”选项组中的“选择”按钮，在下拉菜单中进行选择。

2. 编辑表格

选定表格后，即可进入编辑表格的操作。编辑表格分为对表格内容的编辑和对表格的编辑操作，对于表格内容的编辑类似于普通文本的编辑操作。而表格的编辑涉及对单元格、行、列、整个表格的多种操作，其中移动、复制等操作类似于文本的操作，只是粘贴选项不同，这里仅介绍表格特有的部分操作。

（1）插入单元格、行或列。

插入单元格、行或列的方法如下。

方法一：将光标定位于表格中的单元格，在右键快捷菜单中单击“插入”命令，在级联菜单中可选择“在左侧插入列”、“在右侧插入列”、“在上方插入行”、“在下方插入行”或“插入单元格”。

方法二：选定一行或列后，在其上单击鼠标右键，选择“插入”命令，再在级联菜单中进行选择。

方法三：将光标定位于某行的行尾（表格边框外），按 Enter 键即可在当前行下插入一行。

若需要插入多个单元格、多行或多列，则需要先选中多个单元格、多行或多列，再按上述方法操作，即可插入相同数量的单元格、行或列。

以上操作均可通过“表格工具-布局”选项卡中的“行和列”选项组实现，需要注意的是，在方法一中选择“插入单元格”或单击“行和列”选项组右下角的扩展按钮时，会弹出“插入单元格”对话框，如图 3-56 所示，用户可根据需要选择操作。

（2）删除单元格、行、列或整个表格。

删除单元格、行、列或整个表格的方法如下。

方法一：将光标定位于表格中的单元格，单击鼠标右键，在快捷菜单中选择“删除单元格”命令，弹出“删除单元格”对话框，如图 3-57 所示，用户可根据需要选择删除后的状态。

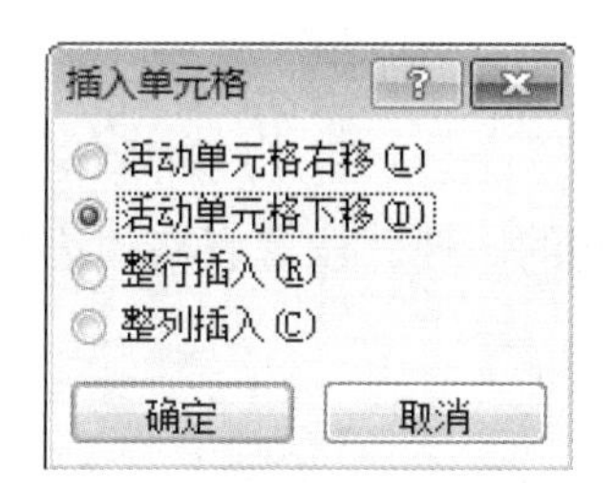

图 3-56 “插入单元格”对话框

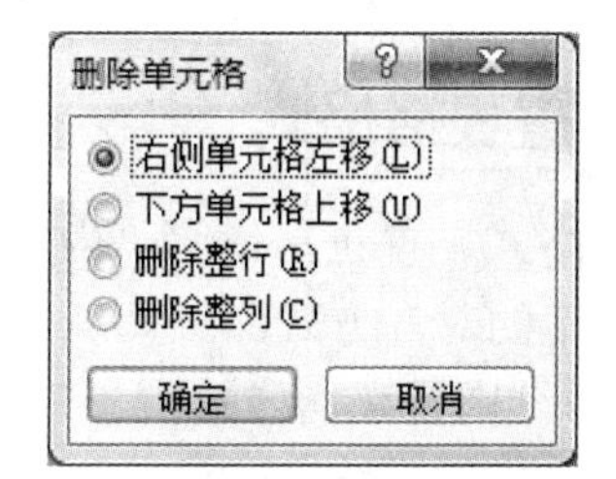

图 3-57 “删除单元格”对话框

方法二：将光标定位于表格中的单元格，打开“表格工具-布局”选项卡，在“行和列”选项组中单击“删除”按钮，在下拉菜单中选择删除单元格、行、列或表格。

提示：表格的删除不能通过 Delete 键实现，它只能删除表格中的内容。

（3）合并单元格。

合并单元格是将多个连续的单元格合并成一个单元格。合并单元格的方法有以下几种。

方法一：选定需要合并的多个连续单元格，单击鼠标右键，在快捷菜单中选择“合并单元格”命令。

方法二：选定需要合并的多个连续单元格，打开“表格工具-布局”选项卡，在“合并”选项组中单击“合并单元格”按钮。

（4）拆分单元格与表格。

① 拆分单元格是将一个或多个单元格拆分为需要的多个单元格。操作方法如下。

方法一：将光标定位于某一需要拆分的单元格，单击鼠标右键，在快捷菜单选择“拆分单元格”命令。

方法二：选定需要拆分的一个或多个单元格，选择“表格工具-布局”选项卡，在“合并”选项组中单击“拆分单元格”按钮。

执行上述操作后均会弹出“拆分单元格”对话框，设置拆分后的行列数，然单击“确定”即可。

② 拆分表格是将一个表格拆分为上下两个表格。

将光标定位于要拆开作为第二个表格的第一行上，选择“表格工具-布局”选项卡，在“合并”选项组中单击“拆分表格”按钮进行拆分。

（5）调整行高和列宽。

调整行高和列宽通常采用以下 3 种方法。

方法一：将鼠标指针移至需要调整行高的水平线上或调整列宽的垂直线上，当指针变成÷或◂‖▸时按住鼠标左键拖动到目标位置释放。若需要进行微调，可在按住 Alt 键的同时来调整行高和列宽。

方法二：将光标定位于表格中任一单元格，右键快捷菜单中选择“表格属性”命令，在“表格属性”对话框中精确设置表格的行高和列宽。

方法三：将光标定位于表格中任一单元格，选择“表格工具-布局”选项卡，在“单元格大小”选项组设置行高和列宽。

（6）移动和缩放表格。

按住表格左上角的全选按钮⊞并拖动鼠标，可以移动表格至任意位置；将鼠标指针移至表格上，在其右下角出现一个空心小方框，按下并移动鼠标，可均匀缩放表格。

3.5.3 设置表格格式

表格的格式设置包括使用“内置表格样式”、设置表格的属性、设置表格的边框和底纹以及设置单元格的对齐方式。

1. 使用“内置表格样式”

Word 提供了多种内置表格样式，可在创建表格时选择快速表格，也可在创建后进行修改。将光标定位于任一单元格中，选择“表格工具-设计”选项卡，在“表格样式”选项组中可以选择合适的表格样式应用于已有表格。

2. 设置表格属性

将光标定位于任一单元格，单击鼠标右键选择“表格属性”命令，弹出“表格属性”对话框，如图 3-58 所示。利用各选项卡设置表格的对齐方式、文字的环绕、行高、列宽以及单元格的宽度及其内部文字的垂直对齐方式。

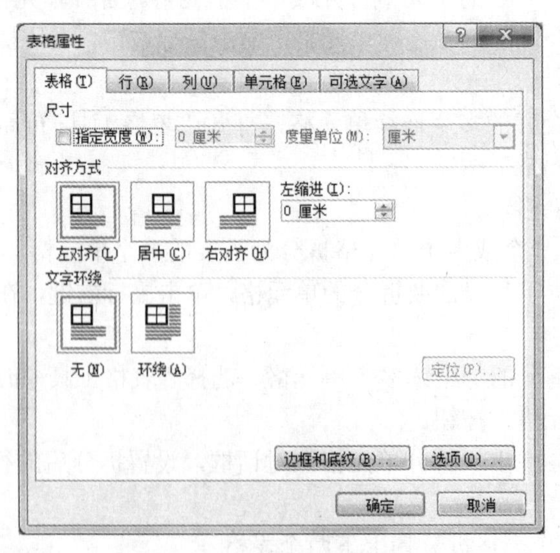

图 3-58 “表格属性”对话框

3. 设置表格的边框和底纹

设置表格的边框和底纹的操作方法有以下几种。

方法一：在图 3-58 的“表格属性”对话框中的表格选项卡中，单击“边框和底纹”按钮。

方法二：将光标定位于表格中任一单元格，单击鼠标右键选择“边框和底纹”命令。

对“边框和底纹”对话框中的操作类似于文本的边框和底纹的设置，不同的是预览区中增加了更多的按钮，如斜线按钮，如图 3-59 所示。通过单击这些按钮可以在表格中添加相应方向的边框。

图 3-59 设置表格边框

4. 设置单元格的对齐方式

将光标定位于需要设置的单元格，再单击“开始”选项卡中“段落”选项组的对齐方式按钮，即可设置该单元格内文本的水平对齐方式。要从水平和垂直两个角度设置单元格的对齐方式，只需选中需要设置的单元格，在其上单击鼠标右键选择“单元格对齐方式”命令，再在级联菜单中选择相应的对齐方式，如图 3-60 所示，还可以设置平均分布各行、各列和自动调整表格。此外，在“表格工具-布局”选项卡中的“对齐方式”选项组同样可以设置单元格对齐方式。

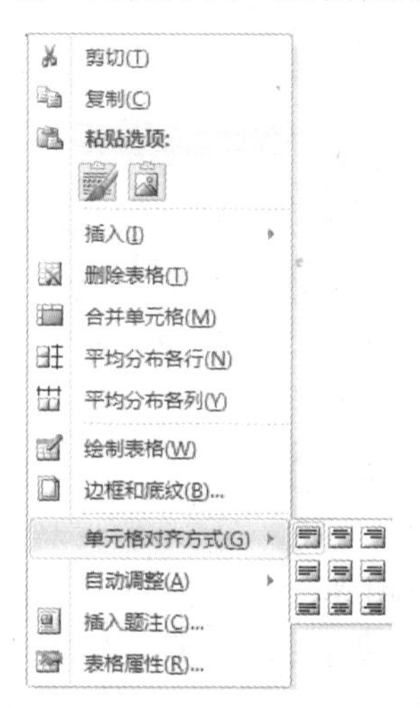

图 3-60 设置单元格对齐方式

3.5.4 表格计算与排序

表格是用于统计数据的一个重要工具，Word 2010 虽然不像 Excel 2010 拥有强大的数据处理能力，但它提供的表格具备简单的计算和排序功能。

1. 表格的计算

将光标定位于产生结果的单元格，选择“表格工具-布局”选项卡，在“数据”选项组中单击“公式”按钮*fx*，弹出“公式”对话框。例如，要对一列数据求和，将光标定位于该列最下面一个单元格，弹出对话框，在“公式”文本框中输入公式=SUM(ABOVE)，再单击“确定”按钮，如图 3-61 所示。若需使用其他函数，可单击“粘贴函数”下拉列表选择。

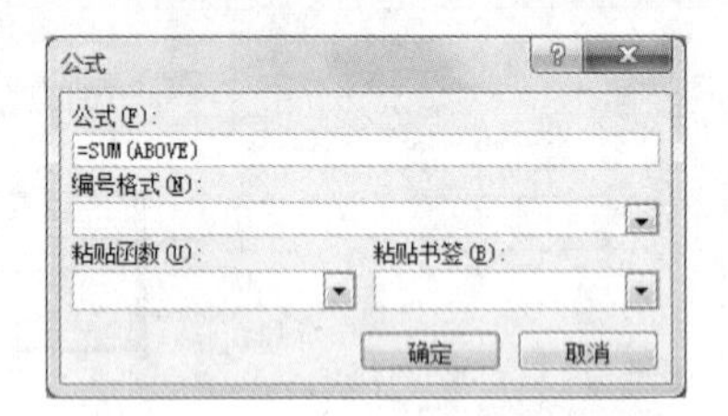

图 3-61 “公式”对话框

2. 表格的排序

在 Word 中可以按照笔画、数字、拼音或日期四种类型来进行排序，需先选中要排序的表格区域，打开“表格工具-布局”选项卡，在“数据”选项组中单击“排序”按钮，弹出“排序”对话框，如图 3-62 所示。设置相应的排序参数，单击“确定”按钮。其中“主要关键字”即第一个排序依据，“次要关键字”即第二个排序依据，排序依据可以有很多，当按第一个排序依据进行排序出现相同数据时，再由第二个排序依据加以区分，如果还出现数值相同的情况，就使用“第三关键字”进行排序，依次类推。

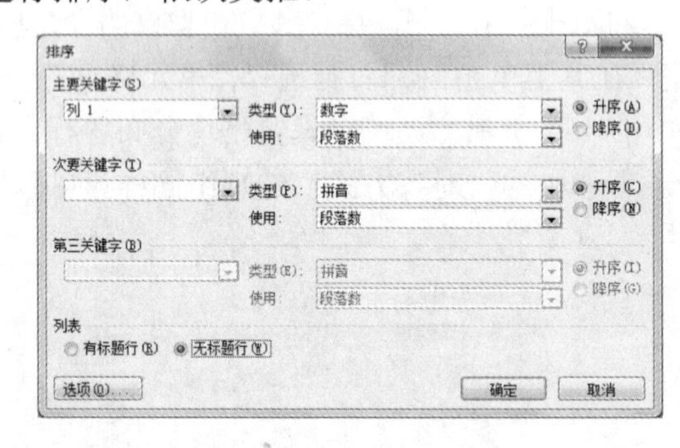

图 3-62 “排序”对话框

3.6 其他功能

Word 2010 除了具备以上基本编辑和排版功能外，还提供样式、模板功能，帮助用户更加迅速地完成某些特殊格式要求的文档编辑；利用设置标题样式来自动生成目录，免去了用户自己录入目录的麻烦。

3.6.1　创建及使用样式

样式是指一组已经命名的字符和段落格式，它规定了文档中标题、题注以及正文等各个文本元素的格式。样式的方便之处在于可以把它应用于一个段落或者段落中选定的字符上，按照样式定义的格式，能批量地完成段落或字符的格式编排。

1. 样式分类

Word 中的样式根据对象不同可分为字符样式、段落样式和表格样式等。

（1）字符样式：用样式名称来标识字符格式的组合，字符样式只作用于段落中选定的字符。

（2）段落样式：用样式名称来标识一套段落格式的组合，创建了某个段落样式后，就可以直接应用于文档中的段落。

（3）表格样式：用样式名称来标识表格格式的组合。

根据产生的方式不同可分为自定义样式和内置样式。

（1）自定义样式：用户设置的满足自身需要的一组字符和段落样式的组合。

（2）内置样式：Word 本身提供的样式，如标题样式、正文样式等。用户可以删除自定义样式，却不能删除内置样式。

2. 使用样式

为了简化操作，除了通过“样式”窗格应用需要的样式格式，Word 2010 还将常用的样式放在快速样式列表中，方便用户使用。

（1）快速样式列表。

打开“开始”选项卡，快速样式列表位于“样式”选项组中，如图 3-63 所示。单击列表框右下角的“其他”按钮，可显示更多的常用样式。

图 3-63　快速样式列表

（2）“样式”窗格。

单击“样式”选项组右下角的扩展按钮，会弹出如图 3-64 所示的“样式”窗格。通常样式窗格中显示的是正在使用的样式，单击窗格右下角的“选项...”按钮，会弹出“样式窗格选项”对话框，如图 3-65 所示，可选择在“样式”窗格中要显示的样式。

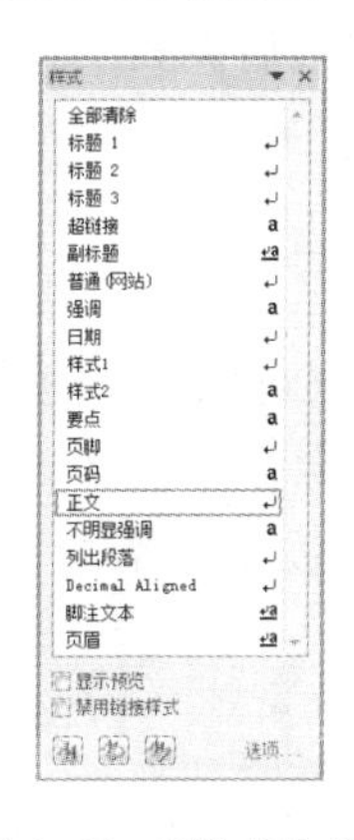

图 3-64 “样式”窗格

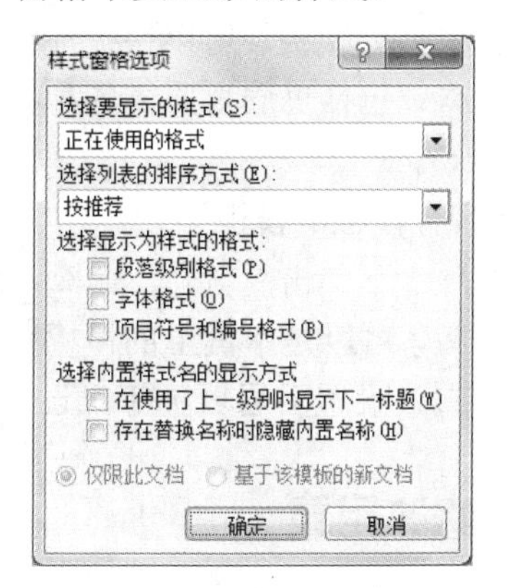

图 3-65 “样式窗格选项”对话框

在应用这些样式时，先选定文本，再在快速样式列表或“样式”窗格中选择需要的样式格式应用即可。

3. 创建新样式

在图 3-64 的“样式”窗格中，单击左下角的“新建样式”按钮，弹出“根据格式设置创建新样式”对话框，如图 3-66 所示。

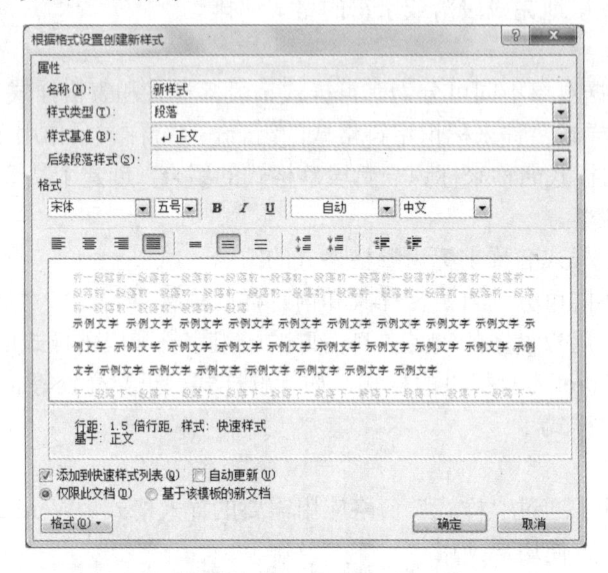

图 3-66 “根据格式设置创建新样式”对话框

设置好字符和段落的格式后，单击“确定”按钮，在“样式”窗格中即会出现该新建样式。若要修改或删除已创建的样式，将鼠标指针移至窗格中该样式处，单击右侧出现的下拉箭头即可选择进行修改或删除操作。若勾选图 3-66 所示对话框左下角的“添加到快速样式列表”，可将新创建的样式加入快速样式列表。

3.6.2 创建模板文件

任何 Microsoft Word 文档都是建立在模板之上的，模板决定文档的基本结构和文档设置。Word 提供了许多常用的文档模板，比如报表、简历等。

1. 创建基于已有文档的模板

以现有的文档文件为模板，可以快捷地创建一个新模板，供以后编辑类似文档时使用。设置好文档的各个元素，包括页眉页脚、各种样式等，然后将该文件保存，保存时选择保存类型为文档模板（*.dotx）。

2. 创建基于现存模板的模板

在“文件”选项卡下单击“新建”命令，窗口右侧出现可用的模板，在模板区域选择与创建的模板类似的模板，可以是本机上的模板或网站上的模板。在现存模板基础上可添加文字和图形、修改页面设置、设置页眉页脚等，设置完成后保存为文档模板类型。

3.6.3 创建与修改目录

目录既能展示文档的结构，又能快速、准确地查找和定位内容。Word 2010 提供了自动生成目录的功能，从而大大提高编写目录的效率。

1. 创建目录

在一篇文档中，如果各级标题都指定了恰当的标题样式（可以是内置样式或自定义的样式），Word 就会识别相应的标题样式，从而自动完成目录的制作。具体操作步骤如下：

（1）将文档中所有的标题设置为标题样式。设置完成后，可通过“导航窗格”进行检查和校对。

（2）将光标定位到建立目录的位置，打开“引用”选项卡，在“目录”选项组中单击“目录”按钮，选择内置的目录形式，或在下拉菜单中单击“插入目录”命令，弹出“目录”对话框，如图 3-67 所示。

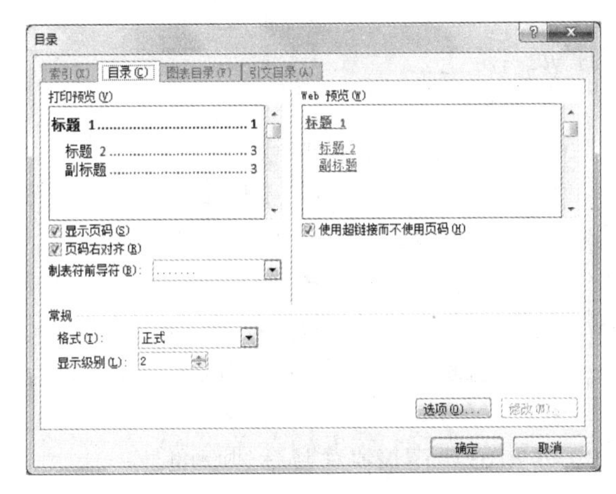

图 3-67　“目录”对话框

（3）打开“目录”选项卡，设置目录的格式及页码等。

（4）设置完成后，单击“确定”按钮，文档中即出现自动生成的目录。如图 3-68 显示了一篇论文目录的预览图。在目录上按住 Ctrl 键单击各行可以追踪相应内容。

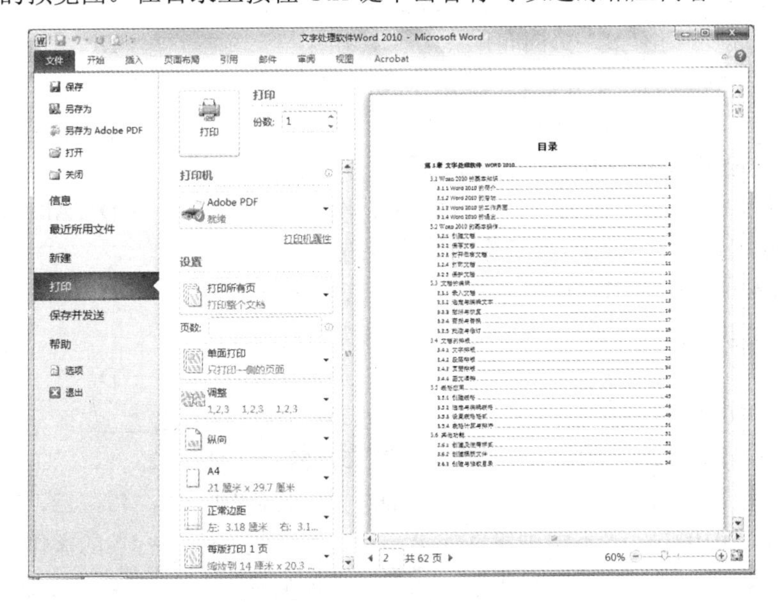

图 3-68　预览生成目录

2. 修改目录

自动生成目录后，若文档的内容被调整，此时，希望目录也随之修改。在目录上单击鼠标右键，在快捷菜单中选择“更新域”命令，弹出“更新目录”对话框，选择“只更新页码”或是“更新整个目录”命令即可。而对于目录的格式也可以仿照文本操作的方法进行修改，如设置字体、字号、行距等。

练习题

一、选择题

1．Word 2010 文档的扩展名是____。

A．TXT　　B．DOCX　　C．WPS　　D．XLSX

2．在 Word 2010 的“字体”对话框中，不可设置文字的____。

A．字间距　　B．字号　　C．删除线　　D．行距

3．Word 2010 具有分栏功能，下列关于分栏的说法中正确的是____。

A．最多可以设 4 栏　　B．各栏的宽度必须相同

C．各栏的宽度可以不同　　D．各栏之间的间距是固定的

4．如果用户想保存一个正在编辑的文档，但希望以不同文件名存储，可用____命令。

A．保存　　B．另存为　　C．比较　　D．限制编辑

5．下列选项中，对 Word 2010 中图形操作描述错误的是____。

A．可以移动图片

B．可以复制图片

C．可以编辑图片

D．既不可以按百分比缩放图片，也不可以调整图片的颜色

6．在 Word 2010 中，可以通过____功能区对所选内容添加批注。

A．插入　　B．页面布局　　C．引用　　D．审阅

7．“开始”功能区的“字体”选项组不可以对文本进行哪项设置____。

A．字体　　B．字号　　C．加粗　　D．样式

8．用快捷键退出 Word 2010 的方法是使用____组合键。

A．Ctrl+F4　　B．Alt+F4　　C．Alt+F5　　D．Alt+Shift

9．在 Word 2010 中，复制对象操作的第一步是____。

A．定位插入点　　B．选定对象　　C．Ctrl+C 快捷键　　D．Ctrl+V 快捷键

10．在 Word 2010 中，快速进入页眉区只需双击____即可。

A．文本区　　B．菜单区　　C．页眉页脚区　　D．工具栏区

11．Word 2010 中打印页码“3-5，10，12”表示打印的页码是____。

A．3，4，5，10，12　　B．5，5，5，10，12

C．3，3，3，10，12　　D．10，10，10，12，12，12，12，12

12．在 Word 2010 中，“不缩进段落的第一行，而缩进其余的行”的操作是指____。

A．首行缩进　　B．左缩进　　C．悬挂缩进　　D．右缩进

13．在 Word 2010 中，图片的文字环绕方式不包括____。

A．上下型环绕　　　　　　　　　　B．紧密型环绕

C．四周型环绕　　　　　　　　　　D．左右型环绕

14．在 Word 2010 的编辑状态下，若该文档已保存，执行“文件”选项卡中的“保存”命令后____。

A．将所有打开的文档存盘

B．只能将当前文档存储在原文件夹内

C．可以将当前文档存储在已有的任意文件夹内

D．可以先建立一个新文件夹、再将文档存储在该文件夹内

15．在 Word 2010 图形编辑状态下，鼠标左键单击“椭圆”按钮后，按下____键的同时拖动鼠标，可以画出圆。

A.Ctrl　　　　B.Shift　　　　C.Alt　　　　D.Ctrl+Alt

16．在 Word 2010 文档中加入复杂的数学公式，执行____。

A．“插入”选项卡中的“公式”命令　　B．“插入”选项卡中的“符号”命令

C．“开始”选项卡中的“公式”命令　　D．“引用”选项卡中的“样式”命令

17．在 Word 2010 中进行编辑时，文字下面有红色波浪下画线表示____。

A．已修改过的文档　　　　　　　　B．对输入的确认

C．可能是拼写错误　　　　　　　　D．可能是语法错误

18．在 Word 2010 中，要把全文都选定，可用的快捷键为____。

A．Ctrl+S　　　　　　　　　　　　B．Ctrl+A

C．Ctrl+V　　　　　　　　　　　　D．Ctrl+C

19．在 Word 2010 中，若当前插入点在表格第一行的最后一个单元格内的结尾处，按 Tab 键则____。

A．在插入点所在行之上插入一个空行　B．在插入点所在行之下插入一个空行

C．插入点所在的单元格加宽　　　　D．插入点移至第二行的第一个单元格内

20．下面有关 Word 2010 表格功能的说法不正确的是____。

A．可以通过表格工具将表格转换成文本

B．表格的单元格中可以插入表格

C．表格中可以插入图片

D．不能设置表格的边框线

二、填空题

1．在 Word 2010 中，打印之前最好能进行________，以确保取得满意的打印效果。

2．启动 Word 2010 时将自动打开一个名为________的新文档。

3．在 Word 2010 中，在屏幕的底部和右边分别是________和________。

4．Word 2010 中用________选项卡的________选项组可快速改变字体、字体大小等。

5．在 Word 2010 中，想对文档进行字数统计，可以通过________功能区来实现。

6．在 Word 2010 中，进行各种文本、图形、公式、批注等搜索可以通过________来实现。

7．为了加快格式设置的速度，保证某些文字的格式一致，可使用“开始”选项卡中的________按钮来进行格式复制。

8．视图切换按钮位于 Word 状态栏右侧，分别是、_________、_________、_________、________以及________5 个视图按钮。

9．在 Word 2010 中，要自动生成目录，一般文档中应包含________样式。

10．在 Word 2010 中，用拖放鼠标方式进行复制时，需要在按________键的同时，拖动所选对象到新的位置。

三、简答题

1．简述 Word 2010 中几种视图方式的特点。

2．在 Word 2010 中，如何使用格式刷快速复制格式。

3．在 Word 2010 中，如何实现表格中的单元格、行或列的选定。

4．简述自动生成目录的步骤。

第4章 电子表格处理软件 Excel 2010

Excel 2010 是美国微软公司 Microsoft Office 2010 办公套装软件的重要组件之一，它以制表的形式来组织、计算、分析各种类型的数据，能高效地处理数据，具有强大的函数、公式计算功能，方便的数据图表制作和有效的数据统计分析等功能，是日常办公或学习的一个非常方便和实用的帮手。

通过本章 4.1～4.6 节的学习，读者应掌握以下知识：

- 工作簿和工作表的建立、操作与管理方法
- 不同类型数据的输入、编辑方法
- 公式与函数的应用方法
- 工作表中数据的处理及引用方法
- 图表的创建与管理方法

通过本章 4.7 节的学习，读者还可了解以下知识：

- 模板的定义与使用
- 在 Word 中调用 Excel 的方法
- 工作表的打印设置

4.1 Excel 2010 概述

本节主要介绍 Excel 2010 的主要功能、启动和退出的方法、窗口界面。

4.1.1 Excel 2010 简介

Excel 2010 作为电子表格处理软件，功能强大，使用方便，它的基本功能有：

（1）制作电子表格。

电子表格是由行和列所组成的区域，该区域内记录了数据信息，用户可对表中的数据进行分析和处理。

（2）制作图表。

可以将表格中的数据以图形方式显示。Excel 2010 提供了十几种图表类型，供用户选择使用，以便直观地分析和观察数据的变化及变化趋势。

（3）数据库方式管理。

Excel 2010 能够以数据库管理方式管理表格数据，对表格中的数据进行排序、检索、筛选、汇总，并可以与其他数据库软件交换数据。

4.1.2 Excel 2010 的启动

Excel 2010 的启动与 Word 2010 的启动方法相似，主要包括如下几种方法。

方法一：单击“开始”→“所有程序”→Microsoft Office→Microsoft Excel 2010 命令，启动 Excel 2010。

方法二：双击任何一个现有的 Excel 文件，Excel 就会启动并把该文件打开。

方法三：双击桌面 Excel 2010 快捷方式图标。

启动 Excel 2010 后，Excel 就建立了一名为“工作簿 1”的空工作簿。

4.1.3 Excel 2010 的窗口界面

Excel 2010 中文版窗口主要由标题栏、快速访问工具栏、功能区、编辑栏、工作区、工作表标签栏、状态栏等组成，如图 4-1 所示。标题栏、功能区、快速访问工具栏功能与 Word 2010 类似，这里仅介绍 Excel 中具有特殊功能的窗口组成部分。

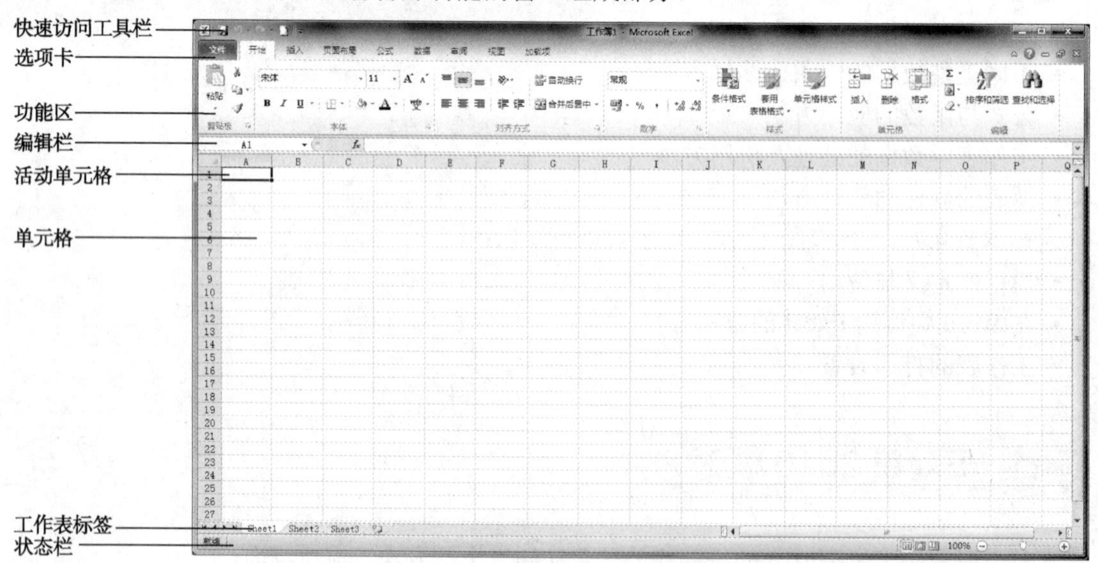

图 4-1 Excel 2010 的工作界面

1. 编辑栏

编辑栏由“名称框”、“编辑框”和“取消”✕、“输入”✓、“插入函数”fx三个按钮组成。当选定某单元格或某一区域时，相应的单元格或区域名称会显示在编辑栏的名称框中。当在单元格中编辑数据时，其内容同时出现在编辑栏的编辑框中。

2. 工作表标签栏

用以显示工作表的名称。工作表的初始名称为 Sheet1、Sheet2、Sheet3，用鼠标单击工作表标签，可切换到相应的工作表。当有多个工作表且标签栏不能显示所有标签时，可单击标签左侧的滚动箭头使标签滚动，从而找到所需的工作表名称。

3. Excel 工作区

在 Excel 工作区中显示的是 Excel 工作簿窗口（文档窗口），在工作区中可以包含一个或多个工作簿窗口。工作簿窗口由标题栏、工作表标签栏、列号标志、行号标志、水平和垂直滚动条，以及工作表区域组成。当 Excel 工作簿窗口最大化时，工作簿窗口和 Excel 应用程序窗口共用一个标题栏，而工作簿窗口的控制按钮则在 Excel 应用程序窗口相应控制按钮的正下方。

4. 状态栏

状态栏位于 Excel 窗口的底部，用于显示各种状态信息及其他有用的信息，特别对 Excel 的新用户来说，经常关注状态栏的信息是非常有益的。例如，状态栏经常显示信息“就绪”，表明 Excel 已为新的操作准备就绪，如图 4-2 所示。

图 4-2　状态栏

4.1.4　退出 Excel 2010

退出 Excel 2010，有以下几种方法。

方法一：单击 Excel 2010 标题栏右边的“关闭”按钮。

方法二：双击 Excel 2010 中文版标题栏左边的控制菜单图标。

方法三：单击“文件”选项卡中的“退出”命令。

方法四：按 Alt+F4 组合键，退出 Excel 2010。

退出 Excel 2010 时，若文件未被保存，Excel 2010 会提示用户是否保存工作簿，如果保存，则单击“是”按钮，并对所进行的修改保存（若用户未给工作簿命名，则需给工作簿命名后再保存）；如果不保存文件，则单击“否”按钮，退出 Excel 2010。

4.2　Excel 2010 的基本操作

本节主要介绍工作簿和工作表的基本概念，工作簿的新建、退出、保存操作以及工作表的新建、保存、关闭、移动、复制、重命名和删除操作。

4.2.1　工作簿与工作表的基本概念

1. 工作簿

工作簿即 Excel 中用来存储和处理数据的文件，扩展名为.xlsx。每个工作簿可以包含一个或多个工作表。用户可以将若干相关工作表存放在一个工作簿，操作时可直接在同一工作簿的不同工作表中方便地切换。默认情况下，每个工作簿文件中有三个工作表，分别以 Sheet1、Sheet2、Sheet3 来命名。工作表的名字显示在工作簿文件窗口底部的标签里。

启动 Excel 后，用户首先看到的是名为“工作簿 1”的工作簿。“工作簿 1”是一个默认的、新建的和未保存的工作簿，当用户在该工作簿输入信息后第一次保存时，Excel 弹出“另存为”对话框，可以让用户重命名工作簿。如果启动 Excel 后直接打开一个已有的工作簿，则工作簿 1 会自动关闭。

2. 工作表

工作表又称为电子表格，由单元格组成的，是 Excel 进行一次完整作业的基本单位。每一张工作表都由 1048576×16384 个单元格组成，有一个相应的工作表标签，工作表标签上显示的是该工作表的名称。

3. 单元格

单元格是表格中行和列的交叉部分，是工作表的基本元素，也是 Excel 进行独立操作的最小单位。纵向的称为列，列标用字母 A～XFD 表示，共 16384 列；横向的称为行，行号用数字 1～1048576 表示，共 1048576 行。在工作表中，单元格的地址就是它的名称，每个地址唯一地标识一个单元格。单元格的地址由单元格所在的列标和行号组成，且列标写在前，行号写在后。例如，D5 就表示第 5 行第 D 列的单元格。

4.2.2 工作簿的基本操作

工作簿的基本操作包括工作簿的新建、打开、保存、关闭等。

1. 新建工作簿

启动 Excel 时，系统会自动为用户打开一个新的工作簿，用户可以直接使用它，也可以根据自己需要来新建工作簿。新建一个工作簿，有以下两种方法：

（1）打开“文件”选项卡，单击“新建”命令，这时将在当前窗口的右侧出现“可用模板”区域，如图 4-3 所示。

① 在“可用模板”区域中选择 “空白工作簿”新建一个空白工作簿文件。

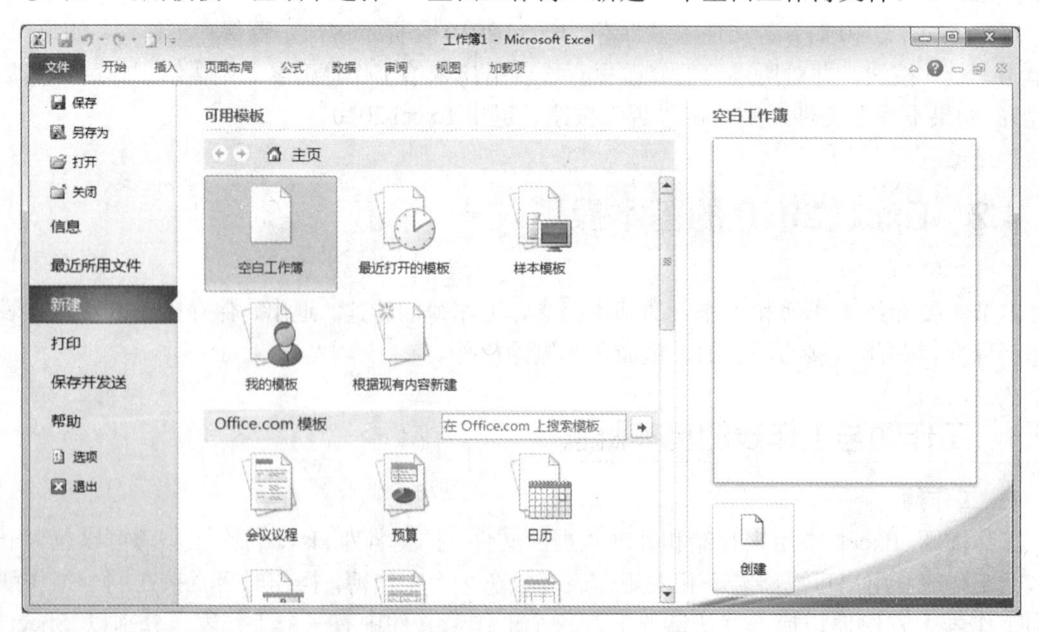

图 4-3 新建工作簿

② 选择“根据现有内容新建”可新建一个同样格式的工作簿文件。

③ 选择“最近打开的模板”、“样本模板”或“我的模板”则可根据选择的模板建立新的工作簿文件。

（2）单击“快速访问工具栏”上的“新建”按钮，可以新建一个系统默认的空白工作簿。

2．打开工作簿

用户若要打开已经保存的工作簿，操作方法是：单击“文件”→“打开”命令，或单击“快速访问工具栏”的“打开”按钮，弹出“打开”对话框，在“打开”对话框中选择所需的文件并打开。

3．保存工作簿

保存一个工作簿的操作方法是：单击“文件”→“保存”命令，或单击“快速访问工具栏”中的“保存”按钮。若文件未命名则系统会提醒用户给文件命名后再保存。用户也可以单击“文件”→“另存为”命令，把工作簿保存到另一个文件中。Excel 2010 默认的工作簿文件后缀名为.xlsx，用户也可根据需要在保存时选择保存类型为“Excel 97-2003 工作簿（*.xls）”。

4．关闭工作簿

当对工作簿的操作都完成后，可以关闭工作簿，关闭工作簿并不退出 Excel 2010。操作方法是：单击“文件”→“关闭”命令，或单击选项卡栏的最右边“关闭”按钮 ×。此时，若用户尚未保存工作簿，则显示对话框，提示用户是否保存。

4.2.3　工作表的基本操作

1．选择工作表

在对工作表做移动、复制、删除等操作之前，需要选中工作表，在 Excel 2010 中可按以下方法选中工作表：

（1）选择单个工作表。

单击某个工作表标签可选中单个工作表。

（2）选择连续的多个工作表。

先单击第一个工作表的标签，然后按住 Shift 键再单击最后一个工作表的标签可选中多个相邻的工作表。

（3）选择不连续的多个工作表。

先单击第一个工作表的标签，然后按住 Ctrl 键依次单击其他工作表的标签可选中多个不相邻的工作表。

选中多个工作表后，对当前工作表的操作会同样作用到其他被选中的工作表中。要取消选中状态，只需要用鼠标单击任意一工作表标签即可。

2．添加工作表

系统默认每个工作簿有三个工作表，用户还可以通过以下两种方法添加工作表。

方法一：通过快捷方式添加工作表。鼠标右击工作表标签，在快捷菜单中选择“插入”命令，在弹出的“插入”对话框中选择“工作表”，单击“确定”按钮。系统会自动在当前活动工作表前插入新工作表，新工作表的名字默认为 Sheet4、Sheet5、Sheet6…，如图 4-4 所示。

方法二：通过工作表标签按钮添加。单击工作表标签上的“插入工作表”按钮，即可在所有工作表标签之后插入新的工作表。

图 4-4 新增工作表

3. **移动和复制工作表**

在 Excel 中，用户可以通过以下两种方法来移动和复制工作表。

方法一：通过快捷菜单命令移动和复制工作表。具体操作步骤如下：

（1）选中需要移动或复制的工作表。

（2）单击鼠标右键，选择“移动或复制...”命令，弹出“移动或复制工作表”对话框，如图 4-5 所示。

图 4-5 “移动或复制工作表”对话框

（3）在对话框的“工作簿”列表框中选择移动或复制的目标工作簿。

（4）在对话框的“下列选定工作表之前”列表中，选择将移动或复制工作表插入到哪个工作表之前。

（5）若要移动工作表，直接单击“确定”按钮；若要复制工作表，还应勾选“建立副本”复选框，再单击“确定”按钮。

方法二：通过鼠标拖动来移动和复制工作表。具体操作步骤如下：

（1）选中需要移动或复制的工作表。

（2）若要移动工作表，按住鼠标左键拖动选中的工作表到目标位置后释放。

（3）若要复制工作表，在移动工作表的同时，按住 Ctrl 键，将产生一个工作表副本。

同一个工作簿中的工作表不能重名，若因为移动或复制造成重名时，新的工作表将自动改名。

4. **删除工作表**

有时需要从工作簿中删除不需要的工作表，删除工作表与添加工作表的方法类似，具体步骤如下：

（1）选择需要删除的工作表。

（2）在该工作表标签上单击鼠标右键，从弹出的快捷菜单中选择“删除”命令，如果工作表中包含数据则会弹出“确认”对话框。

（3）在“确认”对话框中单击“删除”按钮（单击“取消”按钮将会取消删除操作）。

提示：删除工作表是永久性的操作，不可以再恢复。

5．重命名工作表

Excel 2010 的工作表默认以 Sheet1、Sheet2、Sheet3…的格式来命名，不方便记忆和进行有效的管理，用户可以更改这些工作表的名称。例如，为某个学校三个班级的学生成绩表建立工作表，可将它们分别命名为“一班成绩表”、“二班成绩表”、“三班成绩表”，这样更符合一般的工作习惯。

要更改工作表的名称，只需用右击要改名的工作表标签，在弹出的快捷菜单中选择“重命名”命令，或者直接双击要改名的工作表标签，工作表标签变为黑色填充的编辑状态，在其中输入新的名称并按 Enter 键即可。

6．拆分工作表

如果制作的表格较大，不能完整地显示在窗口中，可以通过将表格拆分的方法来满足要求。拆分工作表是指将工作表按照水平或垂直方向分割成独立的窗格，每个窗格中可以独立地显示工作表中的不同部分。

在 Excel 2010 中拆分工作表的操作步骤如下。

（1）选中拆分位置上的单元格。

（2）在“视图”选项卡中的“窗口”选项组中，单击“拆分”按钮，表格将会从选中的单元格处拆分。

将工作表拆分后，可以同时显示出工作表上相距很远的部分。例如可以在左上窗格中显示 A1 单元格，而同时在右下窗格中显示 I16 单元格，如图 4-6 所示。

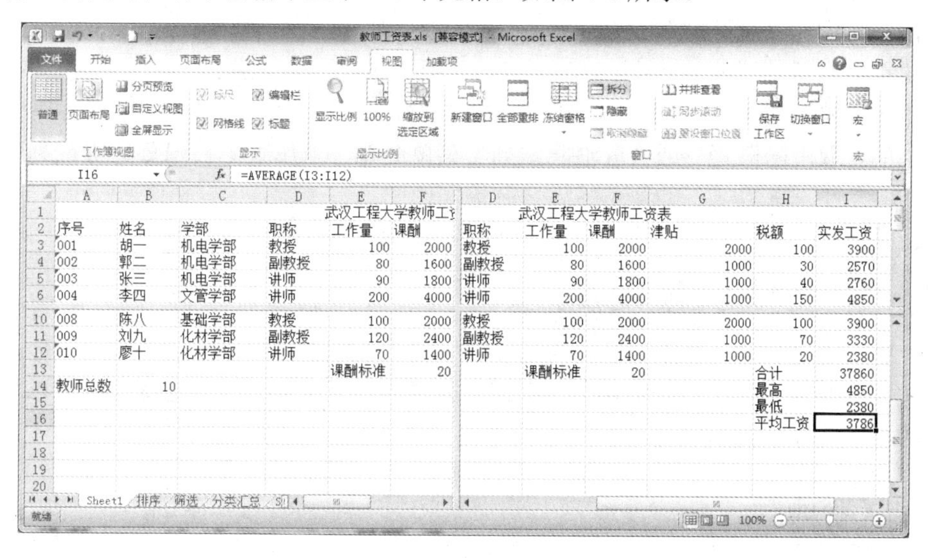

图 4-6　拆分工作表

拆分工作表后，可以通过拖动分隔条来调整分隔位置。如果要将工作表还原为正常显示，可按以下几种操作方法取消拆分。

方法一：再次单击“拆分”按钮。

方法二：双击分隔条。

7．隐藏或显示工作表

出于保护数据的目的，Excel 2010 中提供了隐藏操作，用户可以根据需要将工作簿或工作表的全部或部分隐藏起来。被隐藏的工作簿仍处于打开状态，其他文档仍可以利用其中的信息。

（1）隐藏工作簿。

如果打开了多个工作簿，可以将暂时不用的工作簿隐藏起来。在“视图”选项卡中的“窗口”选项组中，单击“隐藏”按钮可以将当前工作簿隐藏，被隐藏的工作簿窗口从Excel应用程序窗口中消失。

如果要重新显示被隐藏的工作簿，在“视图”选项卡的“窗口”选项组中，单击“取消隐藏”按钮，打开 “取消隐藏”对话框，然后在其中选中需取消隐藏的工作簿名称，单击“确定”按钮即可。

（2）隐藏工作表。

如果工作簿中有多个工作表，可以将暂时不用的工作表隐藏起来。选中需隐藏的工作表后，单击鼠标右键，选择“隐藏”命令可以将选中的工作表隐藏起来。

工作表被隐藏后，其对应的工作表标签从标签栏上消失，因而无法切换到该工作表，也无法对该工作表作任何操作。如果要重新显示被隐藏的工作表，在工作表标签栏上单击鼠标右键，选择“取消隐藏”命令，打开 “取消隐藏”对话框，然后在其中选择需取消隐藏的工作表名称并确定，被隐藏的工作表标签重新出现在标签栏中。

（3）隐藏行列。

如果工作表中的某些行列暂时不需使用或是怕被误操作，可以将这些行列暂时隐藏起来。

选择要隐藏行（列）中的任意一个单元格，在“开始”选项卡中单击“单元格”选项组中的“格式”按钮，在弹出的下拉菜单中选择“隐藏和取消隐藏”级联菜单中的“隐藏行（列）”菜单命令，选择的行（列）被隐藏起来了。

如果要重新显示被隐藏的行（列），可以执行以下操作取消隐藏：

单击“单元格”选项组中的“格式”按钮，在弹出的下拉菜单中选择“隐藏和取消隐藏”级联菜单中的“取消隐藏行”或“取消隐藏列”菜单命令，工作表中被隐藏的行或列即可显示出来。

4.3 数据的输入及设置

本节主要介绍各种类型数据的输入、数据有效性的设置、单元格的选择与编辑以及单元格格式的设置。

4.3.1 输入数据

1. 数据的类型及输入

在Excel 2010中，可输入的数据类型有文本、数值、时间和日期、公式和函数等。在向单元格输入这些数据时，要分清数据的类型，再按相应数据类型规范输入，以便Excel正确识别和区分。

有时单元格中的数据显示可能会与输入的不一样，这是因为Excel单元格中的数据不仅取决于所输入数据的类型，还取决于所设置的单元格的数据格式。因此，如果想完全了解某一单元格中数据的“本来面目”，最直接有效的方法就是在编辑栏中查看单元格的内容。

（1）输入文本数据。

文本是指由字母、汉字、数字或符号等组成的数据。一般的文本数据可直接输入，输入后在单元格中会自动左对齐显示。

如果要将数字作为文本输入，应先输入一个英文状态的单引号，以区别于数值型数据，常用于邮政编码、电话号码、学号的输入等。例如：'430070，输入后单引号在单元格中不显示，如 430070 。

当单元格列宽容不下文本字符串时，就要占用相邻的单元格，若相邻的单元格已有数据，则文本字符串将截断显示，如图 4-7 所示。

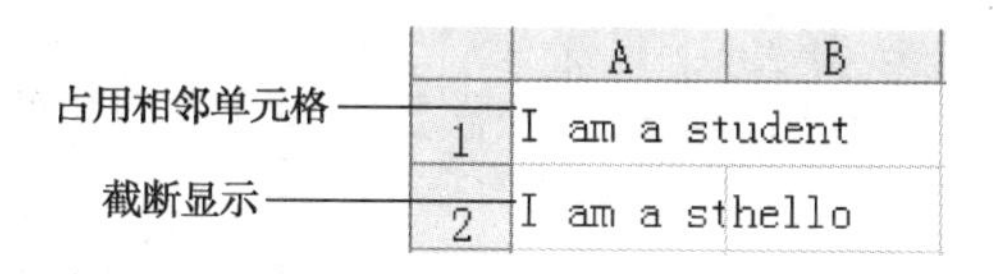

图 4-7　两种输入文本数据情况对比

（2）输入数值型数据。

在 Excel 2010 中，数值型数据是指由数字 0～9、小数点、正负号组成的常量整数和小数以及（ ）、￥、$、%、E、e 的组合。数值型数据在输入后会自动右对齐，表明 Excel 将输入的数据识别为数值型数据。数值型数据的输入分为以下几种情况：

- 如果要输入正数，直接将数字输入到单元格中。如果要输入负数，必须在数字前加一个负号“-”或给数字加上圆括号。例如，输入“-66”或“(66)”都可以在单元格中得到“-66”。当超过 11 位时，自动以科学计数法表示，例如 1.34E+05。
- 如果要输入科学计数法表示的数据，可先输入整数部分，再输入“E”或“e”和指数部分。
- 如果要输入百分比数据，可直接在数值后输入百分号“%”。
- 如果要输入分数，例如输入 1/2，应该输入“0 1/2”（注意：0 和 1 之间有一个空格）。

（3）输入日期和时间型数据。

Excel 内置了一些日期与时间的格式，当输入数据与这些格式相匹配时，系统将它们自动识别为日期或时间。所以在 Excel 中输入日期和时间值时，必须按照规定的格式。

常用的日期输入格式有：mm-dd，mm/dd，yyyy/mm/dd，yy/mm/dd，等等。其中，y 代表年，m 代表月，d 代表日，用斜线（/）或破折号（-）作为日期中年、月、日的分隔符。例如：12/04/19、12-04-19、4/19。

常用的时间输入格式有：hh:mmAM，hh:mm，等等。其中，h 代表小时，m 代表分钟，后面可接 AM 或 PM，系统默认设定使用 24 小时制。例如：13:30，1:30PM。

提示：如果要输入当天的日期，可同时按下 Ctrl+；键，如果要输入当前的时间，可同时按下 Ctrl+Shift+；键。

2. 自动填充

Excel 2010 具有自动填充功能，既可以在多个连续单元格中填充相同的数据，又可以按照一定的序列规律来完成数据填充。

（1）填充相同的数据。

当需要在同一行或同一列上输入一组相同的数据时，可以在第一个单元格中输入该数据，单击该单元格，用鼠标指针移到该单元格的右下角，使光标变成一个✚字形（称为“填充柄”），拖动填充柄经过待填充区域，即可向其他单元格中填充数据。

提示：按住鼠标右键，拖动填充柄，可以选择更多的填充方式填充。

（2）填充一组规律性变化的数据。

如果需要产生一组规律性变化的数据序列（如等差数列或者等比数列），例如，产生 1，2，3，4，5，…；或 1 月 5 日，3 月 5 日，5 月 5 日，7 月 5 日；等等。这时，至少先要输入前两个数据（趋势初始值），Excel 2010 才能判明该数据序列的变化规律。用户只要选定有初始输入的前几个单元格，拖动填充柄，即可自动产生按既定规律变化的一系列数据，并填充到余下的单元格中。

（3）自定义数据序列。

用户可以自定义填充序列。例如，某用户经常要输入几位同学的名字来制作表格，这时他可以自定义一个专用的数据序列，步骤如下：

① 在“文件”选项卡中单击“选项”命令，打开“Excel 选项”对话框，如图 4-8 所示。

图 4-8 “Excel 选项”对话框

② 单击打开“高级”选项，单击“编辑自定义列表”按钮，会弹出“自定义序列”对话框，如图 4-9 所示。

③ 在“输入序列”列表框中输入一系列同学的名字，如张三、李四、王五、赵六。

④ 单击“添加”按钮，再单击“确定”按钮，即可添加上自己定义的一个数据序列。

此后，只要输入该序列中的一个名字，拖动填充柄即可顺序产生自定义的其他名字。

3. 数据的有效性

在 Excel 2010 中，单元格默认的有效数据为任何数值。使用数据有效性功能，可以预先设置单元格所允许输入的数据类型和范围，并设置输入提示信息和输入错误提示信息。数据有效性的设置，可按以下步骤进行操作：

（1）选择要设置数据有效性的单元格或单元格区域。

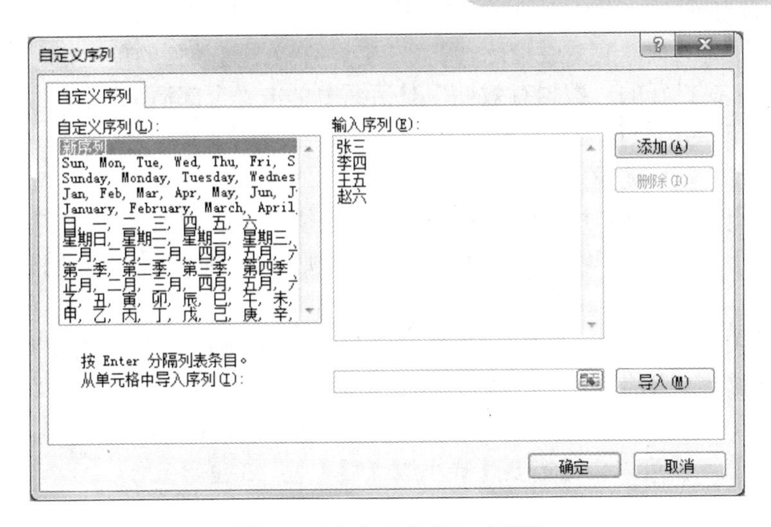

图 4-9　“自定义序列”对话框

（2）在“数据”选项卡的“数据工具”选项组中单击“数据有效性”按钮，打开“数据有效性”对话框，如图 4-10 所示。

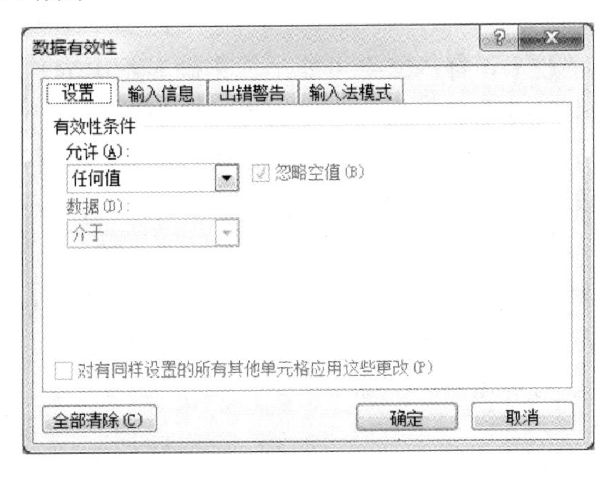

图 4-10　“数据有效性”对话框

（3）在“设置”选项卡中设置有效性条件。

（4）在“输入信息”选项卡中，设置选定单元格显示的输入信息。

（5）在“出错警告”选项卡中，设置在输入有误的情况下显示的出错警告。

（6）在“输入法模式”选项卡中，设置所需的输入法模式。

当对设置了有效性的单元格进行操作时，会出现相应的提示。如果输入错误会出现警告对话框，如图 4-11 所示。

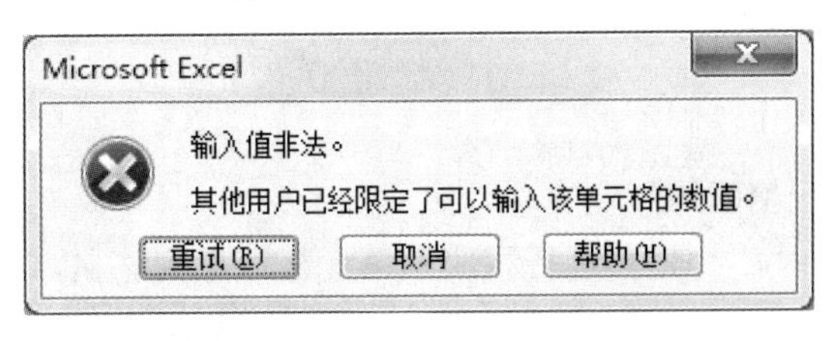

图 4-11　“警告”对话框

如果要将所设定的数据有效性清除，只需选定设有数据有效性的单元格，然后再次单击“数据有效性”按钮，在打开的“数据有效性”对话框中单击“全部清除”按钮并确定。

4. 数据输入时的小技巧

（1）数字格式规范快捷设定。

直接输入 0 开头的数据时，如 00002515，系统往往会去掉前面的 0 变成 2515。此时，只需在英文状态下输入半角单引号’再输入 0，Excel 则会保留前面的 0，并按文本方式自动左对齐。

另外，金额总是要带上“.00”的，在 Word 中，用户只能选择手动输入“.00”，而在 Excel 中，则可以选择更加省力的方式：选择要保留小数点后两位的单元格，单击右键选择“设置单元格格式”命令，在弹出的对话框中，打开“数字”选项卡。在“数值”项中，设置小数点后“2 位”即可（当然，也可以根据需要选择小数点后 1 位、3 位等）。

（2）在多个单元格中输入相同的内容。

有些时候，表格单元格中有很多重复的数据，如果一个一个地输入，效率很低。在 Excel 中是可以同时在多个单元格中输入相同的内容，先选中你要输入相同内容的单元格，输入内容后，按 Ctrl+Enter 键即可。

（3）文字适应单元格。

如果一个单元格的文字过多，有些文字可能不能正确显示出来。对于这种情况，可以通过设置，让文字自动调整大小，以适应单元格。方法为：选中单元格，单击鼠标右键，在弹出的快捷菜单中选择“设置单元格格式”命令，在“对齐”标签的“文本控制”选项组中，勾选“缩小字体填充”项。以后如果一个单元格中的内容过多，系统会自动调整文字的大小。

（4）逐行输入和逐列输入。

在单元格中输入完毕数字后，可以按 Enter 键或者 Tab 键确认输入操作。

按 Enter 键确认后，将当前单元格下方的单元格设置为活动单元格；按 Tab 键则将当前单元格右侧的单元格设置为活动单元格。

（5）自动记忆功能。

Excel 工作表具备自动记忆功能，对于以前曾经输入过的数据或文本，再次输入时系统会自动给出提示，以减少用户的录入工作。

如在前面的操作中曾经输入过“武汉工程大学”，再次输入“武”字时，系统会自动将“汉工程大学”显示出来，并将建议部分以黑底显示。如果接受建议，可以按 Enter 键，建议的数据会被自动输入。如果不想采用建议，可不必理会系统提示继续输入，当输入的字符与提示的字符不符时，系统会自动取消建议内容。

提示：自动记忆功能只能记忆当前编辑的数据或文本，系统不能记忆关闭文档中的信息。用户还可以按 Alt+↓组合键，系统会显示当前列中已有的数据列表供用户选择。

4.3.2 编辑单元格

1. 选取单元格和单元格区域

在工作表中输入数据时，首先要选择相应的单元格或单元格区域。Excel 2010 中有以下几种方式可以选定单元格：

（1）选中单个单元格。

用鼠标单击某个单元格，该单元格显示为边框加粗状态，并在编辑栏的“名称框”中显示单元格的名称，表示该单元格为活动单元格，可以对其进行编辑。

用户还可以用鼠标单击编辑栏中的“名称框”，在“名称框”中直接输入单元格的地址，按 Enter 键确认，则该单元格也成为活动单元格。

（2）选中连续的单元格。

执行以下操作之一可以选中一个矩形区域中的所有单元格：

① 将鼠标指针移动到起始单元格，按下左键，拖动鼠标到终止单元格，然后松开左键，则自起始单元格到终止单元格的矩形区域内的所有单元格被选中。

② 选中起始单元格，然后按住 Shift 键单击终止单元格，则自起始单元格到终止单元格的矩形区域内的所有单元格都被选中。

（3）选中整行、整列或整个工作表中的单元格。

执行以下操作之一可以按行、列选中单元格或选中整个工作表中的所有单元格：

① 单击行号可选中整行单元格。

② 单击列标可选中整列单元格。

③ 单击行号与列标的交汇处的灰色按钮可选中工作表中的所有单元格。

（4）选择不连续的单元格。

按住 Ctrl 键，依次选中不连续的单元格。

2. 编辑单元格内容

当在单元格中输入了数据之后，还可以对其中的数据进行编辑修改。修改数据的方式有以下几种：

（1）双击需修改数据的单元格，直接对其中的数据进行编辑。

（2）选中需编辑的单元格，按 F2 键对其中的数据进行编辑修改。

（3）选中需编辑的单元格，在编辑栏中对数据进行编辑修改。

当完成数据的编辑修改后，按 Enter 键或 Tab 键确认修改，按 Esc 键取消修改。

3. 清除单元格内容

清除单元格是指清除单元格中的内容、格式或批注。可通过以下两种方式之一清除单元格内容：

（1）通过菜单命令清除单元格。

首先需要选择要清除内容的单元格，然后单击“开始”选项卡“编辑”选项组中的“清除”按钮，在弹出的下拉菜单中选择“全部清除”菜单命令。单元格中的数据和格式就会被全部删除。根据需要也可以选择“清除格式”菜单命令，此时将只会清除单元格格式而保留单元格的内容或批注。

（2）通过键盘清除单元格内容。

选中单元格后直接按 Delete 键清除单元格中的内容。

4. 移动和复制单元格

与 Word 等文字处理软件不同，Excel 中的移动或复制操作通常以单元格为单位。在 Excel 中可以将选中的单元格移动或复制到同一工作表的不同位置、不同工作表、甚至不同工作簿中。选中需移动或复制的单元格，可以通过剪贴板或鼠标拖动的方法将其移动或复制到其他位置。

（1）通过剪贴板移动复制。

剪贴板是内存储器的一段空间，其中最多可以存放 24 项操作，使用剪贴板可非常方便地实现单元格的复制和移动。通过剪贴板移动或复制单元格的操作步骤如下：

① 选择要被复制或移动的单元格区域。

② 若是复制，在“开始”选项卡的“剪贴板”选项组中单击“复制”按钮。若是移动，在“开始”选项卡的“剪贴板”选项组中单击“剪切”按钮。此时被选中的区域的边框显示为虚框。

③ 选择复制或移动到的新区域的左上角单元格。如新区域为 A5:C10，则选中 A5 单元格。

④ 在“开始”选项卡的“剪贴板”选项组中单击“粘贴”按钮。复制单元格数据时，可以只复制单元格的格式、批注等内容。对此，可在粘贴操作时，在“粘贴”按钮下拉菜单中选择“选择性粘贴...”命令，会出现“选择性粘贴”对话框，如图 4-12 所示，然后在粘贴选项组中选择一种粘贴方式。

⑤ 单击“确定”按钮就可完成复制。

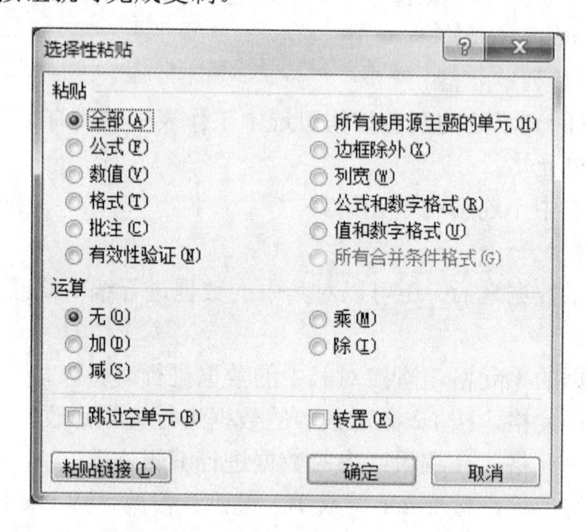

图 4-12 “选择性粘贴”对话框

（2）通过鼠标拖动移动和复制。

移动复制单元格的另一个较简单且直观的方法是使用鼠标拖动，使用鼠标拖动的操作步骤如下：

① 选中需移动的单元格或单元格区域。

② 将鼠标指针指向选中单元格区域的边缘，当出现十字光标✥时按下左键拖动鼠标至目的地址，释放鼠标即可。

用鼠标拖动单元格数据区域，原单元格内容将会被删除，如果在拖动单元格时按下 Ctrl 键，原单元格内容不会被删除，则实现的是复制操作。鼠标拖动的方法不但能在同一个工作表中移动或复制数据，还能在不同的工作表之间完成数据复制与移动操作。

如果要将选中单元格区域移动或复制到其他工作表上，可以按住 Alt 键，然后将选中单元格区域拖动到目标工作表标签上。如果要在工作簿之间移动或复制单元格，可以同时打开并显示这两个工作簿窗口，然后在源工作簿窗口中选中单元格区域并拖动选中区域到目标工作簿窗口中。

5. 插入行、列和单元格

在 Excel 2010 中，可以在任意位置插入一个或多个单元格，也可插入整行或整列单元格。

（1）插入单元格。

在 Excel 2010 中，可以在选中单元格的上方或左侧插入与选中单元格的数量相同的单元格。插入单元格的操作步骤如下：

① 选中单元格或单元格区域。

② 在“开始”选项卡的“单元格”选项组中单击“插入”按钮下方的下拉箭头，在弹出的下拉菜单中选择“插入单元格”命令，则弹出“插入”对话框，如图 4-13 所示，选择一种插入方式后，单击“确定”按钮。

图 4-13 “插入”对话框

在“插入”对话框中，共有 4 个选项供选择。

- 活动单元格右移：将空单元格插入到当前选定单元格的右侧，原有的单元格右侧单元格自动右移。
- 活动单元格下移：将空单元格插入到当前选定单元格的下方，原有单元格下侧单元格自动下移。
- 整行：在选中单元格区域上方插入整行，插入的行数与选中区域的单元格行数相等。
- 整列：在选中单元格区域左侧插入整列，插入的列数与选中区域的单元格列数相等。

（2）插入行或列。

插入行的方法是：选中一个单元格，在“开始”选项卡的“单元格”选项组中单击“插入”按钮下拉箭头，在弹出的下拉菜单中选择“插入工作表行”命令，即可在当前单元格上方插入一行。

插入列的方法是：选中一个单元格，在“开始”选项卡的“单元格”选项组中单击“插入”按钮下拉箭头，在弹出的下拉菜单中选择“插入工作表列”命令，即可在当前单元格左侧插入一列。

6. 删除行、列和单元格

在 Excel 中不但可以插入行、列和单元格，而且可以将工作表中不需要的行、列和单元格删除。

（1）删除单元格。

删除单元格后，不但单元格中的数据会被删除，而且该单元格也将被删除。

在工作表中选中单元格后，在“开始”选项卡的“单元格”选项组中单击“删除”按钮下拉箭头，在弹出的下拉菜单中选择“删除单元格”命令，弹出“删除”对话框，如图 4-14 所示，选中删除的选项后单击“确定”按钮。

图 4-14 “删除”对话框

在“删除”窗口中，有 4 个选项可以选择。

- 右侧单元格左移：删除单元格后，删除单元格的右侧单元格将会向左移动，以填补空白。
- 下方单元格上移：将选中单元格删除后，将其下方的单元格向上移填充空白。
- 整行：删除选中单元格所在行，并将其下方的行向上移填补空白。
- 整列：删除选中单元格所在列，并将其右侧的列向左移填补空白。

（2）删除行或列。

在工作表中选中需删除的行或列后，在“开始”选项卡的“单元格”选项组中单击“删除”按钮下拉箭头，在弹出的下拉菜单中选择“删除工作表行”或“删除工作表列”命令。删除行后，下方的行自动向上移以填补被删除行留下的空白位置；删除列后，右侧的列自动向左移以填补被删除列留下的空白位置。

7. 查找和替换数据

可以在指定范围内查找数据，一般从当前单元格开始查找，并可实现替换。

8. 插入批注

用户有时需要给某些单元格作一些说明，这时就可以用批注。插入批注操作步骤如下：

（1）选择要插入批注的单元格。

（2）在单元格中单击鼠标右键，选择“插入批注”命令，出现批注输入框。

（3）在输入框中输入批注内容。

9. 改变行高和列宽

Excel 工作表中单元格的行高和列宽均可调整，改变单元格行高和列宽的方法有以下几种：

（1）通过菜单命令改变行高和列宽。

在行号（或列标）上单击鼠标右键，选择“行高”（或“列宽”）菜单命令，打开“行高”（或“列宽”）对话框。在对话框中输入行高（或列宽）的值，单击“确定”按钮。

（2）通过鼠标拖动改变。

选择一行（列），将鼠标指针移到两行（列）号之间，此时鼠标指针呈上下（左右）双向箭头，然后上下（左右）拖动，可改变行高（列宽）。

10. 合并单元格

选中需要合并的单元格，在“开始”选项卡的“对齐方式”选项组中单击“合并后居中”按钮旁的下拉箭头，在弹出的下拉菜单中选择“合并单元格”命令，即可合并选中的单元格。如果选择“合并后居中”命令，则合并单元格后，设置单元格对齐方式为居中。

取消合并则先选中单元格后，在“开始”选项卡“对齐方式”选项组中单击“合并后居中”按钮旁的下拉箭头，在弹出的下拉菜单中选择“取消单元格合并”命令即可。

4.3.3　格式化单元格数据

1. 设置字符格式

选中需设置字符格式的单元格或其中的部分字符后，可以使用“开始”选项卡“字体”选项组中的“字体”、“字号”等字符格式工具来设置字符格式。

提示：还可以选中多个单元格，对这些单元格中的字符作相同设置。

2. 设置数字格式

通过应用不同的数字格式，可将数字显示为百分比、日期、货币等。例如，如果用户在进行季度预算，则可以使用“货币”数字格式来显示货币值。设置数字格式的操作步骤如下：

（1）选择要设置格式的单元格。

（2）在“开始”选项卡的“单元格”选项组中单击“格式”按钮，在弹出的下拉菜单中选择“设置单元格格式”命令；或在选中的单元格上单击鼠标右键，选择“设置单元格格式” 命令，弹出“设置单元格格式”对话框。

（3）选择“数字”选项卡。在“分类”列表中，选择要使用的格式，在必要时调整设置。例如，如果使用的是“货币”格式，则可以选择一种需要的货币符号，修改小数位数或负数的显示方式，如图 4-15 所示。

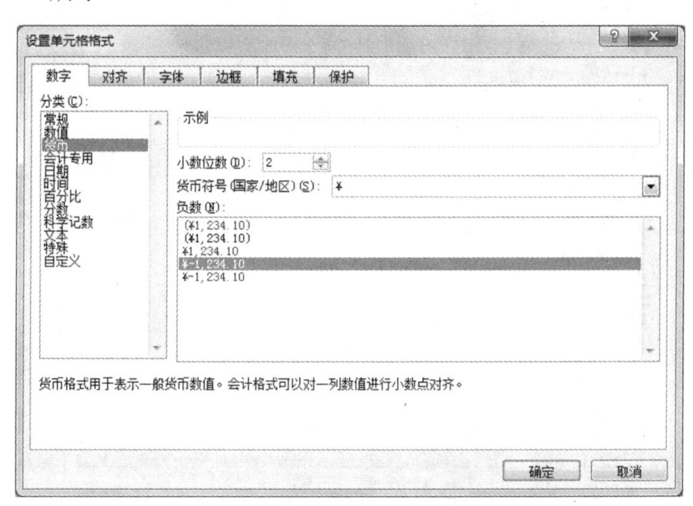

图 4-15　设置数字格式

3. 设置单元格对齐方式

单元格对齐方式是指文本在单元格中的排列规则，包括水平对齐方式和垂直对齐方式。

单元格的水平对齐方式是指单元格文本在水平方向上的分布规则，Excel 2010 的单元格对齐方式除了左对齐、居中等常见的对齐方式之外，还有以下两种方式。

（1）常规：根据单元格中数据的类型选择对齐方式。

（2）填充：在全部选中的单元格区域中，复制该区域中最左边单元格中的字符，选中区域中所有要填充的单元格必须都是空的。

单元格的垂直对齐方式包括靠上、居中、靠下、两端对齐和分散对齐，其中分散对齐方式是指单元格内容均匀地排列在单元格的上下边之间。

如图 4-16 所示为常见的各种对齐方式示例。

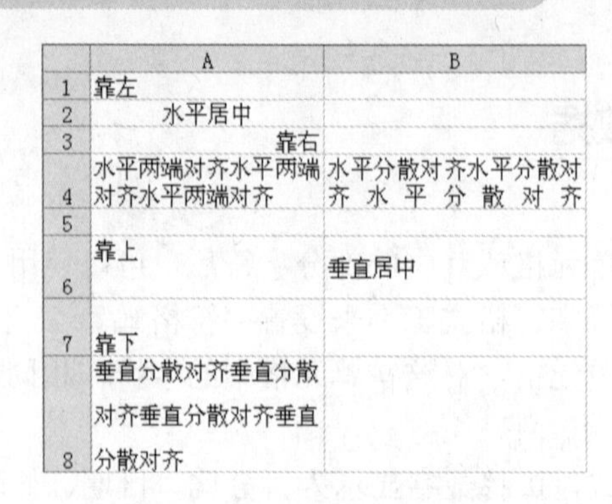

图 4-16　对齐方式示例

选中需设置对齐方式的单元格后，可以采用以下方法设置其对齐方式：

（1）选中要设置对齐方式的一个或多个单元格。

（2）单击鼠标右键，在弹出的菜单中选择“设置单元格格式”命令，弹出“设置单元格格式”对话框。

（3）在“对齐”选项卡的“水平对齐”和“垂直对齐”下拉列表中，选择单元格的各种对齐方式，如图 4-17 所示。

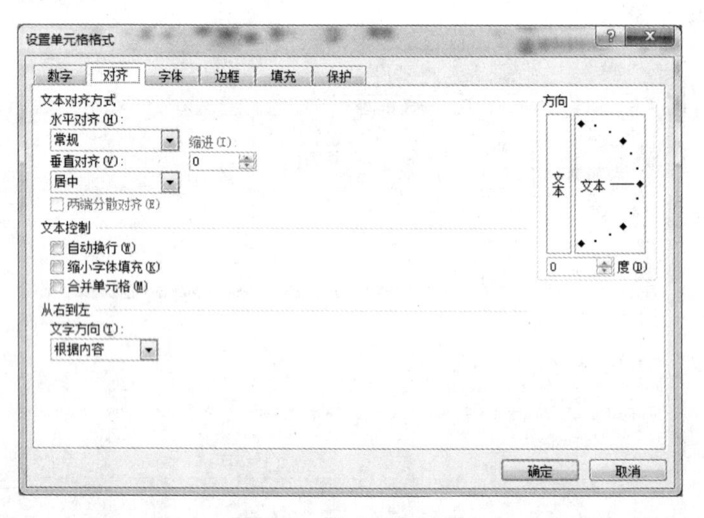

图 4-17　设置对齐方式

使用“开始”选项卡“对齐方式”选项组中的“左对齐”按钮、“居中”按钮和“右对齐”按钮可分别将选中单元格设置为左对齐、居中或右对齐方式。

4．设置边框

在 Excel 2010 中可以为单元格添加或取消边框，并可设置边框的线形、颜色。与其他格式属性一样，单元格的边框属性也可以在“单元格格式”对话框中进行设置。

（1）设置边框的操作步骤如下：

① 选中需设置边框的单元格区域。

② 单击鼠标右键，在弹出的菜单中选择“设置单元格格式”命令，弹出“设置单元格格式”对话框，打开“边框”选项卡，如图 4-18 所示。

③ 在预置选项组中选择一种边框样式，或在边框选项组里面选择一种自定义边框样式。

在“样式”列表中选择需要的边框线型；在“颜色”下拉列表中选择需要的边框线颜色。

④ 单击“确定”按钮。

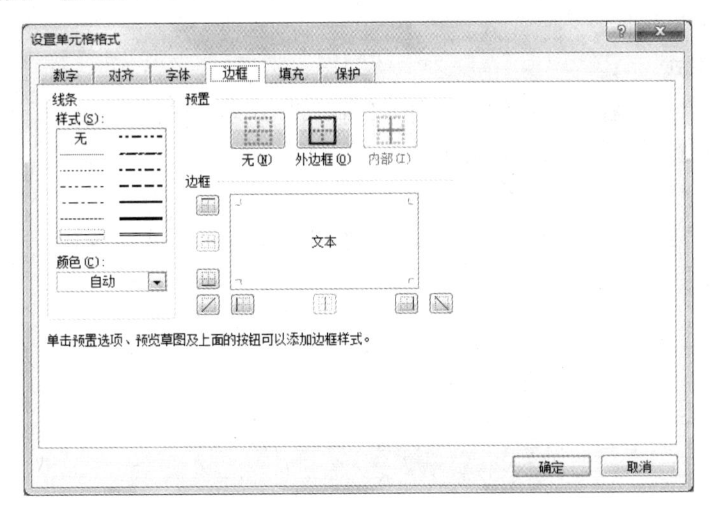

图 4-18　设置边框

（2）取消边框。

设置了边框之后，可以通过以下两种方法将其取消。

方法一：在“单元格格式”对话框中的“边框”选项组的预览图中单击需取消的边框，或是单击预览图周围的按钮取消边框。

方法二：单击“开始”选项卡“字体”选项组中的“边框”按钮下拉箭头，在弹出的菜单中选择“无框线” 。

5. 设置底纹

在 Excel 2010 中可以为单元格添加或取消底纹，并可设置底纹的图案式样以及前景颜色和背景颜色。设置底纹的操作步骤如下：

① 选中需设置底纹的单元格区域。

② 打开“设置单元格格式”对话框，并切换到“填充”选项卡，如图 4-19 所示。

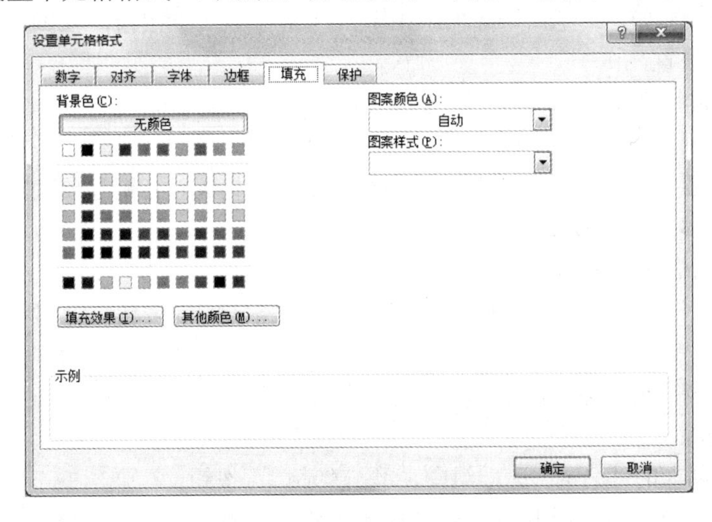

图 4-19　设置底纹

③ 在颜色列表中选择需要的底纹颜色。

④ 在“图案颜色”和“图案样式”列表框中分别选择图案的前景色和式样。

⑤ 单击“确定”按钮。

6. 自动套用格式

用户除了可以自定义各种各样的格式外，Excel 2010 系统内部还提供了一些典型的表格格式。自动套用这些内置格式的操作步骤如下：

① 选择要设置格式的单元格区域。

② 在“开始”选项卡“样式”选项组中单击“套用表格格式”按钮，在弹出的格式中选择一种格式，如图 4-20 所示。

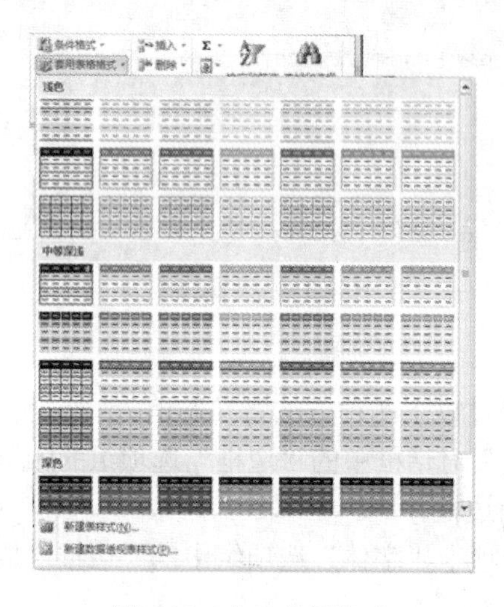

图 4-20　自动套用格式

7. 条件格式

Excel 2010 中的条件格式功能可根据用户设置的条件，对符合条件的数据以特殊的格式显示。添加条件格式的操作步骤如下：

① 选择要设置条件格式的单元格区域。

② 在“开始”选项卡“样式”选项组中单击“条件格式”按钮，在弹出的下拉菜单中选择条件和格式进行设置。

8. 格式的复制和删除

（1）格式的复制。

在多个地方都要设置相同的格式时，只要在一处设置格式，其余只要使用格式复制就可完成格式的设置，具体操作步骤如下：

① 选择要复制格式的单元格。

② 单击“开始”选项卡“剪贴板”选项组中的“格式刷”按钮，此时鼠标指针变成了小刷子的形状。

③ 在目标单元格或区域上单击，即可完成格式的复制。

（2）格式的删除。

在“开始”选项卡的“编辑”选项组中，单击“清除”按钮，在弹出的下拉菜单中选择“清除格式”命令即可，格式被删除后，会保留数据的默认格式。

4.4　公式与函数

在分析和处理工作表中的数据时，经常要使用公式和函数。通过公式和函数，用户可以在工作表中进行数字计算、逻辑运算和比较运算。当原始数据发生变化时，用户无须进行重新操作，Excel 2010 会自动重新计算。本节主要介绍公式和函数的使用。

4.4.1　使用公式

公式是在工作表中对数据进行分析计算的等式。公式以等号“=”开头，其中可以包含运算符、数字、文本、逻辑值、函数和单元格地址等。

1. 公式中使用的运算符

表 4-1 中列出了 Excel 2010 中的常用运算符，并按优先级从高到低排列。

表 4-1　公式中使用的运算符

分　类		含　义	示　例
引用运算符	:（冒号）	区域运算符，对两个引用之间包括这两个引用在内的所有单元格进行引用	A1:B2（引用 A1 到 B2 范围内的所有单元格）
	,（逗号）	联合运算符，将多个引用合并为一个引用	SUM（A1:B1，A2:B2）将 A1:B2 和 A2:B2 两个区域合并为一个
	（空格）	交叉运算符，产生同时属于两个引用的单元格区域的引用	SUM（A1:B2 B2:C3）（B2 同时属于两个引用 A1:B2，B2:C3）
算术运算符	－（负号）	负数	–2
	%（百分比）	百分比	20%
	^（平方）	乘幂	4^2（4 的平方）
	*（星号）、/（斜杠）	乘、除	2*3、6/2
	+（加号）、－（减号）	加、减	3+4、5-2
文本运算符	&（连字符）	将两个文本连接起来产生连续的文本	“学会”&“求和”产生“学会求和”
比较运算符	=（等于）	等于	A1=A2
	>（大于）	大于	A1>A2
	<（小于）	小于	A1<A2
	>=（大于等于）	大于等于	A1>=A2
	<=（小于等于）	小于等于	A1<=A2
	<>（不等于）	不等于	A1< >A2

2. 输入公式

输入公式的操作类似输入文本型数据的操作，不同的是，在输入公式的时候总是以“=”号作为开头，后面是公式的表达式。在单元格输入公式后，单元格中显示的是公式的计算结果，而编辑栏中显示的是公式。输入公式的步骤如下：

（1）选择存放计算结果的单元格，如 F5。

（2）输入等号“=”。

（3）输入公式内容，例如：“C5+D5+E5”。

（4）按 Enter 键或单击编辑栏上的“输入”按钮，结果出现在单元格中。

如果要在单元格中显示公式而不是其计算结果，可在“公式”选项卡“公式审核”选项组中单击“显示公式”按钮，如图 4-21 所示。

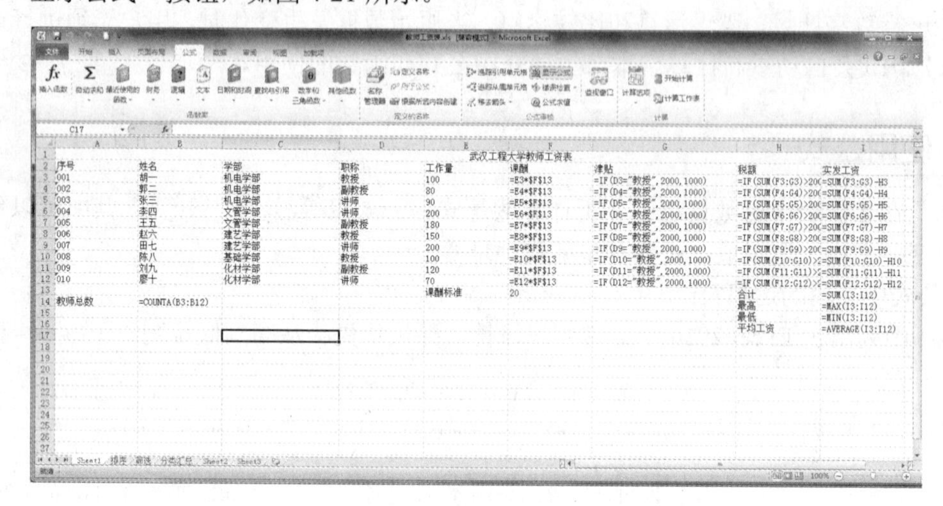

	A	B	C	D	E	F	G	H	I
1					武汉工程大学教师工资表				
2	序号	姓名	学部	职称	工作量	课酬	津贴	税额	实发工资
3	001	胡一	机电学部	教授	100	=E3*$F$13	=IF(D3="教授",2000,1000)	=IF(SUM(F3:G3)>20(	=SUM(F3:G3)-H3
4	002	郭二	机电学部	副教授	80	=E4*$F$13	=IF(D4="教授",2000,1000)	=IF(SUM(F4:G4)>20(	=SUM(F4:G4)-H4
5	003	张三	机电学部	讲师	90	=E5*$F$13	=IF(D5="教授",2000,1000)	=IF(SUM(F5:G5)>20(	=SUM(F5:G5)-H5
6	004	李四	文管学部	讲师	200	=E6*$F$13	=IF(D6="教授",2000,1000)	=IF(SUM(F6:G6)>20(	=SUM(F6:G6)-H6
7	005	王五	文管学部	副教授	180	=E7*$F$13	=IF(D7="教授",2000,1000)	=IF(SUM(F7:G7)>20(	=SUM(F7:G7)-H7
8	006	赵六	建艺学部	教授	150	=E8*$F$13	=IF(D8="教授",2000,1000)	=IF(SUM(F8:G8)>20(	=SUM(F8:G8)-H8
9	007	田七	建艺学部	讲师	200	=E9*$F$13	=IF(D9="教授",2000,1000)	=IF(SUM(F9:G9)>20(	=SUM(F9:G9)-H9
10	008	陈八	基础学部	教授	100	=E10*$F$13	=IF(D10="教授",2000,1000)	=IF(SUM(F10:G10)>2	=SUM(F10:G10)-H10
11	009	刘九	化材学部	副教授	120	=E11*$F$13	=IF(D11="教授",2000,1000)	=IF(SUM(F11:G11)>2	=SUM(F11:G11)-H11
12	010	廖十	化材学部	讲师	70	=E12*$F$13	=IF(D12="教授",2000,1000)	=IF(SUM(F12:G12)>2	=SUM(F12:G12)-H12
13					课酬标准	20		合计	=SUM(I3:I12)
14	教师总数	=COUNTA(B3:B12)						最高	=MAX(I3:I12)
15								最低	=MIN(I3:I12)
16								平均工资	=AVERAGE(I3:I12)

图 4-21　设置单元格显示公式

3. 公式的编辑

（1）选择公式所在的单元格。

（2）在编辑栏中修改公式。

（3）按 Enter 键或单击编辑栏上的“输入”按钮。

4. 在公式中引用单元格

在公式中引用单元格是通过输入单元格的地址来完成的。单元格的引用有三种：相对引用、绝对引用和混合引用。

相对引用是引用一个或多个相对位置的单元格，相对引用中单元格地址直接使用列标和行号，例如 A1、B2 等。在公式复制时，单元格地址会跟着发生改变。例如 C1 单元格中有公式“=A1+B1”，当将公式复制到 C2 单元格时会变为“=A2+B2”，当将公式复制到 D1 单元格时变为“=B1+C1”。

绝对引用是引用一个或几个特定位置的单元格。绝对引用是在单元格地址的列标和行号之前加上“$”，例如$A$2、$B$5。在公式复制时，单元格地址不会发生改变。例如 C1 单元格中有公式“=$A$1+$B$1”，当将公式复制到 C2 单元格时仍为“=$A$1+$B$1”，当将公式复制到 D1 单元格时仍为“=$A$1+$B$1”。

混合引用是将相对引用和绝对引用混合使用。例如$B5、B$5。在公式复制时，单元格地址绝对引用部分不发生改变，而相对引用部分发生改变。例如 C1 单元格中有公式“=$A1+B$1”，当将公式复制到 C2 单元格时变为“=$A2+B$1”，当将公式复制到 D1 单元格时变为“=$A1+C$1”。

在 Excel 2010 中，不仅可以引用当前工作表的单元格，还可以引用工作簿中其他工作表的单元格，或引用其他工作簿中的单元格。

引用同一工作簿的不同工作表的单元格时，其引用格式为：工作表名!单元格地址。如引用 Sheet2 表中 A5 单元格，可表示为“Sheet2!$A$5”。

引用其他工作簿中的单元格时，其引用格式是：在公式中同时包括工作簿名、工作表名和单元格地址，引用格式为：[工作簿名]工作表名!单元格地址。如引用 Book2 工作簿中 Sheet2 表的 A5 单元格，可表示为“[Book2]Sheet2!$A$5”。

4.4.2 使用函数

函数其实是 Excel 提供的一些特殊公式，它可以将指定的参数按特定的顺序或结构进行计算，并返回计算结果。Excel 2010 中提供了大量的内置函数。函数的格式为：函数名（参数 1，参数 2...），函数的参数可有一个或多个，也可没有参数，但函数名和一对圆括号是必需的。表 4-2 中列出了常用的函数。

表 4-2　常用函数

语　法	作　用
SUM （number1，number2，...）	返回单元格区域中所有数值的和
AVERAGE（number1，number2，...）	计算参数的算术平均值
IF （logical_test，value_if_true，value_if_false）	执行真假值判断，根据对指定条件进行逻辑评价的真假而返回不同的结果
COUNT（value1，value2，...）	计算参数表中的数字参数和包含数字的单元格的个数
MAX（number1，number2，...）	返回一组数值中的最大值，忽略逻辑值和文本字符
MIN（number1，number2，...）	返回一组数值中的最小值，忽略逻辑值和文本字符
INT（number）	将数值向下取整为最接近的整数
SUMIF（range，criteria，sum_range）	根据指定条件对若干单元格求和
ABS（number）	返回给定数值的绝对值，即不带符号的数值
AND（logical1，logical2，...）	如果所有参数值均为 TRUE，将返回 TRUE；如果任一参数值为 FALSE，将返回 FALSE

1. 输入函数

输入函数的方法有多种，常用的有以下几种方法：

方法一：直接在单元格中输入函数。

（1）选择要输入函数的单元格，如 C12。

（2）输入等号“=”。

（3）在“=”后输入函数名及参数，如输入“AVERAGE（C4:C11）”。

（4）按 Enter 键或单击编辑栏上的“输入”按钮。

方法二：使用插入函数按钮。

（1）选定需要输入函数的单元格，如 C12。

（2）单击编辑栏中的“插入函数”按钮，将会弹出“插入函数”对话框，在“或选择类别”的下拉列表框中选择要插入函数类型，如常用函数。如图 4-22 所示。

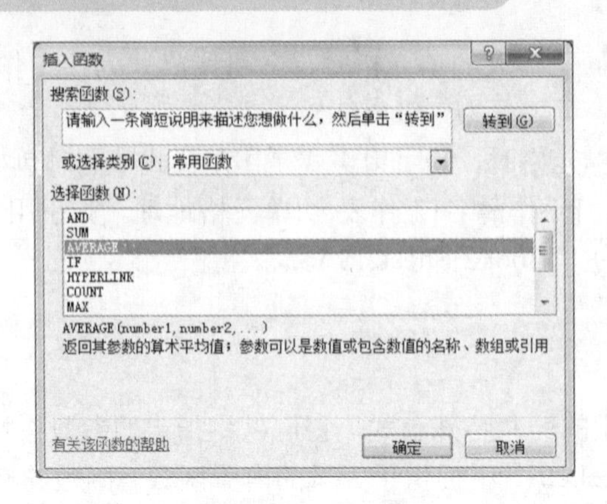

图 4-22　选择函数

（3）在“选择函数”列表框中，选择所需函数，如 AVERAGE。

（4）单击“确定”按钮将弹出“函数参数”对话框，如图 4-23 所示，其中显示了函数名称、函数功能、参数、参数的描述、函数的当前结果等。

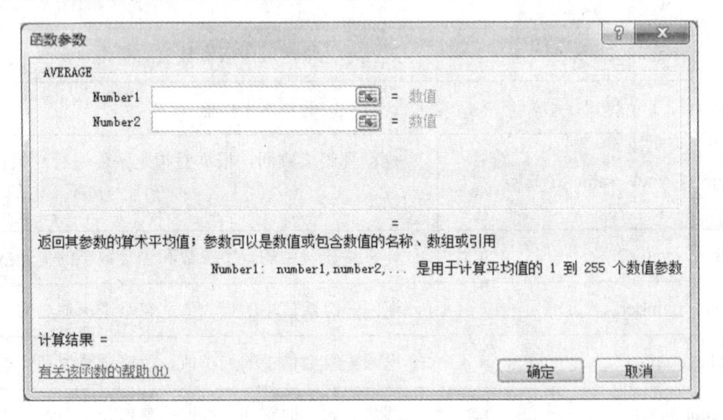

图 4-23　设置函数参数

（5）在参数文本框中输入数值或单元格引用区域，或者用鼠标在工作表中选定单元格区域，单击“确定”按钮，则在单元格中显示出函数计算的结果，并在编辑栏中显示函数。

方法三：使用“函数库”组。

在“公式”选项卡“函数库”组中对 Excel 中的函数进行了归类，单击“函数库”组上的按钮，也可以完成插入函数操作。

4.5　数据的管理和分析

本节主要介绍对数据的管理和分析，具体包括数据排序、数据筛选、分类汇总和数据保护。

4.5.1　数据清单

数据清单是一个规则的工作表或工作表中一个规则的选定区域，是具有相同结构方式存储的数据集合。Excel 2010 兼有数据库管理的部分功能，前提条件是数据表格应该是一个数据清单。为了更好地发挥数据清单管理功能，数据清单应具有以下特征：

（1）每张工作表建议只建立一个数据清单，不要在一张工作表上建立多个数据清单。某些清单管理功能如筛选等，一次只能在一个数据清单中使用。

（2）数据清单的第一行为字段名，每列字段名均不相同，并保证每一列包含相同类型的数据。

（3）工作表的数据清单与其他数据间至少留出一个空白列和一个空白行。在执行排序、筛选或插入自动汇总等操作时，利于 Excel 检测和区分出数据清单。

（4）更改数据清单前，确保隐藏的行或列被显示出，否则数据有可能会被删除。

（5）避免在数据清单中插入空白行和列。

（6）在单元格中输入数据时不要插入空格，因为多余的空格会影响排序和查找。

在图 4-24 中，A2:I12 为一个数据清单。

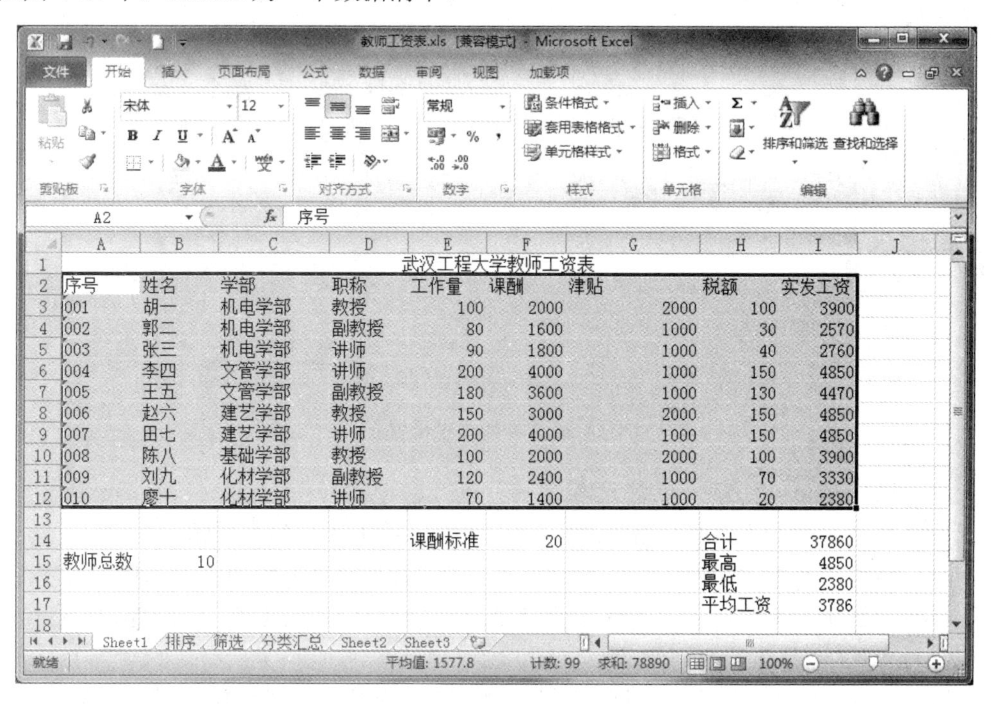

武汉工程大学教师工资表

序号	姓名	学部	职称	工作量	课酬	津贴	税额	实发工资
001	胡一	机电学部	教授	100	2000	2000	100	3900
002	郭二	机电学部	副教授	80	1600	1000	30	2570
003	张三	机电学部	讲师	90	1800	1000	40	2760
004	李四	文管学部	讲师	200	4000	1000	150	4850
005	王五	文管学部	副教授	180	3600	1000	130	4470
006	赵六	建艺学部	教授	150	3000	2000	150	4850
007	田七	建艺学部	讲师	200	4000	1000	150	4850
008	陈八	基础学部	教授	100	2000	2000	100	3900
009	刘九	化材学部	副教授	120	2400	1000	70	3330
010	廖十	化材学部	讲师	70	1400	1000	20	2380
				课酬标准	20		合计	37860
教师总数	10						最高	4850
							最低	2380
							平均工资	3786

图 4-24　数据清单示例

4.5.2　数据排序

数据清单建立完毕后，可以按指定的顺序对工作表中的数据重新排序。数据的排序是把一列或多列无序的数据变成有序的数据，这样能更直观地分析数据。排序的方式有两种：升序和降序。

Excel 可按数字、字母、日期和时间来为数据排序，也可以通过生成自定义排序顺序使数据清单按指定的顺序排序。

1. 简单排序

按单列的标准排序属于简单排序。例如，对图 4-24 中的数据清单按 “实发工资”升序排序，操作如下：

（1）选中“实发工资”列中任意一单元格。

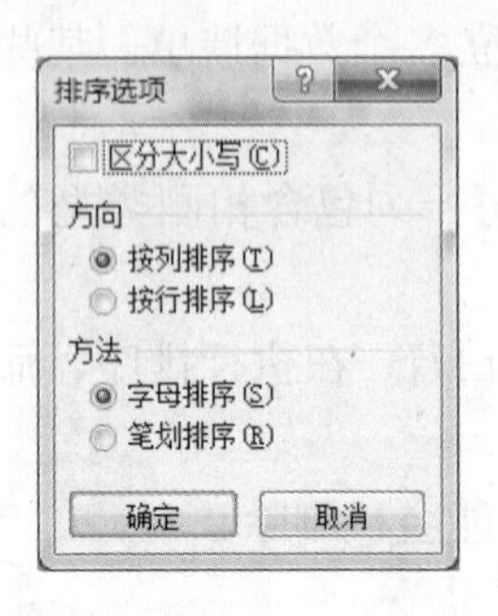

图 4-25 “排序选项”对话框

（2）在“数据”选项卡的“排序和筛选”选项组中，单击“升序”按钮。

当按汉字关键字排序时，有两种选择：一是按汉字的拼音字母顺序排序，二是按汉字笔画顺序排序。设置方法为：在“数据”选项卡的“排序和筛选”选项组中单击“排序”按钮，弹出“排序”对话框，单击“选项”按钮，在弹出的“排序选项”对话框中按需设置，如图 4-25 所示。

2. 多列排序

在上面的例子中，只按一列“实发工资”排序。如果需要在“实发工资”相等的情况下，再按“工作量”降序排序，如图 4-26 所示，具体操作步骤如下：

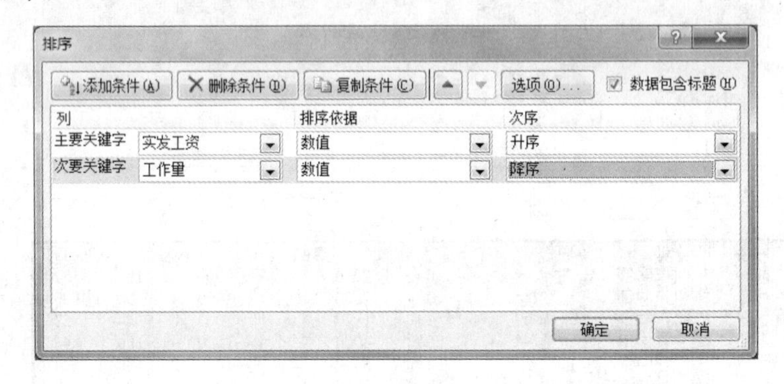

图 4-26 多列排序设置

（1）选中数据清单中任意一个单元格。

（2）在“数据”选项卡“排序和筛选”选项组中，单击“排序”按钮。

（3）选中排序“主要关键字”项，即“实发工资”；在次序下拉列表中选择“升序”。

（4）单击“添加条件”按钮，选中排序“次要关键字”项，即“工作量”；在次序下拉列表中选择“降序”。

（5）勾选“数据包含标题”复选框。选中“数据包含标题”选项，排序时将不包含标题行，不勾选则会包含标题行一起进行排序。

（6）单击“确定”按钮。

4.5.3 数据筛选

筛选是显示工作表中符合条件的数据，经过筛选的数据清单只显示满足条件的行，该条件由用户针对某列设定。根据条件的不同有自动筛选和高级筛选。

1. 自动筛选

自动筛选适用于简单条件，通常是在一个数据清单中的一个列中，查找满足条件的记录。用户一次只能对工作表中的一个数据清单使用筛选命令，如果要在其他数据清单中使用该命令，则需要清除本次筛选。

（1）建立自动筛选。

① 打开要进行自动筛选的工作表，选定数据清单中的任意一个单元格。

② 在“数据”选项卡的“排序和筛选”选项组中，单击“筛选”按钮。每个字段名称旁将会显示自动筛选标记▾，如图 4-27 所示。

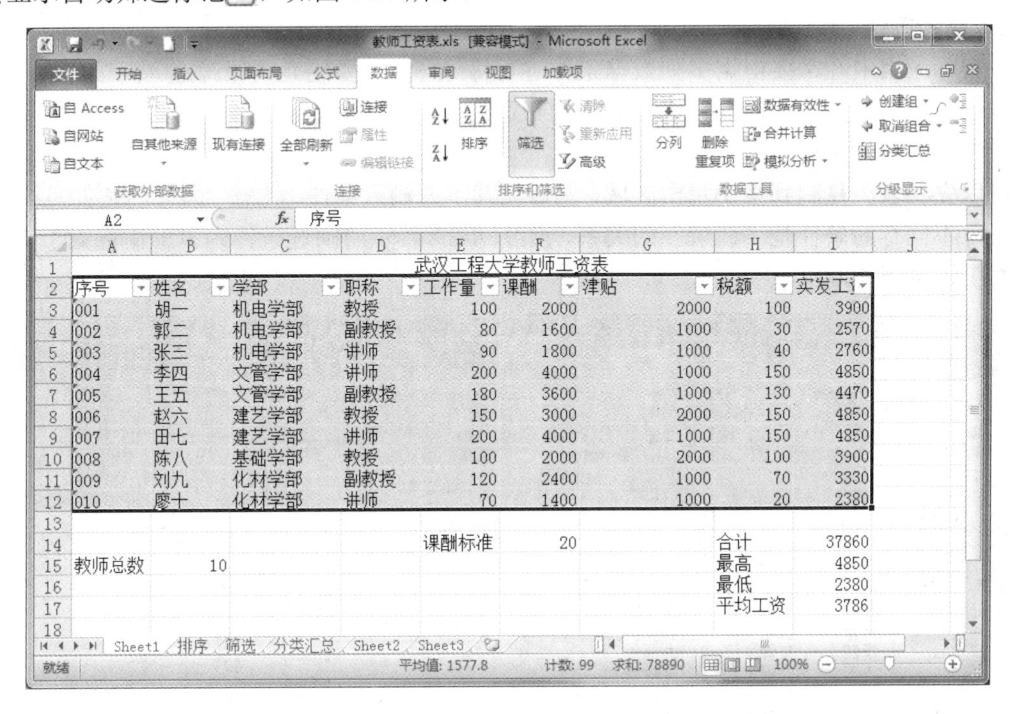

图 4-27　自动筛选

③ 若筛选条件为某一特定值，则单击自动筛选标记选择这一特定值即可。如筛选职称为“讲师”的记录，可单击“职称”旁的自动筛选标记，并在下拉列表中勾选“讲师”复选框。若在同一列中设置两个条件，可单击自动筛选标记，在下拉列表中勾选多个复选框，或者单击“文本筛选”→“自定义筛选”命令，将出现“自定义自动筛选方式”对话框。在每个下拉列表框中选择条件，输入数值，并选择“与”或“或”单选钮，单击“确定”按钮。“与”单选钮表示两个条件是并且的关系，“或”单选钮表示两条件是或者的关系。如将工作量为 100～200 的筛选出来，应按图 4-28 输入。

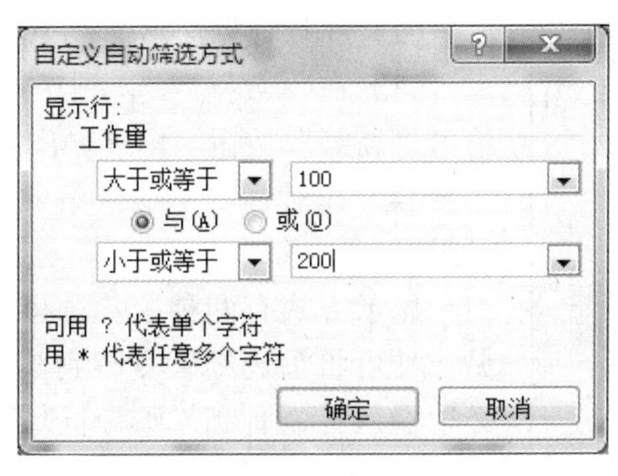

图 4-28　自定义自动筛选示例

（2）清除自动筛选。

筛选并没有将不符合条件的数据删除掉，而是隐藏起来。若要显示所有数据，在“数据”选项卡的“排序和筛选”选项组中，单击“清除”按钮。若要将自动筛选删除，再次单击“筛选”按钮即可。

2. 高级筛选

在实际应用中经常要根据多列数据条件进行筛选，这就要用到高级筛选。高级筛选除了能完成自动筛选的功能外，还能完成更复杂的筛选。操作步骤如下：

（1）建立条件区域。

可以先将表头复制到某个空白区域，然后在其下方输入条件。注意，同行的条件是“并且”的关系，不同行的条件是“或者”的关系，如图 4-29 表示的筛选条件为“工作量大于 100 或者实发工资大于 3000”。

	A	B	C	D	E	F	G	H	I
2	序号	姓名	学部	职称	工作量	课酬	津贴	税额	实发工资
3	001	胡一	机电学部	教授	100	2000	2000	100	3900
4	002	郭二	机电学部	副教授	80	1600	1000	30	2570
5	003	张三	机电学部	讲师	90	1800	1000	40	2760
6	004	李四	文管学部	讲师	200	4000	1000	150	4850
7	005	王五	文管学部	副教授	180	3600	1000	130	4470
8	006	赵六	建艺学部	教授	150	3000	2000	150	4850
9	007	田七	建艺学部	讲师	200	4000	1000	150	4850
10	008	陈八	基础学部	教授	100	2000	2000	100	3900
11	009	刘九	化材学部	副教授	120	2400	1000	70	3330
12	010	廖十	化材学部	讲师	70	1400	1000	20	2380
13									
14	序号	姓名	学部	职称	工作量	课酬	津贴	税额	实发工资
15					>100				
16									>3000

图 4-29 筛选条件设置

高级筛选

方式

◉ 在原有区域显示筛选结果(F)

○ 将筛选结果复制到其他位置(O)

列表区域(L): $A$2:$I$12

条件区域(C): $A$14:$I$16

复制到(T):

☐ 选择不重复的记录(R)

确定 取消

图 4-30 高级筛选

（2）选择数据区域，如 A2:I12。

（3）在“数据”选项卡的“排序和筛选”选项组中，单击“高级”按钮，出现如图 4-30 所示对话框。

（4）在对话框中输入条件区域，可以手工输入，也可以用鼠标选择。

显示方式有两种，一种可在原有区域显示筛选结果，另一种可将筛选结果复制到其他位置。若选择后一种，还必须输入“复制到”哪个区域，如本例中选择在原有区域显示。

（5）单击“确定”按钮，结束筛选，结果如图 4-31 所示。

高级筛选的删除方法同自动筛选。

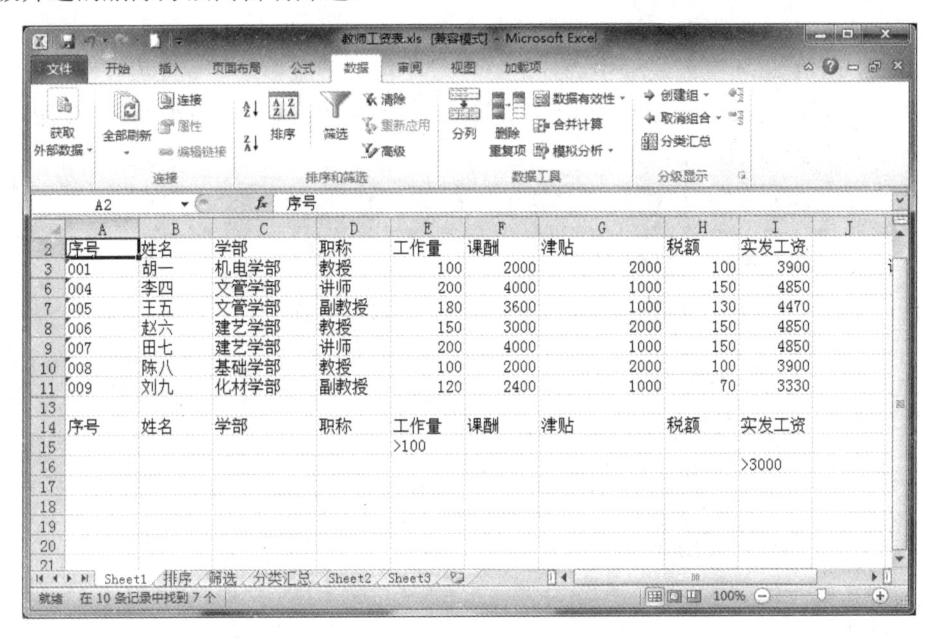

	A	B	C	D	E	F	G	H	I
2	序号	姓名	学部	职称	工作量	课酬	津贴	税额	实发工资
3	001	胡一	机电学部	教授	100	2000	2000	100	3900
6	004	李四	文管学部	讲师	200	4000	1000	150	4850
7	005	王五	文管学部	副教授	180	3600	1000	130	4470
8	006	赵六	建艺学部	教授	150	3000	2000	150	4850
9	007	田七	建艺学部	讲师	200	4000	1000	150	4850
10	008	陈八	基础学部	教授	100	2000	2000	100	3900
11	009	刘九	化材学部	副教授	120	2400	1000	70	3330
13									
14	序号	姓名	学部	职称	工作量	课酬	津贴	税额	实发工资
15					>100				
16									>3000

图 4-31　高级筛选结果

4.5.4　分类汇总

在数据处理中常常要对数据按不同项进行分类小计和总计等操作，如需要根据某一类别进行分类求和、求平均、个数等，这就需要用到分类汇总。分类汇总前都必须对分类字段进行排序。如需对图 4-24 中数据统计各学部实发工资总和，可使用分类汇总功能。实现步骤如下：

（1）首先对分类字段进行排序。此例中按“学部”字段进行排序。

（2）选择数据区域任一单元格。

（3）在“数据”选项卡“分级显示”选项组中，单击“分类汇总”按钮，出现如图 4-32 所示对话框。

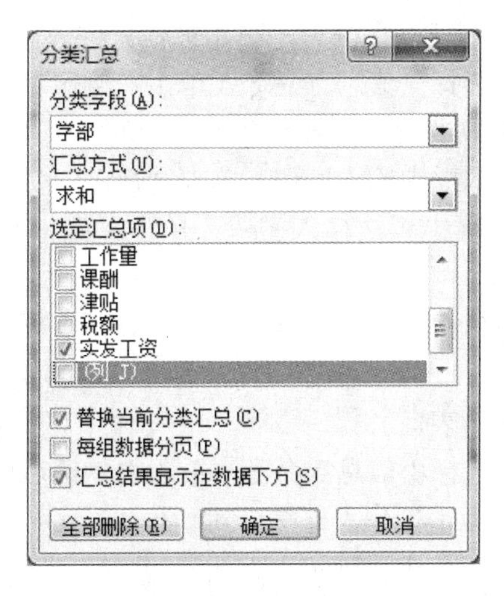

图 4-32　设置分类汇总

（4）在“分类字段”下拉列表框中选择进行分类的字段名，如学部。

（5）在“汇总方式”下拉列表框中选择汇总方式，如求和。

（6）在“选定汇总项”列表框中选择汇总字段，可一个或多个，如实发工资。

（7）单击“确定”按钮，完成分类汇总，结果如图 4-33 所示。单击“展开或折叠明细数据”按钮[-]，可分级显示数据。

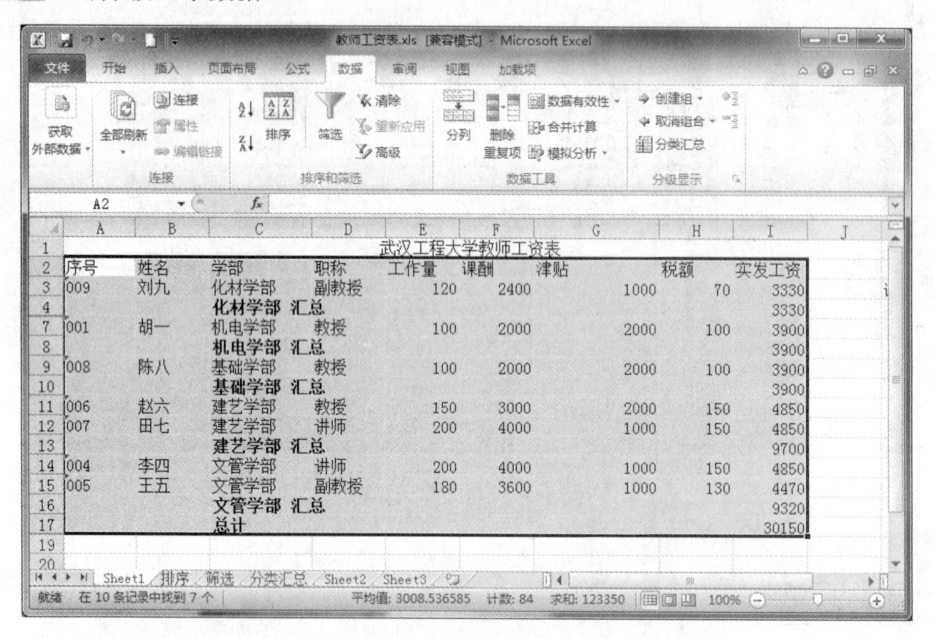

图 4-33　分类汇总示例

取消分类汇总，只需在图 4-32 所示对话框中单击“全部删除”按钮。

4.5.5　数据保护

如果用户不希望工作表中数据被修改，可以使用数据保护功能实现。有以下几种方法。

1. 保护工作表

保护工作表是指禁止对工作表进行编辑，防止被他人修改。具体操作步骤如下。

（1）在“文件”选项卡中选择“信息”命令，单击右侧区域中的“保护工作簿”按钮，在弹出的下拉菜单中，选择“保护当前工作表”命令，出现“保护工作表”对话框。

（2）在对话框中的密码文本框中输入密码，单击“确定”按钮，出现“确认密码”对话框。

（3）在“确认密码”对话框中再次输入密码，单击“确定”按钮，该工作表将处于保护状态。

工作表被保护之后，其中的相关内容不再允许修改，要重新编辑该表，需要取消工作表的保护，操作步骤如下：

（1）选择要取消保护的工作表。

（2）在“文件”选项卡中选择“信息”命令，单击右侧区域中的“保护工作簿”按钮右侧的“取消保护”选项，弹出“撤销工作表保护”对话框。

（3）在文本框中输入密码，单击“确定”按钮。

2. 保护工作簿

Excel 2010 还提供了保护工作簿的功能，可以防止对工作簿进行插入、删除、移动、改名及保护窗口不被移动或改变大小等操作。其操作步骤如下：

（1）在“文件”选项卡中选择“信息”命令，单击右侧区域中的“保护工作簿”按钮，在弹出的下拉菜单中，选择“保护结构和窗口”命令，出现“保护工作簿”对话框，如图 4-34 所示。保护工作簿中两个选项含义如下：

① 结构：可禁止工作表的插入、删除、移动、重命名、隐藏。

② 窗口：可保护工作表窗口不被移动、缩放、隐藏或关闭。

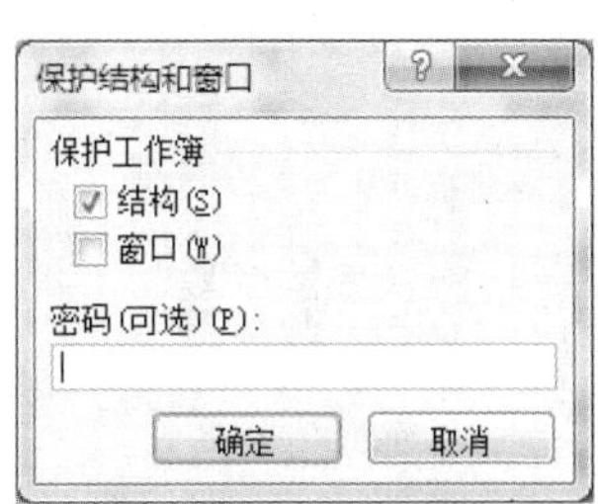

图 4-34　“保护结构和窗口”对话框

（2）在“保护结构和窗口”对话框中的密码文本框中输入密码，单击“确定”按钮，弹出“确认密码”对话框。

（3）在“确认密码”对话框中再次输入密码，单击“确定”按钮，该工作簿将处于保护状态。

撤销工作簿保护步骤同取消工作表保护相似，只要将取消工作表保护操作步骤中的工作表改成工作簿即可。

4.6　使用数据图表

在实际工作中，为了对数据的分析更加直观和易于理解，往往利用图表来展示数据。图表具有较好的视觉效果，可方便用户查看数据的差异和预测趋势。本节主要介绍图表的建立和编辑。

1. 图表的建立

Excel 图表是依据 Excel 工作表中的数据创建的，所以在创建图表之前，首先要创建一张含有数据的工作表。组织好工作表后，就可以创建图表了。创建图表的操作如下：

（1）打开或创建一个需要创建图表的工作表。

（2）在工作表中选择要建立图表的数据区域。

（3）在“插入”选项卡的“图表”选项组中，选择一种图表类型，即可插入一个图表，如图 4-35 所示为教师实发工资二维柱形图。

2. 图表的编辑

图表建立好之后，可以对其调整大小、改变图表类型、设置图表格式等，使图表更加完善美观。

（1）移动图表。

单击图表区域，图表周围出现 8 个控制柄，鼠标指针指向选中的图表，按下鼠标左键，拖动图表到新位置松开鼠标即可。

（2）改变图表类型。

选中需要更改类型的图表，在“图表工具-设计”选项卡的“类型”选项组中单击“更改图表类型”按钮，在弹出的“更改图表类型”对话框中选择一种图表类型，如在左窗格中选择“饼图”，右窗格中选择饼图样式，然后单击“确定”按钮。返回工作表，可显示更改后的图表样式，如图 4-36 所示。

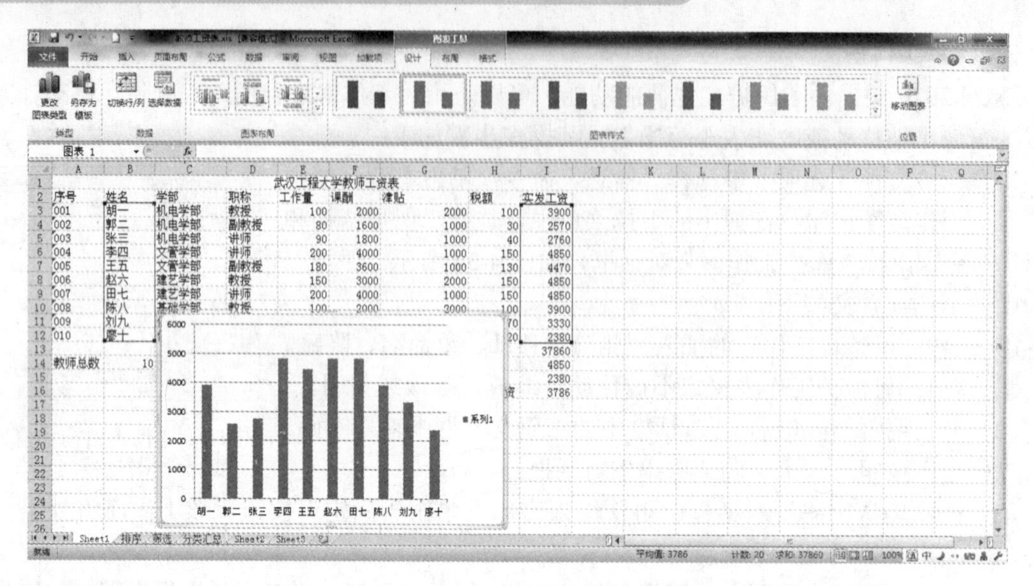

图 4-35　教师实发工资二维柱形图

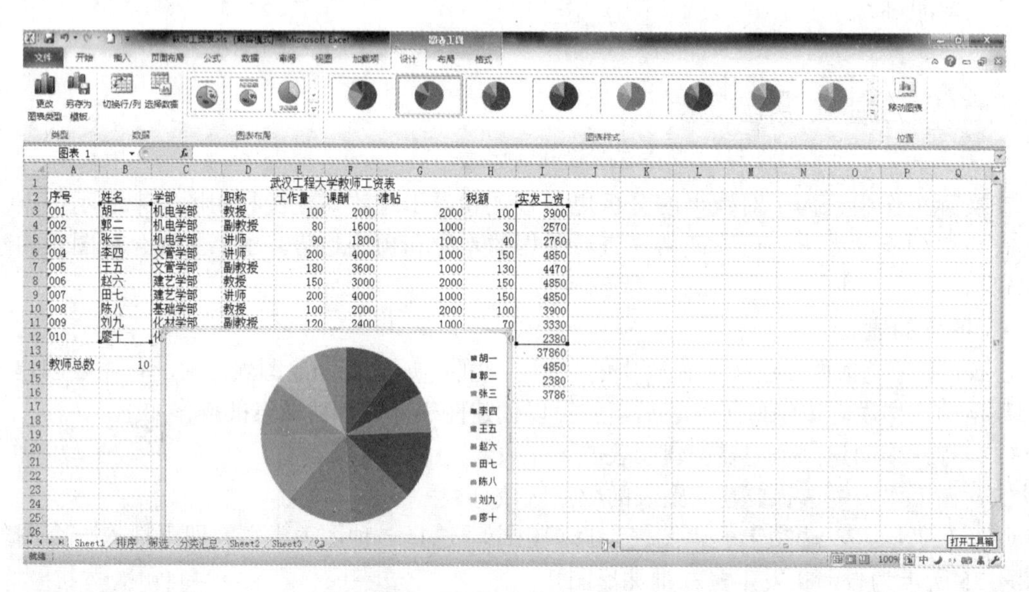

图 4-36　教师实发工资饼图

（3）修改图表数据。

选中需要修改的图表，在“图表工具-设计”选项卡的“数据”选项组中单击“选择数据”按钮，出现“选择源数据”对话框，在对话框中设置新的数据源，可以增加或删除先前的数据。

（4）修改数据系列。

在“选择数据源”对话框的“图例项（系列）”列表框中可以对系列添加、编辑和删除。

① 单击“添加”按钮，在弹出的“编辑数据系列”对话框中可对新增系列的名称和数值进行设置。

② 单击“编辑”按钮，可对选中系列的名称和数值进行修改。

③ 单击“删除”按钮，可将选中的系列删除。

（5）设置图表标签。

对已经创建的图表，选中图表，切换到“图表工具-布局”选项卡，通过“标签”选项组中的按钮，可对图表设置图表标题、坐标轴标题、图例、数据标签。

① 单击“图表标题”按钮，可对图表添加图表标题。

② 单击“坐标轴标题”按钮，可对图表添加主要横坐标轴和主要纵坐标轴标题。

③ 单击“图例”按钮，可选择图例显示的位置。

④ 单击“数据标签”按钮，可选择数据标签的显示位置。

⑤ 单击“模拟运算表”按钮，可在图表中显示模拟运算表。

（6）删除图表。

选中图表后，按 Delete 键。

4.7 其他功能

4.7.1 模板

模板是一种已经格式化了的工作簿，它可以作为模型使用，以生成格式类似的新工作簿。Excel 2010 提供了多种模板，用户可以直接使用，也可以根据自己的需要自定义模板。使用模板比自己一次次在普通工作表中定义格式方便得多，也美观得多。

1. 使用 Excel 2010 模板

（1）在“文件”选项卡中选择“新建”命令，出现“可用模板”区域。

（2）选择一个模板，如“销售报表”。

（3）单击“确定”按钮。

用户可以在此基础上建立新表，完成后存盘。

2. 自定义模板

若 Excel 2010 提供的模板不符合用户的要求，用户可以自定义模板。将工作簿文件保存成扩展名为.XLTX 的文件，并且保存于 Excel 2010 的安装文件夹的 templates 文件夹中。自定义模板建成后，可以像使用 Excel 2010 自带模板一样方便。

4.7.2 在 Word 中调用 Excel 表格

在 Word 中有时需要编辑表格，而与 Excel 相比，Word 中的表格数据处理能力较弱，可以通过在 Word 中调用 Excel 实现表格数据处理。有两种方法，一是将 Excel 工作表直接复制到 Word 中，另一种是在 Word 中调用 Excel，然后再编辑工作表。

（1）通过直接复制来完成，操作步骤如下：

① 在 Excel 中选择要复制的区域，并复制到剪贴板上。

② 在 Word 中进行粘贴，此时 Excel 中选择的工作表就复制到 Word 中。

（2）在 Word 文档中插入 Excel 工作表对象。

① 在 Word 中，将光标定位于要插入工作表的位置。

② 在“插入”选项卡“文本”选项组中单击“对象”按钮，出现“对象”对话框，如

图 4-37 所示。

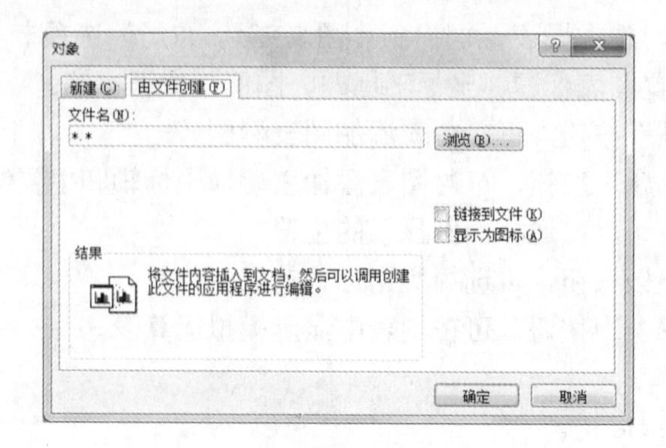

图 4-37 “对象”对话框

③ 单击“由文件创建”选项卡，在其中输入文件名或可通过“浏览”按钮选择一个已存在的 Excel 文件。

④ 单击“确定”按钮，操作完成。

若在对话框中勾选“链接到文件”，当插入的 Excel 对象文件发生变化时，Word 中的 Excel 对象也会发生变化。否则，Word 中的 Excel 对象不会随着该文件的改变而改变。

若以后要修改工作表，只需双击表格即可。

4.7.3 工作表的打印

1. 页面设置

打印前一般要对工作表的页面进行设置，在“页面布局”选项卡中单击“页面设置”选项组右下角的扩展按钮，出现“页面设置”对话框，如图 4-38 所示。

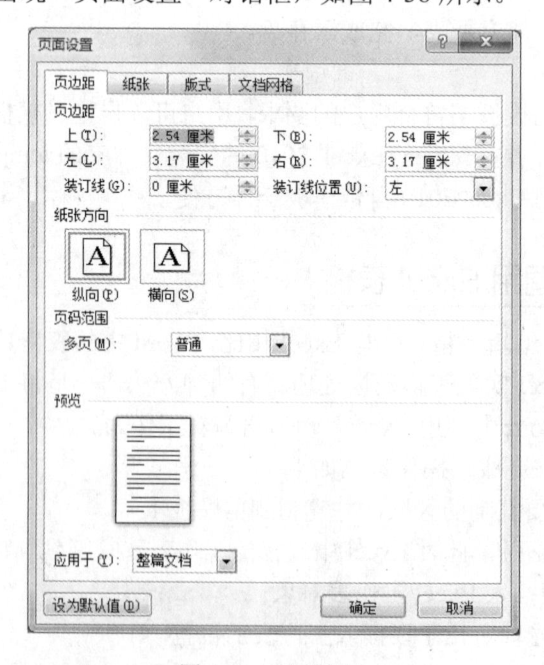

图 4-38 页面设置

（1）“页面”选项卡。

可选择打印的内容是纵向还是横向。设置打印的缩放比例为 10%～400%，它同时作用于水平方向和垂直方向。还可以设置打印纸张大小，打印的起始页码等。

（2）“页边距”选项卡。

可以用精确的数字指定上、下、左、右边界值，指定页眉/页脚所占的宽度，确定打印数据在页面水平方向与垂直方向上是否居中。

（3）“页眉/页脚”选项卡。

在“页眉/页脚”选项卡中，可以直接在“页眉”或“页脚”下拉列表框中选择页眉、页脚的样式，也可以单击“自定义页眉”按钮，弹出对话框，内容可分为左、中、右三部分，每部分都可以按用户的需要安排文字、页码或日期时间等内容。

（4）“工作表”选项卡。

单击“打印区域”文本框，在其中输入需要打印的单元格区域（如 A2:E10），或直接用鼠标选择该打印区域。

2. 打印预览

对工作表进行打印设置好以后，就可以开始打印工作表了。打印之前，可以进行打印预览。打印预览的具体操作步骤如下。

（1）打开“文件”选项卡，在弹出的列表中选择“打印”选项，在窗口的右侧可以看到预览效果。

（2）单击窗口右下角的“显示边距”按钮，可以开启或关闭页边距、页眉和页脚边距以及列宽的控制线，拖动边界和列间隔线可以调整输出效果。

3. 工作表的打印

打印预览后如果没有发现问题，就可以开始打印工作表了，操作步骤如下。

（1）单击“文件”选项卡，在弹出的列表中选择“打印”选项，如图 4-39 所示。

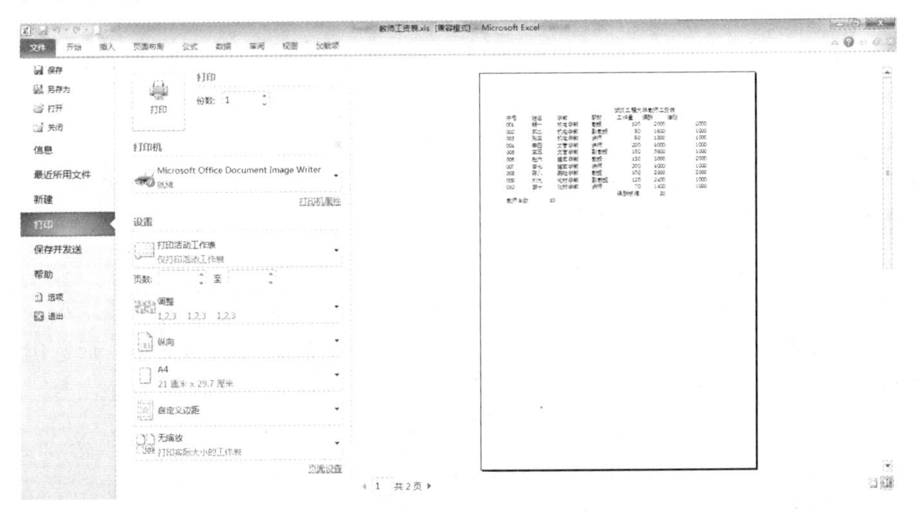

图 4-39　打印窗口

（2）在窗口的中间区域设置打印的份数，选择连接的打印机，设置打印的范围和页码范围，以及打印的方式、纸张、页边距和缩放比例等，设置完成后单击“打印”按钮。

练习题

一、选择题

1．关于 Excel 2010，下面描述正确的是____。

A．数据库管理软件　　B．电子数据表格软件

C．文字处理软件　　D．幻灯制作软件

2．Excel 2010 工作表在存储时，默认的扩展名是____。

A．DOCX　　B．XLS　　C．XLSX　　D．DBF

3．初次打开 Excel 2010 时，系统自动打开一个名为____的表格。

A．文档 1　　B．工作簿 1　　C．未命名　　D．Sheet1

4．在 Excel 2010 中，用鼠标器左键单击某个工作表标签，该标签为白色显示，此工作表称为____。

A．显示工作表　　B．编辑工作表　　C．活动工作表　　D．工作表副本

5．在 Excel 2010 中，若要对某工作表重新命名，可以采用____的方式。

A．单击工作表标签　　B．双击工作表标签

C．单击表格标题行　　D．双击表格标题行

6．在 Excel 2010 中，一个工作簿中默认包含____张工作表。

A．3　　B．2　　C．5　　D．4

7．在 Excel 2010 中，选择不连续单元格，只要在按住____键的同时选择所要的单元格。

A．Ctrl　　B．Shift　　C．Alt　　D．Esc

8．在 Excel 2010 中，数据类型有数值、文本和____。

A．日期/时间　　B．日期　　C．时间　　D．逻辑

9．在 Excel 2010 中，向单元格输入内容后，如果想将光标定位在下一列按____键。

A．Enter　　B．Tab　　C．Alt+Enter　　D．Alt+Tab

10．在 Excel 2010 中，输入 1/2，则会在单元格内显示____。

A．1/2　　B．1 月 2 日　　C．0.5　　D．1.2

11．在 Excel 2010 中，使用填充柄填充具有增减性的数据时____。

A．向右或向下拖时，数据减　　B．数据不会改变

C．向右或向下拖时，数据增　　D．向左或向上拖时，数据增

12．在 Excel 2010 中，可以通过____选项卡对所选单元格进行数据筛选，筛选出符合用户要求的数据。

A．审阅　　B．开始　　C．插入　　D．数据

13．在 Excel 2010 中，通常在单元格内出现####符号时，表明____。

A．显示的是字符串####　　B．列宽不够，无法显示数值数据

C．数值溢出　　D．计算错误

14．在 Excel 2010 中，对于 D5 单元格，其绝对单元格表示方法为____。

A．D5　　B．D$5　　C．$D$5　　D．$D5

15．计算 Excel 2010 工作表中某一区域内数据的平均值的函数是____。

A．SUM　　B．AVERAGE　　C．MAX　　D．MIN

16．在 Excel 2010 中，C7 单元格中有绝对引用=AVERAGE(C$3:$C6)，把它复制到 E8 单元格后，双击它，单元格中显示____。

A．=AVERAGE(E4:E7)　　B．=AVERAGE(E$3:$C7)

C．=AVERAGE(C$4:$C7)　　D．=AVERAGE(E$4:$E7)

17．若需计算 Excel 2010 某工作表中 A1、B1、C1 单元格的数据之和，需使用下述哪个计算公式____。

A．=COUNT(A1:C1)　　B．=SUM(A1:C1)

C．=SUM(A1,C1)　　D．=MAX(A1:C1)

18．在 Excel 2010 数据清单中，按某一字段内容进行归类，并对每一类作出统计的操作是____。

A．分类排序　　B．分类汇总　　C．筛选　　D．记录单处理

19．在 Excel 2010 中，直接输入公式，必须以____开头，然后再输入表达式。

A．冒号（:）　　B．等号（=）　　C．单引号（'）　　D．空格（ ）

20．在 Excel 2010 中，求工作表中 A1 到 A6 单元格中数据的和不可用____。

A．=A1+A2+A3+A4+A5+A6　　B．=SUM(A1:A6)

C．=(A1+A2+A3+A4+A5+A6)　　D．=SUM(A1+A6)

二、填空题

1．电子表格是由行列组成的__________构成，行与列交叉形成的格子称为__________，________是 Excel 中最基本的存储单位，可以存放数值、变量、字符、公式等数据。

2．在 Excel 2010 中，对输入的文字进行格式设置是选择________选项卡。

3．每个单元格都有一个地址，由________与________组成，如 A2 表示第________列第________行的单元格。

4．单元格内数据对齐方式的默认方式为：文本型数据靠__________对齐，数值型数据靠________对齐。

5．要查看公式的内容，可单击单元格，在________内显示出该单元格的公式。

6．公式被复制后，公式中参数的地址发生相应的变化，叫________。公式被复制后，参数的地址不发生变化，叫________。

7．在 Excel 工作表的单元格 D2 中有公式“=B2+$C$3”，将 D2 单元格的公式复制到 E2 单元格内，则 E2 单元格内的公式是________。

8．在 Excel 2010 工作表的单元格 E5 中有公式“=E3+$E$2”，删除第 D 列后，则 D5 单元格中的公式为________。

9．在 F3 单元格中输入（156），该单元格显示结果为________。

10．运算符包括算术运算符、比较运算符、________和________。

三、简答题

1．简述 Excel 中的工作簿、工作表和单元格之间的关系。

2．如何选取多个连续单元格？如何选取多个不连续单元格？

3．试列举两种新建一个工作簿的方法。

4．试列举两种重命名工作表的方法。

5．如何移动工作表？如何复制工作表？

第5章 PowerPoint 2010 演示文稿

PowerPoint 2010（幻灯片制作和演示软件）是 Office 2010 中的应用软件之一，它和 Word 2010、Excel 2010 具有相似的操作界面。利用 PowerPoint 2010 可以将文本、图形、图像、视频、音频、动画、超链接等多媒体信息整合在一起，制作讲座提纲、系统介绍、产品简介等幻灯片演示文稿。

通过本章学习，读者应掌握以下知识：

- 认识 PowerPoint 2010
- 幻灯片演示文稿的创建、保存和打印的方法
- 幻灯片的制作和编辑的方法
- 幻灯片的放映方法

另外，通过本章 5.8 节的学习，读者还将掌握 PowerPoint 2010 中的一些制作：

- 将演示文稿保存为其他格式
- 演示文稿之间共享信息

5.1 认识 PowerPoint 2010

5.1.1 PowerPoint 2010 简介

PowerPoint 2010 是一款功能强大的办公软件，它在学生进行答辩、企业进行工作总结等方面有着很大用途。使用 PowerPoint 2010 可创建具有图形、动画和多媒体等的幻灯片。自定义动画使演示文稿妙趣横生；支持多种多媒体格式，能够自如地播放音频、视频对象，这些功能都使幻灯片生动活泼、易于演示。由于 PowerPoint 和 Word、Excel 等应用软件都是 Microsoft 公司推出的 Office 应用软件系列产品之一，所以它们之间还具有良好的信息交互和共享功能。

5.1.2 PowerPoint 2010 的工作界面

启动 PowerPoint 2010 以后，会出现如图 5-1 所示的工作界面。

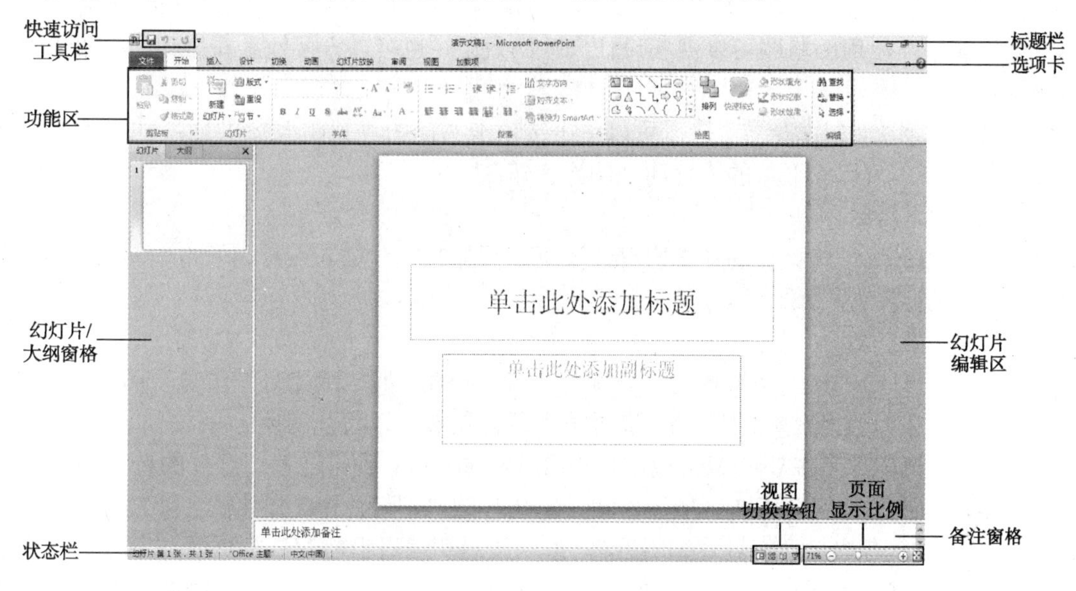

图 5-1 PowerPoint 2010 的工作界面

标题栏、快速访问工具栏、选项卡、功能区、状态栏与 Word 2010 类似，其中选项卡和对应功能区的管理方法也和其他 Office 系列软件一样：每个选项组中提供常用的命令按钮，单击选项组右下角的扩展按钮 将打开相应的对话框和任务窗格进行详细的设置。

1. 幻灯片/大纲窗格

包含“大纲”选项卡和“幻灯片”选项卡，如图 5-2（a）、（b）所示分别为大纲窗格和幻灯片窗格。

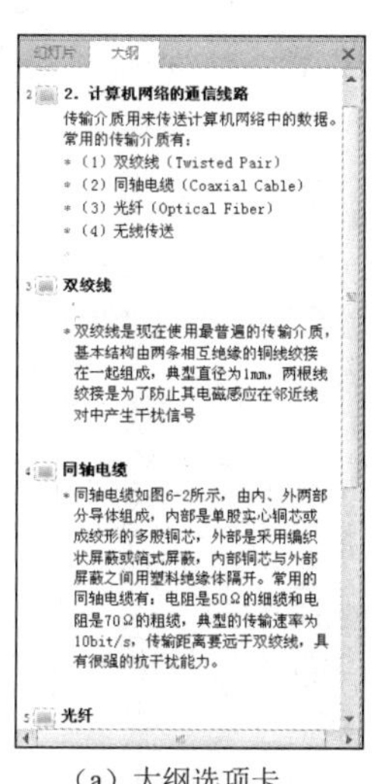

（a）大纲选项卡

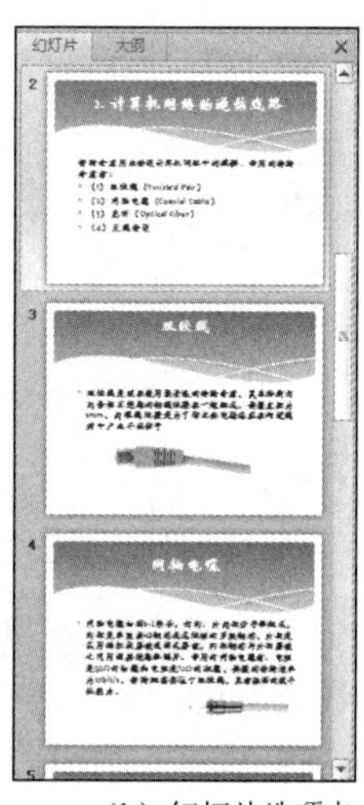

（b）幻灯片选项卡

图 5-2 幻灯片/大纲窗格

（1）“大纲”选项卡中显示出幻灯片页面的编号、标题、主要文本信息，用户可以方便地输入演示文稿要介绍的文本内容，系统将按照文字自动生成相应的幻灯片页面。在该区域内，用户可以对幻灯片进行简单的操作和编辑，如选择、移动和复制幻灯片页面。

（2）“幻灯片”选项卡中，每张幻灯片页面都以缩略图方式排列，从而呈现演示文稿的总体效果。编辑时，使用缩略图可以观看设计修改的效果，也可以方便地重新排列、添加和删除幻灯片页面。

如果需要关闭幻灯片/大纲窗格，可以单击选项卡右侧的“关闭”按钮；如果需要打开该窗格，只需单击窗口右下角的“普通视图”按钮。

2. 幻灯片编辑区

可以查看当前幻灯片页面的详细内容，还可以添加文本、插入图片、表格、图表、视频、音频、动画、超链接等对象。

3. 视图切换按钮

窗口右下角有四个视图切换按钮，分别是“普通视图”、“幻灯片浏览视图”、“阅读视图”、“幻灯片放映视图”，通过单击鼠标左键可以相互切换。

（1）“普通视图”是主要的编辑视图，打开 PowerPoint 后即进入幻灯片的普通视图，如图 5-3 所示。该视图有 3 个工作区域：左边是幻灯片的“幻灯片/大纲窗格”，以大纲或缩略图形式显示幻灯片；右边是“幻灯片编辑区”，可以显示和编辑当前幻灯片页面；下方是“备注窗格”，用来给幻灯片页面添加备注。使用鼠标左键拖动三个区域之间的分隔线，可以调整区域的大小。

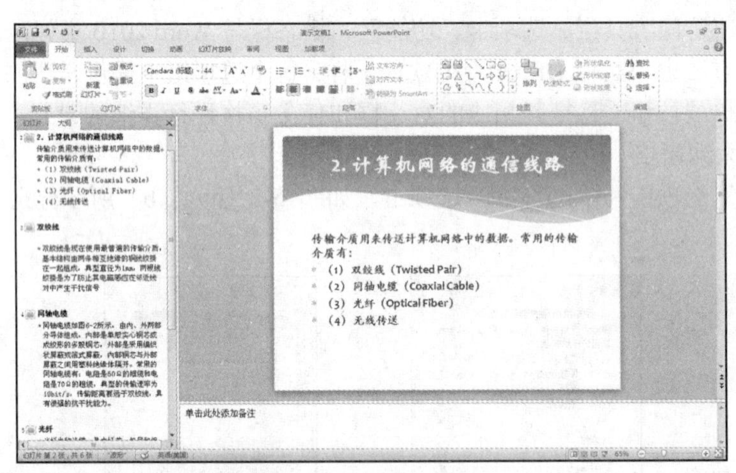

图 5-3　普通视图

（2）“幻灯片浏览视图”可以将演示文稿中的所有幻灯片页面按照一定比例缩小并排放在屏幕上，方便调整幻灯片页面的排列顺序，或查看演示文稿的整体效果。通过设置显示比例，可以调整一屏中显示幻灯片页面的数量，如图 5-4 所示。

（3）“阅读视图”以非全屏的方式查看演示文稿的放映效果，如果需要修改演示文稿，可以从阅读视图切换到其他视图模式，如图 5-5 所示。

（4）“幻灯片放映视图”将从当前幻灯片页面开始，以全屏方式逐页动态地显示幻灯片页面，用于显示幻灯片的实际播放效果，如图 5-6 所示。按键盘上的 Esc 键将结束放映。

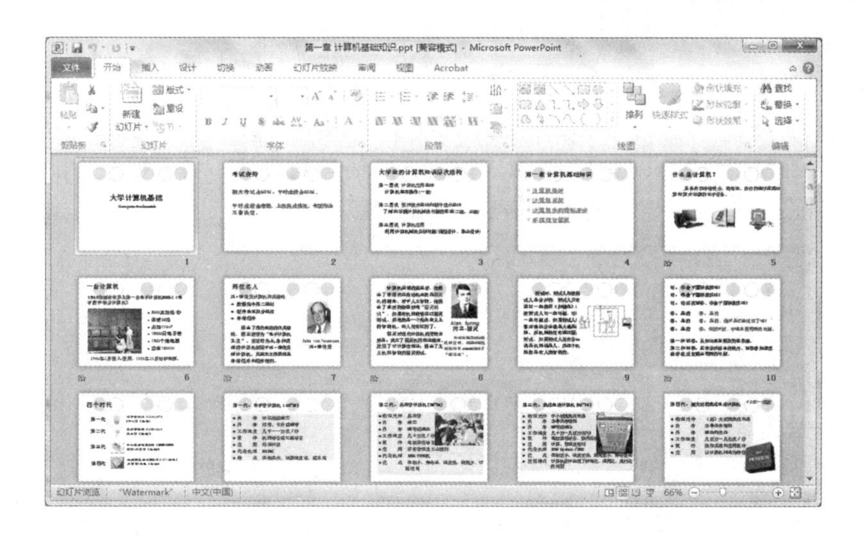

图 5-4　幻灯片浏览视图

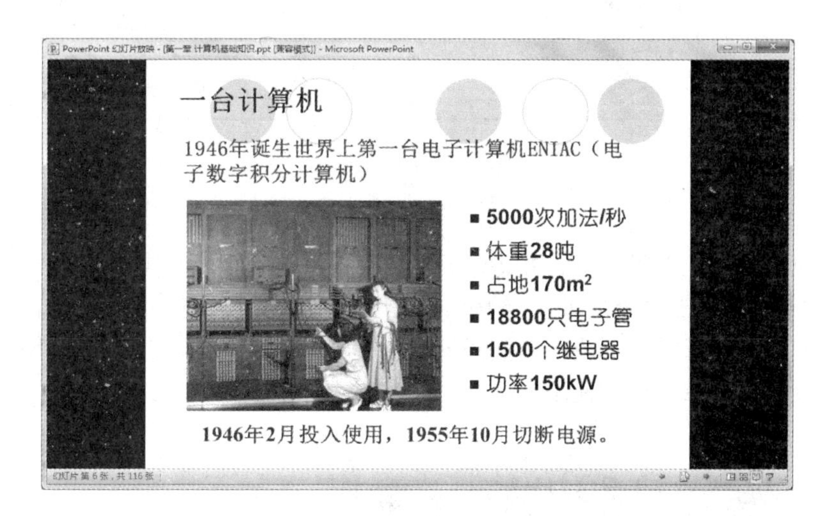

图 5-5　阅读视图

图 5-6　幻灯片放映视图

4. 备注窗格

备注窗格是普通视图中的一个部分。在演示文稿中，每个幻灯片页面都有一个备注页，用于保存幻灯片的备注信息。打开“视图”选项卡，在“演示文稿视图”选项组中单击“备注页”按钮，可以查看当前幻灯片页面的备注页。备注页的信息是给演示者自己查看的备注或有关信息，在备注页视图下将显示该页的备注信息。如图 5-7 所示。

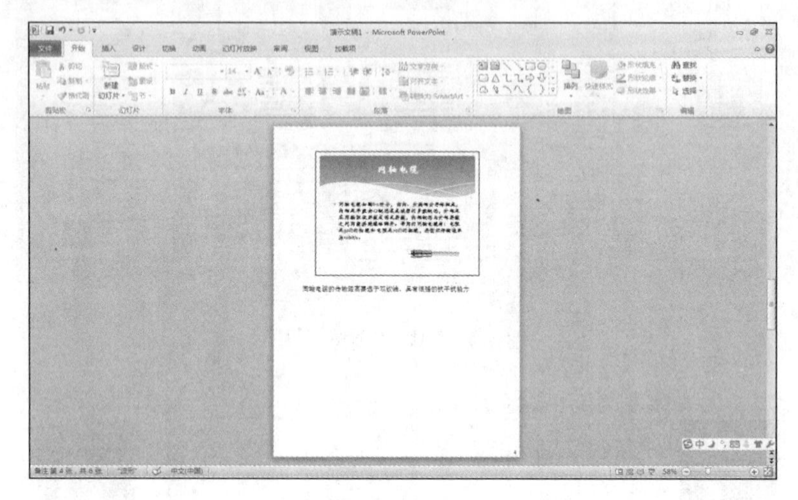

图 5-7 备注窗格

5. 母版视图

母版视图包括幻灯片母版视图、讲义母版视图和备注母版视图。使用母版视图的一个主要优点在于，通过修改幻灯片母版、讲义母版或备注母版，可以对与演示文稿关联的每个幻灯片、讲义或备注页的样式进行全局更改，包括背景、颜色、字体、效果、占位符大小和位置。在后面的章节中将会具体介绍它们的使用方法。

5.2 PowerPoint 2010 的基本操作

5.2.1 创建演示文稿

启动 PowerPoint 2010 之后会打开一个空白的演示文稿，如图 5-1 所示。用户可以直接在空白的演示文稿中进行编辑，也可以使用各种模板和主题来设计特殊的演示文稿。

1. 创建空白的演示文稿

常用的创建空白演示文稿的方法有以下几种。

方法一：在启动 Microsoft PowerPoint 2010 时，应用程序自动创建一个名为“演示文稿 1”的空白演示文稿。

方法二：在“文件”选项卡中单击“新建”命令，在中间的“可用的模板和主题”区域选择“空白演示文稿”，再单击右侧区域中的“创建”按钮（或者直接双击“空白演示文稿”）。如图 5-8 所示。

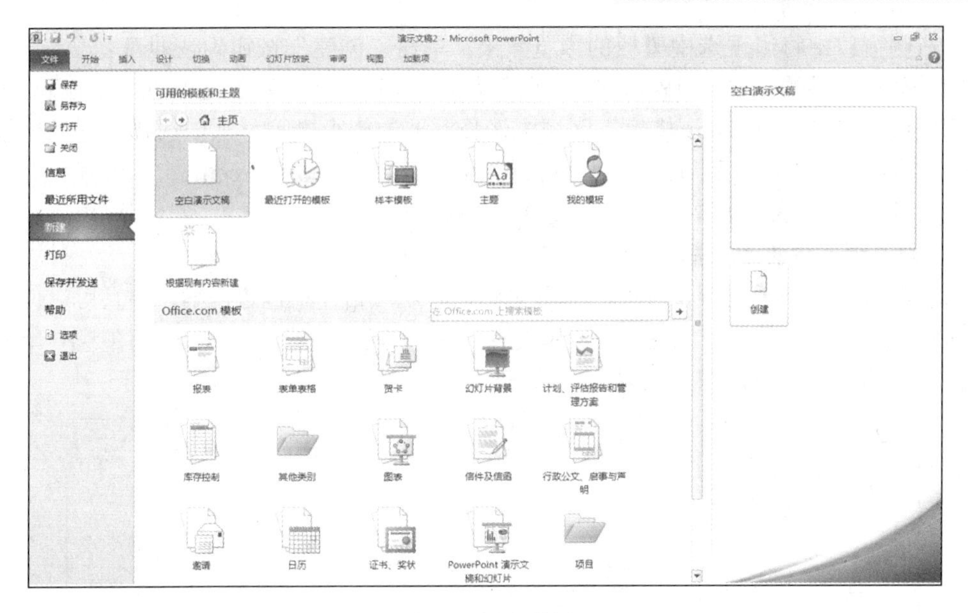

图 5-8　样本模板

方法三：使用组合键 Ctrl+N。

创建空白演示文稿不提供任何外观风格和内容大纲，完全由用户自己设计。当用户对所创建文档的结构和内容已经有全盘构思的时候，适宜用这种方法创建演示文稿。

2. 根据模板创建演示文稿

根据模板创建的演示文稿为用户设计了合适的外观，并提供了与内容相关的演示大纲，用户只需根据需要编辑和修改演示文稿的具体内容。利用模板创建演示文稿的方法有两种，分别是使用“样本模板”和“office.com 模板”。

使用“样本模板”的具体操作步骤如下：

(1) 在“文件”选项卡中选择“新建”命令，单击“样本模板”按钮。在“样本模板”区域中选择用户需要的模板，如图 5-9 所示。

图 5-9　样本模板

（2）右侧窗口中将出现选中模板的预览效果，单击“创建”按钮确认即可。

“样本模板”提供的是 PowerPoint 的内置模板；而“office.com 模板”是通过网络在 office.com 上下载的模板。在“office.com 模板”区域中选择需要的模板类型，从中选择合适的模板。单击“下载”按钮将模板保存到计算机中即可进行编辑。在“在 office.com 上搜索模板”文本框中，输入关键字后按 Enter 键，可以找到更多的模板类型。

3. 根据主题创建演示文稿

根据主题创建的演示文稿，只设计演示文稿的外观风格，不包含内容，并且可以使所有幻灯片页面的风格保持一致。在如图 5-8 所示的窗口中选择“主题”选项，出现图 5-10 所示的窗口，选择适合的主题风格，在右侧窗口中预览后，单击“创建”按钮确认即可。

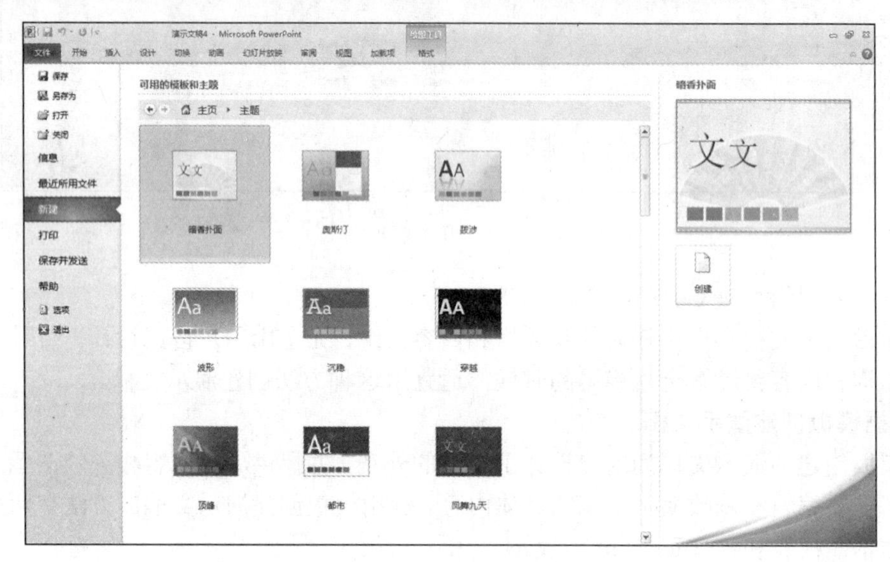

图 5-10　主题

利用主题创建的演示文稿，初始时只有一个标题页面，需要用户在编辑区输入文字。新添加的幻灯片页面将具有与选中主题相同的外观风格。

5.2.2　保存与关闭演示文稿

保存 PowerPoint 文件的方法和保存 Word 文档、Excel 工作簿的方法一样，第一次保存时，将弹出“另存为”对话框，要求用户设定文件名称和保存路径。PowerPoint 文件的扩展名为.pptx；若将幻灯片保存为模板，其扩展名为.potx；若将幻灯片保存为自动播放文件，则扩展名为.ppsx。

单击 PowerPoint 标题栏最右侧的“关闭”按钮，或者使用快捷键 Alt+F4 将关闭当前窗口。

5.3　幻灯片的排版

5.3.1　输入文本

本节主要介绍如何输入文本、调整文本区的大小和位置，以及如何使用“大纲”工具。

1. 在占位符中输入文本

在普通视图模式下，占位符是幻灯片中被虚线框环绕的部分。一般在每张幻灯片中均提供占位符，占位符中可插入文字、图片、表格等对象。当要创建自己的模板时，占位符能起到规划幻灯片布局的作用。如图 5-11 所示，标题页中包括两个占位符：一个是标题占位符，一个是副标题占位符。

在标题占位符中输入标题文本，操作步骤如下：

（1）单击标题占位符，将光标定位于占位符内。

（2）输入标题文本，如“大学计算机应用基础”。

（3）输入完毕后，左键单击幻灯片的空白区域，即可结束文本输入并取消对该占位符的选择，此时占位符的虚线边框将消失，如图 5-12 所示。

图 5-11 输入文本前

大学计算机应用基础

单击此处添加副标题

图 5-12 输入文本后

在占位符中输入文本时，文字会根据占位符的大小自动换行，也可以使用 Enter 键实现文本的手动换行。

2. 使用文本框添加文本

幻灯片中的占位符是一个特殊的文本框，而用户可以根据自己的需要在幻灯片的任意位置绘制文本框，还能给文本框设置文本格式，具体操作步骤如下：

（1）在演示文稿中选择需要插入文本框的幻灯片，在“插入”选项卡的“文本”选项组中单击“文本框”按钮下方的下拉箭头，在菜单中选择“横排文本框”或者“竖排文本框”选项。

（2）在要添加文本框的位置按下鼠标左键不放，拖动鼠标在幻灯片上绘制一个具有实线边框的方框。

（3）在文本框中的插入点处输入文本内容，如“武汉工程大学邮电与信息工程学院”，如图 5-13 所示。

（4）输入完毕后，单击文本框以外的任何位置即可。

3. 调整文本区的大小和位置

插入文本之后，幻灯片上的占位符或者文本框都称为“文本区”。文本区的大小和位置均可调整，具体操作步骤如下：

（1）单击文本区，显示文本区的控制柄，如图 5-14 所示。

（2）将鼠标指针移动到任一控制柄上，此时鼠标指针变为双箭头的指针↕。

（3）按住鼠标左键不放并拖动鼠标，即可调整文本区大小。

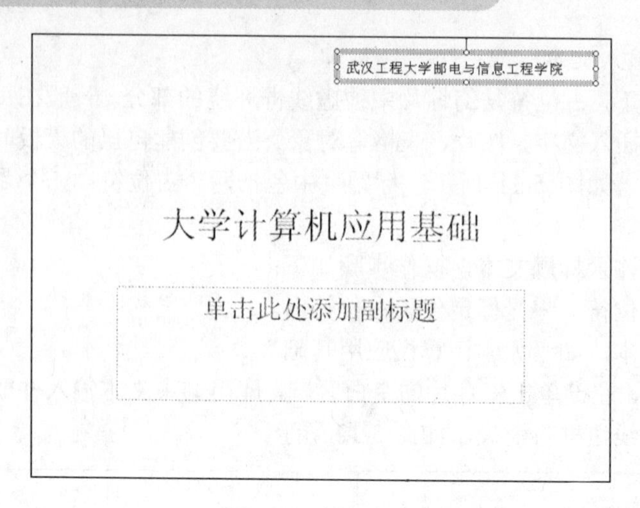

图 5-13　插入文本

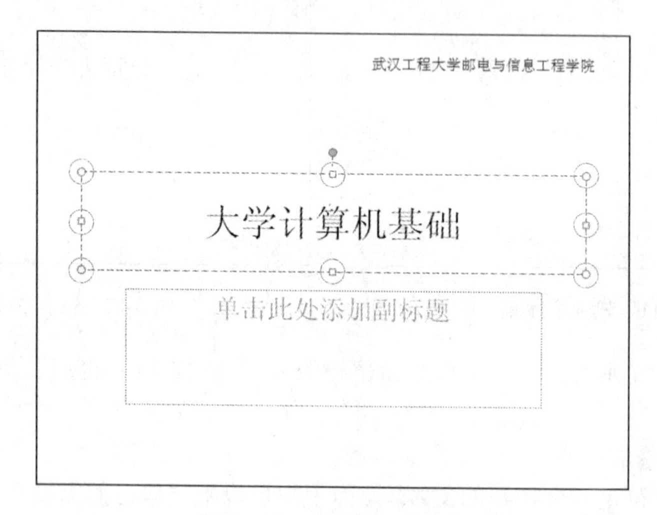

图 5-14　文本区的控制柄

（4）将鼠标指针移动到边框上，当鼠标指针变为带双箭头的十字形✥，按住左键不放并拖动鼠标，可以移动文本区。

5.3.2　格式化文本

完成文本框的输入后，往往需要对文本框中文字的格式进行设置，包括字体、字号和颜色等，有时还要对文字段落进行修改，如设置段落间距、段落缩进以及行间距等。在 PowerPoint 中，文本框的文字和段落的设置与 Word 类似。

1．更改文本字体、字号和颜色

选择需要设置格式的文本框，如图 5-15 所示。在“开始”选项卡的“字体”选项组中设置文本框中文字的样式，如字体、字号和文字颜色等。

2．设置文本的段落

选择文本框，在“开始”选项卡的“段落”选项组中可以设置文本框中文字段落的对齐方式、行间距、文字方向等。

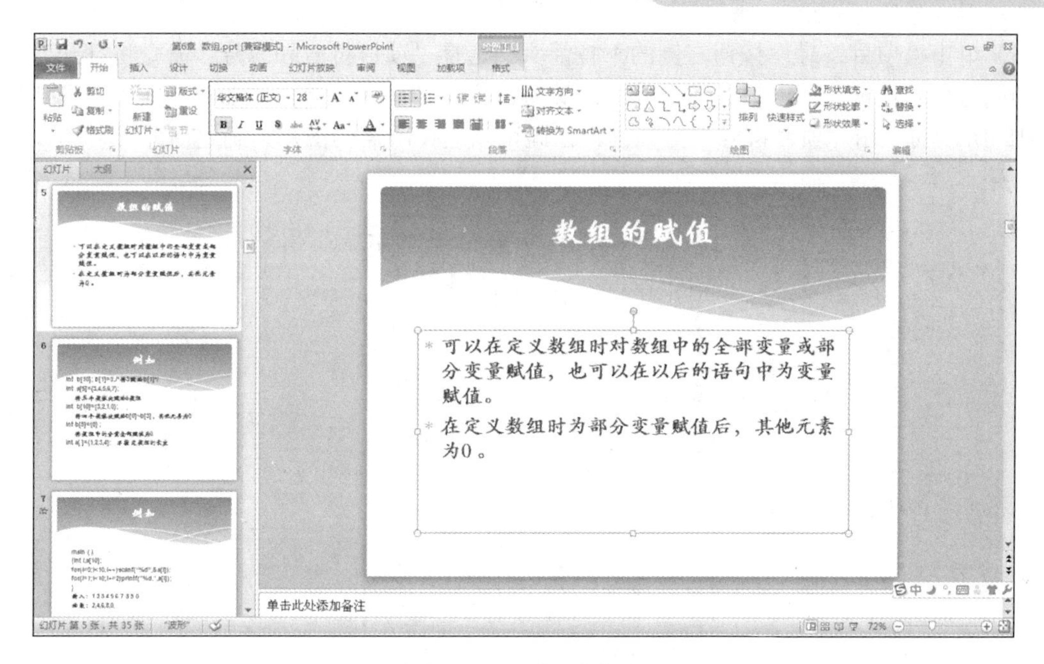

图 5-15 设置文本格式

3. 添加项目符号和编号

项目符号和编号一般用在层次小标题的开始位置，作用是突出文本内容的层次，使得幻灯片更加有条理，易于阅读。在 PowerPoint 2010 中，对项目符号或编号的设置也在“开始”选项卡的“段落”选项组中进行，添加编号以及设置编号级别的方法，与项目符号的操作基本相同。添加项目符号的具体操作步骤如下：

（1）选取要添加项目符号的段落。

（2）在“段落”选项组中单击“项目符号”按钮右侧的下拉箭头，然后在下拉列表中选择需要使用的项目符号的样式，如图 5-16 所示。

（3）需要设置低一级项目符号时，先选中要设置的文本，再单击“段落”选项组中的“提高列表级别”按钮，如图 5-17 所示。同理，如果要设置高一级的项目符号，可以单击“降低列表级别”按钮。

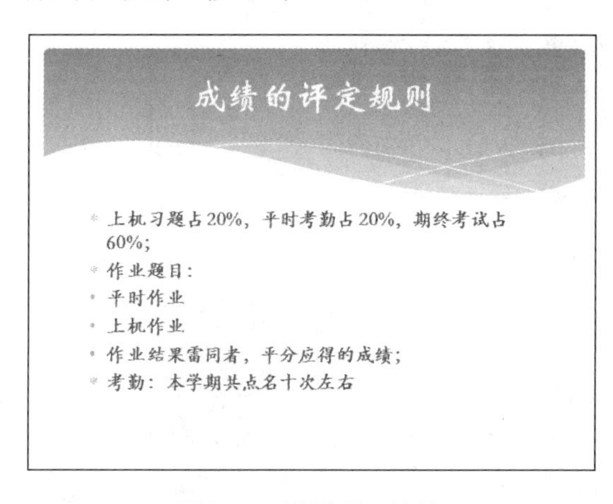

图 5-16 设置项目符号

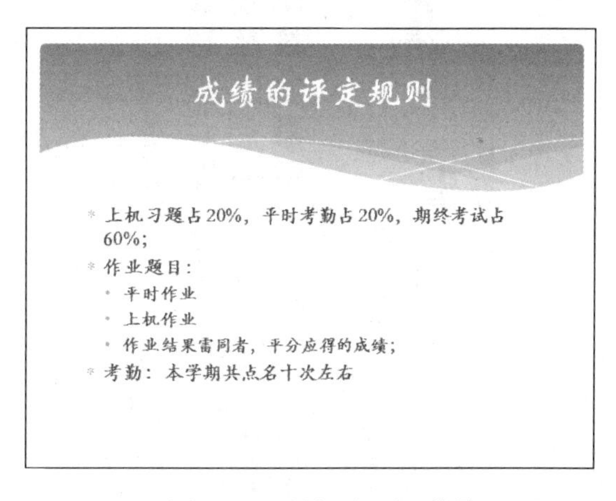

图 5-17 设置下级项目符号

（4）单击“项目符号”按钮右侧的下拉箭头，选择“项目符号和编号”命令将打开“项目符号和编号”对话框，可以设置项目符号或编号的大小和颜色。单击“图片”按钮，可打开如图 5-18 所示的“图片项目符号”对话框，在此可以选择所需的图片，确定后即可将图片作为项目符号。

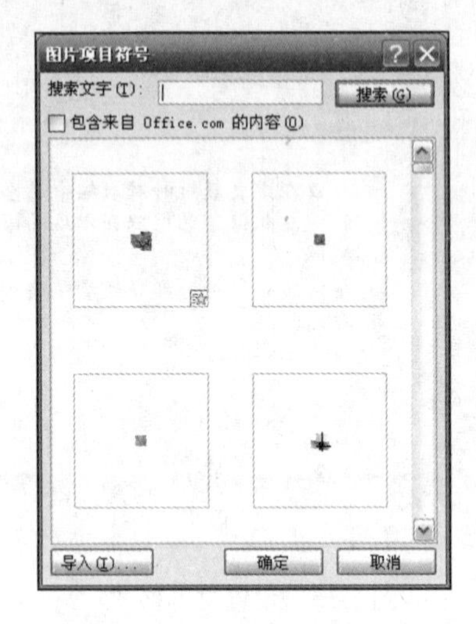

图 5-18 “图片项目符号”对话框

注意：当按 Enter 键换行时，新的一行会自动添加与上一行相同的项目符号。

4. 设置文本框样式

插入幻灯片中的文本框样式是可以改变的，如更改文本框的形状、应用内置样式以及使用艺术字效果等。下面介绍设置文本框样式的方法。

（1）更改文本框的样式。

在幻灯片中选择文本框，在“格式”选项卡的“形状样式”选项组中选择需要的样式，将其应用到文本框，如图 5-19 所示。

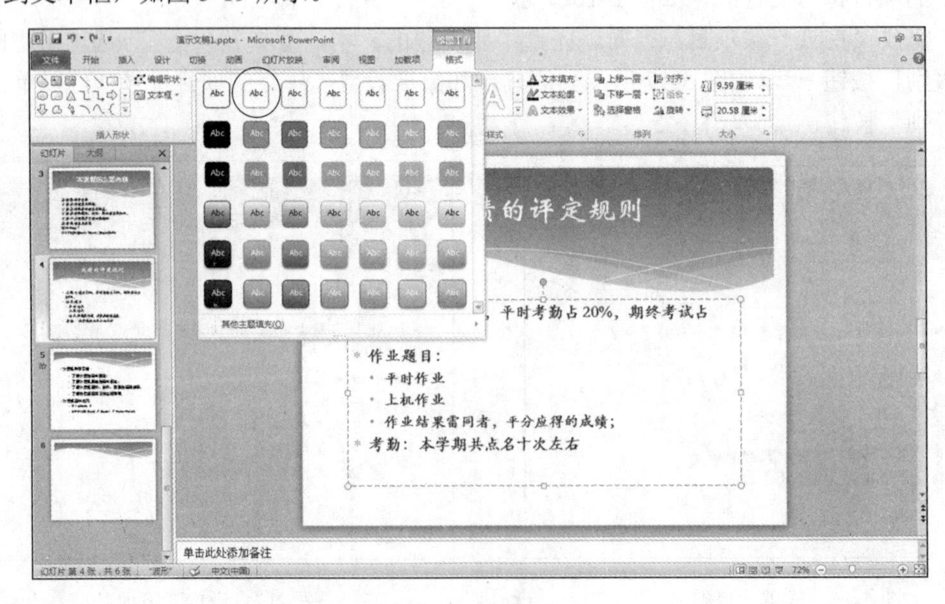

图 5-19 选择形状样式

（2）更改文本框的形状。

在“格式”选项卡的“插入形状”选项组中单击“编辑形状”按钮，然后在下拉列表中选择“更改形状”命令，在级联菜单中选择形状，可更改文本框的形状，如图 5-20 所示。

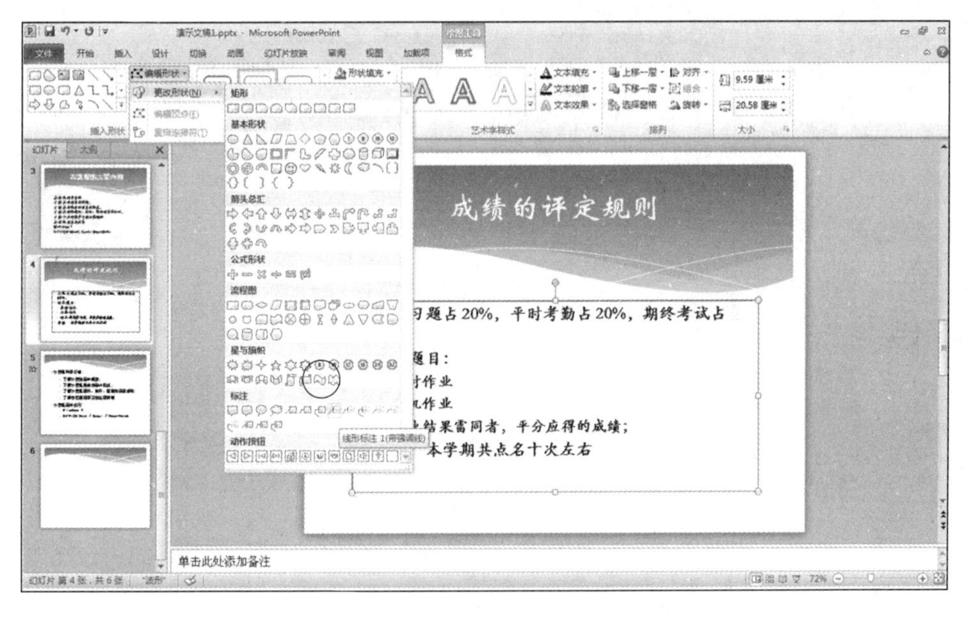

图 5-20　更改文本框的形状

（3）使用艺术字效果。

在“艺术字样式”选项组中选择一款艺术字样式，将其应用到文本框中的文字，如图 5-21 所示。使用相同的办法对幻灯片中的其他对象应用艺术字效果，设置完成的幻灯片如图 5-22 所示。

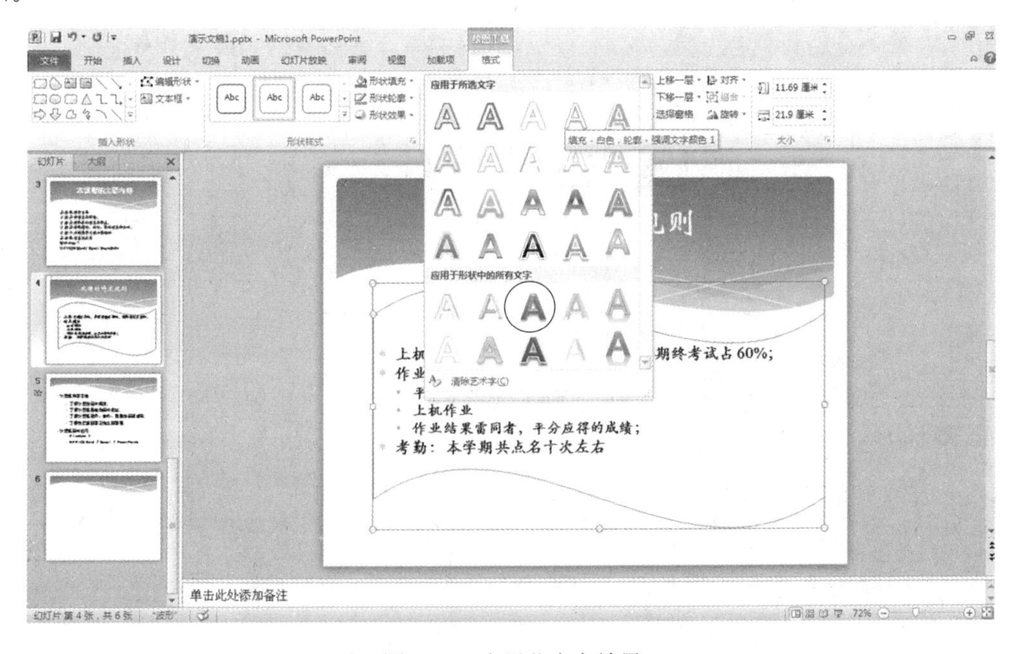

图 5-21　应用艺术字效果

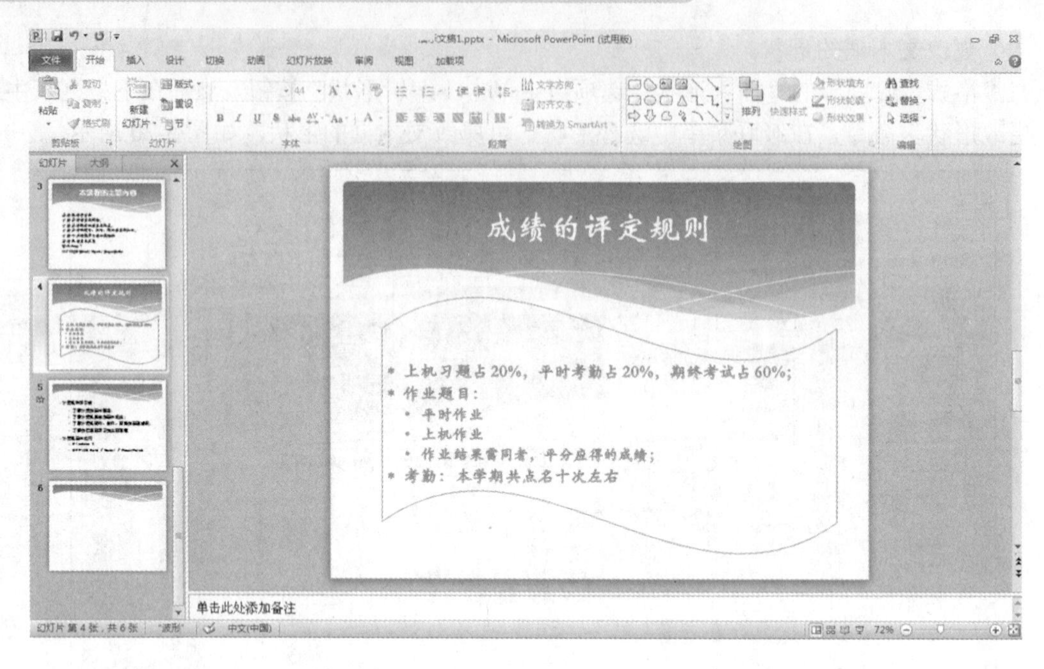

图 5-22　设置完成的幻灯片效果

5.3.3　添加备注

备注的作用是对幻灯片的内容进行注释，它与幻灯片页面一一对应。在 PowerPoint 中，对每页幻灯片都有一个用于输入注释的备注窗格。若要添加备注，只需在普通视图的备注窗格中单击左键，然后输入文本即可。如图 5-23 所示为添加备注后的效果。

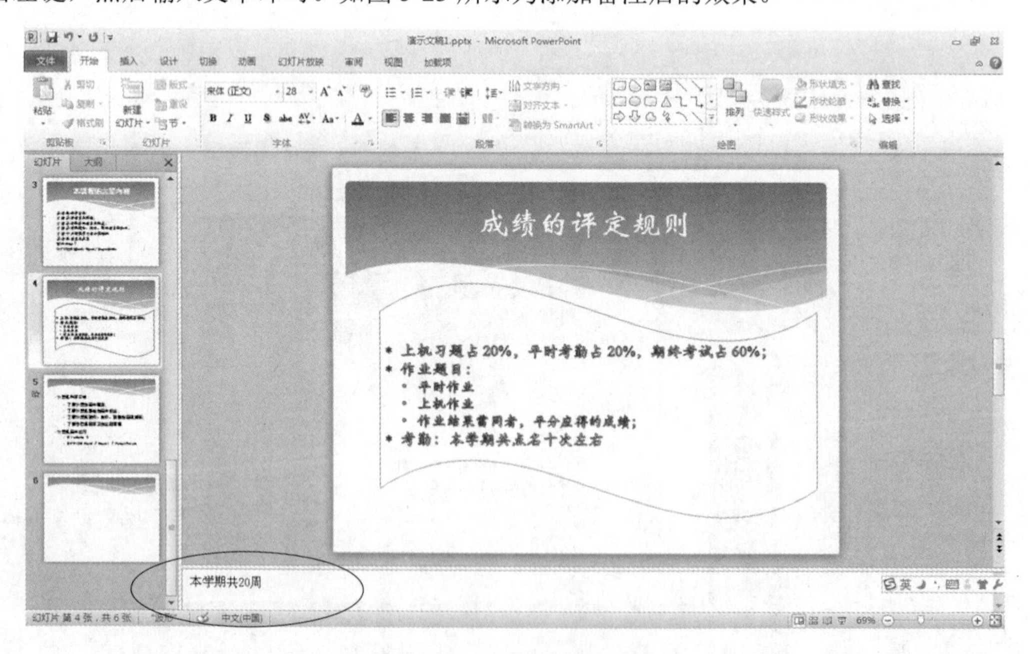

图 5-23　添加备注后的效果

5.4 幻灯片的编辑

5.4.1 管理幻灯片

制作了一个演示文稿以后，可以在幻灯片浏览视图中观看幻灯片的布局、检查前后幻灯片是否符合逻辑、有没有前后矛盾或重复的内容，可以通过对幻灯片的调整，使之更加具有条理性。

1. 选定幻灯片

要对幻灯片进行操作，首先要选定幻灯片。根据当前使用的视图不同，选定幻灯片的方法也各不相同，下面分别介绍：

（1）在普通视图的“大纲”选项卡中选定幻灯片。

在普通视图的“大纲”选项卡中左键单击幻灯片图标▢，即可选定该幻灯片。

（2）在普通视图的“幻灯片”选项卡中选定幻灯片。

在普通视图的“幻灯片”选项卡中，左键单击相应的幻灯片缩略图，即可选定该幻灯片，被选定的幻灯片的边框处于高亮显示。

（3）在幻灯片浏览视图中选定幻灯片。

在幻灯片浏览视图中，左键单击相应幻灯片的缩略图，即可选定该幻灯片，被选定的幻灯片的边框处于高亮显示。

提示：按住 Shift 键可以选定连续一组幻灯片；按住 Ctrl 键可以选定多张不连续的幻灯片。

2. 插入新幻灯片

选中要插入新幻灯片位置之前的幻灯片。例如，要在第 2 张和第 3 张幻灯片之间插入新幻灯片，则先选中第 2 张幻灯片。插入新幻灯片的方法有以下几种：

（1）打开“开始”选项卡，在“幻灯片”选项组中单击“新建幻灯片”按钮下方的下拉箭头，然后在下拉列表中选择需要使用的幻灯片版式，如图 5-24 所示。

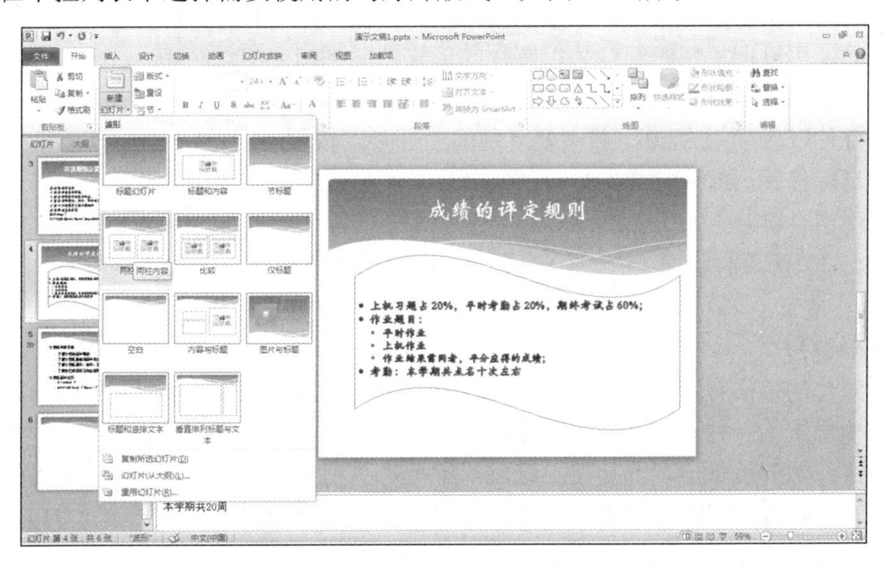

图 5-24　通过“开始”选项卡插入幻灯片

（2）在“幻灯片/大纲”窗格中右击选中的幻灯片，选择快捷菜单中的“新幻灯片”命令，如图 5-25 所示。

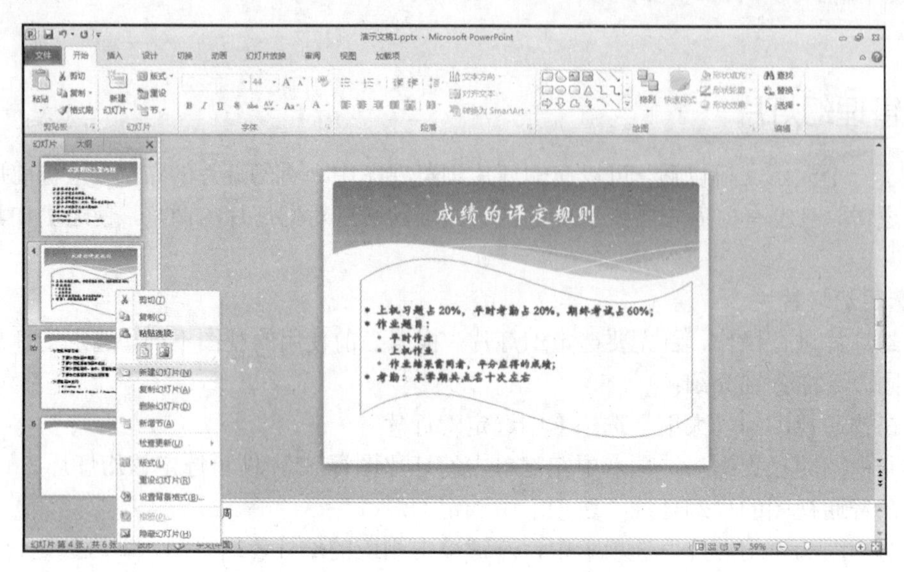

图 5-25　使用右键快捷菜单插入幻灯片

（3）在普通视图下的“幻灯片/大纲”窗格中，选定一张幻灯片，再按 Enter 键确认。

3. 复制幻灯片

复制幻灯片有多种方法，这里介绍 3 种，用户可以根据习惯选择其中任何一种方法。

（1）使用“复制”与“粘贴”按钮复制幻灯片。

选中要复制的幻灯片，打开“开始”选项卡，在“剪贴板”选项组中单击“复制”按钮，将插入点置于待插入幻灯片的位置，然后左键单击“粘贴”按钮即可。

注意：打开“复制”按钮的下拉箭头，有两个功能稍有区别的“复制”按钮。前一种就是常用的复制功能，会将复制的内容保存在剪贴板；后一种是在选定幻灯片的后面插入一个副本。打开“粘贴”按钮的下拉箭头，有 3 个不同的粘贴选项，其中的“图片”命令是“幻灯片”窗格中特有的，可以把复制的幻灯片以图片的形式粘贴到指定幻灯片中。

（2）使用鼠标拖动复制幻灯片。

在“幻灯片/大纲”窗格中，选中要复制的幻灯片，按住 Ctrl 键不放，然后按住鼠标左键不放拖动到目标位置，即可完成幻灯片的复制。

（3）使用组合键。

和 Office 2010 其他软件一样，Ctrl+C 组合键表示复制幻灯片页面，Ctrl+V 组合键表示粘贴。

4. 删除幻灯片

删除幻灯片的方法有 3 种比较常用。在“幻灯片/大纲”窗格中选中要删除的幻灯片，然后执行以下操作中的一种，即可完成删除。

（1）在“开始”选项卡“剪贴板”选项组中单击“剪切”按钮。

（2）在“幻灯片/大纲”窗格中单击鼠标右键，在快捷菜单中选择“删除幻灯片”命令。

（3）直接按 Delete 键删除幻灯片。

如果要一次删除多张幻灯片，可以先选定多张幻灯片，再用上面的方法删除。

5. 移动幻灯片

选定要移动的幻灯片，按住鼠标左键，并拖动幻灯片到目标位置，如图 5-26 所示。松开鼠标左键，即可将幻灯片移动到新的位置。当然，也可以使用“剪切”和“粘贴”功能来移动幻灯片。

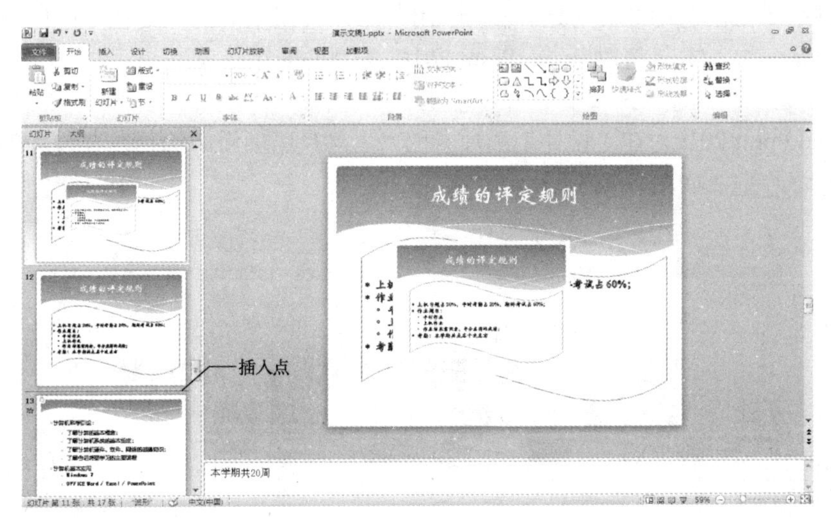

图 5-26　移动幻灯片

提示： 插入、复制、移动和删除幻灯片的操作只能在普通视图的“幻灯片/大纲”窗格或者幻灯片浏览视图中进行。

5.4.2　使用版式

版式就是版面的布局，包括在某处插入标题、某处插入图片等，每页幻灯片可以使用一种版式。在 PowerPoint 2010 中，有多种版式供用户选择，大致可以分为纯文本版式、内容版式（可以包含图表、图片、视频、声音等，但不含文字）、混合版式（文字和内容都包含）、空白等。

选定一页幻灯片， PowerPoint 2010 会给它设定默认的版式，用户可以进行修改。在“开始”选项卡单击“幻灯片”选项组中的“版式”按钮，将打开“版式”下拉列表，从中选择一款合适的版式（以“两栏内容”为例），单击选中后该版式将被应用到当前幻灯片中，如图 5-27 所示。单击占位符中的图标，将进入到插入表格的引导过程，以此类推可插入其他对象。

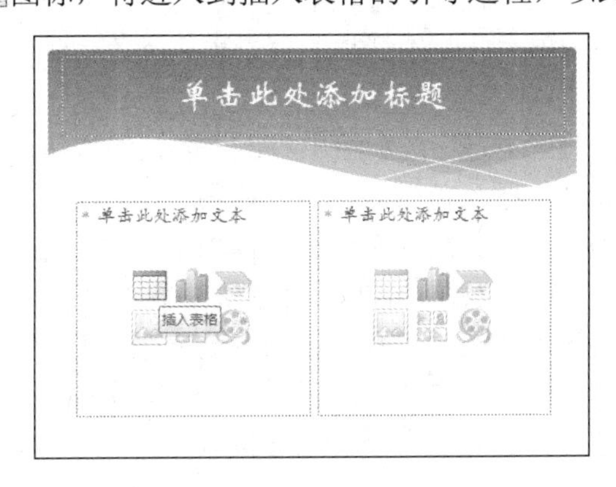

图 5-27　使用“两栏内容”版式

5.4.3 使用内置主题

一个主题提供了一套字体、颜色、效果和背景的设置。PowerPoint 2010 提供了大量的内置主题样式供用户在创建幻灯片时选择使用，用户可以根据不同的需要在主题库中选择不同的主题来美化演示文稿。本节将对 PowerPoint 2010 主题的应用进行介绍。

1. 应用主题

启动 PowerPoint 2010，在“设计”选项卡的“主题”选项组中选择需要使用的主题，即可将其应用到幻灯片中，如图 5-28 所示。

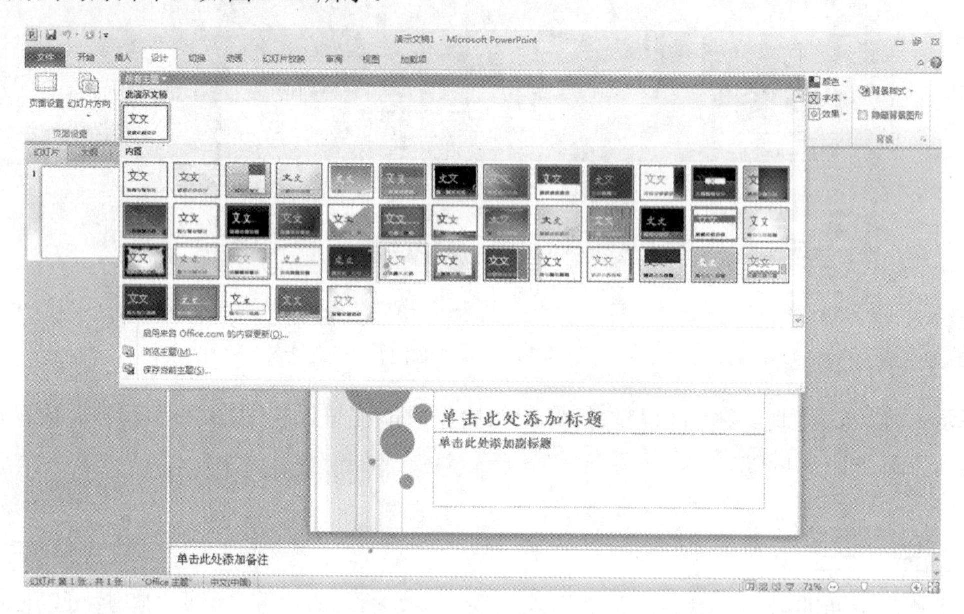

图 5-28　应用主题

2. 自定义主题颜色

PowerPoint 2010 主题的颜色方案包括对幻灯片中的标题文字、正文文字、幻灯片背景、强调文字颜色以及超链接颜色等内容的设置。用户可以使用 PowerPoint 2010 内置的颜色方案，也可以自定义颜色方案，操作步骤如下：

（1）对幻灯片应用主题，在“设计”选项卡的“主题”选项组中单击“颜色”按钮，在颜色下拉列表中选择一款颜色方案，此时幻灯片的背景填充颜色、标题文字颜色以及内容文字的颜色将随之改变，如图 5-29 所示。

（2）在“设计”选项卡的“主题”选项组中单击“颜色”按钮，在下拉列表中选择“新建主题颜色”命令，打开“新建主题颜色”对话框，如图 5-30 所示。在“主题颜色”列表中显示了所有该主题下的颜色项目，从其后的颜色下拉框处可以进行修改。

（3）对各颜色项目设置完后可以在“名称”文本框中输入自定义颜色的名称，单击“保存”按钮，则该主题颜色方案将被保存在“主题”选项组的“颜色”列表中。

注意：打开“颜色”列表，在自定义主题颜色上单击鼠标右键，可以选择“编辑”命令对颜色进行重新设置，或者选择“删除”命令将该方案删除。

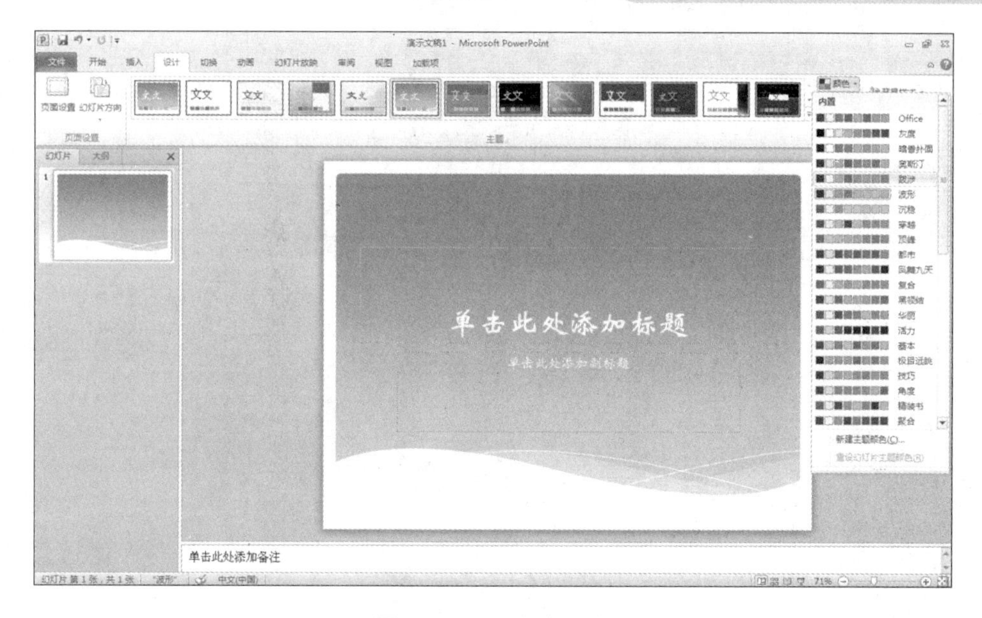

图 5-29　更改颜色方案

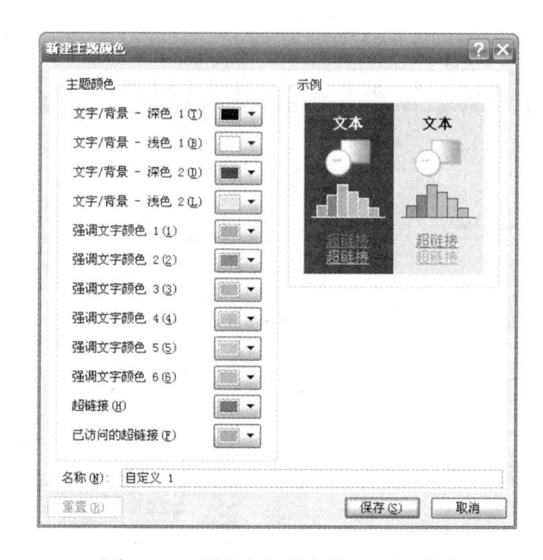

图 5-30　“新建主题颜色”对话框

3. 自定义主题字体

在 PowerPoint 2010 中，用户可以创建自定义主题的字体样式。自定义主题字体主要定义两种字体：幻灯片中的标题字体和正文字体。

（1）在“设计”选项卡的“主题”选项组中单击“字体”按钮，在下拉列表中列出了 PowerPoint 2010 中自带的字体方案，单击某字体方案即可将其应用到演示文稿中，如图 5-31 所示。

（2）在“设计”选项卡的“主题”选项组中单击“字体”按钮，在下拉列表中选择“新建主题字体”命令，打开“新建主题字体”对话框，如图 5-32 所示。分别在“标题字体”和“正文字体”的下拉列表中选择合适的字体，在“名称”文本框中输入字体方案的名称，最后单击“保存”按钮。演示文稿中标题和正文的字体将发生相应改变，且该字体方案将出现在“字体”按钮的下拉列表中。

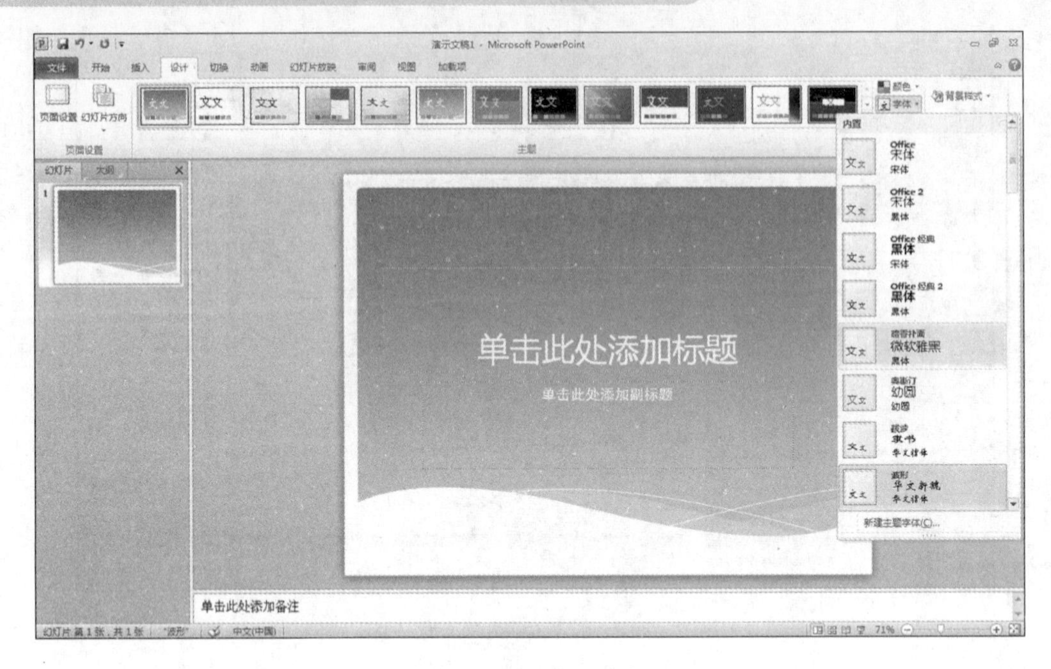

图 5-31　应用字体方案

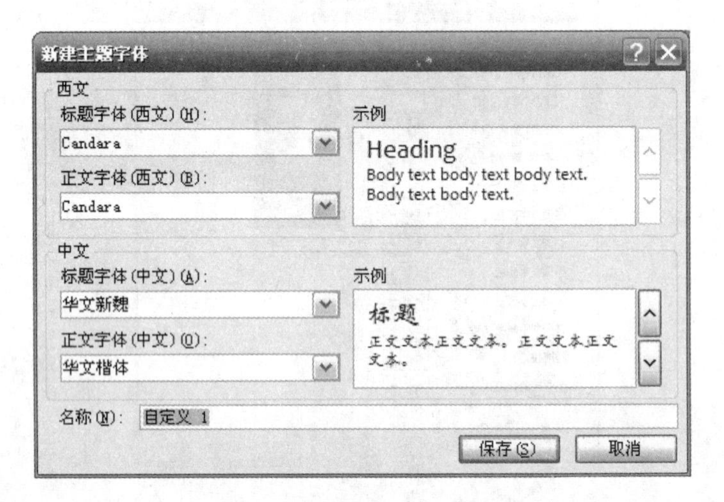

图 5-32　“新建主题字体”对话框

4. 设置主题背景样式

背景样式是 PowerPoint 2010 中预设的背景格式，随内置主题一起提供。使用的主题不同，其背景样式的效果也不相同。在 PowerPoint 2010 中，用户可以对主题的背景样式进行重新设置，并创建自己的背景填充样式。

（1）在“设计”选项卡的“背景”选项组中单击“背景样式”按钮，在下拉列表中单击一种背景样式，即可将其应用到演示文稿中，如图 5-33 所示。

（2）在“设计”选项卡的“背景”选项组中单击“背景样式”按钮，在下拉列表中选择“设置背景格式”命令，打开“设置背景格式”对话框，如图 5-34 所示。在对话框中对背景的填充方式进行设置，完成后确定即可。

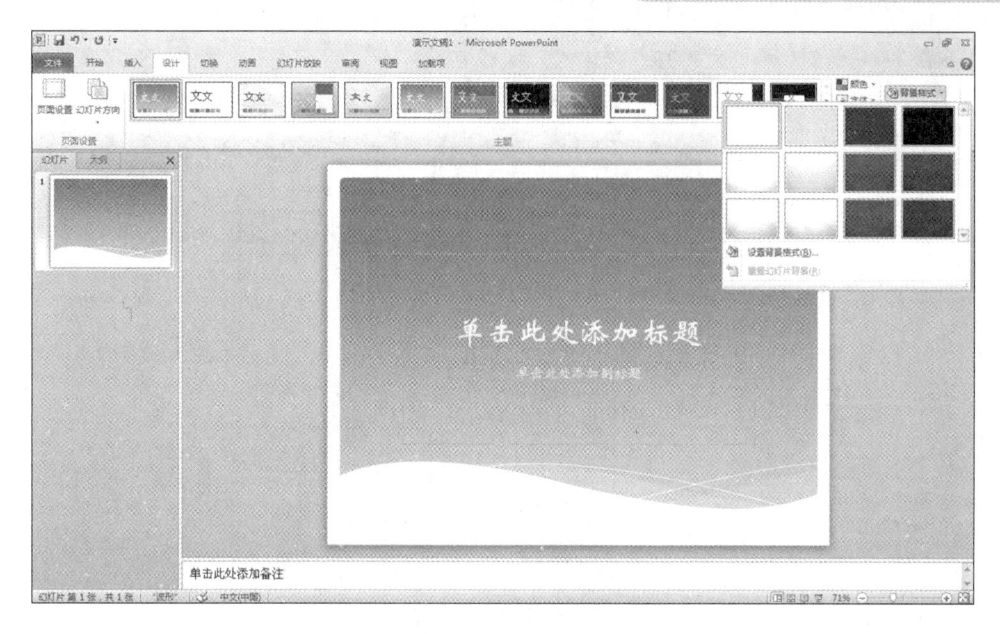

图 5-33 应用背景

图 5-34 “设置背景格式”对话框

5.4.4 使用幻灯片母版

一个演示文稿中，各个幻灯片应具有统一的外观风格。幻灯片母版用于设置幻灯片的样式，可供用户设定各种标题文字、背景、属性等。用户在创建每张幻灯片时可以直接套用母版格式，从而实现风格的统一。

1. 添加占位符

打开演示文稿，在“视图”选项卡中单击“母版视图”选项组中的“幻灯片母版”按钮，此时将进入幻灯片母版视图，在左侧窗格中将显示出不同版式的幻灯片母版，如图 5-35 所示。选择一种母版幻灯片，如“标题幻灯片”母版，在右侧的编辑区即可对该母版幻灯片添加占位符。

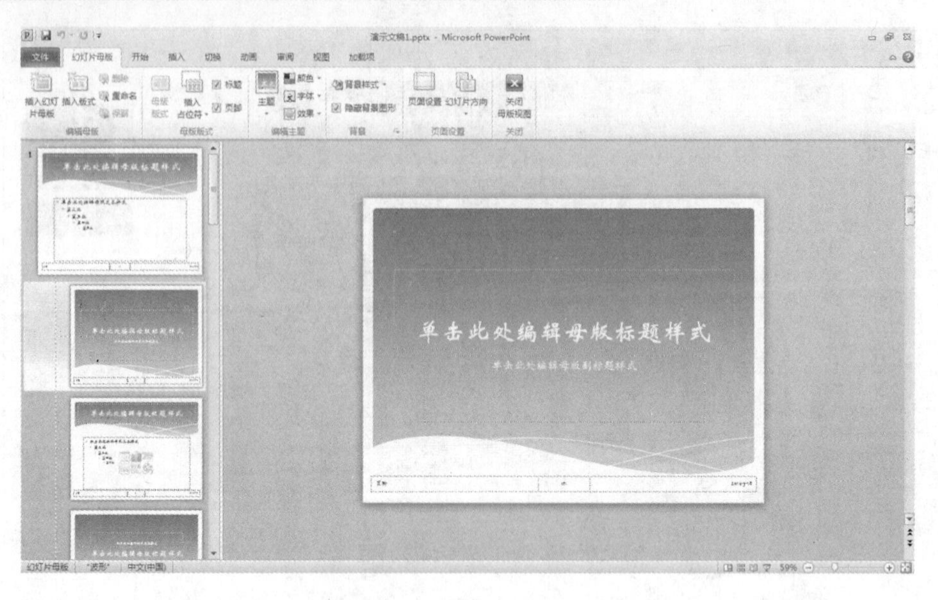

图 5-35　打开“幻灯片”母版

默认的母版中有 5 种占位符，分别是：

- 标题占位符：用于放置幻灯片标题。
- 文本占位符：用于放置幻灯片正文内容。
- 日期占位符：用于在幻灯片中显示当前日期。
- 幻灯片编号占位符：用于显示幻灯片的页码。
- 页脚占位符：用于在幻灯片底部显示页脚。

在“幻灯片母版”选项卡的“母版版式”选项组中单击“插入占位符”按钮下方的下拉箭头，在下拉列表中选择需要插入的占位符类型，如文本、图片、图表等。选择“图片”占位符，在幻灯片母版中拖动鼠标创建占位符，效果如图 5-36 所示。

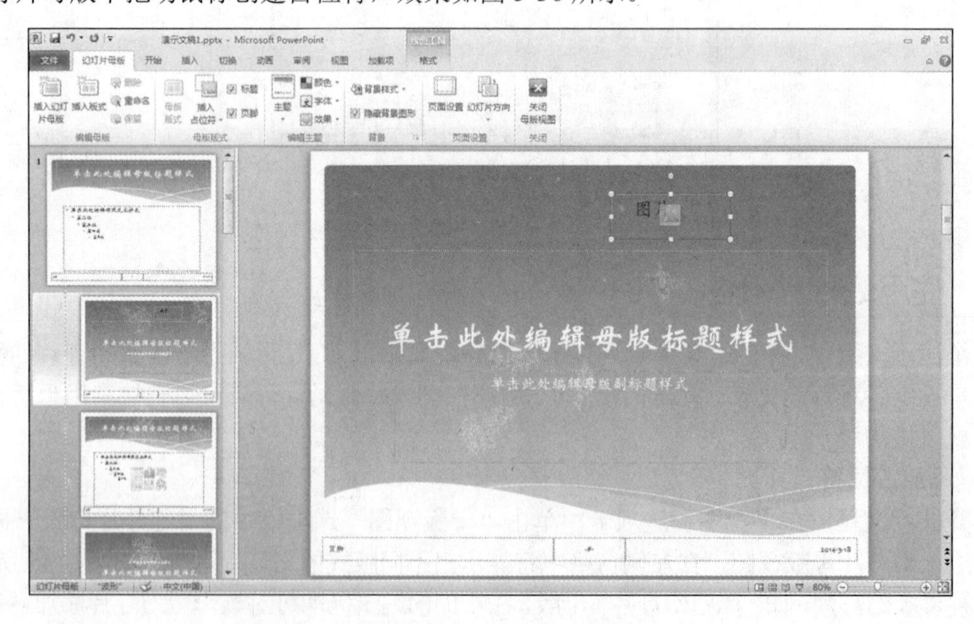

图 5-36　添加“图片”占位符

2. 添加母版的背景

通过设置母版的背景，可以为演示文稿添加固定的背景，一般使用图片或填充效果作为幻灯片的背景。

在幻灯片母版视图下，左侧窗口中选择一种母版样式，在“背景”选项组中单击“背景样式”按钮，选择“设置背景格式”命令。在“设置背景格式”对话框中，用户可根据需要对母版背景进行设置。如设置一幅图片为母版背景，可选择“填充”选项卡的“图片或纹理填充”选项，再单击“文件”按钮选择图片。

3. 管理幻灯片母版

在幻灯片母版视图下，用户可以对幻灯片母版进行添加、删除和复制幻灯片版式等操作，同时可以对存在的幻灯片母版进行重新命名操作。下面介绍具体的操作方法：

（1）在幻灯片母版视图下，在“幻灯片母版”选项卡的“编辑母版”选项组中单击“插入版式”将增加一种幻灯片的版式。

（2）对新增加的版式进行命名，可以在“编辑母版”选项组中单击“重命名”按钮，在弹出的对话框中输入名称并确定，如图 5-37 所示。

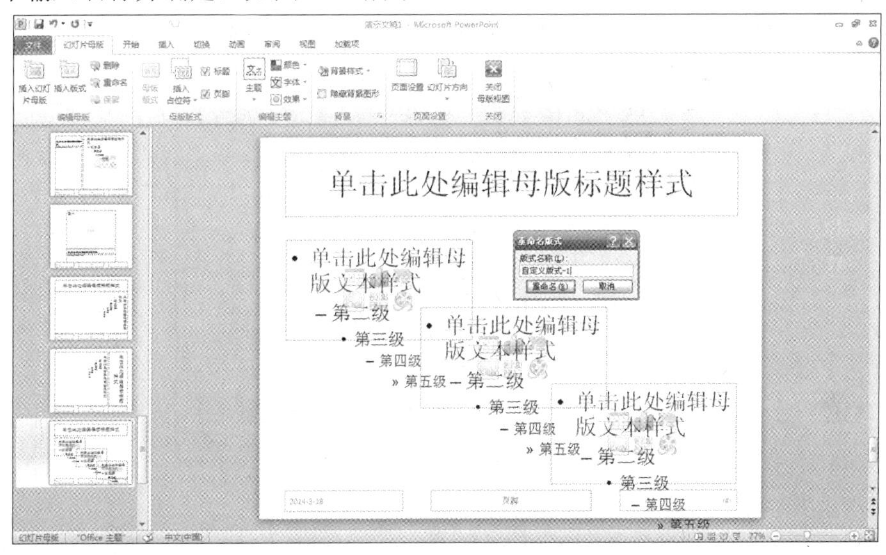

图 5-37　新增版式及其命名

关闭母版视图后，在“开始”选项卡的“幻灯片”选项组中，单击“版式”按钮的下拉箭头可以找到新增的幻灯片版式。在“编辑母版”选项组中单击“删除”按钮可以删除不需要的幻灯片版式。

5.5　在幻灯片中插入对象

演示文稿跟普通的 Word 文档最大的区别在于演示文稿强调给人视觉的感受。因此一份有感染力的演示文稿，除了含有图形、图像、图表等静态元素外，还可以包含声音、视频、动画等媒体元素，这样才能丰富幻灯片的视觉效果，激发观众的兴趣。

5.5.1 插入表格

PowerPoint 2010 有自己的表格制作功能，不必依靠 Word 来制作表格，并且操作的方法和 Word 表格的制作方法基本类似。

打开一个演示文稿，并切换到要插入表格的幻灯片中。打开“插入”选项卡，在“表格”选项组中单击“表格”按钮，下拉菜单中提供多项命令进行操作。用户可以选择利用“网格”、“插入表格”、“Excel 电子表格”其中任意一种，方法不再赘述。

5.5.2 插入图像

在 PowerPoint 2010 中，可以与使用 Word 2010 一样的方法在幻灯片中插入图片、剪贴画、屏幕截图。用户还可以使用相册功能，快速展示大量图片。在“插入”选项卡的“图像”选项组中可以插入图片、剪贴画和屏幕截图，操作方式与在 Word 中类似。这里详细介绍相册的制作方法。

在“插入”选项卡的“图像”选项组中单击“相册”按钮，打开“相册”对话框，如图 5-38 所示。

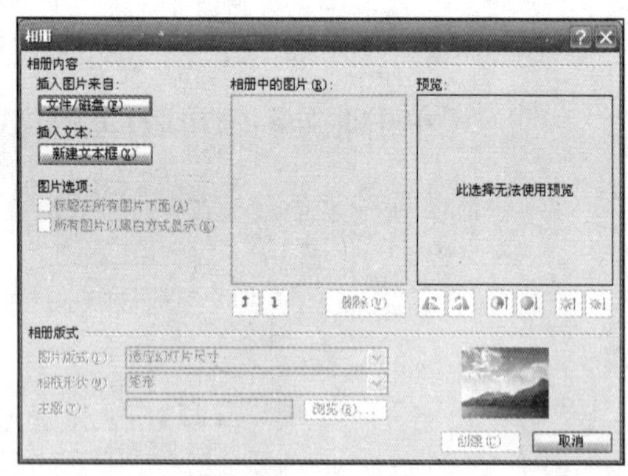

图 5-38 “相册”对话框

单击“文件/磁盘”按钮打开“插入新图片”对话框，选择要插入的图片；然后在“图片版式”下拉列表中选择图片在相册中的版式；在“相框形状”中选择图片相框的形状；在“主题”文本框中选择适合的主题，最后单击“创建”按钮即可。在“相册中的图片”列表中显示了所有被选中的图片，通过单击下面的↑、↓按钮可以调整它们的顺序，也可以进行图片的删除。选中一张图片后，还可以使用预览区下面的图片编辑按钮对图片进行细微的调整。

相册完成后，用户如果对相册中的细节不满意，可以对该相册进行再次的编辑修改。在“插入”选项卡的“图像”组中单击“相册”按钮的下拉箭头，在列表中选择“编辑相册”命令，将再次打开“相册”对话框。在这里，用户可以对已经设置好的所有项目进行修改。

5.5.3 插入图表

PowerPoint 2010 中包含了 Microsoft Graph 提供的 14 种标准图表类型和 20 种用户自定义的图表类型。和 Excel 不同，这里是直接插入图表，再修改图表数据，以此调整图表形状，具体操作步骤如下：

（1）打开一个演示文稿，并切换到要插入图表的幻灯片中。

（2）在“插入”选项卡的“插图”选项组中单击“图表”按钮，弹出“插入图表”对话框，如图 5-39 所示。对话框中提供了常用的图表类型，选择一个合适的图表形状，单击“确定”按钮。

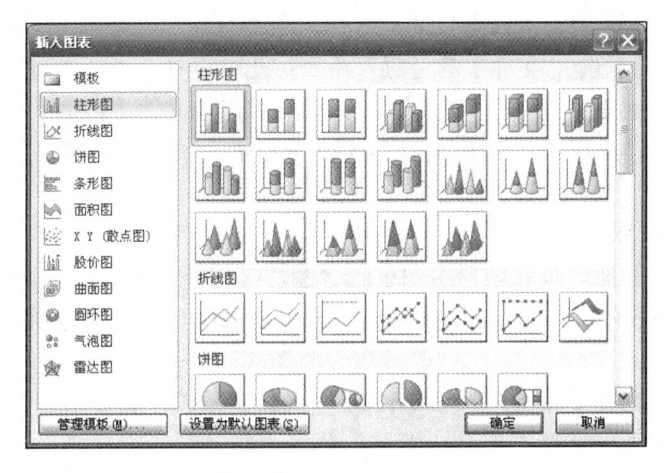

图 5-39　“插入图表”对话框

（3）幻灯片页面上将出现插入的图表，同时弹出一个 Excel 操作界面，里面包含图表对应的数据表，如图 5-40 所示。在数据表中修改数据项标题和值，可以在幻灯片页面上预览到图表的变化效果。

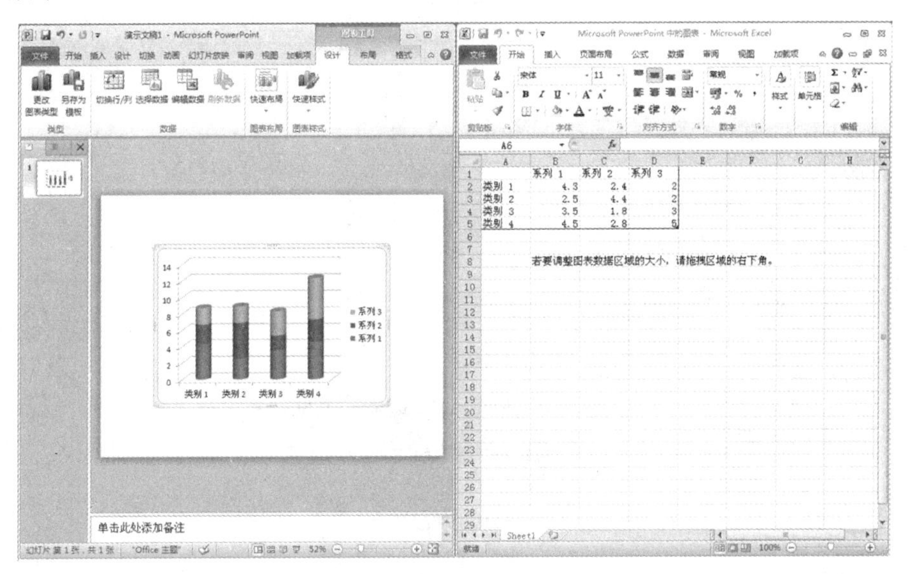

图 5-40　修改数据项标题和值

（4）确认效果后关闭 Excel 表格即可。

5.5.4　插入声音

声音是一个多媒体演示文稿的重要组成要素，在演示文稿中可插入外部的声音文件、剪辑管理器中的声音，或使用 PowerPoint 录制的声音。

1. 插入外部的声音文件

PowerPoint 2010 提供了对大多数常见格式声音文件的支持，如 MP3 文件、WAV 文件、WMA 文件以及 MIDI 文件等。

打开演示文稿，选择需要插入声音的幻灯片，在“插入”选项卡中单击“音频”按钮的下拉箭头，在下拉列表中选择“文件中的音频”命令，此时将打开“插入音频”对话框。在对话框中选择要插入的声音文件后单击“确定”按钮，此时声音文件将被插入幻灯片，并在幻灯片中出现声音图标和播放控制栏，如图 5-41 所示。单击控制栏上的播放按钮，可以预览声音的效果。

2. 插入剪贴画音频

PowerPoint 2010 的剪贴画管理器中除了包含图片文件外，还自带了多种声音效果。这些声音效果是一些简单的音效，如鼓掌声、电话声等，可以采用与插入剪贴画相似的方式将它们插入到幻灯片中。

打开演示文稿，选择需要插入声音的幻灯片。在“插入”选项卡中单击“音频”按钮的下拉箭头，在下拉列表中选择“剪贴画音频”命令，将打开“剪贴画”窗格，在窗格中选择需要插入的声音即可。此时幻灯片中将出现一个和图 5-41 中所示类似的声音图标及其声音控制栏。

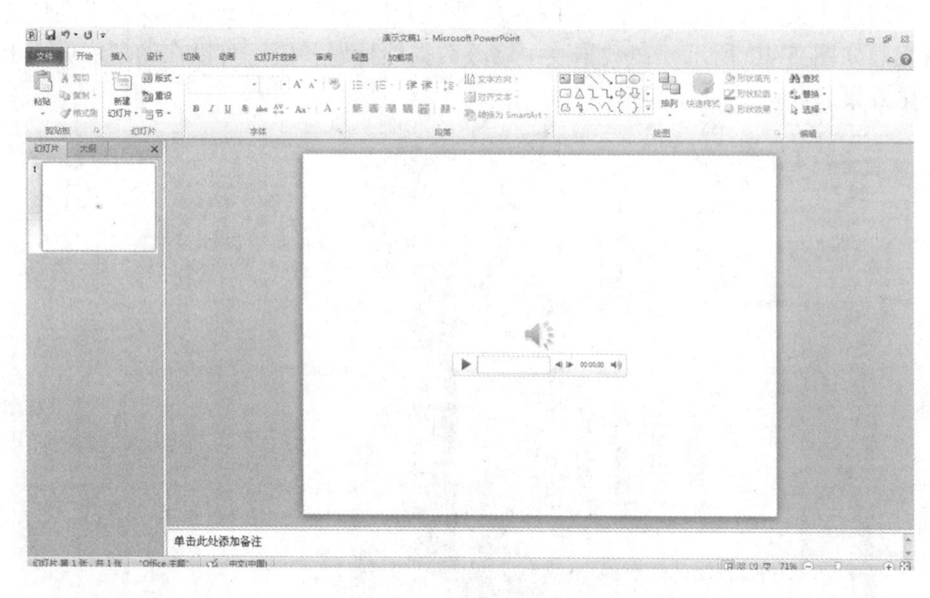

图 5-41　声音图标

3. 插入录制的声音

在演示文稿中除了可以使用 Office 内置或者外部的声音文件外，还可以根据幻灯片的内容，自行录制讲解声音。

选择幻灯片，在“插入”选项卡中单击“音频”按钮的下拉箭头，在下拉列表中选择“录制音频”命令。此时会打开“录音”对话框，如图 5-42 所示。在“名称”文本框中输入本次录音的名称，单击●按钮就可以开始录音了，完成录制后单击■按钮停止录制。单击“确定”按钮后，录制的声音将插入到演示文稿中，幻灯片中同样会出现声音图标及其声音控制栏。

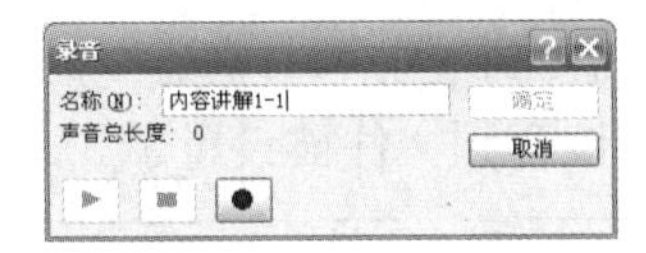

图 5-42 “录音”对话框

4. 设置声音的播放

在 PowerPoint 2010 中，插入幻灯片的声音可对播放进行设置，同时用户还可以对插入的音频进行简单的编辑，这包括对音频进行裁剪，并添加淡入/淡出效果。

（1）在浮动的声音控制栏上，使用◂ ▸按钮可以以 0.25 秒为单位前进或后退，也可以通过进度条来控制播放进度。

（2）在浮动的声音控制栏上，使用🔊按钮可以控制播放音量。

单击声音图标，将出现“音频工具-播放”选项卡，如图 5-43 所示。

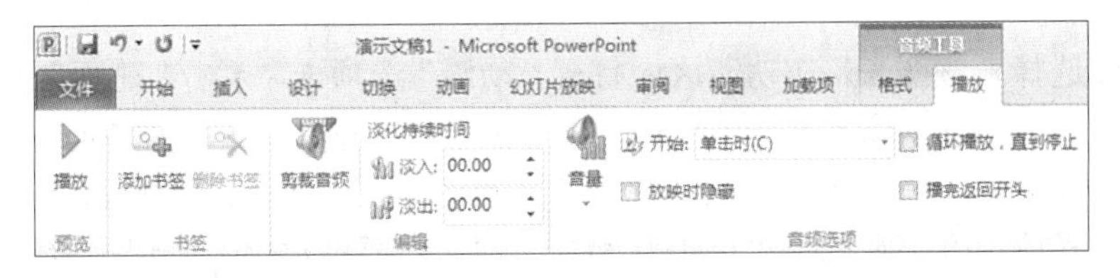

图 5-43 “播放”选项卡

在“音频选项”选项组中，单击“音量”按钮的下拉箭头，在下拉列表中也可以设置“低/中/高/静音”4 个选项。

（3）在“音频选项”选项组的“开始”下拉列表中，可以选择声音开始播放的方式。选择“自动”选项，幻灯片播放时声音将自动播放；选择“单击”选项，在幻灯片播放时，只有鼠标单击音频图标时才开始播放；选择“跨幻灯片播放”选项，则当幻灯片切换到下一张幻灯片时，声音将能够继续播放。

（4）在“音频选项”选项组中，可以通过勾选复选框，设置显示音频图标、声音循环播放、播放完返回到开头。

（5）在“编辑”选项组中，单击“剪辑音频”按钮将打开“剪辑音频”对话框，如图 5-44 所示。拖动“起始时间”滑块和“终止时间”滑块设置音频的开始时间和终止时间，单击“确定”按钮后，滑块之间的音频将保留，而滑块之外的音频将被裁剪。

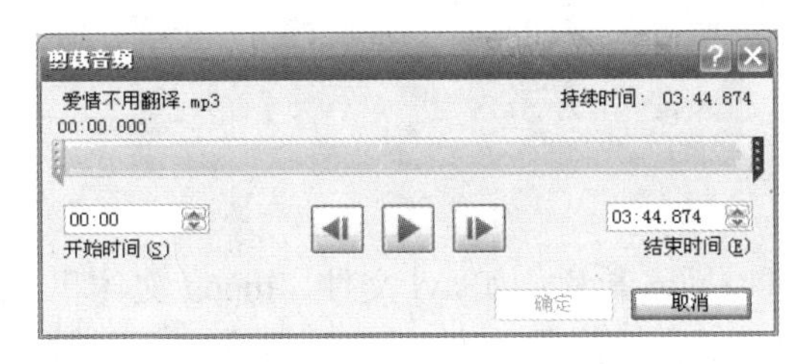

图 5-44 “剪裁音频”对话框

（6）在“编辑”选项组的“淡入”和“淡出”增量框中分别输入时间值，可以在声音开始播放和结束时添加淡入/淡出效果。此时输入的时间值表示淡入/淡出效果持续的时间。

（7）在播放控制栏的播放进度区单击鼠标选定播放位置，然后单击“书签”选项组的“添加书签”按钮，可以设置书签。书签能帮助用户在音频播放时快速定位播放位置。书签设置后，按 Alt+Home 快捷键，播放进度将跳转到上一个书签处；按 Alt+End 快捷键，播放进度将跳转到下一个书签处。如图 5-45 所示，该音频文件被设置了 3 个书签，标签处有小圆圈标示。

图 5-45　添加了 3 个书签的音频文件

5. 控制声音的播放

播放幻灯片时，有时需要对声音的播放进行准确的控制，包括随时根据需要开始暂停或者停止声音的播放。除了可以使用浮动控制栏上的按钮外，用户还可以通过自定义动画的方式控制声音的播放。

在幻灯片中选择音频图表，在功能区中打开“动画”选项卡，单击“动画”选项组中的“动画窗格”按钮，打开“动画窗格”。单击声音选项右侧的下拉箭头，如图 5-46 所示。

若要自动播放声音，则选择“从上一项开始”或者“从上一项之后开始”选项；若要在单击声音图标之后播放声音，则选择“单击开始”选项；若要设定声音延迟一段时间后播放，还可以选择“计时”选项，设定延迟的时间。

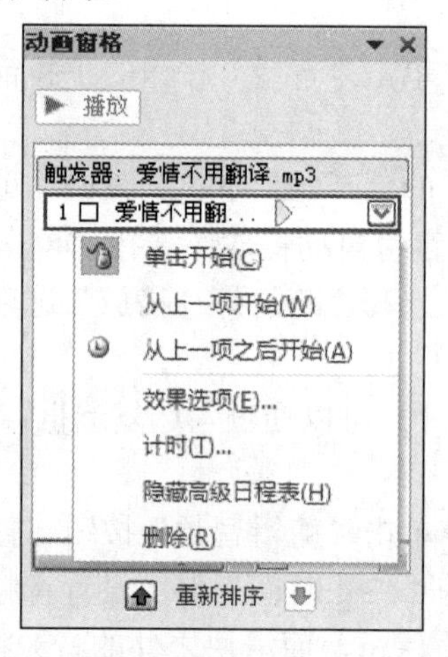

图 5-46　动画窗格

5.5.5 插入视频

在演示文稿中用户还可以插入影片，如 avi 文件、mpeg 文件和 wmv 文件等。

1. 插入视频文件

在幻灯片中插入视频文件的方式与插入声音的方式一样，既可以插入“文件中的视频”，也可以插入“剪贴画视频”。以插入“文件中的视频”为例，在一个空白的幻灯片中插入一部来自外部文件的视频，插入后的效果如图 5-47 所示。

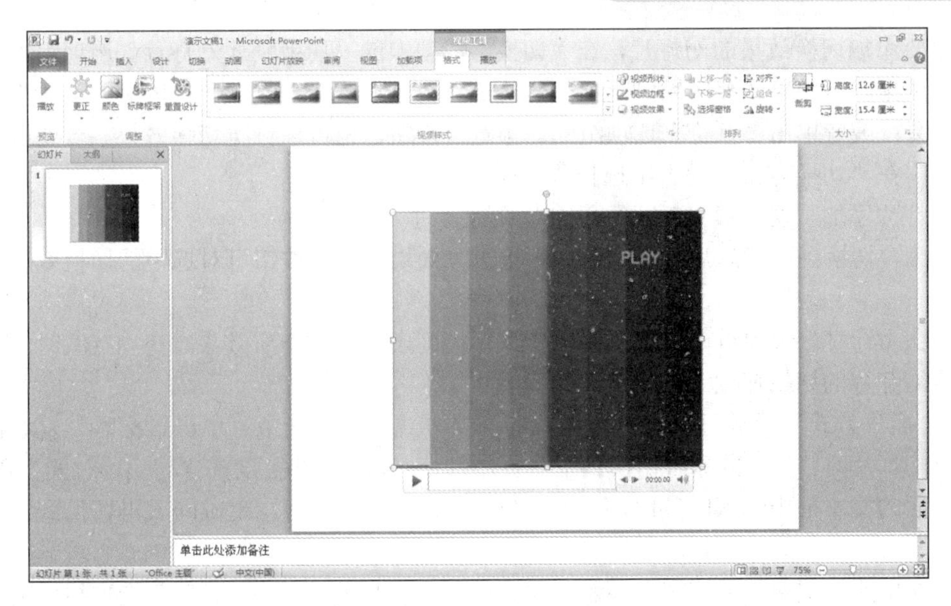

图 5-47 插入文件中的视频

2. 设置视频

对于插入到幻灯片中的视频，可以通过“格式”选项卡中的命令来进行如下具体的设置：

（1）在“视频样式”选项组中，可以在下拉列表中选择设定好的视频样式，也可从“视频形状”、“视频边框”、“视频效果”三个下拉列表中，分别给视频设计形状、边框和效果。

（2）在“大小”选项组中，单击“裁剪”按钮，可以对视频播放窗口进行裁剪，只选择视频窗口的部分内容进行播放。输入视频的“高度”和“宽度”的数值，将改变窗口的大小比例，但视频窗口的内容不会减少。也可以直接用鼠标拖动影片边框上的控制柄来改变窗口大小比例。

（3）在“调整”选项组中，单击“更正”按钮可以调整视频的亮度和对比度；单击“颜色”按钮可以给视频重新着色。

（4）视频播放前一般显示视频的第一帧画面，用户可以为视频添加预览图片，这样的图片可以来自外部文件。在“调整”选项组中，单击“标牌框架”的下拉箭头，选择“文件中的图像”命令，在“插入图片”对话框中选择合适的图片后确认即可。此时，视频窗口将显示指定的图像。

5.6 幻灯片的交互与动画

交互是幻灯片与操作者之间的互动，动画是对象进入和退出的方式。演示文稿与其他文档的区别在于它的交互性与动画性。没有了交互性，用户将不能实现对演示文稿有效的控制；而没有了动画的演示文稿将显得较为单调。

5.6.1 使用切换效果

切换效果是一种幻灯片的整体动画效果，决定了在放映时幻灯片进入的方式。选择“切换”选项卡可以进入对切换效果的设置。

选中要添加切换效果的幻灯片，在“切换”选项卡的“切换到此幻灯片”选项组中单击合适的切换效果，该效果即被应用到当前幻灯片中。每选中一个切换效果，PowerPoint 都会自动预览该效果；或者单击“预览”选项组的“预览”按钮，也可以预览切换效果。若要取消切换效果，只需在“切换方案”列表中选择“无”方案即可。

为幻灯片添加了切换效果后，可以对效果进行进一步的设置。

（1）在“切换到此幻灯片”选项组中，单击“效果选项”按钮可对选中的切换效果进行辅助设置。

（2）在“计时”选项组单击选择“声音”下拉列表框中的声音效果，在“持续时间”列表框中设定幻灯片的切换速度。

（3）“换片方式”区域可以设置幻灯片的切换方式。如果选中“单击鼠标时”复选框，则在放映该幻灯片时，单击鼠标后切换到下一页幻灯片；如果选中“设置自动换片时间”复选框，需要在后面的文本框中输入间隔时间，则放映完该幻灯片，等待指定时间后再切换到下一页幻灯片。

（4）如果要将切换效果应用于演示文稿中的所有幻灯片，单击“计时”选项组中的“全部应用”按钮即可。

5.6.2 添加动画效果

动画可以使幻灯片中的对象以某种运动规律运动起来，起到强调某个对象的作用，同时也是创建对象出场和退场效果的有效手段。用户可以对幻灯片中的每一个对象，包括文本、图片、图表都设置个性化的动画效果，通过控制内容的显示顺序和方式，引导观众的思路，达到更好的演示效果。

1. 添加动画效果

用户能为幻灯片中的对象设置进入、强调、退出和路径 4 类动画效果。“进入”类动画是在幻灯片放映时对象进入放映界面的动画效果；“强调”类动画是在演示过程中需要强调部分的动画效果；“退出”类动画是在幻灯片的放映过程中对象退出消失的动画效果；“动作路径”类动画是自定义幻灯片中某个对象按照一定的路径轨迹运动的动画效果。

由于设置进入、强调和退出这 3 种动画效果的方式基本相同，所以这里只介绍为幻灯片的对象添加进入动画效果。

在普通视图中，选中幻灯片里要设置动画的文本或对象。选择“动画”选项卡，在“动画”选项组中的“动画样式”下拉列表中选择合适的进入动画效果。当鼠标移至某个动画样式上即可预览到该对象的动画效果，确定后单击该动画样式即可。如果下拉列表中没有合适的动画效果，可以选择“更多进入效果”命令，此时将打开“更改进入效果”对话框，如图 5-48 所示，在列表框中分类列出了所有可用的进入动画效果。被添加了动画效果的对象，在它的左上角将出现一个动画效果标签 1 ，后面添加动画会依次编号。

2. 设置动画效果

在为对象添加效果后，按照默认参数运行的动画效果可能达不到用户满意的效果，此时可以对动画进行设置，包括动画开始的方式、时间、速度以及更改动画的效果等。

（1）选择“动画”选项卡，在“动画”选项组中的“效果选项”下拉列表框中选择动画效果的方向。根据动画效果的不同，该下拉列表框也随之发生变化。

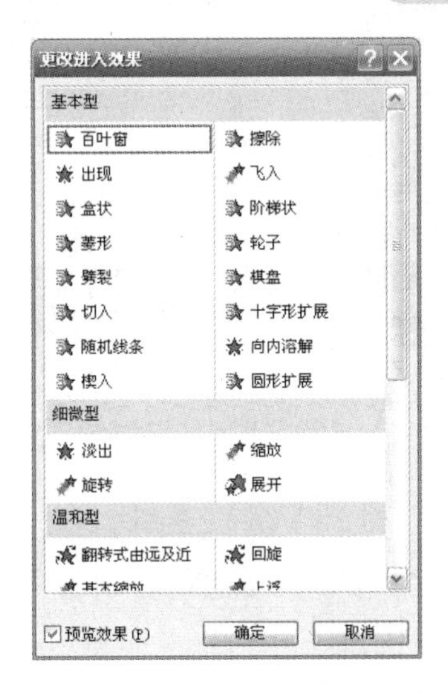

图 5-48 “更改进入效果”对话框

（2）设置动画效果的开始方式，可以在“计时”选项组中的“开始”下拉列表中选择一种开始方式。各种选项的说明如下。

① 单击时：当幻灯片放映到动画效果序列中的该动画效果时，单击鼠标左键才开始动画显示幻灯片中的对象，否则将一直停在此处等待用户单击鼠标来触发。

② 与上一动画同时：该动画效果将和幻灯片中的前一个动画效果同时发生，这时该动画的动画效果标签跟前一个动画效果标签的序号相同。

③ 上一动画之后：该动画效果将在幻灯片中的前一个动画效果播放完后发生，这时该动画的动画效果标签跟前一个动画效果标签的序号也相同。

（3）在“计时”选项组的“持续时间”列表框中设置播放动画效果的速度。

（4）在“计时”选项组的“延迟”列表框中设置时间，改变动画开始的延迟时间。

（5）在“计时”选项组中还可以对多个动画的播放顺序进行调整，单击“向前移动”按钮将提前播放动画，单击“向后移动”按钮将推后播放动画。

（6）设置完后，单击“预览”选项组中的“预览”按钮来预览整个幻灯片的动画效果。

3. 复制动画效果

在 PowerPoint 2010 中，若要为对象添加与已有对象相同的动画效果，可以直接使用“动画刷”功能来实现。

在幻灯片中选择添加了动画效果的对象，在“高级动画”选项组中单击“动画刷”按钮，这时该对象的动画效果已经被复制，鼠标上附着一个浮动的“动画刷”。使用“动画刷”单击幻灯片中的其他对象，则动画效果将被应用于这些对象。若要将复制的动画效果应用于多个对象，则需要先选定复制对象，然后双击“动画刷”按钮，再用鼠标分别单击其他对象。复制结束后，需要再次单击“动画刷”按钮来取消复制操作。

4. 使用动画窗格

在“高级动画”选项组中单击“动画窗格”按钮将打开动画窗格，在窗格中按照动画的播放顺序列出了当前幻灯片中的所有动画效果，如图 5-49 所示。在此能对动画进行更为具体的设置。

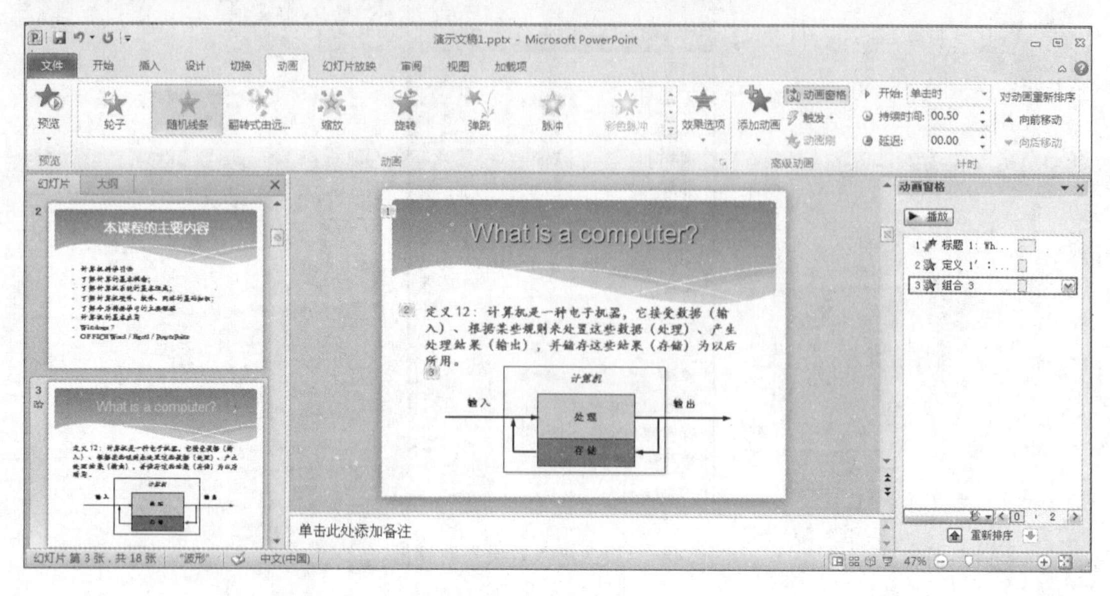

图 5-49　打开动画窗格

（1）单击窗格中的“播放”按钮将依次播放幻灯片中的动画。

（2）在窗格中拖动动画选项将改变其在列表中的位置，从而改变动画播放的顺序。

（3）每一个动画名称的后面都有一个时间条，代表该动画开始的时间和播放的时间长度。当鼠标放置到时间条上时，时间条上会显示动画开始和结束的时间。使用鼠标拖动时间条的左右两侧边框可以改变播放的时长；拖动时间条改变其位置可以修改动画开始的延迟时间。

（4）在动画列表中选择某个动画，单击其右侧下拉列表，选择“效果选项”将打开该设置的“效果”选项卡，如图 5-50 所示。在“效果”选项卡中，用户可以设置动画播放时的声音等效果，不同的动画样式，对应的“效果”选项卡的设置内容稍有不同。在如图 5-51 所示“计时”选项卡，用户除了可以设置动画开始时间、延迟时间等，还可以设置动画重复的次数。

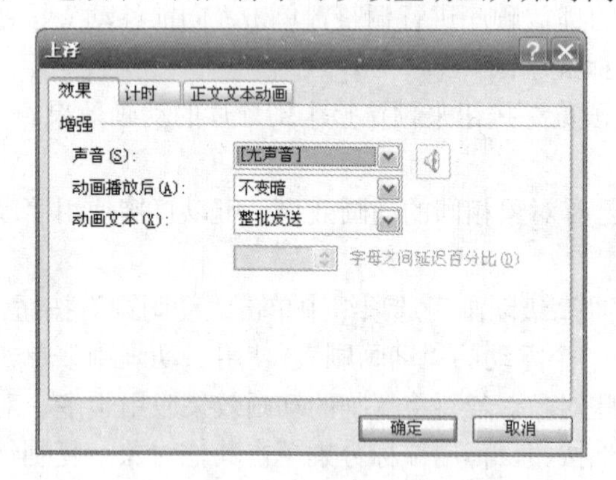

图 5-50　“效果”选项卡

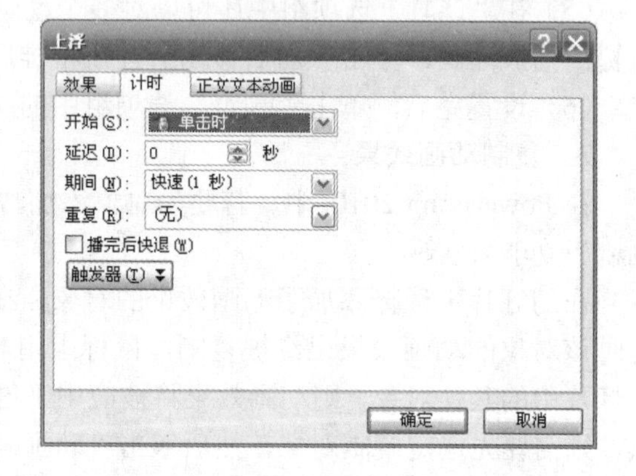

图 5-51　“计时”选项卡

5. 使用路径动画

在 PowerPoint 2010 提供的各种动画类型中，路径动画是一种特殊的动画，它控制对象沿着指定的路径进行移动。用户既可以使用预设的路径动画，也可以根据需要创建自定义的路径动画。添加路径动画的方法和添加其他动画效果的方法基本相同，只是在添加后，会出现动作路径的控制柄，用户可以对路径的起始点和终点进行调整。

（1）添加内置的路径动画。

选中幻灯片中的对象，从“动画样式”下拉列表的“动作路径”栏中选择一个动画选项（以添加一个形状的动作路径为例）。这时在幻灯片窗格中将出现一个虚线的路径，如图5-52所示，播放幻灯片的时候，该对象将顺着虚线路径的箭头方向移动。用鼠标可以调整路径的位置、大小和形状，按住绿色箭头可调整路径的起点，按住红色箭头将调整路径的终点。如果用户对动画效果不满意，选中该路径删除即可。

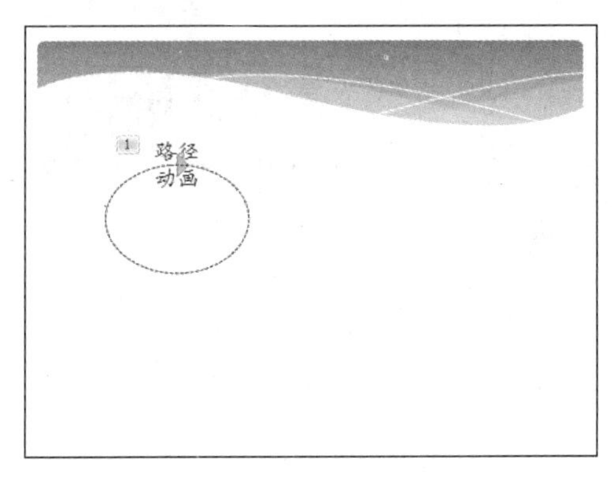

图5-52　添加动作路径

（2）添加自定义的路径动画。

如果没有合适的动作路径，用户可以绘制自定义的动画路径。选中对象，在“动画效果”下拉列表的“动作路径”区域中单击“自定义路径”按钮，此时鼠标将呈+状，按下鼠标左键开始绘制路径，双击鼠标左键完成路径绘制。

6. 超链接和动作按钮

演讲者在进行演讲时，往往需要对演示文稿的放映进行控制，这就是幻灯片的播放的导航功能。实现导航的方法一般有两种：使用超链接和动作按钮。

（1）超链接。

在Word中已经介绍了超链接的插入、更改和删除的方法，在PowerPoint中的操作方法基本一样。PowerPoint中的超链接，除了可以打开某个Internet网页或打开某个文件外，还可以跳转到幻灯片中的某一页。如图5-53是某演示文稿的第一页幻灯片。

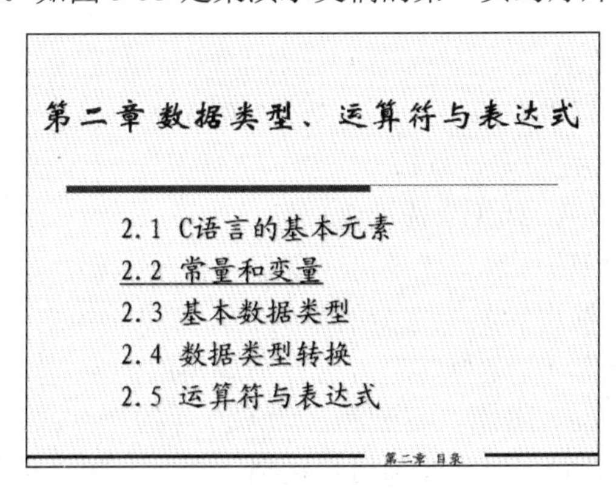

图5-53　演示文稿第一页

为标题“2.2 常量和变量”添加一个超链接，打开“插入超链接”对话框，如图 5-54 所示。选择“本文档中的位置”选项，在中间列表框出现本演示文档中所有的幻灯片页面。单击一个页面，在右侧的窗口出现该幻灯片的预览效果。确定后，播放幻灯片 1，鼠标指针放置在标题“2.2 常量和变量”，显示为手型，时单击标题，幻灯片将跳转到幻灯片 8。

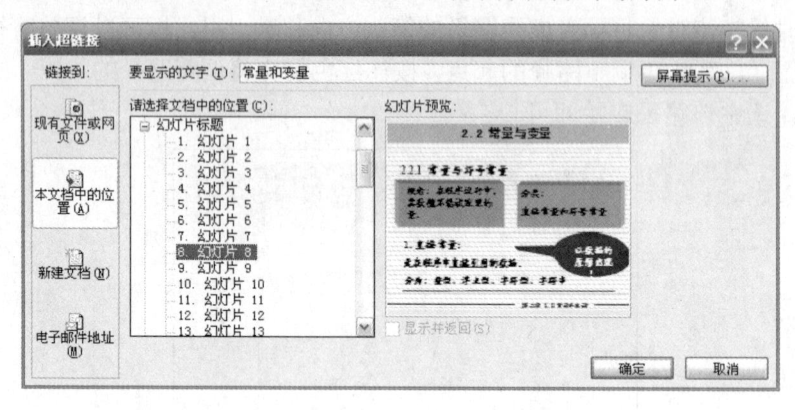

图 5-54 “插入超链接”对话框

（2）动作按钮。

为了快速实现幻灯片的导航功能，用户还可以使用动作按钮，它可以帮助幻灯片快速的跳转到下一张、上一张、第一张和最后一张。

选择要添加动作按钮的幻灯片，在“插入”选项卡中单击“形状”按钮，在下拉列表的“动作按钮”区域选择一个按钮，如◁。在幻灯片中拖动鼠标绘制该动作按钮，绘制完后将自动打开“动作设置”对话框。如果不需要对动作进行修改，确认并关闭对话框即可。

5.7 幻灯片的放映

在不同的场合，播放幻灯片的方式也有所不同。所以文稿编辑好以后，用户还需要对它的放映方式进行设置，使之满足演示文稿的用户需求和放映环境。

5.7.1 设置放映方式

1. 设置幻灯片的放映方式

选择“幻灯片放映”选项卡，单击“设置”选项组中的“设置放映方式”按钮，将打开如图 5-55 所示的“设置放映方式”对话框。

在“放映类型”选项组中，有 3 个选项供选择。

（1）演讲者放映（全屏幕）：选择此项可全屏显示演示文稿。这是最常用也是默认的放映方式，在播放演示文稿时，演讲者具有完全的控制权，可以采用自动或人工方式进行播放。

（2）观众自行浏览（窗口）：选择此项可进行小规模的演示。这种演示文稿一般出现在小型窗口中，并提供放映时移动、编辑、复制和打印幻灯片的命令。

（3）在展台浏览（全屏幕）：选择此项可自动播放演示文稿。例如可以用于展会中进行无人管理的幻灯片放映，并可以设置成循环放映方式。

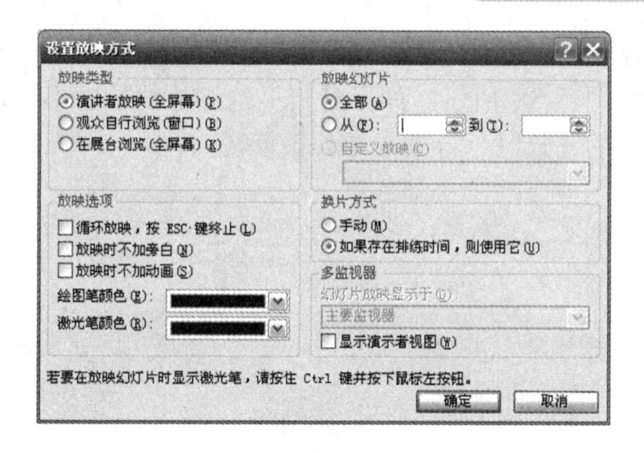

图 5-55 “设置放映方式”对话框

在“设置放映方式”对话框中，用户还可以设置放映幻灯片的全部内容或部分内容、选择循环放映方式、绘图笔和激光笔的颜色等。

2. 隐藏幻灯片

选中一页幻灯片，单击“设置”选项组中的“隐藏幻灯片”按钮，则该页幻灯片在放映演示文稿时将会被隐藏，即不会被播放。在普通视图下，可以看到该幻灯片的编号被做上如所示的标记，且“隐藏幻灯片”按钮显示为按下状态。如果要取消隐藏，只需单击该按钮取消其按下状态即可。

3. 设置放映时间

在某些场合中，用户需要自动播放演示文稿，这时就必须事先确定每张幻灯片的停留时间。通过对幻灯片进行排练，可以为每张幻灯片分配放映时间。使用排练计时，可以在排练时由系统自动记录每页幻灯片放映的时间长度。具体操作方法如下：

（1）打开要进行排练的演示文稿。

（2）打开“幻灯片放映”选项卡，单击“设置”选项组的“排练计时”按钮，此时会进入排练计时状态：幻灯片开始播放，并打开“录制”工具栏。如图 5-56 所示，工具栏上显示当前幻灯片停留的时间以及总放映时间。

图 5-56 “录制”对话框

（3）单击“录制”工具栏上的“下一项”按钮，将切换到下一页幻灯片进行排练。单击“暂停录制”按钮将暂停计时，再次单击则取消暂停。单击“重复”按钮，可以为当前幻灯片重新计时。

（4）当排练结束后，将出现提示用户保存计时的对话框，如图 5-57 所示。如果需要保存，确认即可。

图 5-57 提示保存排练时间的对话框

（5）当演示文稿进行过排练计时，进入幻灯片浏览视图，将在每页幻灯片的左下方看到每张幻灯片的放映时间，如图 5-58 所示。如果某一页幻灯片的计时不合适，可以先选中这页幻灯片，在“切换”选项卡的“计时”选项组中修改间隔时间。

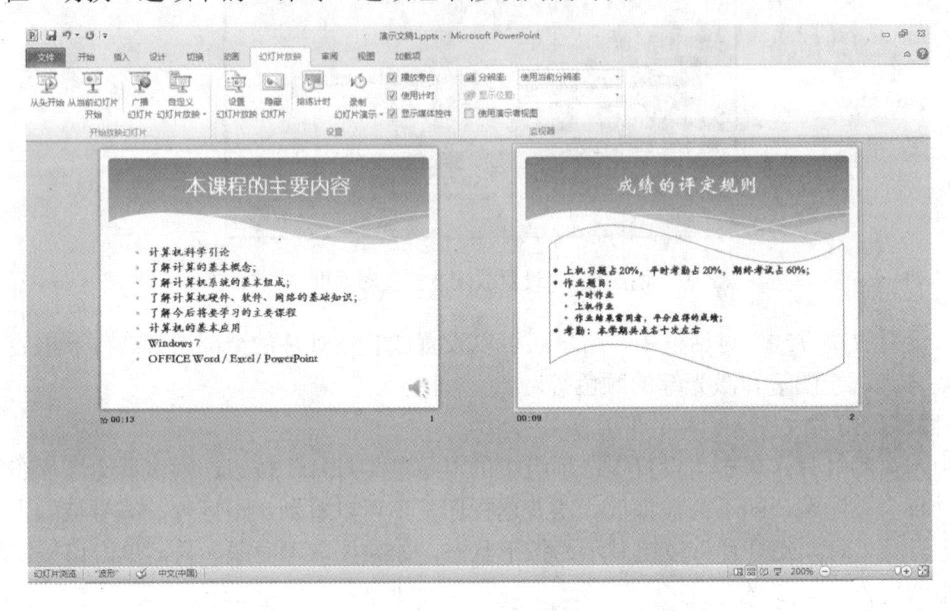

图 5-58　在幻灯片浏览视图中查看放映时间

4. 录制幻灯片

进行演讲时，如果需要为每张幻灯片添加讲解，可以使用 PowerPoint 2010 的录音旁白功能。在排练计时的同时录制旁白声音，录制完成后保存旁白声音即可。录制旁白常用于自动放映的演示文稿，如展会上自动放映的宣传资料等。

（1）打开演示文稿，在“设置”选项组中单击“录制幻灯片演示”的下拉箭头，在下拉列表中选择“从头开始录制”命令，弹出如图 5-59 所示的对话框。

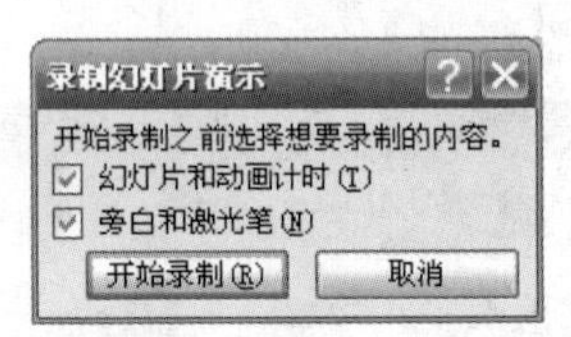

图 5-59　“录制幻灯片演示”对话框

（2）如果无须修改选项，则单击“开始录制”按钮，此时幻灯片进入全屏放映模式。演示者通过话筒读出旁白，完成一张幻灯片就切换到下一张，依次录制。完成后按 Esc 键退出幻灯片放映状态。

（3）退出录制后将进入幻灯片浏览视图，此时幻灯片中会出现音频图标。在普通视图下单击音频图标下的控制栏可以播放录音。如果对旁白不满意，可以单击“录制幻灯片演示”下拉列表中的“清除当前幻灯片中的旁白”命令进行清除，或者“清除所有幻灯片中的旁白”命令进行全部清除。

5. 自定义幻灯片放映

对于同一主题的演示文稿，有时需要根据观众的不同而展示不同的内容。用户可以准备一份详尽的演示文稿，针对不同观众选择其中的部分内容创建不同的放映方案。

（1）打开演示文稿，选择“幻灯片放映”选项卡，在“开始放映幻灯片”选项组中单击“自定义幻灯片放映”按钮，在下拉列表中选择“自定义放映”命令，弹出“自定义放映”对话框，如图 5-60 所示。

（2）单击“新建”按钮，弹出如图 5-61 所示的“定义自定义放映”对话框。在“幻灯片放映名称”文本框输入方案名，然后依次从左边列表框中选择需要的幻灯片，单击“添加”按钮加入到右边列表框中，结束后单击“确定”按钮。

图 5-60 “自定义放映”对话框

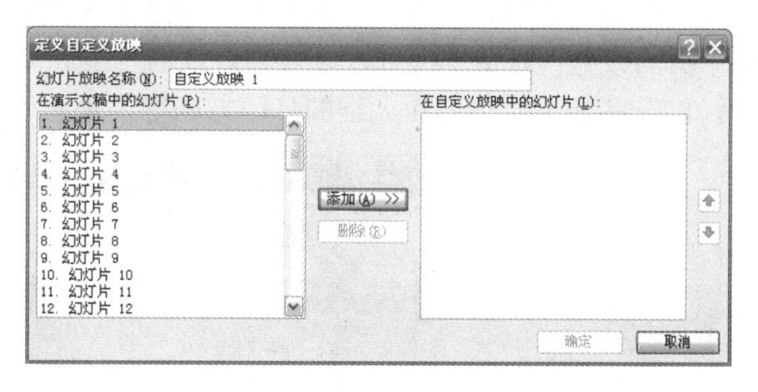

图 5-61 “定义自定义放映”对话框

（3）播放本放映方案时，在“开始放映幻灯片”组中单击“自定义幻灯片放映”按钮，在下拉列表中找到本方案的名称（如默认的名字“自定义放映 1”），单击该名称即开始放映。

5.7.2 观看幻灯片放映

设计好演示文稿的放映方式后，就可以开始放映了。

1. 启动和结束幻灯片放映

播放演示文稿的方式有几种，可以左键单击状态栏上的“幻灯片放映”按钮；也可以直接按键盘上的 F5 键；或者在“幻灯片放映”选项卡中的“开始放映幻灯片”选项组中单击“从头开始”→“从当前幻灯片开始”按钮。

如果想结束幻灯片放映，按 Esc 键即可。或者在幻灯片放映时单击鼠标右键，从弹出的菜单中选择“结束放映”命令。

2. 放映时切换幻灯片

在放映演示文稿时，可使用如下几种切换方式。

（1）转到下一张幻灯片。

- 单击鼠标左键。
- Space 键、Enter 键、PageDown 键或者↓键。
- 单击鼠标右键，在弹出菜单中选择“下一张”命令。

（2）转到上一张幻灯片。

- BackSpace 键、PageUp 键或者↑键。
- 单击鼠标右键，在弹出菜单中选择“上一张”命令。

（3）转到指定的幻灯片。

- 输入幻灯片编号，按 Enter 键。

• 单击鼠标右键，在弹出的菜单中选择“定位至幻灯片”命令，然后选择目标幻灯片即可。

5.7.3 打印演示文稿

演示文稿制作完毕后，不仅可以在计算机上进行幻灯片放映，也可以将幻灯片打印出来供浏览和保存。根据用户对打印演示文稿的具体需要，可以进行以下设置：

1. 页面设置

在“设计”选项卡中单击“页面设计”选项组中的“页面设计”按钮，打开如图 5-62 所示的“页面设置”对话框，可以设置幻灯片的宽度和高度、幻灯片编号起始值、幻灯片的打印方向，以及备注页、讲义和大纲的打印方向等选项。

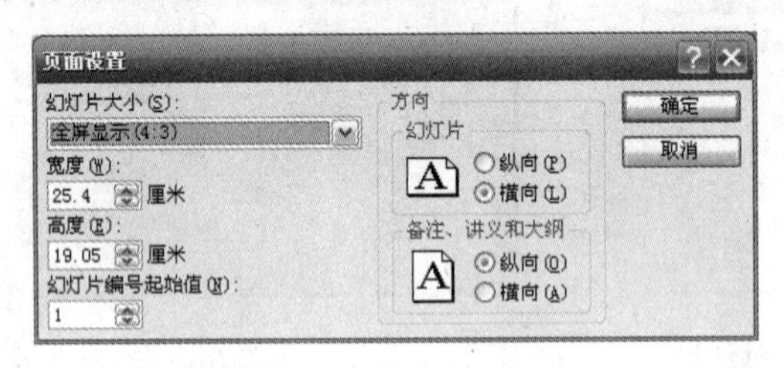

图 5-62 “页面设置”对话框

2. 打印页面设置

在“文件”选项卡单击“打印”命令，进入如图 5-63 所示的“打印”设置界面。以下是打印页面设置的选项介绍：

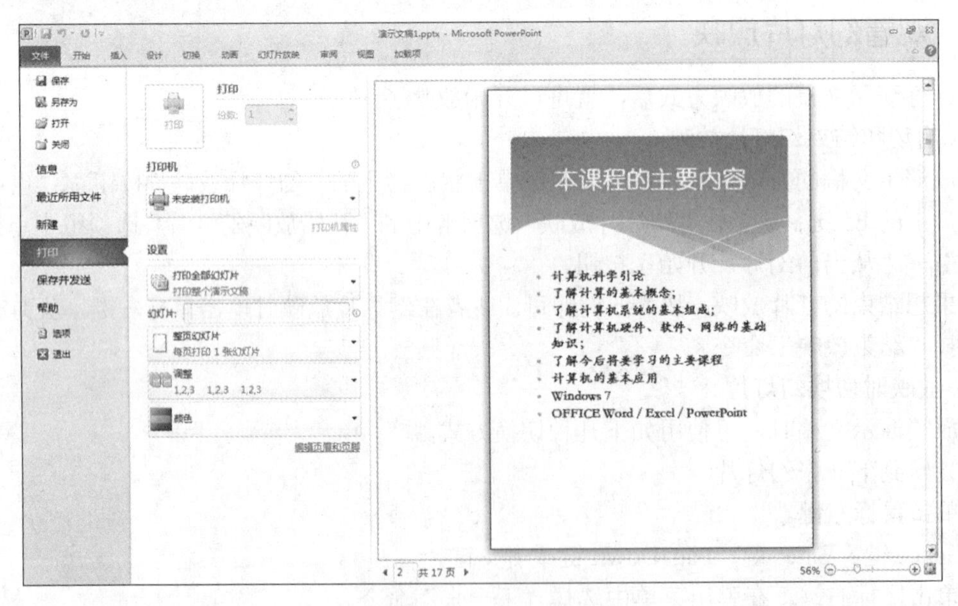

图 5-63 “打印”设置界面

（1）在“打印机”下拉列表框中选择要使用的打印机。

（2）在“设置”下面的第一个列表框中，可以指定打印演示文稿中的全部幻灯片、当前幻灯片、选定幻灯片、隐藏的幻灯片，也可以输入幻灯片的编号打印指定的幻灯片。输入幻灯片编号时，如果是连续的编号，可以输入起始编号和终止编号，以连字符相连，如 2-17；如果是不连续的编号，可以用逗号将不同的编号分隔，如 1，3，5。

（3）在“设置”下面的第二个列表框中，用户可以进行以下设置：

① 设置打印的版式，有整页幻灯片、备注页、大纲 3 种版式可以选择。被选中的版式会在右侧预览区显示相应的打印预览。

② 以讲义形式打印时，可以设置每张打印纸上面一次打印幻灯片的页数。

③ 通过勾选复选框，可以选择打印时给幻灯片加细边框、根据打印页面调整幻灯片的大小、是否按照高质量打印、是否打印批注或墨迹标记。

（4）在“设置”下面的第三个列表框一般用来设置打印多份文稿时的打印顺序，可以选择“1，2，3 1，2，3 1，2，3”即顺序打印完一份再打印第二份；或者选择“1，1，1 2，2，2 3，3，3”即每页打印三次，直到最后一页。

（5）在最后一个“颜色”下拉列表框中可以选择打印的色彩效果。大多数演示文稿设计为彩色显示，而幻灯片通常使用黑白或灰色阴影（灰度）打印。选择该项目要注意与打印机的功能相匹配，例如选择的是黑白打印机，演示文稿将自动设置为灰度打印。

5.8 其他功能

在前面几节中，已经介绍了从制作幻灯片、修改幻灯片，直至最后将幻灯片放映的一整套工作。在 PowerPoint 2010 中还有一些操作技巧，下面简要介绍其中 2 种：

5.8.1 将演示文稿保存为其他格式

用户建立的演示文稿格式后缀一般为.pptx，除此以外，还可以将编辑好的演示文稿保存为其他格式，以方便在不同的情况下使用。不同格式的后缀形式和用途见表 5-1。

打开需要转换格式的演示文稿，从“文件”下拉菜单中选择“另存为”命令，打开“另存为”对话框。先设定要保存的位置和文件名，然后从“保存类型”下拉列表中选择要转成的格式。

表 5-1 演示文稿保存格式及用途

保存类型	扩展名	用于
演示文稿	.pptx	保存为典型的 Microsoft PowerPoint 演示文稿
Windows 图元文件	.wmf	将幻灯片保存为图片
GIF（图形交换格式）	.gif	将幻灯片保存为网页上使用的图形
JPEG（文件交换格式）	.jpg	将幻灯片保存为网页上使用的图形
PNG（可移植网络图形格式）	.png	将幻灯片保存为网页上使用的图形
大纲/RTF	.rtf	将演示文稿大纲保存为大纲文档
设计模板	.potx	将演示文稿保存为模板
PowerPoint 放映	.ppsx	保存为总是以幻灯片放映方式打开的演示文稿
网页	.htm；html	将网页保存为一个 .htm 文件和包含所有支持文件的文件夹
Web 档案	.mht；html	将网页保存为包含所有支持文件的单个文件

5.8.2 演示文稿之间共享信息

用户创建演示文稿的时候，可以使用来自其他演示文稿的信息。将其他演示文稿中内容合适的幻灯片直接插入到当前编辑的演示文稿中，就是演示文稿之间的信息共享。方法如下：

（1）打开当前编辑的演示文稿（目标演示文稿），和包含有用信息的其他演示文稿（源演示文稿）。

（2）进入“视图”选项卡，单击“窗口”选项组的“全部重排”按钮，两个演示文稿将并排显示。

（3）从源演示文稿的“幻灯片”窗格中选择有用的幻灯片，用鼠标左键按住该页幻灯片，拖动到目标文档的“幻灯片”窗格中，并移动到要插入的位置，松开鼠标左键。该幻灯片将插入到目标演示文档中，并且和目标演示文稿具有相同的母版和配色风格，如图 5-64 所示。

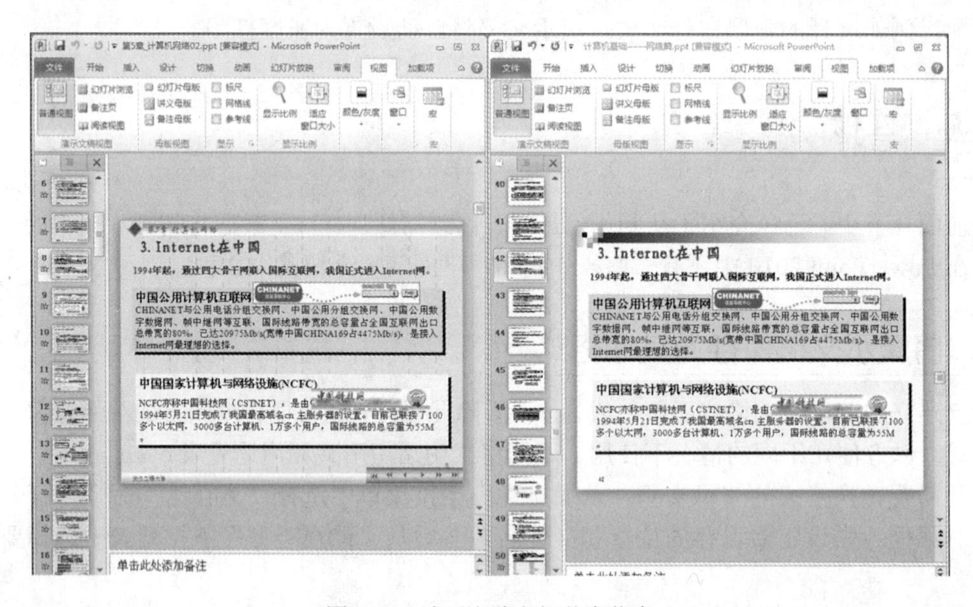

图 5-64　演示文稿之间共享信息

练习题

一、选择题

1．PowerPoint 的主要功能是____。

A．创建演示文稿　　B．数据处理

C．图像处理　　D．文字编辑

2．PowerPoint 提供了____种演示文稿视图。

A．4　　B．6　　C．3　　D．5

3．调整幻灯片次序或复制幻灯片用____视图最方便。

A．备注　　B．幻灯片　　C．放映　　D．浏览

4．浏览模式下选择分散的多张幻灯片要按住____键选择。

A. Shift　　B. Ctrl　　C. Tab　　D. Alt

5. PowerPoint 中保存的演示文稿扩展名是____。

A. PPTX　　B. XLSX　　C. TXTX　　D. DOCX

6. 对插入的图片、自选图形等进行格式化时应选取用_____选项卡中对应的命令完成。

A. 视图　　B. 插入　　C. 格式　　D. 窗口

7. 要设置幻灯片的切换效果以及切换方式时，应在____选项卡中操作。

A. 开始　　B. 设计　　C. 切换　　D. 动画

8. PowerPoint 系统默认的视图方式是____。

A. 阅读视图　　B. 幻灯片浏览视图

C. 普通视图　　D. 幻灯片放映视图

9. 在演示文稿中，给幻灯片重新设置背景，若要给所有幻灯片使用相同背景，则在“设置背景格式”对话框中应单击____按钮。

A. “全部应用”　　B. “应用”　　C. “取消”　　D. “预览”

10. 关闭当前打开的幻灯片的错误方法是____。

A. 单击 PowerPoint 标题栏最右侧的“关闭”按钮

B. 使用快捷键 Alt+F4

C. 双击 PowerPoint 标题栏最左侧的图标

D. 使用快捷键 Ctrl+C

11. 打印讲义时，允许一页纸上打印多页幻灯片，以下选项中____不是每页上可打印幻灯片数的正确选项。

A. 1　　B. 3　　C. 6　　D. 8

12. 要进行幻灯片页面设置、主题选择，可以在____选项卡中操作。

A. 开始　　B. 插入　　C. 视图　　D. 设计

13. 如果要求幻灯片能够在无人操作的环境下自动播放，应该事先对演示文稿进行____。

A. 自动播放　　B. 排练计时　　C. 存盘　　D. 打包

14. 要在幻灯片中插入表格、图片、艺术字、视频、音频等元素时，应在____选项卡中操作。

A. 文件　　B. 开始　　C. 插入　　D. 设计

15. 选择合适的“主题”并单击后，该主题将____生效。

A. 仅对当前幻灯片　　B. 对所有已打开的演示文稿

C. 对正在编辑的幻灯片对象　　D. 对所有幻灯片

16. ____不是逐页切换幻灯片的方法。

A. 使用鼠标左键进行切换

B. 单击“幻灯片编辑区”右侧的滚动条下方的幻灯片切换按钮

C. 使用 Home 或者 End 快捷键

D. 使用↑或者↓快捷键

17. 超链接能实现的效果中，____不包含在内。

A. 播放演示文稿的时候在指定幻灯片之间跳转

B. 打开某个文件

C. 打开某个网址

D．终止幻灯片放映

18．一个幻灯片演示文稿以.ppsx 为后缀，表示该文件是____。

A．一个典型的 Microsoft PowerPoint 演示文稿

B．一个大纲文档

C．一个幻灯片模板

D．一个以幻灯片放映方式打开的演示文稿

19．在一个演示文稿中选择了一张幻灯片，按 Delete 键，则____。

A．这张幻灯片被删除，且不能恢复

B．这张幻灯片被删除，但能恢复

C．这张幻灯片被删除，但可以利用“回收站”恢复

D．这张幻灯片被移到回收站内

20．在幻灯片中插入对象可以获得更丰富的视觉效果，____属于“对象”的范畴。

A．图片和剪贴画

B．表格、图表和 SmartArt

C．视频、声音和超链接

D．以上选项都包含

二、填空题

1．在 PowerPoint 2010 的视图选项卡中，演示文稿视图有 4 种模式，分别是________、________、________、________。

2．放映演示文稿可以选择“幻灯片放映”选项卡中的________按钮，或利用快捷键________。

3．结束幻灯片放映，可以使用快捷键________，或者在幻灯片放映时单击鼠标右键，从弹出的菜单中选择________命令。

4．在当前幻灯片的后面插入一张新幻灯片可以单击________选项卡中的“新建幻灯片”按钮，还可以直接单击快捷键________。

5．删除选中的幻灯片可以通过单击快捷键________或右键菜单中的“删除幻灯片”命令。

6．打印演示文稿时，允许一页纸上打印多页幻灯片的方式称为________。

7．为了使演示文稿更加生动、引人入胜，用户除了可以插入表格、图像和图表外，还可以插入________和________等对象。

8．PowerPoint 2010 文件的扩展名为________；若将幻灯片保存为模板，其扩展名为________。

9．在“项目符号和编号”功能中，需要设置下级项目符号或编号时，先选中要设置的文本，按键盘上的________键即可。

10．________按钮功能可以帮助幻灯片快速的跳转到下一张、上一张、第一张和最后一张。

三、简答题

1．请介绍 PowerPoint 2010 中的视图切换按钮。

2．请介绍复制幻灯片的几种常用方法。

3．放映幻灯片时，PowerPoint 2010 为用户提供了哪几种切换方式？每种方式有哪几种方法？请详细介绍。

第6章 计算机网络基础

6.1 计算机网络概述

随着人类社会信息化进程的加快，信息种类和信息量的急剧增加，要求更有效地、正确地和大量地传输信息，促使人们将简单的通信形式发展成网络形式。计算机网络使人们能够不受时间和地域的限制，实现资源的共享。

6.1.1 计算机网络的发展

计算机网络是现代通信技术与计算机技术相结合的产物，出现的历史不长，但发展很快，经历了一个从简单到复杂的演变过程。计算机网络的发展一般可划分为4个阶段。

第一阶段：主机－终端网络。

第二阶段：计算机－计算机网络。

第三阶段：开放式标准化计算机网络。

第四阶段：新一代计算机计算机网络。

1946年，世界第一台电子数字计算机ENIAC在美国诞生，当时计算机与通信技术之间没有直接的联系。1954年，美国军方的半自动地面防空系统将远距离的雷达和测控器所测到的信息通过线路汇集到某个基地的一台IBM计算机上进行处理，再将处理好的数据通过通信线路送回到各自的终端设备。这种把终端设备（如雷达、测控仪器等，它本身没有数据处理能力）、通信线路和主机连接起来的形式，就可以说是一个简单的计算机网络了。这种以单个主机为中心、面向终端设备的网络结构称为第一代计算机网络。由于终端设备不能为中心计算机提供服务，因此终端设备与中心计算机之间不提供相互的资源共享，网络功能以数据通信为主。此时，计算机网络是以单计算机为中心的远程联机系统，其结构示意如图6-1所示。

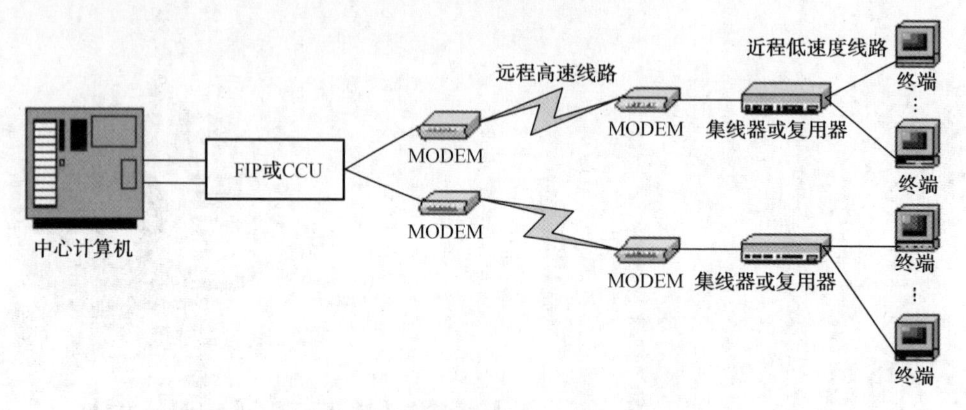

图 6-1　以单计算机为中心的远程联机系统结构示意

到了 20 世纪 60 年代中期，美国出现了将若干台计算机互连起来的系统。这些计算机之间不但可以彼此通信，还可以实现与其他计算机之间的资源共享。成功的典范就是美国国防部高级研究计划署（Advanced Research Project Agency，ARPA）在 1969 年将分散在不同地区的计算机组建成的 ARPA 网，它是 Internet 的最早发源地。最初的 ARPA 网只连接了 4 台计算机。到 1972 年，有 50 余家大学的研究所参与了与 ARPA 网的连接。1983 年，已有 100 多台不同体系结构的计算机连接到 ARPA 网上。ARPA 网为网络在概念、结构、实现和设计方面奠定了基础，它标志着计算机网络的发展进入了第二代。

由于 ARPA 网的成功，到了 20 世纪 70 年代，不少公司推出了自己的网络体系结构。最著名的就是 IBM 公司的 SNA（System Network Architecture）和 DEC 公司的 DNA（Digital Network Architecture），此后各种不同的网络体系结构相继出现。信息的交流要求不同体系结构的网络都能互连。同一体系结构的网络设备互连是非常容易的，而不同体系结构的网络设备互连却十分困难。因此，国际标准化组织 ISO（International Standard Organization）在 1977 年设立了一个分委员会，专门研究网络通信的体系结构，经过多年艰苦的工作，于 1983 年提出了著名的开放系统互连参考模型 OSI（Open System Interconnection Basic Reference Model），给网络的发展提供了一个可以遵循的规则。从此，计算机网络走上了标准化的轨道。我们把体系结构标准化的计算机网络称为第三代计算机网络，如图 6-2 所示。

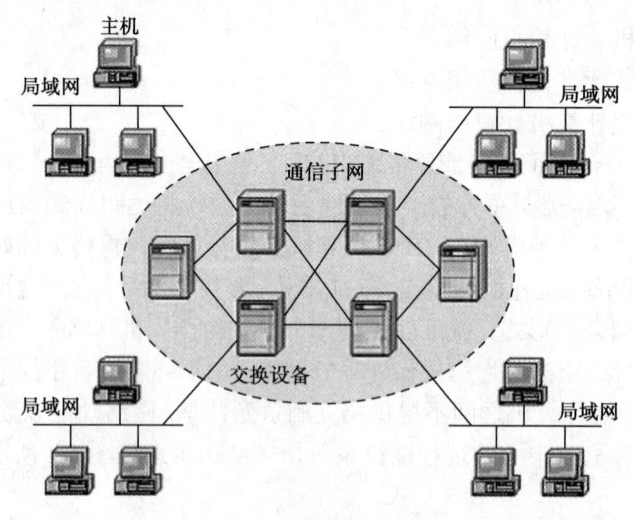

图 6-2　标准化网络结构

进入20世纪90年代，Internet的建立把分散在各地的网络连接起来，形成一个跨越国界、覆盖全球的网络。Internet 已成为人类最重要、最大的知识宝库。网络互连和高速计算机网络的发展，使计算机网络进入到第四代。

6.1.2 计算机网络的定义与功能

1. 计算机网络的定义

计算机网络是利用通信设备及传输媒体将地理位置分散的、具有独立功能的多个计算机系统连接起来，按照某种协议进行数据通信，以实现资源共享、信息交换的信息系统。

从计算机网络的定义可以看出，计算机网络必须具有数据处理与数据通信两种能力。因此，可以从逻辑上将它划分成两个部分，资源子网与通信子网，其基本结构如图6-3所示。

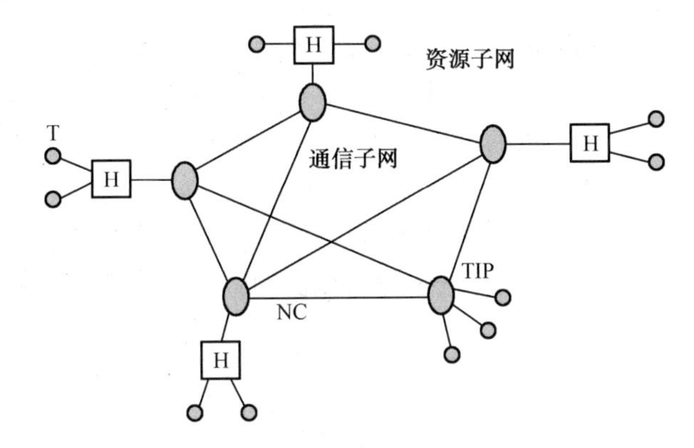

图6-3 计算机网络的基本结构

（1）资源子网。

资源子网由主计算机系统、终端、终端控制器、联网外设、各种软件资源与信息资源组成。对于广域网而言，资源子网由网络中的所有主机及其外部设备组成。资源子网的功能是负责全网的数据处理业务，向网络用户提供各种网络资源与网络服务。

（2）通信子网。

通信子网是指网络中实现网络通信功能的设备及其软件的集合，是网络的内层，负责信息的传输。通信设备、网络通信协议、通信控制软件等属于通信子网，它们主要为用户提供数据的传输、转接、加工、变换等功能。通信子网一般由网卡、线缆、集线器、中继器、网桥、路由器、交换机等设备和相关软件组成。

通信线路为通信控制处理机之间、处理机与主机之间提供通信信道。计算机网络采用多种通信线路，例如电话线、双绞线、同轴电缆、光缆、无线通信信道、微波与卫星通信信道等。

2. 计算机网络的功能

计算机网络的功能主要体现在数据通信、资源共享、分布式处理和集中管理等几个方面，下面将分别介绍。

（1）数据通信。

数据通信功能是计算机网络最基本的功能，主要完成网络中各个结点之间的通信。任何人都需要与他人交换信息，计算机网络提供了最方便快捷的途径。人们可以在网上传送电子邮件，发布新闻消息，进行电子商务、远程教育、远程医疗等。

（2）资源共享。

资源共享包括硬件、软件和数据资源的共享。在网络范围内的各种输入/输出设备、大容量的存储设备、高性能的计算机等都是可以共享的网络资源。对一些价格昂贵又不经常使用的设备，通过网络共享可以提高设备的利用率并节省重复投资。

网上的数据库和各种信息资源是共享的主要内容，因为任何用户不可能也没有必要把各种信息收集齐全，而计算机网络提供了这样的便利。全世界的信息资源可通过 Internet 实现共享。例如美国一个名为 Dialog 的大型信息服务机构，有 300 多个数据库，这些数据库中的数据涉及科学、技术、商业、医学、社会科学、人文科学和时事等各个领域，存储了 1 亿多条信息，包括参考书、专利、目录索引、杂志和新闻文章等。人们可以通过网络将个人的微型机连接到该服务机构的主机上，从而使用这些信息。

（3）分布式处理。

所谓分布式处理是指网络系统中若干台计算机互相协作共同完成一个任务，或者说，将一个程序分布在几台计算机上并行处理，这样就可将一项复杂的任务划分成多个部分，由网络内各计算机分别完成有关的部分，使整个系统的性能大为增强。

（4）集中管理。

计算机网络技术的发展和应用，使现代的办公手段、经营管理等发生了变化。目前，已经有许多 MIS 系统、OA 系统等，通过这些系统可以实现日常工作的集中管理，提高工作效率，增加经济效益。

（5）负载平衡。

负载平衡是指将任务均匀地分配给网络上的各台计算机，网络控制中心负责分配和检测，当某台计算机负载过重时，系统会自动转移部分工作到负载较轻的计算机中去处理。

（6）提高安全与可靠性。

建立计算机网络后，还可以减少计算机系统出现故障的概率，提高系统的可靠性。对于系统中重要的资源可以将它们分布在不同地方的计算机上，这样即使某台计算机出现故障，用户在网络上可通过其他路径来访问这些资源，而不影响用户对同类资源的访问。

6.1.3 计算机网络的分类

由于计算机网络的广泛应用，目前世界上出现了各种形式的计算机网络。可以从不同的角度对计算机网络进行分类，例如从网络的交换功能、网络的拓扑结构、网络的通信性能、网络的作用范围、网络的使用范围等进行分类。下面介绍两个有代表性的分类：

1. 按网络的覆盖范围分类

从覆盖的地理范围上可将计算机网络分为局域网 LAN（Local Area Network）、城域网 MAN（Metropolitan Area Network）及广域网 WAN（Wide Area Network）。局域网一般来说只能是一个较小区域的网络互联，城域网是不同地区的网络互联，广域网是不同城市之间的网络互联。

（1）局域网 LAN（Local Area Network）。

局域网又称为局部区域网，覆盖范围为几百米到几公里，一般连接一幢或几幢大楼。信道传输速率可达 1～20Mbps，结构简单，布线容易。它是一种在小范围内实现的计算机网络，一般在一个建筑物、一个工厂、一个事业单位内部，为单位独有。

局域网可以实现文件管理、应用软件共享、打印机共享、扫描仪共享、工作组内的日程安排、电子邮件和传真通信服务等。局域网是封闭型的，可以由办公室内的两台计算机组成，也可以由一个公司内的上千台计算机组成。

局域网技术是当前计算机网络研究和应用的一个热点，也是目前技术发展最快的领域之一。在局域网内信息的传输速率较高，误码率低，结构简单，容易实现。局域网中最有代表的是以太网（Ethernet）。

（2）城域网 MAN（Metropolitan Area Network）。

城域网是由不同的局域网通过网间连接构成一个覆盖在整个城市范围之内的网络。

在一个学校范围内的计算机网络通常称为校园网。实质上它是由若干个局域网连接构成的一个规模较大的局域网，也可视校园网为一个介于普通局域网和城域网之间的、规模较大的、结构较复杂的局域网。

（3）广域网 WAN（Wide Area Network）。

广域网作用范围通常为几十到几千千米，可以分布在一个省内、一个国家或几个国家。广域网信道传输速率较低，一般小于 0.1Mbps，结构比较复杂。它的通信传输装置和媒体一般由电信部门提供。

2. 按网络拓扑结构分类

计算机网络拓扑是通过网络结点与通信线路之间的几何关系表示的网络结构。计算机网络拓扑结构通常有星形结构、总线型结构、环形结构、树形结构、网状结构和混合结构。常用的网络拓扑结构如图 6-4 所示，在组建局域网时常采用星形、环形、总线型和树形结构，树形和网状结构在广域网中比较常见。但是在一个实际的网络中，可能是上述几种网络结构的混合。

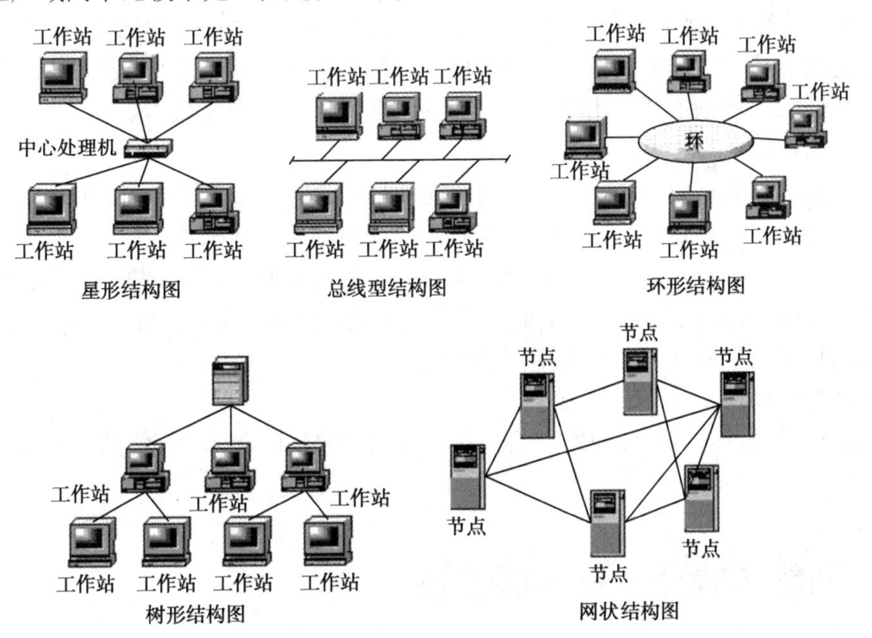

图 6-4 网络拓扑结构图

（1）星形结构。

星形结构是中央节点与各节点连接而组成的。它以中央节点为中心，各节点与中央节点通过点到点方式连接，中央节点执行集中式通信控制策略，各节点间不能直接通信，需要通过该中心处理机转发，因此中央节点相当复杂，负担重，必须有较强的功能和较高的可靠性。

星形结构的优点是结构简单、建网容易、控制相对简单。其缺点是由于集中控制，主机负载过重，可靠性低，通信线路利用率低。

（2）总线型结构。

总线型结构是用一条称为总线的中央主电缆，将相互之间以线性方式连接的工作站连接起来的布局方式，称为总线拓扑。网络中各个工作站均经一条总线相连，信息可沿两个不同的方向由一个站点传向另一站点。

总线型结构的优点是结构简单灵活，非常便于扩充；可靠性高，网络响应速度快；设备量少、价格低、安装使用方便；共享资源能力强。其缺点是总线容易阻塞，对故障的诊断、隔离困难。总线型网络结构是目前使用最广泛的结构，也是传统的一种主流网络结构，适用于信息管理系统、办公自动化系统领域的应用。目前在局域网中多采用此种结构。

（3）环形结构。

环形结构将各个联网的计算机由通信线路连接形成一个首尾相连的闭合的环。在环形结构的网络中，信息按固定方向流动，或顺时针方向，或逆时针方向，每两台计算机之间只有一条通路，简化了路径的选择。

环形结构的优点是结构简单；传输速度较快；路由选择控制简单。其缺点是可靠性差；维护困难。

（4）树形结构。

树形结构实际上是星形结构的一种变形，它将原来用单独链路直接连接的节点通过多级处理主机进行分级连接。这种结构与星形结构相比降低了通信线路的成本，但增加了网络复杂性。网络中除最低层节点及其连线外，任何一个节点连线的故障均影响其所在支路网络的正常工作。

树形结构优点是天然的分级结构，易于扩展；易于进行故障隔离，可靠性高。其缺点是对根节点的依赖性大，一旦根节点出现故障，将导致全网瘫痪；电缆成本高。

（5）网状结构。

网状结构又称作无规则结构，节点之间的连接是任意的，没有规律。一般每个节点至少与其他两个节点相连，也就是说每个节点至少有两条链路连到其他节点。

网状结构的优点是节点间路径多，碰撞和阻塞可大大减少，局部的故障不会影响整个网络的正常工作，可靠性高；网络扩充和主机入网比较灵活、简单。其缺点是关系复杂，建网不易，网络控制机制复杂。广域网中一般采用网状结构。

（6）混合型结构。

随着网络技术的发展，各种网络结构经常交织在一起使用，这种网络结构形式属于混合型结构。

6.2 网络传输介质及互联设备

网络传输介质与互联设备是构成计算机网络的硬件基础。网络传输介质主要包括双绞线、同轴电缆、光缆等，它们在计算机网络中起着传输网络数据、连接网络硬件设备的作用。网络互联设备主要包括网络接口卡（网卡）、集线器、交换机和路由器，它们在计算机网络中实现数据信号的放大、不同局域网之间的互联、不同网段数据信号的转发等功能。

6.2.1　网卡

网络接口卡（Network Interface Card，NIC）简称网卡，又叫做网络适配器，是连接计算机和网络硬件的设备，它一般插在计算机的主板扩展槽中，如图6-5所示。网卡上面装有处理器和存储器（包括RAM和ROM）。在安装网卡时必须先安装网卡的设备驱动程序。

图6-5　网卡

网卡和局域网之间的通信是通过电缆或双绞线以串行传输方式进行的，而网卡和计算机之间的通信则是通过计算机主板上的I/O总线以并行传输方式进行，因此，网卡的一个重要功能就是要进行串行/并行转换。由于网络上的传速数率和计算机总线上的传速数率并不相同，因此在网卡中必须装有对数据进行缓存的存储芯片。

现在常见的网卡按总线类型可分为ISA网卡、EISA网卡、PCI网卡等。其中，ISA网卡的数据传送以16位进行，速度较慢，标准速度能够达到10Mbps。而EISA和PCI网卡的数据传送量为32位，速度较快。现在EISA的网卡基本上没有了，而市场上出现的大多是PCI的10Mbps和100Mbps网卡，选购时用户应根据计算机主板的扩展槽情况来选择。

6.2.2　中继器

图6-6　中继器

中继器（repeater，RP）是连接网络线路的一种装置，如图6-6所示，常用于两个网络节点之间物理信号的双向转发工作。中继器是最简单的网络互联设备，负责在两个节点的物理层上按位传递信息，完成信号的复制、调整和放大功能，以此来延长网络的长度。由于存在损耗，在线路上传输的信号功率会逐渐衰减，衰减到一定程度时将造成信号失真，因此会导致接收错误。中继器就是为解决这一问题而设计的，它完成物理线路之间的连接，对衰减的信号进行放大，保持与原数据相同。

1. 中继器的优点

中继器具有以下优点：

- 过滤通信量，中继器接收一个子网的报文，只有当报文是发送给中继器所连的另一个子网时，中继器才转发，否则不转发。
- 扩大了通信距离，但代价是增加了一些存储转发延时。
- 增加节点的最大数目。
- 各个网段可使用不同的通信速率。

- 提高了可靠性，当网络出现故障时，一般只影响个别网段。

2. 中继器的缺点

中继器具有以下缺点：

- 由于中继器对接收的帧要先存储后转发，因而增加了延时。
- 当网络上的负荷过重时，可能因中继器中缓冲区的存储空间不够而发生溢出，以致产生帧丢失的现象。
- 中继器若出现故障，对相邻两个子网的工作都将产生影响。

6.2.3 集线器

集线器（Hub）应用很广泛，它不仅用于局域网、企业网、校园网，还用于广域网，其实质为中继器，主要功能是对接收到的信号进行再生放大，以扩大网络的传输距离。正因为集线器只是一个信号放大和中转的设备，所以它不具备交换功能，但是由于集线器价格便宜、组网灵活，所以经常使用它。集线器适用于星形网络结构（见图 6-7），如果一个工作站出现问题，不会影响整个网络的正常运行。

1. 集线器的优点

- 价钱便宜。
- 可以设计使所有的数据流通过一个或几个集线器。
- 集线器支持多种局域网协议，便于管理。
- 集线器可以通过级联的方式来扩展局域网容量。
- 集线器的星形拓扑便于查找故障或者更改配线方式。

2. 集线器的缺点

- 作为新型拓扑结构的中心，一个中央集线器的故障会导致整个局域网的瘫痪。
- 集线器连接的网络是一个共享的网络，随着用户的增加性能会逐渐下降。

6.2.4 交换机

交换机也叫交换式集线器，是局域网中的一种重要设备。它可将用户收到的数据包根据目的地址转发到相应的端口。交换机与一般集线器的不同之处是：集线器是将数据转发到所有的集线器端口，即同一网段的计算机共享固有的带宽，传输通过碰撞检测进行，同一网段计算机越多，传输碰撞也越多，传输速率会变慢。而交换机每个端口为固定带宽，有独特的传输方式，传输速率不受计算机台数增加的影响。

交换机的基本功能如下：

- 像集线器一样，交换机提供了大量可供线缆连接的端口，这样可以采用星形拓扑布线。
- 像中继器、集线器一样，当它转发帧时，交换机会重新产生一个不失真的方形电信号。
- 交换机在每个端口上都使用相同的转发或过滤逻辑。
- 交换机将局域网分为多个冲突域，每个冲突域都有独立的宽带，因此大大提高了局域网的带宽。
- 除了具有集线器和中继器的功能以外，交换机还提供了更先进的功能，如虚拟局域网（VLAN）。

6.2.5　路由器

路由器（Router）是一种多端口的网络设备，它能够连接多个不同网络或网段，并能在不同网络或网段之间传输数据信息，从而构成一个更大的网络，如图 6-7 所示。

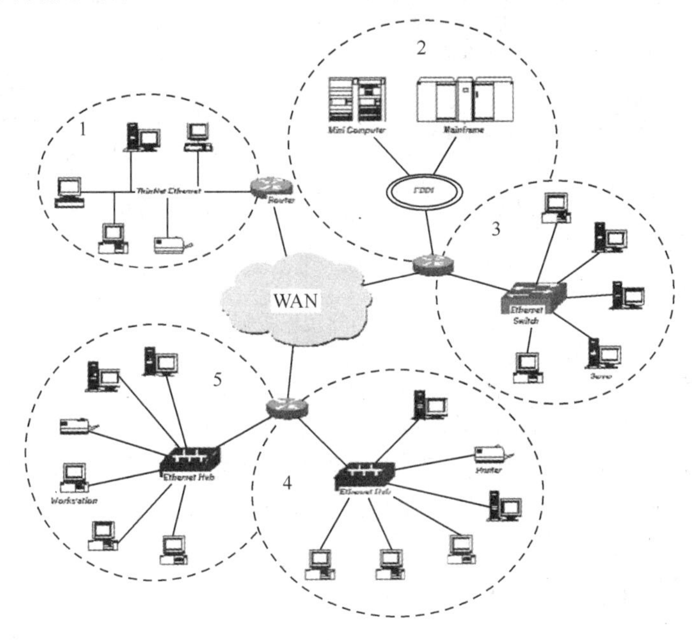

图 6-7　路由器连接的网络

1. 路由器的定义

路由器是连接因特网中各局域网、广域网的设备，它会根据信道的情况自动选择和设定路由，以最佳路径按先后顺序发送信号。

2. 路由器的工作原理

路由器可以用来连接多个逻辑上分开的网络，在路由的过程中，它所要做的主要工作是：判断网络地址和选择路径。路由器为每个数据帧寻找一条最佳传输路径，并将该数据有效地传送到目的站点，找到最短路径。

假如用户 A 需要向用户 B 发送信息，如图 6-8 所示，并假定它们的 IP 地址分别为 192.168.0.23 和 192.168.3.33。

用户 A 向用户 B 发送信息时，路由器需要执行以下过程：

（1）用户 A 将用户 B 的地址 192.168.3.33 连同数据信息以数据帧的形式发送给路由器 1。

（2）路由器 1 收到工作站 A 的数据帧后，先从报头中取出目的地址 192.168.3.33，并根据路由表计算出发往用户 B 的最佳路径，并将数据帧发往路由器 2。

（3）路由器 2 重复路由器 1 的工作，并将数据帧转发给路由器 5。

（4）路由器 5 同样取出目的地址，发现 192.168.3.33 就在该路由器所连接的网段上，于是将该数据帧直接交给用户 B。

（5）用户 B 收到用户 A 的数据帧，至此一个由路由器参加工作的通信过程完成。

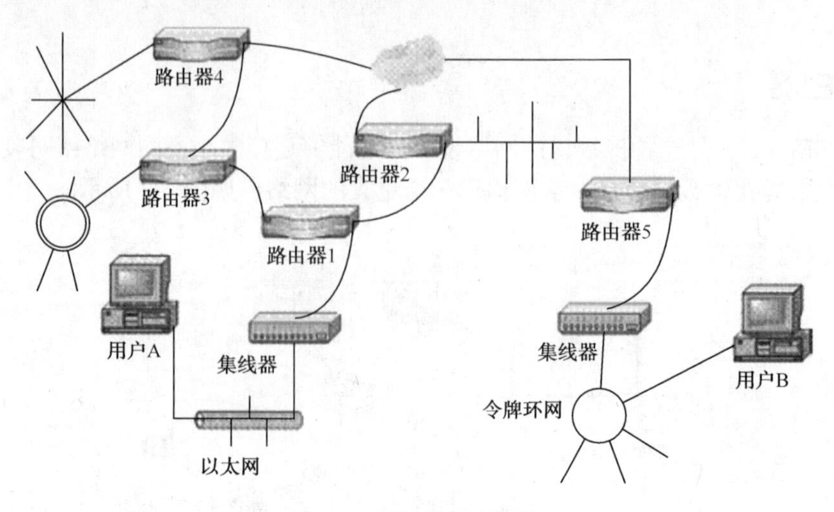

图 6-8　路由器传输数据

3. 路由器的优缺点

路由器既可以连通不同的网络，又可以选择信息传送的线路，选择通畅快捷的近路，能大大提高通信速度，减轻网络系统通信负荷，节约网络系统资源，提高网络系统畅通率，从而让网络系统发挥更大的效益。路由器的缺点是延迟比交换机高。

6.2.6　网络传输介质

网络传输介质是网络中传输数据、连接各网络结点的实体，在局域网中常见的网络传输介质有双绞线、同轴电缆、光缆等。其中，双绞线是经常使用的传输介质，它一般用于星形网络中，同轴电缆一般用于总线型网络，光缆一般用于主干网的连接。

1. 双绞线

双绞线是将一对或一对以上的绝缘铜导线封装在一个绝缘外套中而形成的一种传输介质（见图 6-9），是目前局域网最常用的一种布线材料。从图 6-9 中可以看出，双绞线中的每一对导线都是由两根绝缘铜导线相互缠绕而成的，这是为了降低信号的干扰程度而采取的措施。双绞线一般用于星形网络的布线连接，两端安装有 RJ-45 头（接口），连接网卡与集线器，最大网线长度为 100 米，如果要加大网络的范围，在两段双绞线之间可安装中继器，最多可安装 4 个中继器，如安装 4 个中继器连 5 个网段，最大传输范围可达 500 米。

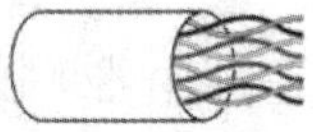

图 6-9　双绞线

（1）双绞线的分类。

双绞线分为非屏蔽双绞线（UTP）和屏蔽双绞线（STP）两大类，屏蔽双绞线内有一层金属隔离膜，在数据传输时可减少电磁干扰，所以它的稳定性较高。而非屏蔽双绞线内没有这层金属膜，稳定性较差，但价格便宜。

（2）双绞线顺序和对应的接口引脚。

双绞线一共 8 根线，8 根线的布线规则是 1、2、3、6 线有用，4、5、7、8 线闲置，这 8 根铜导线的顺序为橙白—1、橙—2、绿白—3、蓝—4、蓝白—5、绿—6、棕白—7、棕—8，如图 6-10 所示。

2. 同轴电缆

同轴电缆是由一根空心的外圆柱导体（铜网）和一根位于中心轴线的内导线（电缆铜芯）组成，并且内导线和圆柱导体以及圆柱导体和外界之间都用绝缘材料隔开，如图 6-11 所示。它的特点是抗干扰能力好，传输数据稳定，价格便宜，同样被广泛使用，如闭路电视线等。

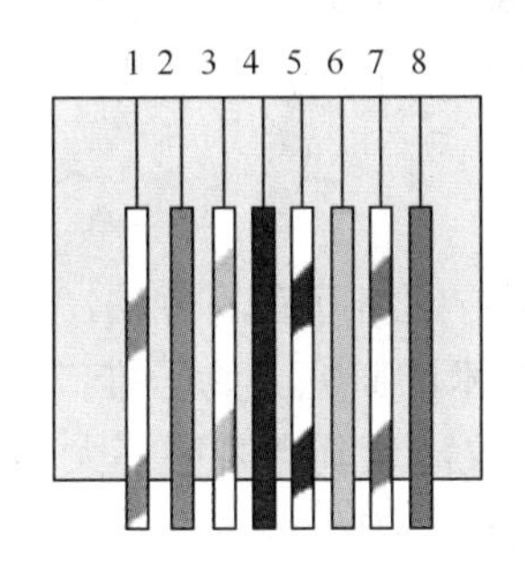

图 6-10　双绞线的顺序

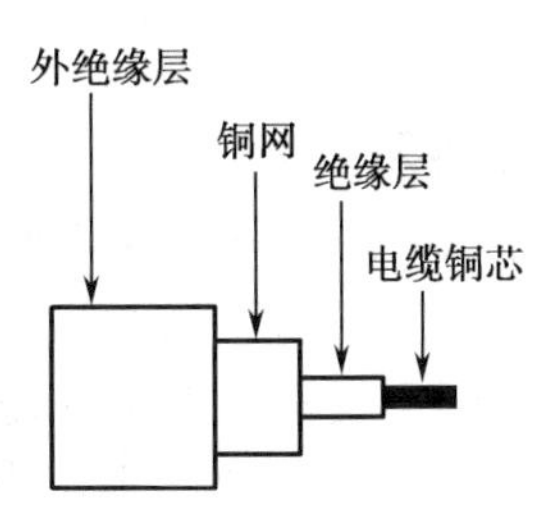

图 6-11　同轴电缆

同轴电缆根据传输频带的不同，可分为基带同轴电缆和宽带同轴电缆两种类型。按直径的不同，可分为粗缆和细缆等。宽带同轴电缆是 CATV 系统中使用的标准，它既可传输频分多路复用的模拟信号，也可传输数字信号。同轴电缆的价格比双绞线贵一些，但其抗干扰性能比双绞线强。

3. 光缆

光缆是由一组光导纤维组成，用来传播光束，细小而柔韧的传输介质。光缆通信由光发送机产生光束，将电信号转变为光信号，再把光信号导入光纤，在光缆的另一端由光接收机接收光纤上传输来的光信号，并将它转变成电信号，经解码后再处理，它主要用于主干网的连接。光缆的安装和连接需由专业技术人员完成。

现在有两种光缆：单模光缆和多模光缆。单模光缆的纤芯直径很小，在给定的工作波长上只能以单一模式传输，传输频带宽，传输容量大。多模光缆是在给定的工作波长上，能以多个模式同时传输的光纤，与单模光纤相比，多模光纤的传输性能较差。

光缆是数据传输中最有效的一种传输介质，它有以下几个优点：

- 频带较宽。
- 不受电磁干扰。光纤电缆中传输的是光束，由于光束不受外界电磁干扰与影响，而且本身也不向外辐射信号，因此它适用于远距离的信息传输以及要求高度安全的场合。由于割开的光缆需要再生和重发信号，因此抽头非常困难。
- 衰减较小。在较长距离范围内信号衰减是一个常数。
- 光缆的传输距离远、传输速度快，是局域网中传输介质的佼佼者。

在使用光缆互联多个小型机的应用中，必须考虑光纤的单向特性，如果要进行双向通信，那么就应使用双股光纤。由于要对不同频率的光进行多路传输和多路选择，因此在通信器件市场上又出现了光学多路转换器。

6.3 Internet 基础知识

Internet 是目前世界上规模最大的全球互联网，它的诞生和广泛应用标志着人们开始进入了信息时代，是人类历史中的一个伟大的里程碑。

6.3.1 Internet 概述

Internet 中文正式译名为因特网，又叫做国际互联网，是由遍及全世界，利用 TCP/IP 通信协议所建立的由各种各样的网络组成的一个国际互联网。一旦主机连接到它的任何一个节点上，就意味着该主机已经连入 Internet 网上了。Internet 目前的用户已经遍及全球，有超过数亿人在使用 Internet，并且它的用户数还在以等比级数上升。

1. Internet 的发展及由来

在 20 世纪 60 年代，美国军方为寻求将其所属各军方网络互联的方法，由国防部下属的高级计划研究署出资赞助大学的研究人员开展网络互联技术的研究。为了推广 TCP/IP 协议，在美国军方的赞助下，加州大学伯克利分校将 TCP/IP 协议嵌入到当时很多大学使用的网络操作系统 BSDUNIX 中，促成了 TCP/IP 协议的研究开发与推广应用。

在 ARPA 网发展的同时，美国宇航局（NASA）、能源部和美国国会科学基金会（NSF）等政府部门，在 TCP/IP 协议的基础上相继建立或扩充了自己的全国性网络。特别是 NSF 的 NSFNET，它不仅面向全美大学和研究机构，而且允许非学术和研究领域的用户连接入网，因而吸引了一批又一批的商业用户。以 NSFNET 为基础，美国国内外的许多 TCP/IP 网络，包括由 ARPA 网分裂出来的 Mil-net 军用网都陆续与 NSFNET 相连，经过十几年的发展，到 1986 年，终于发展形成了 Internet。

2. Intranet 概述

Intranet 又称为企业内部网，是 Internet 技术在企业内部的应用，它实际上是采用 Internet 技术建立的企业内部网络，它的核心技术是基于 Web 的技术。Intranet 的基本思想是：在内部网络上采用 TCP/IP 作为通信协议，利用 Internet 的 Web 模型作为标准信息平台，同时建立防火墙把内部网和 Internet 分开。当然 Intranet 并非一定要和 Internet 连接在一起，它完全可以自成一体作为一个独立的网络。

Intranet 所提供的是一个相对封闭的网络环境，这个网络在企业内部是分层次开放的，内部有使用权限的人员访问 Intranet 可以不加限制，但对于外来人员的访问，则有着严格的授权，因此，网络完全是根据企业的需要来控制的。在网络内部，所有信息和人员实行分类管理，通过设定访问权限来保证安全。如对普通员工访问受保护的文件（如人事、财务、销售信息等）进行授权及鉴别，保证只有经过授权的人员才能接触某些信息；对受限制的敏感信息进行加密和接入管理等。同时，Intranet 又不是完全自我封闭的，它一方面要使企业内部人员有效地获取交流信息；另一方面也要对某些必要的外部人员，如合伙人、重要客户等部分开放，通过设立安全网关，允许某些类型的信息在 Intranet 与外界之间往来，而对于企业不希望公开的信息，则建立安全地带，避免此类信息被侵害。

6.3.2 Internet 服务提供商

Internet 服务提供商（Internet Server Provider）是为用户提供 Internet 接入或 Internet 信息服务的公司和机构，前者又称为 IAP（Internet Access Provider，Internet 接入提供商），后者又称为 ICP（Internet Content Provider，Internet 内容提供商）。由于接入国际互联网需要租用国际信道，其成本对于一般用户是无法承担的。Internet 接入提供商作为提供接入服务的中介，需投入大量资金建立中转站，租用国际信道和大量的当地电话线，购置一系列计算机设备，通过集中使用，分散压力的方式，向本地用户提供接入服务。从某种意义上讲，IAP 是全世界数以亿计的用户通往 Internet 的必经之路。Internet 内容提供商在 Internet 上发布综合的或专门的信息，并通过收取广告费和用户注册使用费来获得盈利。

那么如何选择适合自己的 Internet 服务提供商呢？在选择时应该从以下几个方面综合考虑：

（1）服务：该 ISP 是否提供满足用户需要的服务？是否提供全部 Internet 访问？是否拥有与 Internet 的高速连接？

（2）访问：如果打算用拨号服务，那么该 ISP 是否拥有足够的中继线和拨号端口？提供给用户的端口能支持的速率是多少？

（3）费用：该 ISP 对用户所需服务的收费情况怎样？费用支付形式是怎样的？是否能得到详细的访问情况清单？有无其他隐性费用？

（4）软件：能向用户提供什么样的软件？

（5）支持：提供的用户支持是否另外付费？支持人员的水平如何？

（6）稳定性：ISP 的稳定性越好，所获得的服务通常也越好。了解一下该 ISP 做这一行已有几年了，是否可以提供 24 小时的服务？以前是否出现过重大的网络故障？

（7）安全性：这个问题很多用户没有引起足够的重视，其实个人的信息保密很重要。可以向其他用户询问，以前是否发生过泄密事件？

（8）使用策略：该 ISP 可接受的使用策略（可以用于商业目的，还是用于教育科研等）对自己预期的使用来讲是否太严格了？

6.3.3 Internet 地址

为了实现 Internet 上各计算机之间的通信，每台计算机都必须有一个独一无二的地址。在 Internet 中常见的地址有 IP 地址、MAC 地址及域名系统，下面将分别介绍：

1. IP 地址

所谓 IP 地址就是给每个连接在 Internet 上的主机分配的一个 32 位（4 字节）的唯一地址。IP 地址通过数字来表示一台计算机在 Internet 中的位置，它具有固定、规范的格式。一个 IP 地址包含 32 位二进制数，分 4 段，每段 8 位，段与段之间用圆点“.”分开。例如一个采用二进制形式的 IP 地址是“00001010000000000000000000000001”，不容易记忆，所以采用“点分十进制表示法”为 10.0.0.1。

IP 地址是一种具有层次结构的地址，由网络号和主机号两部分组成，其中网络号决定了主机所处的位置，主机号显示了该机器的地址，如表 6-1 所示。

表 6-1 分层结构的 IP 地址

网 络 号	主 机 号		
8bit	8bit	8bit	8bit
10	0	0	1

为了适应不同规模的物理网络，在国际上 IP 地址被分为 A、B、C、D、E 五类，如图 6-12 所示。但在 Internet 上可分配使用的 IP 地址只有 A、B、C 三类。D 类地址被称为组播地址，组播地址可用于视频广播或视频点播系统，而 E 类地址作为保留地址尚未使用。

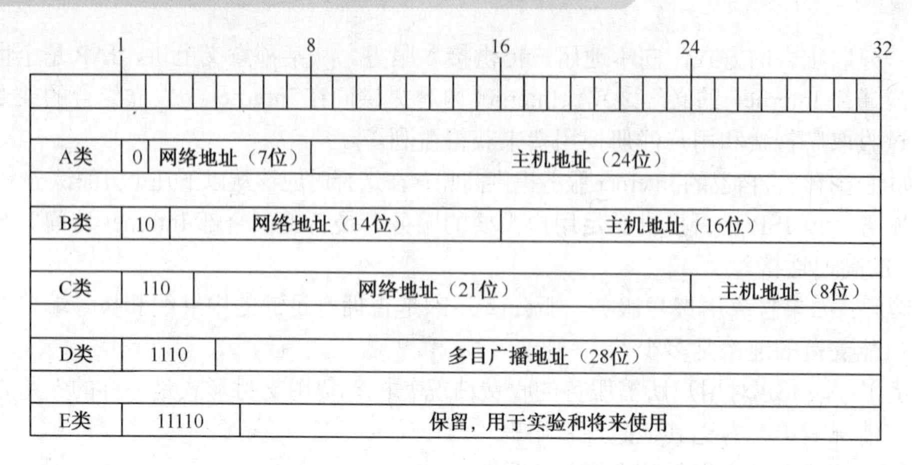

图 6-12　IP 地址分类

A 类 IP 地址的标识符为 0，网络号占 8 位，主机号占 24 位，范围为 0～127，0 是保留的并表示所有的 IP 地址，而 127 也是保留的并用于测试回环而用的。

B 类 IP 地址的标识符为 10，网络号占 16 位，主机号占 16 位，范围为 128～191。

C 类 IP 地址的标识符为 110，网络号占 24 位，主机号占 8 位，范围为 192～223。

D 类 IP 地址的标识符为 1110，范围为 224～239，它是专门保留的地址。

E 类 IP 地址以 11110 开始，范围为 240～254，为将来使用保留。

2. IP 地址的设置

固定 IP 地址是长期分配给一台计算机或网络设备使用的 IP 地址。一般来说，采用专线上网的计算机才拥有固定的 IP 地址。通过 Modem、ISDN、ADSL、有线宽带、小区宽带等方式上网的计算机，每次上网所分配到的 IP 地址都不相同，这就是动态 IP 地址。因为 IP 地址资源很宝贵，大部分用户都是通过动态 IP 地址上网的。对 IP 地址的设置方法如下：

（1）在桌面用鼠标右键单击“网络”图标，在快捷菜单中选择“属性”命令，进入“网络和共享中心”窗口。

（2）在窗口左侧单击“更改适配器设置”选项，出现“网络连接”窗口。在窗口中用鼠标右键单击“无线网络连接”图标，选择“属性”命令，弹出“无线网络连接 属性”对话框，如图 6-13 所示。

（3）在其“网络”选项卡中选择“Internet 协议版本 4（TCP/IPv4）”选项，单击“属性”按钮，打开“Internet 协议版本 4（TCP/IPv4）属性”对话框，如图 6-14 所示。

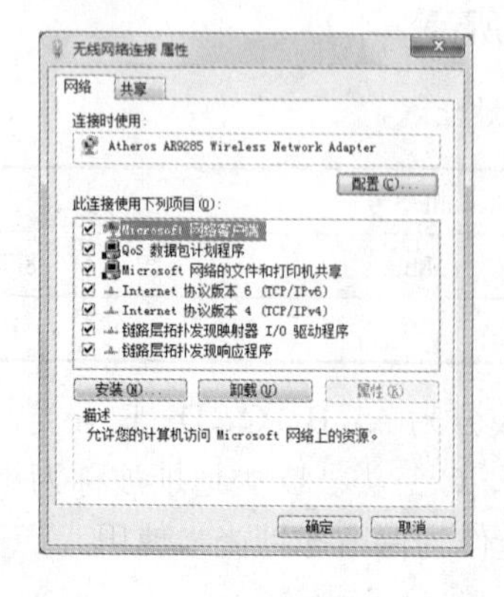

图 6-13　网络连接属性对话框

图 6-14　“Internet 协议版本 4（TCP/IPv4）属性”对话框

（4）若设置为动态 IP 地址，在图 6-14 对话框中选择“自动获取 IP 地址”和“自动获得 DNS 服务器地址”。

（5）若设置为固定 IP 地址，在其对话框中选择“使用下面的 IP 地址”和“使用下面的 DNS 服务器地址”。在“IP 地址”中输入分配的 IP 地址（如 192.168.1.100），“子网掩码”自动产生（如 255.255.255.0），在“默认网关”中输入路由器的 IP 地址（如 192.169.1.1）。在 DNS 服务器地址中输入 DNS 地址，此地址由当地服务提供商提供（如 172.15.0.6）。

3. 子网掩码

子网掩码（subnet mask）又叫网络掩码、地址掩码，子网掩码不能单独存在，它必须结合 IP 地址一起使用。子网掩码只有一个作用，就是将某个 IP 地址划分成网络地址和主机地址两部分。

子网掩码和 IP 地址一样为 32 位。在子网掩码中。网络位用 1 表示，主机位用 0 表示。如 A 类 IP 地址网络号为 8 位，主机号为 24 位，对应的子网掩码为（11111111 00000000 00000000 00000000）即为 255.0.0.0。A、B、C 类 IP 地址默认子网掩码如表 6-2 所示。

表 6-2　默认子网掩码

类别	项目	网络部分	主机部分
A类地址	网络地址	net-id 全为 1	host-id 全为 0
	默认子网掩码 255.0.0.0	111111111	00000000 00000000 00000000
B类地址	网络地址	net-id 全为 1	host-id 全为 0
	默认子网掩码 255.255.0.0	11111111　11111111	00000000 00000000
C类地址	网络地址	net-id 全为 1	host-id 全为 0
	默认子网掩码 255.255.255.0	11111111 11111111 11111111	00000000

4. MAC 地址

MAC（Medium/Media Access Control，介质访问控制）地址也称为物理地址、硬件地址，是烧录在网卡里的，由网卡生产商提供，该地址是全球唯一的。MAC 地址由 48 比特（6 字节）组成。

查看 MAC 地址的方法为：单击“开始”按钮，在搜索框输入 cmd 后按 Enter 键，进入 MS-DOS 界面，在界面中输入 ipconfig/all 即可查看 MAC 地址和 IP 地址等，如图 6-15 所示。

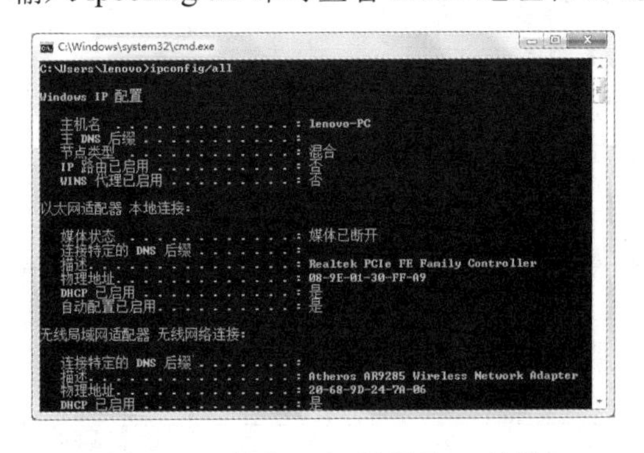

图 6-15　查看 MAC 地址及 IP 地址

5. 下一代网际协议 IPv6

IPv6 是 Internet Protocol Version 6 的缩写，其中 Internet Protocol 译为“互联网协议”。IPv6 是 IETF（Internet Engineering Task Force，互联网工程任务组）设计的用于替代现行版本 IP 协议的下一代 IP 协议。目前 IP 协议的版本号是 4（简称为 IPv4），它的下一个版本就是 IPv6。IPv6 正处在不断发展和完善的过程中，它在不久的将来将取代目前被广泛使用的 IPv4。

IPv6 具有以下特点：

- IPv6 地址长度为 128 比特，地址空间增大了 296 倍。
- 灵活的 IP 报文头部格式。使用一系列固定格式的扩展头部取代了 IPv4 中可变长度的选项字段，加快报文转发，提高了吞吐量。
- 提高安全性。身份认证和隐私权是 IPv6 的关键特性。
- 支持更多的服务类型。
- 允许协议继续演变，增加新的功能，使之适应未来技术的发展。

6. 域名及域名服务

IP 地址用数字表示不便于记忆，另外从 IP 地址上看不出拥有该地址的组织的名称或性质。由于这些缺点，出现了域名系统，即用字符串来表示一台主机的地址。

域名系统采用层次结构，域下面按领域又分子域，各层次的子域名之间用圆点“.”隔开，从右至左分别为第一级域名（最高级域名）、第二级域名直至主机名（最低级域名）。即其结构形式为：计算机名·主机名……二级域名·一级域名。

例如 www.wit.edu.cn 是一个域名，cn 为一级域名（表示中国），edu 为 cn 下的子域名（表示教育机构），wit 又为 edu 下的子域名（主机名，表示武汉工程大学），www 为计算机名。

国家和地区的域名常使用两个字符。表 6-3 所示为常见的国家和地区的一级域名。

表 6-3　常见国家和地区的域名

域　名	国家和地区	域　名	国家和地区	域　名	国家和地区
au	澳大利亚	fl	芬兰	nl	荷兰
be	比利时	fr	法国	no	挪威
ca	加拿大	hk	香港	nz	新西兰
ch	瑞士	ie	爱尔兰	ru	俄罗斯
cn	中国	in	印度	se	瑞典
de	德国	it	意大利	tw	台湾
dk	丹麦	jp	日本	uk	英国
es	西班牙	kp	韩国	us	美国

表 6-4 所示为常见的表示机构或组织性质的一级域名。

表 6-4　常见的一级域名

域　名	用　途	域　名	用　途	域　名	用　途
edu	教育机构	gov	政府部门	com	商业组织
net	网络组织	mil	非保密的军事机构	org	非商业和教育的组织机构
int	国际机构				

6.3.4 Internet 接入方式

1. PSTN 拨号接入

公用电话交换网（Public Switch Telephone Network，PSTIV）即日常生活中常用的电话网，它只需要一条可以连接 ISP 的电话线和一个账号，费用低廉，是最容易实施的方法。但缺点是传输速度低，线路可靠性差，适合于可靠性要求不高的办公室以及小型企业。如果用户多，可以多条电话线共同工作，提高访问速度。

2. ISDN 接入

综合业务网（Integrated Services Digital Network，ISDN）由数字电话和数据传输服务两部分组成，该服务一般由电话局提供。它能在电话线上提供语音、数据和图像等多种通信业务服务。

3. ADSL 宽带接入

非对称数字用户环路（Asymmetric Digital Subscriber Line，ADSL）是一种通过现有普通电话线为家庭、办公室提供宽带数据传输服务的技术。它能提供很高的数据传输带宽，可以在普通的电话铜缆上提供 1.5～8Mbps 的下行和 10～64Kbps 的上行传输速率，可进行视频会议和影视节目传输。可是它有一个缺点：用户距离电信的交换机房的线路距离不能超过 4～6km，限制了它的应用范围。

4. 无线接入方式

用户终端到网络交换结点采用无线手段的接入技术。无线接入技术分为两类，一类是基于移动通信的无线接入，另一类是基于无线局域网的技术。进入 21 世纪后，无线接入方式已经逐渐成为接入方式的一个热点。

5. 卫星接入

目前国内一些 Internet 服务提供商开展了卫星接入 Internet 的业务，适合偏远地区又需要较高带宽的用户。卫星用户一般需要安装一个甚小口径终端（VSAT），包括天线和其他接收设备，下行数据的传输速率一般为 1Mbps 左右，上行通过 PSTN 或 ISDN 接入 ISP，终端设备和通信费用都比较低。

6. Cable MODEM 接入

目前，我国有线电视网遍布全国，很多的城市提供 Cable MODEM 接入 Internet 方式，速率可以达到 10bps 以上。但是 Cable MODEM 的工作方式是共享带宽的，所以有可能在某个时间段出现速率下降的情况。

7. 光纤接入

光纤接入是指服务器端与用户之间完全以光纤作为传输媒体，主要技术是光波传输技术，是为了满足高速宽带业务以及双向宽带业务的需要。

6.3.5 常见的网络命令

1. ipconfig 命令

ipconfig 命令用于查看本地计算机的 IP 地址，查看方式与查看 MAC 地址方式类似。区别在于，ipconfig 只显示 IP 地址、子网掩码和网关，而不显示 MAC 地址和其他一些信息。

2. ping 命令

ping 命令用于验证与远程计算机的连接，该命令只有在安装了 TCP/IP 协议后才可以使用，ping 命令的主要作用是通过发送数据包并接收应答信息来检测两台计算机之间的网络是否连通。命令格式为 ping 域名或 ping IP 地址。

（1）ping 本机 IP 地址。

ping 本机 IP 地址可以检测网卡安装配置是否正常，如本地 IP 地址为 192.1680.105，则进入 MS-DOS 界面中执行 ping 192.168.0.105，如果网卡安装配置没有问题，则显示如图 6-16 所示的内容。

```
C:\Windows\system32\cmd.exe
Microsoft Windows [版本 6.1.7601]
版权所有 (c) 2009 Microsoft Corporation。保留所有权利。

C:\Users\lenovo>ping 192.168.0.105

正在 Ping 192.168.0.105 具有 32 字节的数据:
来自 192.168.0.105 的回复: 字节=32 时间<1ms TTL=128
来自 192.168.0.105 的回复: 字节=32 时间<1ms TTL=128
来自 192.168.0.105 的回复: 字节=32 时间<1ms TTL=128
来自 192.168.0.105 的回复: 字节=32 时间<1ms TTL=128

192.168.0.105 的 Ping 统计信息:
    数据包: 已发送 = 4, 已接收 = 4, 丢失 = 0 (0% 丢失),
往返行程的估计时间(以毫秒为单位):
    最短 = 0ms, 最长 = 0ms, 平均 = 0ms

C:\Users\lenovo>
```

图 6-16　ping 本地计算机的结果

若显示内容为：“请求超时”，则表明网卡安装或配置有问题。将网线断开再次执行此命令，如果显示正常，则说明本机使用的 IP 地址可能与另一台正在使用的机器的 IP 地址重复。如果仍然不正常，则表明本机网卡安装或配置有问题，需继续检查相关网络配置。

（2）ping 远程 IP 地址。

ping 远程 IP 地址可以检测本机能否正常访问 Internet。例如，假设本地网关的 IP 地址为 192.168.0.1，在 MS-DOS 方式下执行命令：ping 192.168.0.1。若出现如图 6-17 所示的结果，则表示局域网的网关路由器连接正常，若不是则表示出现错误。ping 域名与 ping IP 地址类似，如 ping www.sina.com，如图 6-18 所示。

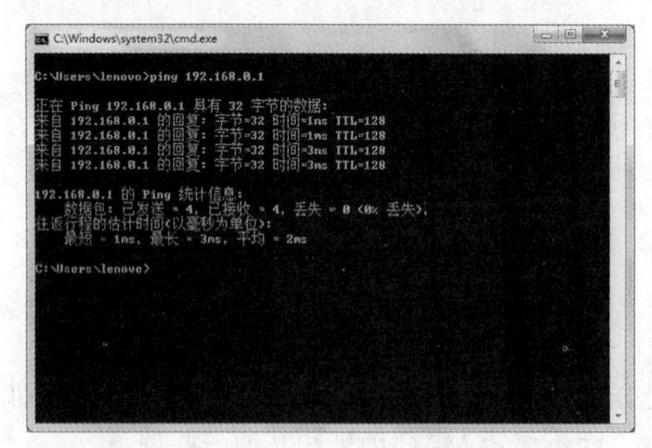

图 6-17　ping 网关运行结果

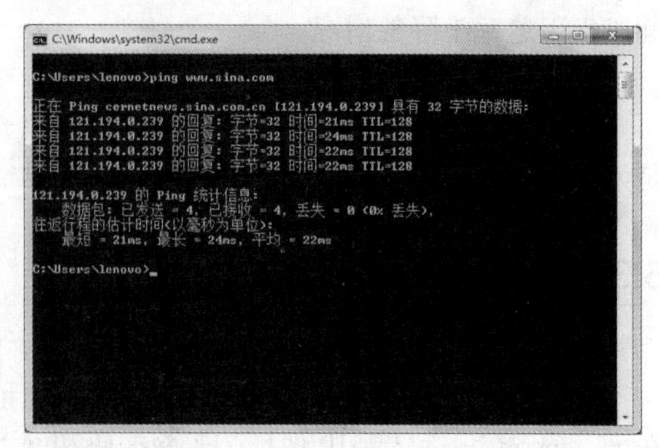

图 6-18　ping 域名运行结果

3. tracert 命令

tracert 命令可以用来跟踪一个报文从一台计算机到另一台计算机所走的路径，并显示到达每个结点的时间，主要用于网络发生问题时，检测网络发生问题的结点。tracert 命令的功能同 ping 命令类似，但它所获得的信息要比 ping 命令详细得多，它把数据包所走的全部路径、结点的 IP 以及花费的时间都显示出来。该命令比较适用于大型网络，格式为 tracert 域名或 tracert IP 地址。例如，跟踪到网易的方法为：进入 MS-DOS 界面，输入 tracert www.163.com，运行结果如图 6-19 所示。若显示结果为“请求超时”则表示出现错误。

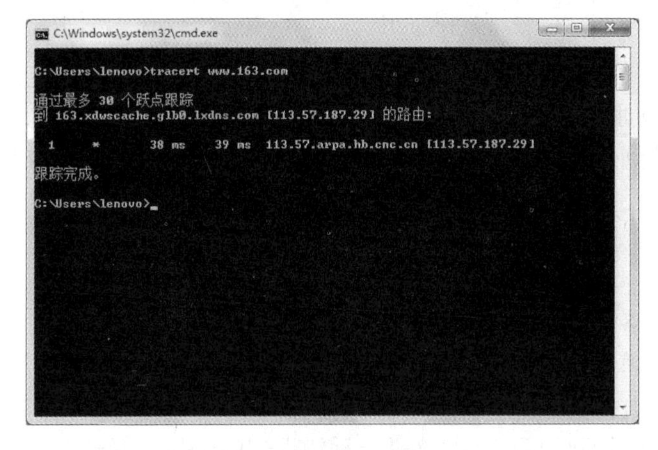

图 6-19 tracert 运行结果

4. netstat 命令

netstat 命令可以显示路由表、实际的网络连接以及每一个网络接口设备的状态信息，一般用于检验本机各端口的网络连接情况，可以让用户查看目前都有哪些网络连接正在运作。

如果用户计算机某时接收到的数据报导致数据出错或故障，不必感到奇怪，TCP/IP 可以容许这些类型的错误，并能够自动重发数据报。但如果累计的出错情况数目占到所接收的 IP 数据报相当大的百分比，或者它的数目正迅速增加，可使用 netstat 命令查看原因。

查看此类信息的方法是：进入 MS-DOS 界面，在其中输入 netstat 将显示如图 6-20 所示的结果。

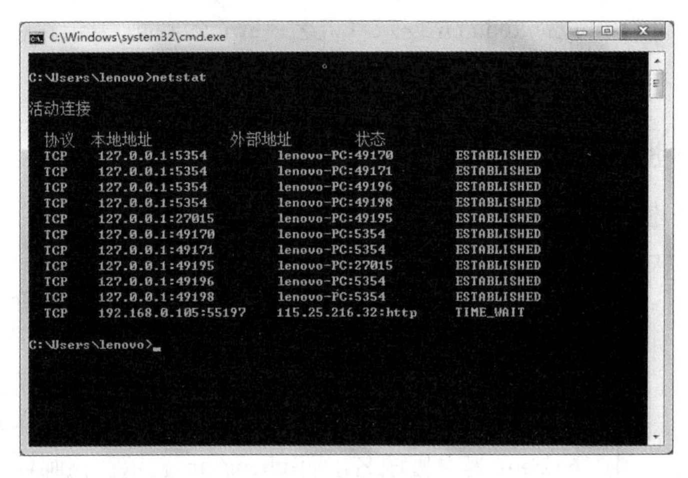

图 6-20 netstat 运行结果

6.4 Internet 提供的服务

Internet 借助现代通信手段和计算机技术实现了全球的信息传递。在 Internet 上有各种虚拟的图书馆、商店、文化站和学校等，用户可以通过网络方便地获得或传送各种形式的信息。就当前的发展现状而言，Internet 可以提供的常见服务有以下几种：

6.4.1 万维网

万维网（WWW）服务是目前应用最广的一种基本互联网服务，通过 WWW 服务，只要用鼠标单击链接就可以到达世界上的任何地方。由于 WWW 服务使用的是超文本链接（HTML），所以可以很方便地从一个信息页转换到另一个信息页。通过该服务，用户不仅能查看文字，还可以欣赏图片、音乐、动画等。

1. WWW 服务

万维网（又称网络、WWW、3W，英文为 Web 或 World Wide Web）使用全球统一资源标识符（URL）标识，通过超文本传输协议（Hypertext Transfer Protocol）传送给使用者，而使用者通过单击链接来获得资源。

万维网常被当成因特网的同义词，这是一种错误理解，其实万维网是因特网上的一项服务。

2. 万维网基本术语

（1）超文本：超文本（Hypertext）是用超链接的方法，将各种不同空间的文字信息组织在一起的网状文本。超文本更是一种用户界面范式，用以显示文本和文本之间相关的内容。现在超文本普遍以电子文档方式存在，其中的文字包含可以链接到其他位置的超级链接，允许从当前阅读位置直接切换到超文本链接所指向的位置。

（2）URL：Internet 上的每一个资源都具有一个唯一的名称标识，通常称之为 URL 地址，这种地址可以是本地磁盘，也可以是局域网上的某一台计算机，更多的是 Internet 上的站点。简单地说，URL 就是 Web 地址，俗称网址。一个完整的 URL 包括访问方式、主机名、路径名和文件名。例如，http://xgy.wit.edu.cn/article/news/default.asp?cataid=26，其中 http 是超文本传输协议的英文缩写，xgy.wit.edu.cn 表示主机名，article/news 表示路径，default.asp 表示文件名。

6.4.2 电子邮件服务

1. 电子邮件概述

电子邮件（Electronic Mail，E-mail）又称电子信箱、电子邮政，它是一种用电子手段提供信息交换的通信方式。通过网络的电子邮件系统，用户可以用非常低廉的价格快速地发送信息到世界上任何指定的目的地，与世界上任何一个角落的网络用户联系。

电子邮件地址在 Internet 上是唯一的，电子邮件地址由两部分组成：用户名和域名。用户名和域名中间以@分隔，@前面为用户名，后面为邮件服务器的主机域名。例如，zhangsan@163.com，其中 163.com 为主机域名，而 zhangsan 表示在该邮件服务器上的一个用户名。

2. 电子邮件的特点

电子邮件具有以下特点：

- 发送速度快。电子邮件可在数秒钟内将信息送达至全球任意位置的收件人信箱中，其速度比邮政通信更为高效快捷。
- 信息多样化。电子邮件发送的信件内容除普通文字内容外，还可以是软件、数据，甚至是录音、动画、电视或各类多媒体信息。
- 收发方便。与电话通信或邮政信件发送不同，它在高速传输的同时允许收信人自由决定时间、地点接收和回复。发送电子邮件时不会因“占线”或接收方不在而耽误时间，从而跨越了时间和空间的限制。
- 成本低廉。E-mail 最大的优点还在于其低廉的通信价格，用户花费极少的费用即可将重要的信息发送给另一用户。
- 更为广泛的交流对象。同一个信件可以通过网络极快地群发给多个用户。
- 安全。E-mail 软件是高效可靠的，如果由于网络故障和发送失败，E-mail 系统会自动重发。

3. 常用的电子邮箱

一些常用的电子邮箱包括 Hotmail、Gmail、Yahoo Mail、Foxmail、QQ 邮箱、163 邮箱和 126 邮箱等。

6.4.3 文件传输服务

Internet 的入网用户可以使用“文件传输服务”（FTP）进行计算机之间的文件传输，使用 FTP 几乎可以传送任何类型的多媒体文件，如图像、声音、数据压缩文件等。

在 FTP 的使用当中经常遇到两个概念：“下载”（Download）和“上传”（Upload）。“下载”文件是从远程主机复制文件至自己的计算机中；“上传”文件是将文件从自己的计算机中复制至远程主机中。

文件的下载需要先登录服务器，登录服务器的格式为 ftp://IP 地址或域名。打开“计算机”窗口，在“地址栏”中输入正确的服务器地址后即可登录远程服务器，如图 6-21 所示。将服务器中的内容复制至本地磁盘即可实现文件的“下载”；将本地磁盘中的文件复制至服务器中即可实现文件的“上传”。

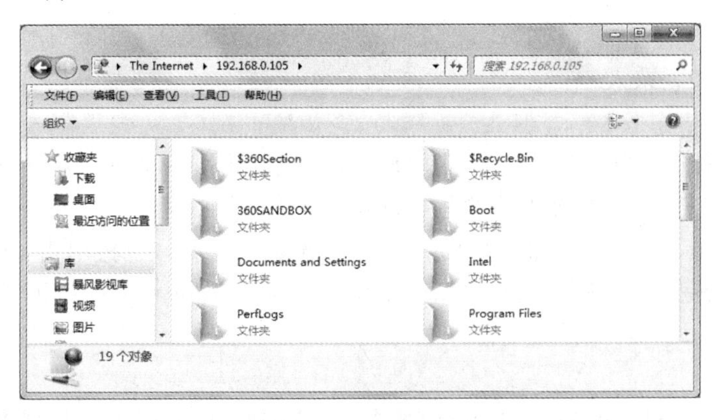

图 6-21　登录 FTP 服务器

6.4.4 远程登录 Telnet 服务

Telnet 协议提供了在本地计算机上完成远程主机工作的能力，它的基本功能是允许用户登录远程主机系统。在终端使用者的计算机上使用 Telnet 程序，用它连接到服务器，终端使用者可以在 Telnet 程序中输入命令，这些命令会在服务器上运行，就像直接在服务器的控制台上输入一样，这样可以在本地控制服务器。要开始一个 Telnet 会话，必须输入用户名和密码登录服务器。

Telnet 是常用的远程控制 Web 服务器的方法，最初是由 ARPANET 开发的，但是现在它主要用于 Internet 会话。

6.4.5 IP 电话

IP 电话是按国际互联网协议规定的网络技术内容开通的电话业务，中文翻译为网络电话或互联网电话，简单来说，就是通过 Internet 网进行实时的语音传输服务。它是利用国际互联网作为语音传输的媒介，实现语音通信的一种全新的通信技术。由于其通信费用的低廉，也有人称之为廉价电话。

随着互联网日渐普及，以及跨境通信数量大幅飙升，IP 电话亦被应用在长途电话业务上。由于世界各主要大城市的通信公司竞争日益激烈，以及各国电信相关法令松绑，IP 电话也开始应用于固网通信，其低通话成本、低建设成本、易扩充性及日渐优良的通话质量等主要特点，被目前国际电信企业看成是传统电信业务的有力竞争者。

6.4.6 QQ 工具

QQ 是腾讯公司开发的一款基于 Internet 的即时通信软件。腾讯 QQ 支持在线聊天、视频电话、点对点断点续传文件、共享文件、网络硬盘、自定义面板、QQ 邮箱等多种功能。

1. 申请 QQ 号并使用 QQ

要使用 QQ 工具，必须先申请 QQ 号。申请 QQ 号及使用 QQ 的具体步骤如下：

（1）进入注册页面 http://reg.qq.com/，填写相关信息，完成后单击“确定”按钮即可。

（2）下载并安装 QQ 软件。

（3）登录 QQ。

（4）查收和添加联系人。

2. QQ 邮箱

QQ 邮箱是腾讯公司 2002 年推出，向用户提供安全、稳定、快速、便捷的电子邮件服务的产品。QQ 邮箱和 QQ 即时通软件已成为中国网民网上通信的主要方式。QQ 邮箱在具有完善的邮件收发、通讯录、报刊等功能的同时，还与 QQ 紧密结合，直接单击 QQ 面板上的“QQ 邮箱”按钮即可登录，省去输入账户名/密码的麻烦。新邮件到达即时提醒，可让用户及时收到并处理邮件。

3. QQ 群

QQ 群是腾讯公司推出的多人聊天交流服务，可以邀请朋友或者有共同兴趣爱好的人到一个群里面聊天。在群内除了聊天，腾讯还提供了群空间服务，在群空间中，用户可以使用群

BBS、相册、共享文件等多种方式进行交流。

另外 QQ 还提供了 QQ 音乐、QQ 游戏等服务。

6.5 信息检索

随着 Internet 的快速发展，网上信息呈爆炸性增长。用户要在浩瀚的信息海洋里查询所需信息十分困难。为此很多站点提供了信息检索功能。

6.5.1 IE 浏览器

IE（Internet Explorer）是微软公司推出的一款网页浏览器。Internet Explorer 是使用最广泛的网页浏览器。当用户安装了 Windows 操作系统之后，即可利用 IE 实现网页浏览。

启动 IE 浏览器的方法为：单击“开始”→“所有程序”→Internet Explorer 命令，或双击桌面上的 IE 图标。

1. IE 界面

IE 界面由标题标签栏、地址栏、文档窗口、“主页”按钮、“收藏夹”按钮、“工具”按钮等几部分组成。例如，在地址栏输入 www.baidu.com 后按 Enter 键，显示如图 6-22 所示界面。

图 6-22 用 IE 9 打开的网页界面

2. IE 的常见设置

打开 IE 浏览器，单击“工具”→“Internet 选项”命令，打开“Internet 选项”对话框，其中各选项的含义如下。

- 地址栏：填写默认主页的地址。
- 删除 cookies：可删除电脑自动记录的注册信息。
- 删除文件：可删除保存在临时文件中的网页、文件、图像、文件夹等。
- 历史记录：可以更改网页保存的天数，指定的天数越多，保存该信息所需的磁盘空间越大，清除历史记录时释放的空间越多。

- 颜色：可设置网页字体的颜色、已访问链接的颜色、未访问链接的颜色等。
- 字体：可设置网页显示的字体样式。

如将主页设置为 http://www.baidu.com，历史记录天数设置为 2 天，各选项设置如图 6-23 所示。

3. 收藏夹的整理与使用

（1）查看收藏夹及将网页添加至收藏夹。

单击“收藏夹”按钮，将在网页右侧显示“收藏夹”窗格。单击“收藏夹”中的“添加到收藏夹”按钮，弹出“添加收藏”对话框，如图 6-24 所示。在“名称”栏中输入网页的名称，单击“添加”按钮，即可将网页添加至“收藏夹”。

（2）整理收藏夹。

当收藏夹中页面不断增加时，可以通过分类将相同类别的网页整理到一个子文件夹中。在“收藏夹”窗格中单击“添加到收藏夹”按钮旁的下拉箭头，选择“整理收藏夹”命令，在弹出的“整理收藏夹”对话框中对收藏夹中的内容进行整理。

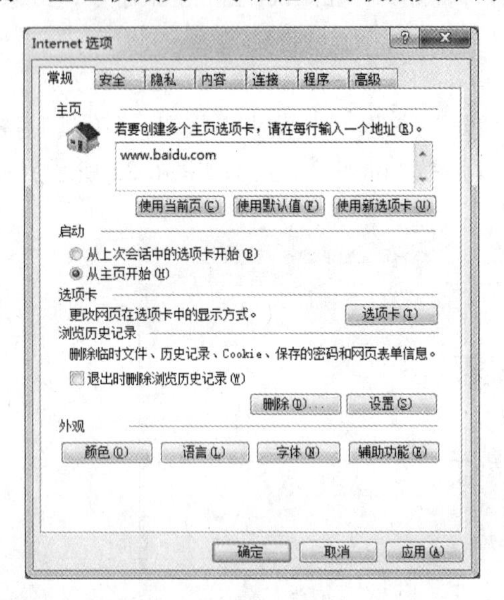

图 6-23　IE 选项设置

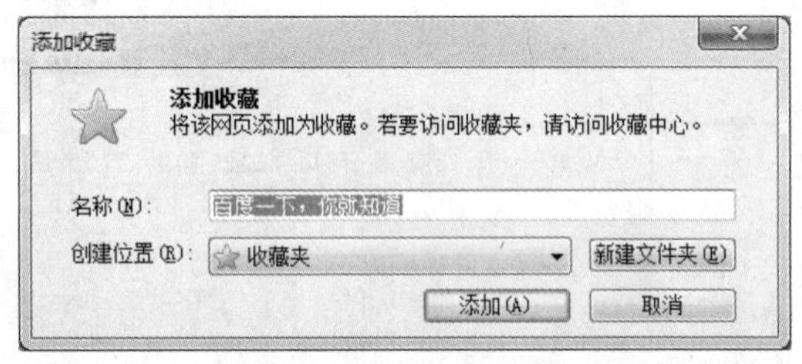

图 6-24　添加网页至收藏夹

6.5.2 信息检索

信息检索（Information Retrieval）是指将无序的信息进行整理，形成有序的信息集合，并根据需要从信息集合中找出特定的信息的过程。其实质是将用户的检索要求与信息集合中存储的信息标识进行匹配，当两者匹配成功，信息就会被检索出来。

1. 信息检索的分类

按照处理信息的手段来分，检索工具可分为手工检索工具和计算机检索工具两种。手工检索工具是指用手工方式来处理和查找文献信息的方式，如卡片目录等；计算机检索工具是指借助计算机等技术手段进行信息检索的方式，如计算机检索系统、国际联机检索系统等。

按照著录方式来划分，检索工具可分为目录、题录、文摘、索引等类型。目录型检索工具主要有国家书目、馆藏书目、联合书目、专题文献目录等；题录型检索工具主要是指一些新刊题录和题录刊物；文摘型检索工具有指示性文摘、报道性文摘、评论性文摘等；索引型检索工具有主题索引、分类索引、著者索引等。

按照报道的学科内容范围划分，信息检索工具可分为包含多学科的综合性检索工具，和包含单学科的专业性检索工具。

2. 搜索引擎

搜索引擎（Search Engine）是指根据一定的策略、运用特定的计算机程序从互联网上搜集信息，在对信息进行组织和处理后，为用户提供检索服务，将用户检索的相关信息展示给用户的系统。

互联网发展早期，以雅虎为代表的网站分类目录查询非常流行。网站分类目录由人工整理维护，精选互联网上的优秀网站，并简要描述，分类放置到不同目录中。用户查询时，通过层层点击来查找自己所需的网站。也有人把这种基于目录的检索服务网站称为搜索引擎，但从严格意义上讲，它并不是搜索引擎。

1990 年，加拿大麦吉尔大学（University of McGill）计算机学院的师生开发出 Archie。当时，万维网还没有出现，人们通过 FTP 来共享交流资源。Archie 能定期搜集并分析 FTP 服务器上的文件名信息，提供查找分布在各个 FTP 主机中的文件。根据精确文件名，Archie 将告诉用户哪个 FTP 服务器能下载该文件。虽然 Archie 搜集的信息资源不是网页，但和搜索引擎的基本工作方式是一样的，所以 Archie 被公认为现代搜索引擎的鼻祖。

目前主流的搜索引擎有百度、谷歌、搜搜、搜狗、雅虎、bing 等，这些都是比较综合的搜索引擎。

3. 搜索引擎的使用技巧

灵活地使用搜索技巧，能够使搜索到的信息更准确。

（1）学会使用减号（-）。

“-”的作用是去除无关的搜索结果，提高搜索结果的准确性。例如在百度搜索引擎中，需要找“申花”的企业信息，输入“申花”却搜索到很多关于“上海申花”的新闻，这些新闻的共同特征是“上海”，可以输入“申花–上海”（申花后要加一个空格）来搜索，如图 6-25 所示。

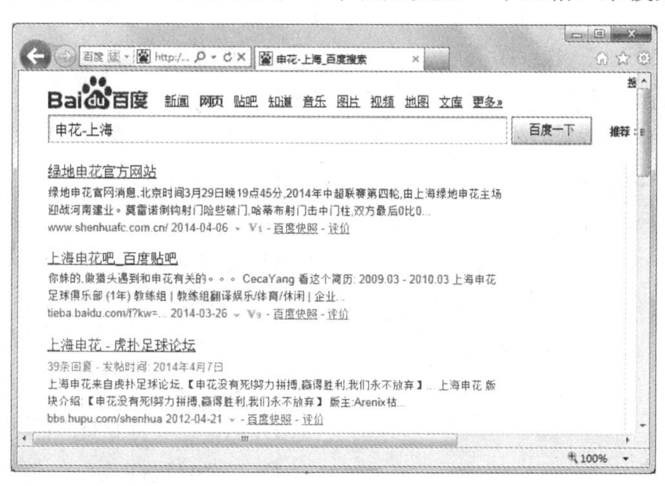

图 6-25 搜索结果

（2）学会使用半角的双引号。

双引号的作用是精确查找与所输关键词相匹配的内容。如在搜索引擎中输入：计算机网络，将会出现“计算机”与“网络”分开的结果。而搜索“计算机网络”则会显示完全匹配的内容。

（3）学会使用空格。

如果要输入多个关键词中间，可以用空格分隔，如“网络　信息　计算机”。

练习题

一、选择题

1．目前，Internet 网最主要的服务方式是____。

A．E-mail　　B．FTP　　C．USEnet　　D．WWW

2．将计算机网络按拓扑结构分类，不属于该类的是____。

A．星形网络　　B．总线型网络　　C．环形网络　　D．双绞线网络

3．Internet 中的 IPv4 地址采用____位二进制。

A．16　　B．32　　C．64　　D．128

4．在 Internet 提供的基本服务中，远程登录所使用的协议是____。

A．FTP　　B．HTTP　　C．HTML　　D．Telnet

5．URL 的中文全称是____。

A．环球信息网址　　B．超文本链接地址

C．统一资源定位器　　D．计算机联网地址

6．Internet 的每一台计算机都必须指定唯一的____。

A．域名　　B．IP 地址　　C．账号　　D．用户名

7．DNS 顶级域名中表示政府组织的是____。

A．COM　　B．GOV　　C．MIL　　D．ORG

8．B 类 IP 地址的默认子网掩码是____。

A．255.255.255.0　　B．255.255.0.0　　C．255.0.0.0　　D．255.225.0.0

9．122.204.43.56 属于____IP 地址。

A．A 类　　B．B 类　　C．C 类　　D．D 类

10．FTP 是 Internet 中____。

A．发送电子邮件的软件　　B．浏览网页的工具

C．用来传送文件的一种服务　　D．一种聊天工具

11．局域网的简称为____。

A．LAN　　B．WAN　　C．CAN　　D．MAN

12．在以下传输介质中，带宽最宽、抗干扰能力最强的是____。

A．双绞线　　B．无线信道　　C．同轴电缆　　D．光纤

13．HTML 是一种____。

A．传输协议　　B．超文本标记语言

C．文本文件　　D．应用软件

14．在电子邮件地址 abc@mail.dhu.edu.cn 中，主机域名是____。

A．abc　　B．mail.dhu.edu.cn

C．abc@mail.dhu.edu.cn　　D．Mail

15．Internet 在中国被称为____。

A．网中网　　B．国际互联网或因特网

C．国际联网　　D．计算机网络系统

16．WWW 是____的缩写。

A．World Wide Wait　　B．World Wide Window

C．World Wide Web　　D．Wide World Web

17．在 Internet 网站域名中，edu.cn 代表____。

A．国际教育机构　　B．中国教育机构

C．日本教育机构　　D．中国政府机构

18．在 IE 中可以使用____可将浏览的网页的地址保存起来，方便下次查看。

A．历史记录　　B．临时文件夹

C．收藏夹　　D．保存

19．在 IE 中可以单击地址栏的____按钮，中断现在进行的操作。

A．刷新　　B．前进　　C．后退　　D．停止

20．Internet 提供多媒体浏览服务的是____。

A．FTP　　B．SMTP　　C．DNS　　D．WWW

二、填空题

1．网络拓扑结构主要有 5 种：星形拓扑结构、________拓扑结构、________拓扑结构、________拓扑结构和网状拓扑结构。

2．计算机网络可以从逻辑上划分成两个部分，即________子网与________子网。

3．计算机网络按覆盖范围可分为________、________和广域网。

4．对于 IPv4 来说，IP 地址为________位，MAC 地址为________位。

5．按 IP 地址分类，192.168.1.100 是属于________类的 IP 地址，其对应的子网掩码为________。

6．第一台电子计算机名为________。

7．电子邮件地址由________和________两部分组成。

8．在因特网域名体系中，.com 表示________。

三、简答题

1．简述计算机网络常见的拓扑结构及其特点。

2．简述计算机网络发展的 4 个阶段。

3．简述 IP 地址的分类，其各类的特点。

4．简述 Internet 提供的服务。

5．简述 ping 命令的作用。

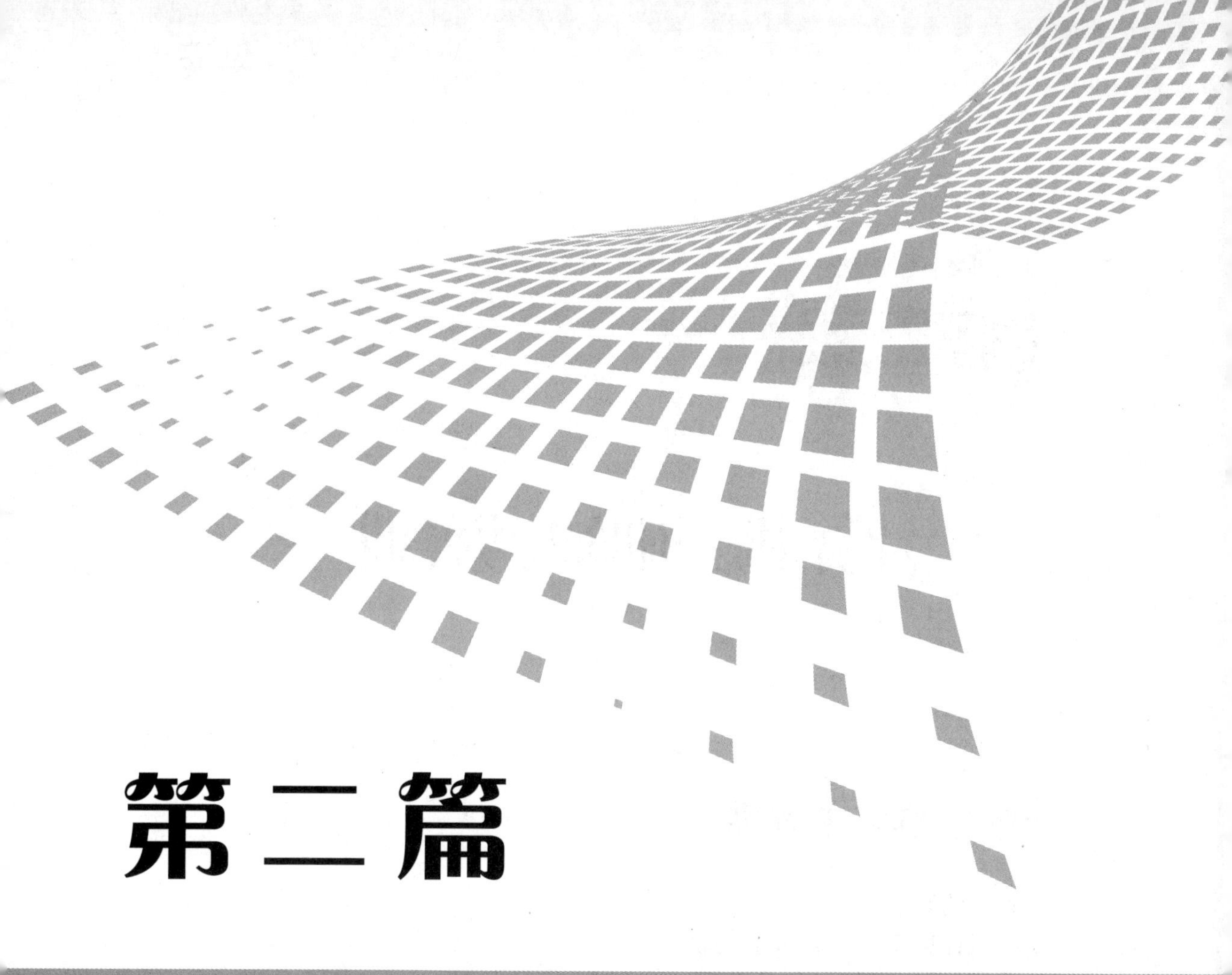

第二篇

操作实训

第7章 计算机基础知识实训

实验一　认识计算机

【实验目的】

1．掌握计算机的启动、关闭方法。

2．掌握鼠标的使用方法。

3．掌握键盘的使用方法。

【实验内容】

1．计算机的启动、关闭及重新启动练习。

2．鼠标操作的练习。

3．键盘输入的练习。

【实验步骤】

计算机是一种能够自动、高速进行算术和逻辑运算的电子设备。如今，计算机和网络技术已经应用到各行各业，正在逐渐地改变着人们的工作、学习和生活方式。掌握计算机基础知识和应用技能已成为人们的迫切需要。本实验主要介绍计算机的基础知识和基本操作，为进一步的学习打好基础。

1．计算机的启动、关闭及重新启动练习。

（1）启动计算机。

一般来说，现在的计算机主要包括显示器和主机两个部分。启动计算机的正确顺序是先启动显示器及其他外部设备，然后再启动主机。这是因为设备在通电和断电的瞬间会产生较大的电冲击，后开显示器可能会使主机产生异常或者无法启动。因此要养成良好的开机习惯，延长计算机的使用寿命。从关机状态启动计算机称为“冷启动”。

① 启动显示器。

操作提示：

按下显示器的开关按钮。显示器的开关通常在显示器的正面下方或右侧下方，如图 7-1 所示。开关通常为最大按钮，有的显示器会写上“Power”，有的会用⏻标志标明。

图 7-1　显示器

显示器关闭时，开关指示灯熄灭。此时按下显示器开关按钮即可打开显示器。计算机未启动时，显示器开关指示灯发出黄色亮光，显示器屏幕为黑色。当计算机启动后，显示器开关指示灯发出绿色亮光，同时屏幕显示相应画面。

当显示器打开时，再次按下开关按钮即可关闭显示器。

注意：启动计算机前应该确保显示器处于打开状态。

② 打开计算机电源。

操作提示：

按下计算机主机箱的电源开关“Power”按钮，等候显示器显示开机信息。“Power”按钮通常在主机箱正面的 1 号位置或顶部的 2 号位置，如图 7-2 所示。“Power”按钮通常为最大的按钮，有的计算机的主机箱会写上“Power”，有的会用⏻标志标明。此时，主机箱“Power”按钮处会亮灯，同时发出工作噪声，显示器开始显示开机画面。

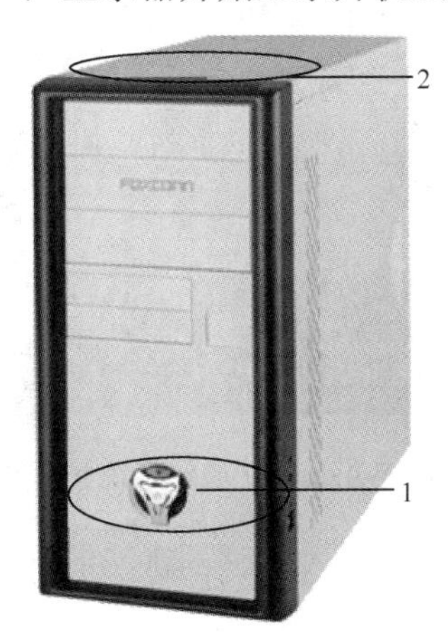

图 7-2　主机箱

③ 选择操作系统。

操作提示：

当显示器上提示选择操作系统时，使用键盘方向键“↑”或“↓”选中“Windows 7”选项，然后按下键盘上的“Enter”键。计算机显示器显示如图 7-3 所示的 Windows 7 操作系统启动画面。此时需要等候一段时间，直到出现 Windows 7 登录界面。

图 7-3　Windows 7 操作系统启动画面

④ 登录 Windows 7。

操作提示：

当如图 7-4 所示的 Windows 7 操作系统登录界面出现时，移动鼠标到图中椭圆所圈的位置，当光标变成手形时，单击鼠标左键。

图 7-4　Windows 7 操作系统登录界面

当出现一个白色文本框时，在框中输入密码。输入完毕按下“Enter”键或用鼠标左键单击按钮，即可登录计算机。

如图 7-5 所示为 Windows 7 操作系统桌面出现类似界面时说明计算机开机成功。

（2）重新启动计算机。

在计算机运行时因为死机、安装程序或改动设置等情况，常常需要重新启动计算机。下面介绍两种常用的重新启动计算机的方法。

方法一：使用“开始”菜单右下角的“关机”按钮重新启动计算机。

图 7-5　Windows 7 操作系统桌面

操作提示：

① 用鼠标左键单击任务栏最左端的“开始”菜单按钮，如图 7-6 所示。

图 7-6 “开始”菜单按钮

② 在打开的“开始”菜单中，将鼠标移动到右下角的“关机”按钮旁边的三角箭头上。然后在弹出的菜单中用鼠标左键单击“重新启动”选项，如图 7-7 所示，即可重新启动计算机。

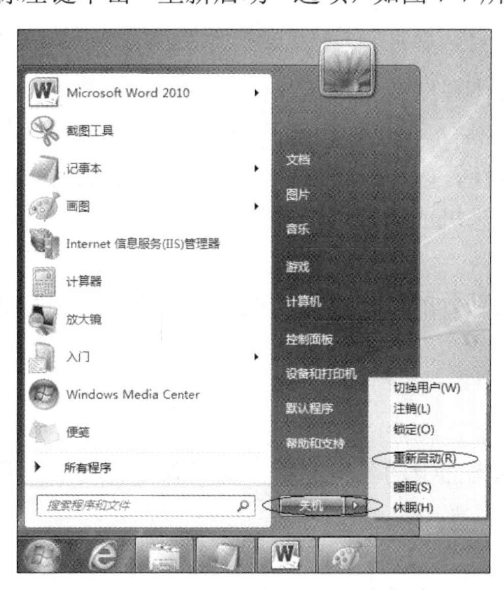

图 7-7 “关机”按钮菜单

用这种方法重新启动计算机时，不用关闭主机电源，计算机继续保持通电状态。

方法二：直接按下计算机主机箱上的“Reset”按钮。当计算机出现比较严重的故障时（如键盘和鼠标同时失效），此时无法使用前一种方法，可以采用此方法。

操作提示：

主机箱上的“Reset”按钮通常与“Power”按钮在一起，尺寸小于“Power”按钮。部分计算机主机箱会写上“Reset”，部分会用↻标志标明。

（3）关闭计算机。

方法一：使用“开始”菜单右下角的“关机”按钮关闭计算机。

操作提示：

打开“开始”菜单，用鼠标左键单击“关机”按钮即可关闭计算机。

方法二：直接关闭电源。

操作提示：

按住主机箱上的电源开关“Power”按钮不放，直到“Power”按钮的灯光熄灭，主机箱工作噪声消失为止。

注意：计算机常见故障、原因及解决方法有以下几种。

① 按下计算机主机电源开关后，没有任何反应。

原因：计算机主机电源按钮接触不良或插座没电。

解决方法：更换计算机主机插座或检查主机线路。

② 显示器没有显示。

原因：显示器电源开关未开，显示器与主机的连线松动或显示器、显卡故障。

解决方法：检查显示器线路及开关。

③ 开机无法进入操作系统选择界面。

原因：自检失败（键盘松动或内存故障）或系统保护卡出现故障。

解决方法：检查主机键盘连接线路、内存及系统保护卡。

④ 无法进入 Windows 7 系统。

原因：硬盘损坏或操作系统软件损坏。

解决方法：重新安装操作系统或更换硬盘。

⑤ 进入 Windows 7 系统后，使用中出现死机。

原因：操作系统软件损坏，应用程序非法运行或计算机病毒发作。

解决方法：重新启动计算机或运行杀毒软件。

2．鼠标操作的练习。

在 Windows 7 系统中大部分的操作都可以使用鼠标来方便地完成，所以熟练地使用鼠标会让计算机操作更简单。

（1）移动鼠标光标。

操作提示：

移动鼠标光标分别指向桌面上的各个图标，观察弹出的提示信息。

（2）用鼠标左键单击。

操作提示：

用鼠标左键单击桌面上的各个图标，观察图标的变化。

（3）用鼠标左键双击。

操作提示：

用鼠标左键双击桌面上的各个图标，观察发生的变化。

（4）用鼠标右键单击。

操作提示：

① 用鼠标右键单击桌面上的各个图标，观察弹出的菜单。

② 移动鼠标光标到桌面空白处，单击鼠标右键，观察弹出的菜单。

（5）滚动鼠标滚轮。

操作提示：

用鼠标左键双击桌面上的 Word 快捷方式图标W或用鼠标左键单击“开始”→“所有程序”→“Microsoft Office”→“Microsoft Word 2010”选项，打开一个 Word 2010 窗口。滚动鼠标滚轮，观察窗口内的移动。

（6）区域选定。

操作提示：

用鼠标左键双击“计算机”图标，在打开的“计算机”窗口中按住鼠标左键不放，向下移动，观察形成的矩形框以及矩形框中图标颜色的变化。图标颜色变化说明这些图标被选中，如图 7-8 所示。

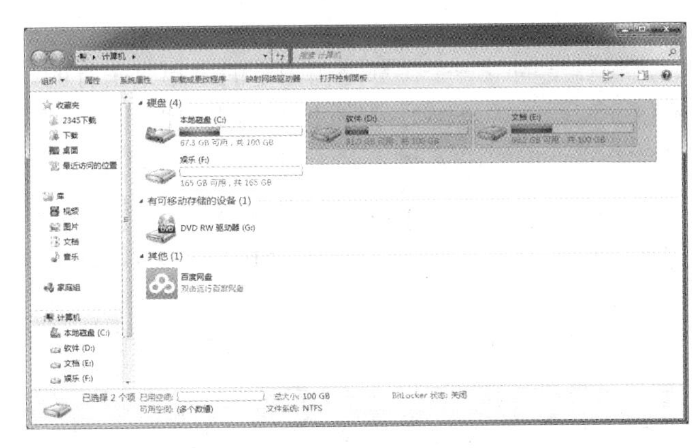

图 7-8　“计算机”窗口区域选定

（7）拖曳图标。

操作提示：

将鼠标光标移动到“计算机”图标上，按住鼠标左键不放，移动鼠标光标，将“计算机”图标拖曳到桌面右侧。

3．键盘输入的练习。

键盘是计算机主要的输入设备之一，可以完成绝大部分的输入工作。初学者应熟练掌握正确的键盘操作方法，养成良好的习惯。

（1）键盘可以分为功能键区、主键盘区、光标控制区和小键盘区，如图 7-9 所示。

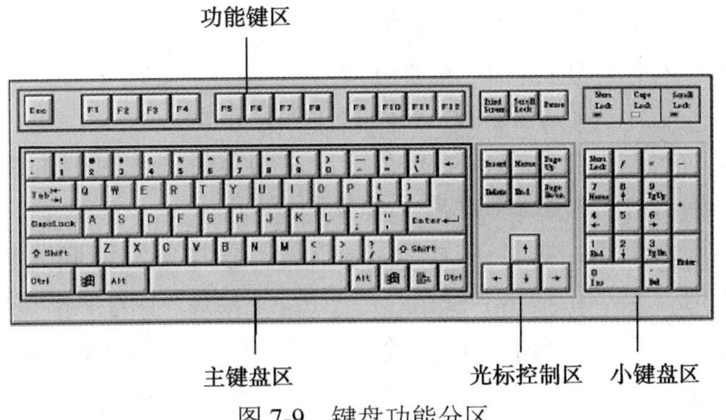

图 7-9　键盘功能分区

（2）键盘输入的姿势和指法。

① 正确姿势。

练习指法首先必须注意的是击键的姿势。击键姿势的正确与否，会影响打字的速度和正确率。因此，练习时应保持正确的姿势。

■ 坐的姿势：腰部挺直，两肩放松，上身略向前倾，双脚自然地平放在地面上。
■ 手臂、肘和腕的姿势：两肘轻轻贴于两腋下，下臂和手腕略向上抬起，手掌和手腕都不能碰到键盘。
■ 手指姿势：手掌以手腕为轴略向上抬起，手指自然弯曲，指尖与键面垂直，轻轻放在键盘的基准键上，左右手拇指放在“Space”键上。
■ 键盘、原稿的摆放位置：键盘应放在专用工作台上，高度适中；原稿一般放在计算机的左侧。

② 正确指法。

■ 基准键：打字时，键盘上的每一个键都是由固定的手指来击打的。A,S,D,F,J,K,L,;，这 8 个键称为基准键（又称为中排键）。基准键是用来把握、校正两手手指在键盘上的位置的。操作时，左手的小指放在 A 键上，无名指放在 S 键上，中指放在 D 键上，食指放在 F 键上；右手的小指放在“;”键上，无名指放在 L 键上，中指放在 K 键上，食指放在 J 键上。用来放左、右食指的 F、J 键上各有一个小突起，方便不看键盘时手指找到正确的位置。
■ 键位分布：键盘的指法分区标注了左、右各手指管辖的按键，如图 7-10 所示。

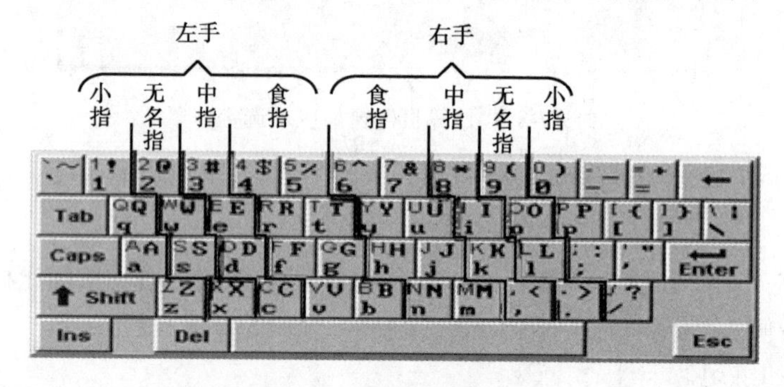

图 7-10　键盘的指法分区

③ 基本的打字方法。

■ 手指自然弯曲放在基准键位置上，指尖与键面垂直并稍向掌心弯曲。
■ 指头迅速击打字符后，立即缩回到①的状态。
■ 要保持用均匀的力量和相同的节奏来击键。
■ 手臂不动，全部动作都靠手腕带动手指的指尖来击键。
■ 手指在不击键的状态下自然弯曲，只有在击别的键时，才可把手指伸长。
■ 用左、右大拇指击打“Space”键后，要立即缩回。
■ 需要换行时，用右手小指击打一次“Enter”键，击毕应立即回到基准键位置上。
■ 输入大写字母用一手小指按下“Shift”键不放，用另一手的手指按下该字母键；有时也可按下“CapsLock”键，使后面输入的字母全部为大写字母，再按一次该键恢复为小写字母输入方式。

（3）按照要求进行键盘输入练习。

① 打开记事本。

操作提示：

单击“开始”→“所有程序”→“附件”→“记事本”选项，打开“记事本”，如图 7-11 所示。

图 7-11 打开“记事本”

② 单键输入练习。

■ 按顺序输入“asdfghjkl;”，共输入 3 次。

■ 按顺序输入“qwertyuiop”，共输入 3 次。

■ 按顺序输入“zxcvbnm,./”，共输入 3 次。

■ 按顺序输入 26 个英文字母。

■ 按顺序输入数字 0～9。

注意：输入错误时，可用“Backspace”键或“Delete”键删除；每输入一行按“Enter”键换行。

③ 组合键输入练习。

■ 练习“Shift”键。

同时按下“Shift+1”键，则屏幕显示“!”。用类似的方法练习输入字符“#%$@+{}<>?*()”。按住“Shift”键不放，输入 26 个英文字母，则屏幕显示为大写英文字母。

■ 练习“CapsLock”键。

按下“CapsLock”键，则键盘上的“CapsLock”指示灯亮，按顺序输入 26 个英文字母，则屏幕显示为大写英文字母；再按下“CapsLock”键，则键盘上的“CapsLock”指示灯灭，按顺序输入 26 个英文字母，则屏幕显示为小写英文字母。

■ 练习“Alt”键和“Ctrl”键。

按下“Alt+F”组合键，屏幕出现“文件”菜单。按下“Alt+E”组合键，屏幕出现“编辑”菜单。按下“Ctrl+A”组合键，选中记事本中的全部内容。按下“Ctrl+C”组合键，复制选中内容。按下“Ctrl+X”组合键，剪切选中内容。按下“Ctrl+V”组合键，粘贴剪切或复制内容。

④ 小键盘输入练习。

■ 用小键盘输入 0～9。

■ 用小键盘输入“+-*/”。

⑤ 中文输入练习。

■ 按下“Ctrl+Space”组合键，打开中文输入法，输入自己的班级和姓名。

■ 按下“Ctrl+Shift”组合键，切换中文输入法，再次输入自己的班级和姓名。

⑥ 保存并关闭记事本。

操作提示：

用鼠标左键单击菜单“文件”→“保存”选项，打开“另存为”对话框，如图 7-12 所示。

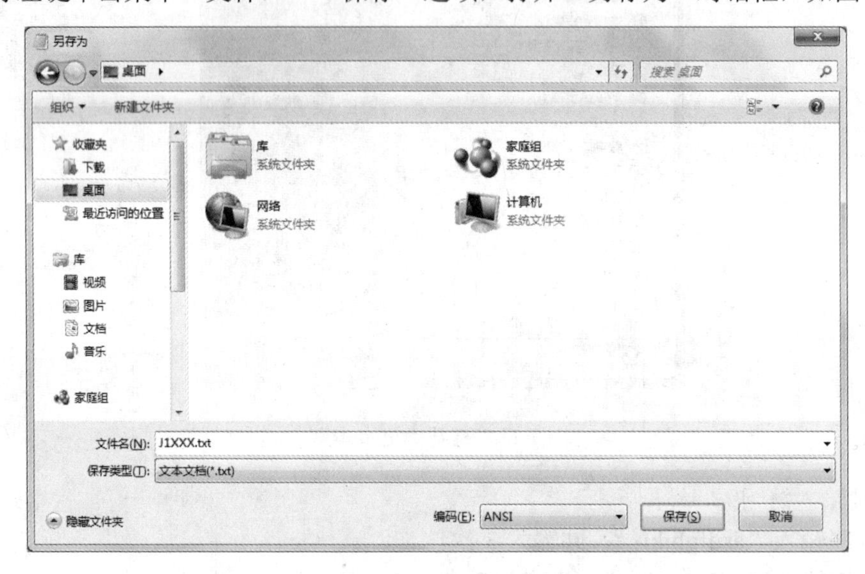

图 7-12 “另存为”对话框

在“文件名”文本框中输入“J-1 班级姓名”作为文件名。单击“保存”按钮，保存刚才输入的文档。移动鼠标光标到记事本右上角⊠按钮处，单击鼠标左键，关闭记事本。

实验二 中、英文综合录入

【实验目的】

1. 掌握汉字输入法的添加与删除方法。
2. 掌握输入法的设置和切换方法。
3. 熟悉汉字输入法的输入界面及其操作。

【实验内容】

1. 汉字输入法的添加。
2. 汉字输入法的删除。
3. 汉字输入法的设置。
4. 中、英文录入的练习。

【实验步骤】

将文字输入计算机中的方法有很多，如使用键盘、手写板输入或语音输入，但最常用的还是键盘输入。目前的键盘输入法种类繁多，各种输入法各有特点。本次实验介绍汉字输入法的添加、删除和设置，以及中英文录入练习。

1. 添加一种汉字输入法到输入法选项中，删除不用的输入法选项，并设置默认输入法。

通常计算机的使用者都习惯使用固定的输入法，为了方便使用，可以把不用的输入法删除，只保留习惯使用的输入法。

操作提示：

（1）在任务栏右侧的输入法图标上单击鼠标右键，在弹出的菜单中选择“设置”，打开“文本服务和输入语言”对话框，如图 7-13 所示。

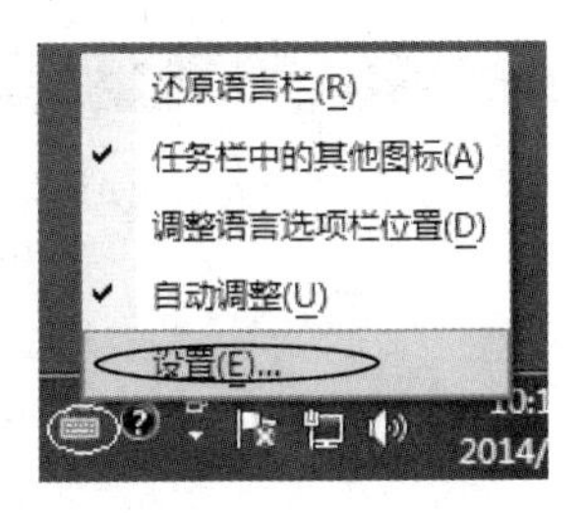

图 7-13　选择“设置”

（2）在打开的“文本服务和输入语言”对话框中用鼠标左键单击“添加”按钮，弹出“添加输入语言”对话框，如图 7-14 所示。

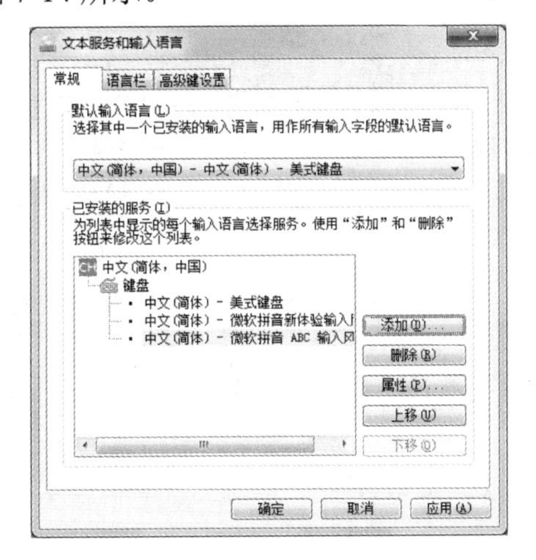

图 7-14　“文本服务和输入语言”对话框

（3）拉下“添加输入语言”对话框右侧的滚动条，选中一种汉字输入法，如“简体中文全拼”，单击“确定”按钮，如图 7-15 所示。

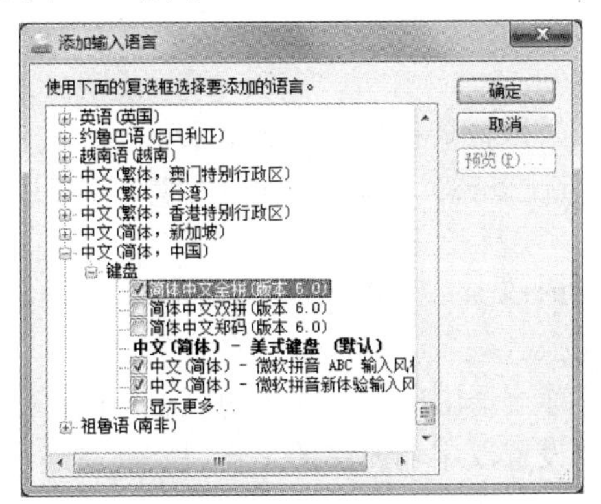

图 7-15　“添加输入语言”对话框

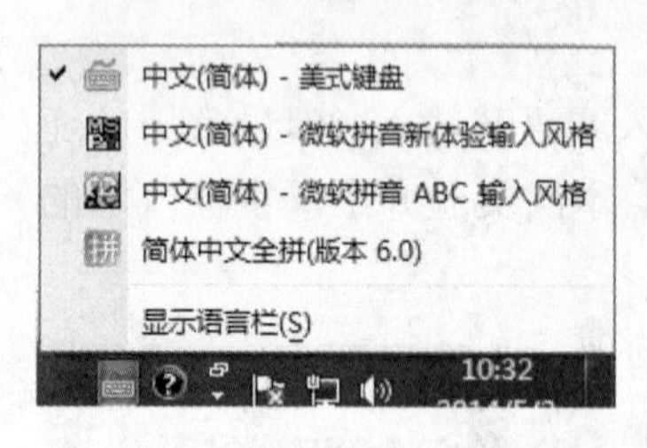

图 7-16　输入法选项菜单

（4）此时再单击任务栏上的输入法图标，就会在弹出的输入法选项菜单中看到刚添加进来的“简体中文全拼”输入法，如图 7-16 所示。

（5）打开“文本服务和输入语言”对话框，在“已安装的服务”列表框中选中要删除的输入法，如“微软拼音 ABC 输入风格”，再单击“删除”按钮，如图 7-17 所示，可将该输入法删除。依次将不用的输入法删除。

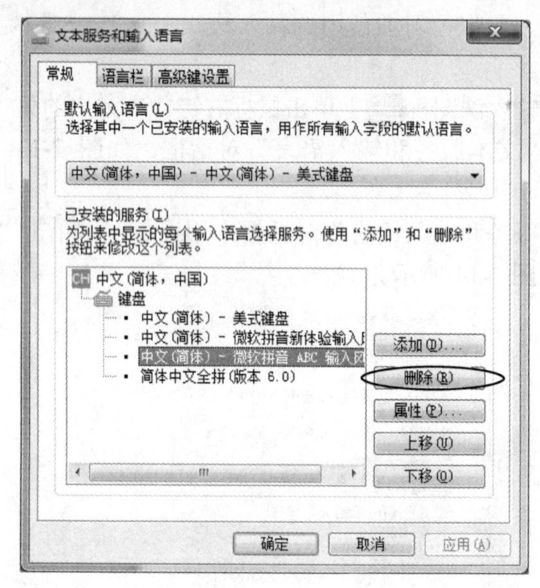

图 7-17　删除“微软拼音 ABC 输入风格”输入法

（6）修改默认输入方法。在“文本服务和输入语言”对话框中的“默认输入语言”下拉列表中选择需要的输入法，单击“确定”按钮。

2．汉字录入练习。

打开“记事本”程序，切换到汉字输入法，输入以下词组：

销售　服务　房屋　背包　眼镜　编辑　宾馆　薄膜　步骤　车床　窗户　戏曲　处理　船舶　漂泊　挫折　淡泊　弹弓　当年　当归　党参　颠簸　惦记　雕琢　短暂　仿佛　翩翩

操作提示：

（1）输入法切换可以使用“鼠标切换”或“键盘切换”。

“鼠标切换”是指直接单击任务栏上的输入法图标，在弹出的快捷菜单中选择需要使用的输入法选项。

“键盘切换”是指通过“Ctrl+Space”组合键实现中英文切换，或通过“Ctrl+Shift”组合键完成各种中文输入法之间的切换。

汉字输入法选定以后，屏幕上会出现该输入法的显示界面，称为汉字输入法状态栏，通过鼠标左键单击相应的按钮可以设置汉字输入法的工作方式。图 7-18 所示即“微软拼音—简捷 2010”的状态栏。

（2）中文输入法下的中英文切换。

用鼠标左键单击输入法状态栏左端的“中”按钮可以切换中文、英文输入状态；也可按键盘上的“CapsLock”键（大写锁定键）切换大小写状态。在大写状态下不能输入汉字。

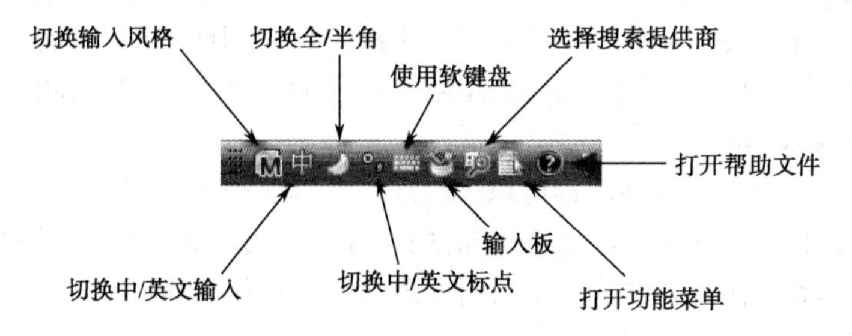

图 7-18　“微软拼音—简捷 2010”的状态栏

（3）中文输入法下的全角/半角切换。

英文字母、数字和键盘上出现的其他非控制字符有全角和半角之分，全角字符就是西文字符占一个汉字位。单击“全/半角切换”按钮，呈满月形时为全角输入状态，呈半月形时为半角输入状态。

（4）中文输入法下的中英文标点切换。

中文与英文的标点符号是不同的，在英文标点输入状态时，“中/英文标点”按钮上显示为实心句点和英文逗号；在中文标点输入状态时，“中/英文标点”按钮上显示为空心句号和中文逗号。单击“中/英文标点”按钮，可以在这两种状态之间切换。

注意：键盘上所提供的标点符号并没有包含中文的所有标点符号，如顿号、省略号等。要输入这些标点符号，需在中文标点输入状态下采用对应的键来输入。表 7-1 列出了所有的中文标点符号与键盘键位的对应关系。

表 7-1　中文标点符号与键位对应表

中文标点	对应键位	中文标点说明	中文标点	对应键位	中文标点说明
。	.	句号	）	)	右括号
，	,	逗号	〈 或《	<	单/双书名号
；	;	分号	〉或 》	>	单/双书名号
：	:	冒号	……	^	省略号
？	?	问号	——	_（下画线）	破折号
！	!	感叹号	、	\	顿号
“”	"	双引号	·	@	间隔号
‘’	'	单引号	—	&	连接号
（	(	左括号	￥	$	人民币符号

3．中、英文综合录入练习。

打开“写字板”，在“写字板”中设置字体为“宋体”，字号为“11”，并以“J-2 班级姓名”为文件名保存在 E 盘下，输入如下内容：

一、中国的网络发展史

1.1 Internet 的阶段性发展

我国的 Internet 的发展以 1987 年通过中国学术网 CANET 向世界发出第一封 E-mail 为标志。经过几十年的发展，形成了四大主流网络体系，即中科院的中国科技网 CSTNET、国家教育部的中国教育和科研计算机网 CERNET、原邮电部的 CHINANET 和原电子工业部的金桥网 CHINAGBN。

1.2 Internet 在中国的发展历程可以大略地划分为 3 个阶段

第一阶段为 1987—1993 年，也是研究试验阶段。在此期间中国一些科研部门和高等院校开始研究 Internet 技术，并开展了科研课题和科技合作工作，但这个阶段的网络应用仅限于小范围内的电子邮件服务。

第二阶段为 1994—1996 年，同样是起步阶段。1994 年 4 月，中关村地区教育与科研示范网络工程进入 Internet，从此中国被国际上正式承认为有 Internet 的国家。之后，Chinanet、CERnet、CSTnet、ChinaGBnet 等多个 Internet 网络项目在全国范围相继启动，Internet 开始进入公众生活，并在中国得到了迅速发展。至 1996 年底，中国 Internet 用户数已达 20 万，利用 Internet 开展的业务与应用逐步增多。

第三阶段从 1997 年至今，是 Internet 在我国发展最为快速的阶段。国内 Internet 用户数在 1997 年以后基本保持每半年翻一番的增长速度。增长到今天，上网用户已超过 1000 万。据中国 Internet 信息中心（CNNIC）公布的统计报告显示，截至 2009 年 10 月 30 日，我国上网用户总人数为 5.3 亿人。这一数字比年初增长了 890 万人，与 2002 年同期相比则增加了 2220 万人。

操作提示：

（1）单击“开始”→“所有程序”→“附件”→“写字板”选项，打开“写字板”。

（2）单击“写字板”中的字体和字号右侧的下拉列表，设置字体格式。

（3）切换需要使用的输入法，开始录入练习。

第8章 Windows 7 操作系统实训

实验一 Windows 7 文件及文件夹的基本操作

【实验目的】

1. 掌握文件及文件夹的新建、复制、移动、删除等基本操作。
2. 掌握文件及文件夹的重命名。
3. 掌握查看文件及文件夹的属性、扩展名。
4. 掌握隐藏、显示文件夹或文件的方法。
5. 掌握文件夹或文件的搜索方法。

【实验内容】

1. 文件及文件夹的新建、复制、移动、删除。
2. 文件及文件夹的重命名。
3. 文件及文件夹的属性、扩展名的查看。
4. 文件及文件夹的隐藏、显示。
5. 文件及文件夹的搜索。

【实验步骤】

在 Windows 7 操作系统中，文件是最小的数据组织单位。文件中可以存放文本、图像和数值数据等信息，这些文件被存放在硬盘的文件夹中。文件夹主要用来存放文件，是存放文件的“容器”。文件夹和文件一样，都有自己的名字，系统也都是根据它们的名字来存取数据的。

掌握文件及文件夹的基本操作是用户熟悉和管理计算机的前提。文件及文件夹的基本操作包括查看文件属性、查看文件的扩展名、打开和关闭文件、复制和移动文件、更改文件的名称、删除文件、压缩文件、隐藏或显示文件等。本次实验通过具体实例来熟悉 Windows 7 文件及文件夹的各项基本操作。

1. 在本地磁盘 E 盘新建一个文件夹，重命名为“我的文件夹”，再在此文件夹中新建一个文本文档，重命名为“我的文件”。

操作提示：

（1）新建一个文件夹或文本文档。

① 打开 E 盘。

在桌面用鼠标左键双击“计算机”图标，在弹出的窗口中双击 E 盘。

② 新建文件夹或文本文档。

方法一：在“计算机”E 盘窗口空白位置单击鼠标右键，在弹出的菜单中选择“新建”→“文件夹”，“新建”→“文本文档”选项，如图 8-1 所示。

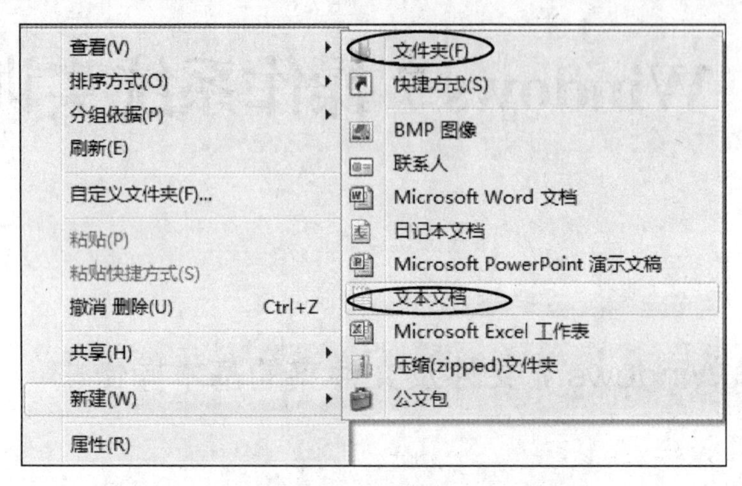

图 8-1 菜单新建“文件夹”、“文本文档”

方法二：用鼠标右键单击“计算机”E 盘窗口菜单栏上的“文件”→“新建”→“文件夹”选项，“文件”→“新建”→“文本文档”选项，如图 8-2 所示。

图 8-2 “文件”菜单新建“文件夹”、“文本文档”

方法三：用鼠标左键单击“计算机”E 盘窗口工具栏上的“新建文件夹”，如图 8-3 所示。

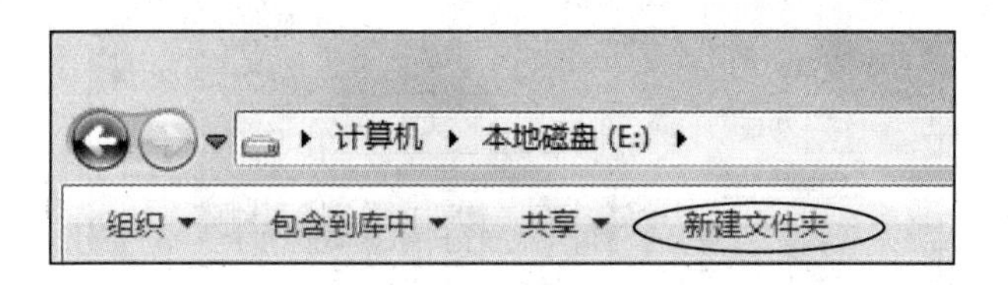

图 8-3　工具栏“新建文件夹”

（2）重命名文件夹及文件。

方法一：新建文件夹或文件后，名称部分呈蓝色选中状态 新建文件夹 时可直接输入名字。

方法二：

① 选中要重命名的文件夹或者文件，进入“重命名”状态。

方法一：在要重命名的文件夹或者文件上单击鼠标右键。在弹出的快捷菜单中选择“重命名”。

方法二：选择窗口菜单栏上的“文件”→“重命名”选项。

方法三：按下键盘上的“F2”键。

方法四：用鼠标左键两次单击（注意：不是双击）要重命名的文件夹或者文件。

② 输入新名字，按下“Enter”键或将鼠标移至其他任意位置单击。

2．查看“我的文件”的属性及扩展名，隐藏、显示“我的文件”。

（1）查看“我的文件”的属性。

操作提示：

用鼠标右键单击“我的文件”，在弹出的快捷菜单中选择“属性”即可查看此文件的相关属性，如图 8-4 所示。

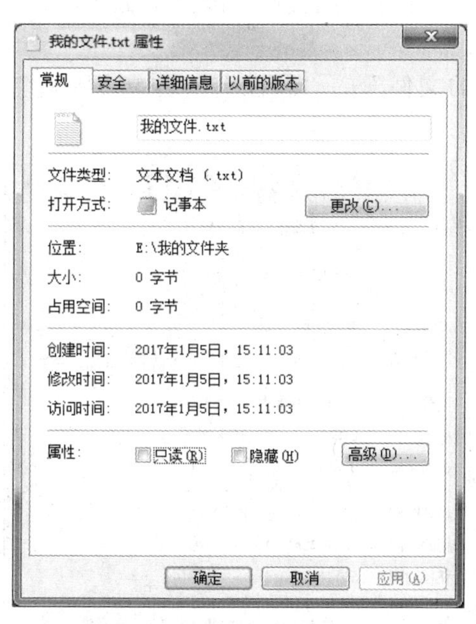

图 8-4　“我的文件.txt 属性”对话框

（2）查看“我的文件”的扩展名。

操作提示：

打开“计算机”窗口，在菜单栏中选择“工具”→“文件夹选项”→“查看”选项，将“隐藏已知文件类型的扩展名”前面的钩去掉，如图 8-5 所示，观察“我的文件”的文件名。

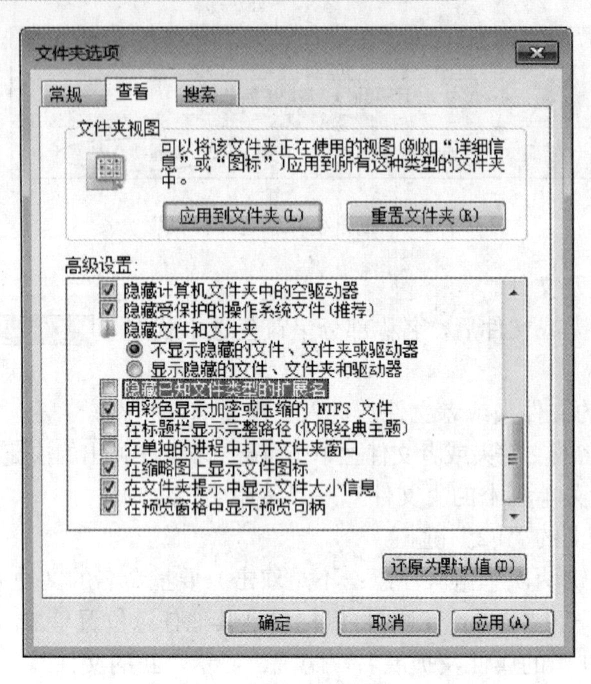

图 8-5　显示已知文件类型的扩展名

（3）隐藏、显示“我的文件”。

计算机中重要的文件夹或者文件为避免误删除或误修改，可以设置为隐藏属性。当需要修改这些文件夹或者文件时可以先显示这些文件，再做修改。

操作提示：

① 隐藏文件，在“我的文件”的“属性”中选中“隐藏”左侧的复选框，如图 8-6 所示。

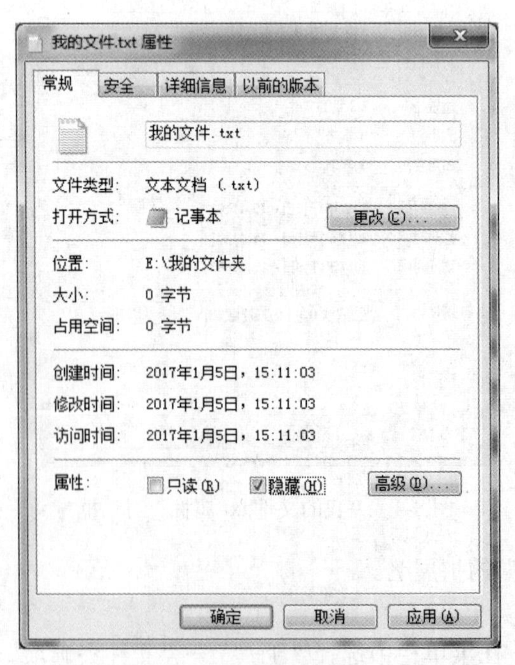

图 8-6　隐藏“我的文件”

② 显示隐藏的文件，在“计算机”窗口菜单栏中选择“工具”→“文件夹选项”→“查看”选项，选中“显示隐藏的文件、文件夹和驱动器”单选按钮，如图 8-7 所示。

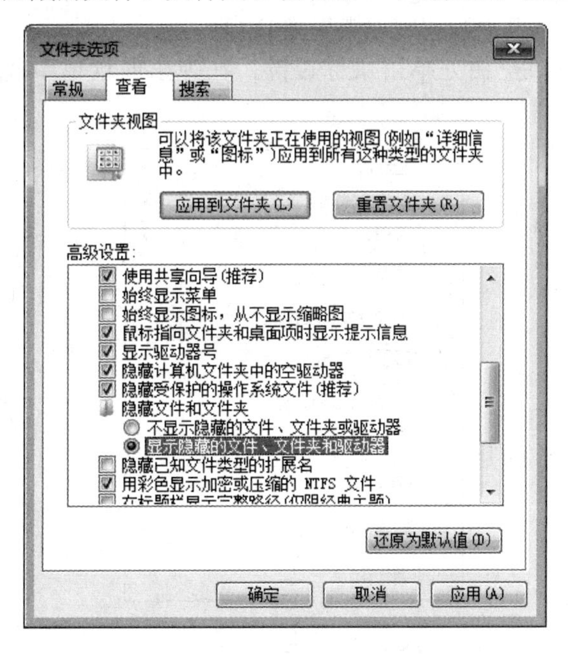

图 8-7　显示隐藏的文件、文件夹和驱动器

3．复制、移动“我的文件夹”、“我的文件”。

（1）将“我的文件夹” 从 E 盘复制到 D 盘。

操作提示：

① 打开 E 盘窗口，选中“我的文件夹”。

② 复制“我的文件夹”。

方法一：在“我的文件夹”上单击鼠标右键，在弹出的快捷菜单中选择“复制”，如图 8-8 所示。

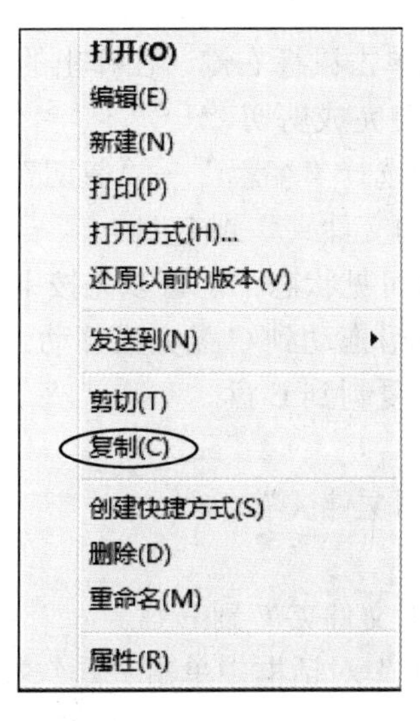

图 8-8　复制“我的文件夹”

方法二：按下“Ctrl+C”组合键复制。

方法三：在E盘窗口菜单栏中选择“编辑”→“复制”选项。

③ 打开D盘窗口，粘贴“我的文件夹”到D盘。

方法一：在D盘窗口空白处单击鼠标右键，在弹出的菜单中选择“粘贴”，如图8-9所示。

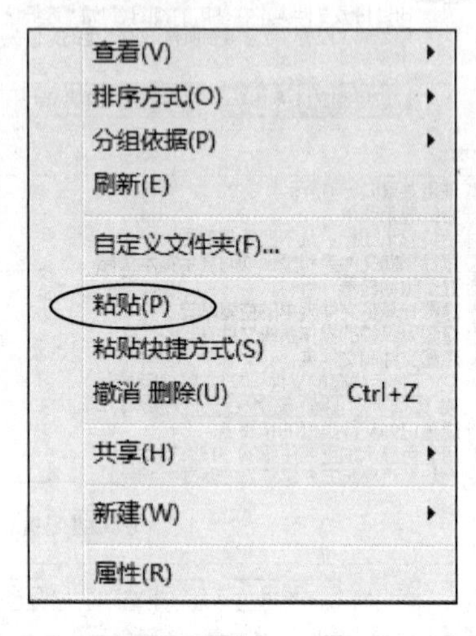

图8-9 粘贴“我的文件夹”

方法二：按下组合键“Ctrl+V”完成粘贴。

方法三：在D盘窗口菜单栏中选择“编辑”→“粘贴”选项。

注意：在D盘、E盘窗口同时可见状态下，可单击“我的文件夹”并按住不动，从E盘拖动到D盘。

（2）将“我的文件夹”从D盘移动到C盘。

操作提示：

① 打开D盘窗口，选中“我的文件夹”。

② 剪切“我的文件夹”。

方法一：在“我的文件夹”上单击鼠标右键，在弹出的快捷菜单中选择“剪切”。

方法二：按下“Ctrl+X”组合键完成剪切。

方法三：在D盘窗口菜单栏中选择“编辑”→“剪切”选项。

③ 打开C盘窗口，粘贴“我的文件夹”到C盘。

注意：在C盘、D盘窗口同时可见状态下，可以先按下“Ctrl”键不放，再用鼠标左键单击“我的文件夹”按住不动，从D盘拖动到C盘完成移动。

（3）将“我的文件夹”从C盘复制到E盘。

操作提示：

① 打开C盘窗口，选中“我的文件夹”。

② 复制“我的文件夹”。

③ 打开E盘窗口，粘贴“我的文件夹”到E盘。

④ 在弹出的“确认文件夹替换”对话框中单击“是”按钮，如图8-10所示。

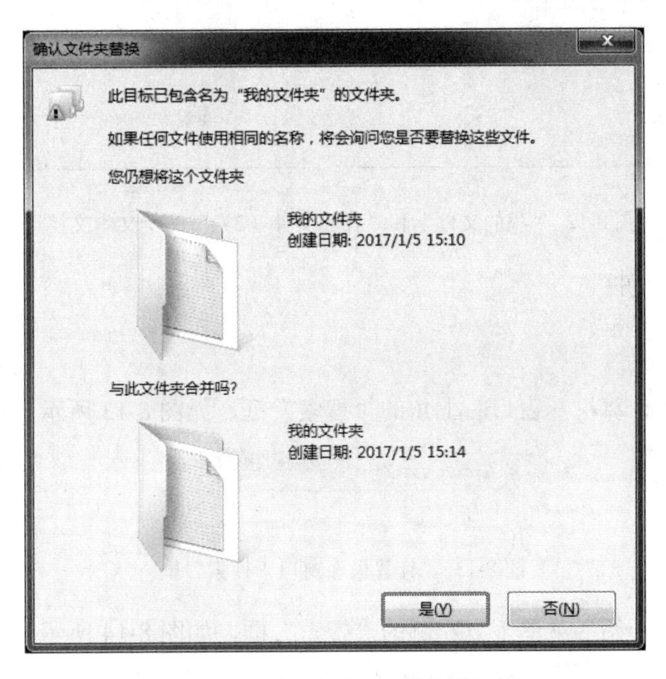

图 8-10　“确认文件夹替换”对话框

⑤ 在弹出的“复制文件”对话框中选择“复制，但保留这两个文件”，如图 8-11 所示。

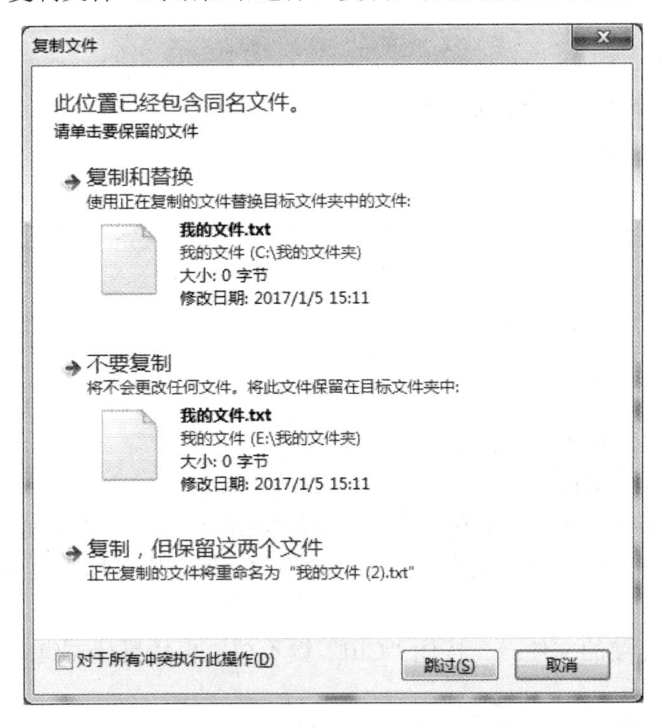

图 8-11　“复制文件”对话框

⑥ 打开 E 盘“我的文件夹”窗口，将观察到“我的文件”和“我的文件（2）”两个文本文档，如图 8-12 所示。

名称	修改日期	类型	大小
我的文件 (2).txt	2017/1/5 15:11	文本文档	0 KB
我的文件.txt	2017/1/5 15:11	文本文档	0 KB

图 8-12 “我的文件”和“我的文件（2）”两个文本文档

4．搜索“我的文件”。

（1）打开“搜索”框。

操作提示：

方法一：打开“计算机”窗口右上角的“搜索”框，如图 8-13 所示。

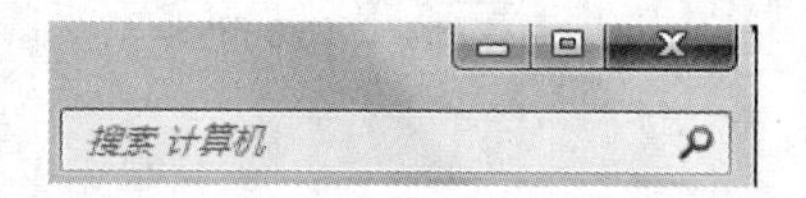

图 8-13 “计算机”窗口“搜索”框

方法二：打开“开始”菜单下方左侧的“搜索”框，如图 8-14 所示。

图 8-14 “开始”菜单“搜索”框

方法三：按下键盘上方的功能键“F3”。

（2）搜索“我的文件”。

操作提示：

在“搜索”框中输入搜索信息“我的文件”，单击“搜索”按钮或按下键盘上的“Enter”键。

5．删除找到的“我的文件”。

（1）选择“我的文件”。

操作提示：

① 选定一个文件：用鼠标左键单击该文件。

② 选定多个连续的文件。

方法一：按住鼠标左键不放，从左上角向右下角拉出一个方框，框内加亮的即为所选文件。

方法二：先单击第一个文件，按住“Shift”键不放，然后用鼠标左键单击要选择的最后一个文件。

③ 选定多个不连续的文件：先按住“Ctrl”键不放，再用鼠标左键单击要选择的每一个文件。

④ 选定所有的文件：按住“Ctrl+A”组合键完成。

（2）删除“我的文件”。

操作提示：

方法一：在“我的文件”上单击鼠标右键，在弹出的快捷菜单中选择“删除”。

方法二：按下“Delete”或“Del”键删除。

方法三：选择工具栏菜单中的“文件”→“删除”命令删除文件。

（3）确定删除“我的文件”。

操作提示：

选择“删除”后系统会弹出一个“删除文件”对话框，如果确实要删除，用鼠标左键单击“是”按钮，要取消删除操作则单击“否”按钮，如图 8-15 所示。

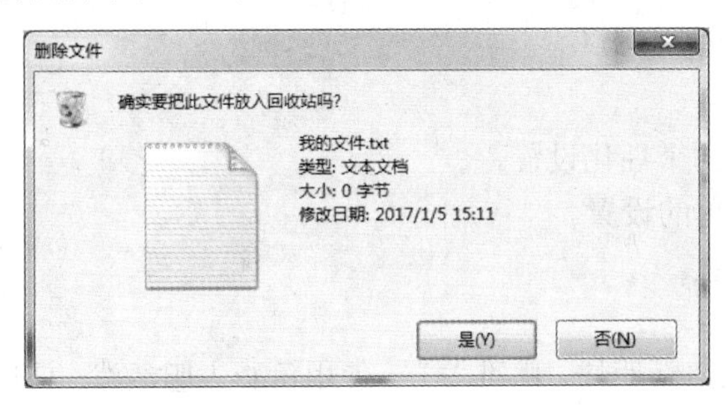

图 8-15　“删除文件”对话框

注意：以上删除操作，仅仅是将文件移入“回收站”中，并没有从磁盘上彻底清除，删除的文件可以从“回收站”中恢复。如果不希望删除的文件或者文件夹进入回收站，而是要彻底删除，可以按下“Shift+Del”或“Shift+Delete”组合键删除。

6．恢复删除的“我的文件”。

系统设立“回收站”主要是用来防止彻底地从硬盘上删除对象。系统把删除的对象放在“回收站”中，如果用户在操作过程中误删了文件或文件夹，可以在“回收站”中进行恢复。

操作提示：

在桌面上用鼠标双击“回收站”图标，打开如图 8-16 所示的“回收站”窗口。选中要恢复的文件或文件夹，在工具栏上选择“还原此项目”命令，这样可以将文件恢复到原来的位置。若不选择文件，选择工具栏的“还原所有项目”，则将回收站中所有文件还原。

如果用户确定删除的文件是不需要的，那么可以在工具栏上选择“清空回收站”命令来彻底删除这些文件。

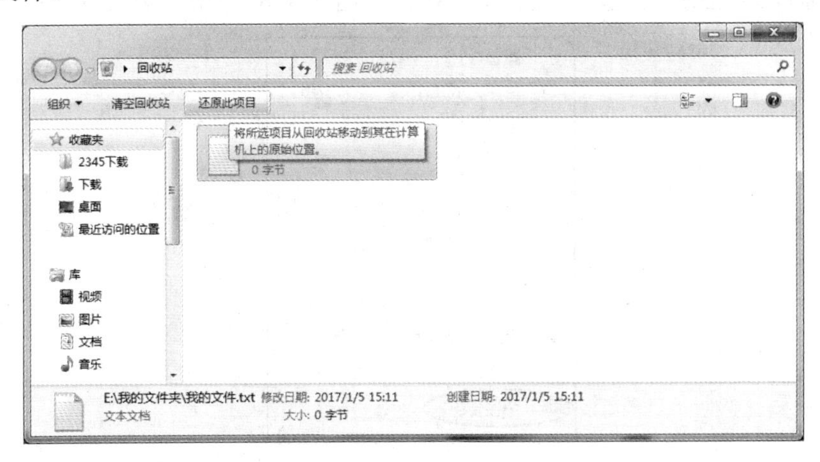

图 8-16 “回收站”窗口

实验二　Windows 7 桌面的设置与使用

【实验目的】

1．掌握 Windows 7 的个性化设置。

2．掌握“开始”菜单的设置。

3．掌握任务栏的设置。

【实验内容】

1．修改 Windows 7 的个性化设置。

2．修改“开始”菜单的设置。

3．修改任务栏的设置。

【实验步骤】

Windows 7 桌面风格清新明快、优雅大方，使用色彩大胆活泼，使用户有良好的视觉享受。本次实验通过具体实例设置，帮助读者了解和掌握 Windows 7 的个性化设置、“开始”菜单和任务栏的使用与设置。

1．修改 Windows 7 的个性化设置。

Windows 7 的个性化设置包含主题、桌面图标、鼠标指针、账户图片等。主题包括桌面背景、屏幕保护程序、窗口字体、在窗口和对话框中的颜色和三维效果、图标和鼠标指针的外观、各种操作对应的声音。用户可以更改各个元素来自定义主题，还可以自定义桌面，例如，将 Web 内容添加到背景中，或者选择想要显示在桌面上的图标，还可以为显示器指定颜色、更改屏幕分辨率等参数。

（1）修改桌面背景为指定图片。

桌面就是用户启动计算机登录到系统后看到的整个屏幕界面，它是用户和计算机进行交流的窗口。桌面可以存放用户经常用到的应用程序和文件夹图标，用鼠标左键双击桌面上的图标可以快速启动相应的程序或文件。

操作提示：

① 将鼠标置于桌面空白处，单击鼠标右键，弹出如图 8-17 所示的菜单。

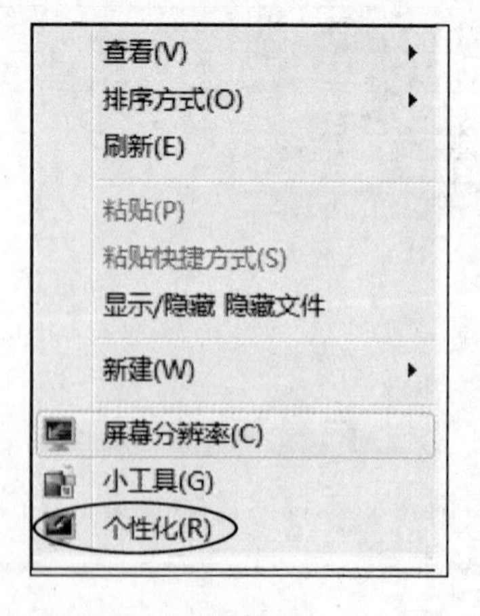

图 8-17　鼠标右键菜单—“个性化”

② 在弹出的菜单中选择“个性化”，打开“个性化”窗口，如图 8-18 所示。

图 8-18 “个性化”窗口

③ 在“个性化”窗口下方选择“桌面背景”，如图 8-19 所示，进入“桌面背景”窗口。

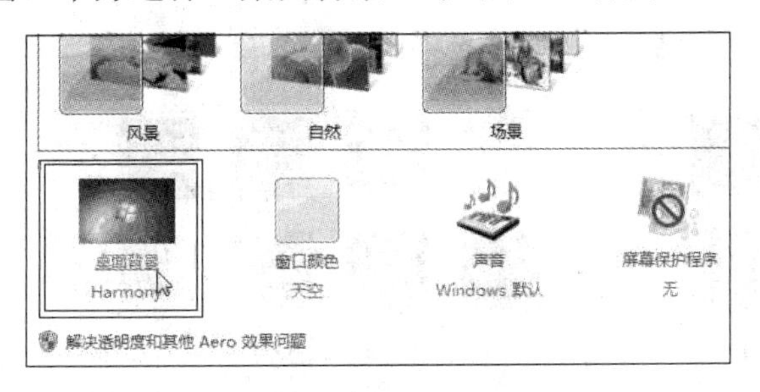

图 8-19 选择“桌面背景”

④ 先在“桌面背景”窗口中单击要用于桌面背景的图片，然后单击“保存修改”按钮，如图 8-20 所示。

图 8-20 “桌面背景”窗口

（2）修改桌面背景为纯色。

操作提示：

① 在“桌面背景”窗口中单击“图片位置”下拉列表选择“纯色”，如图 8-21 所示。

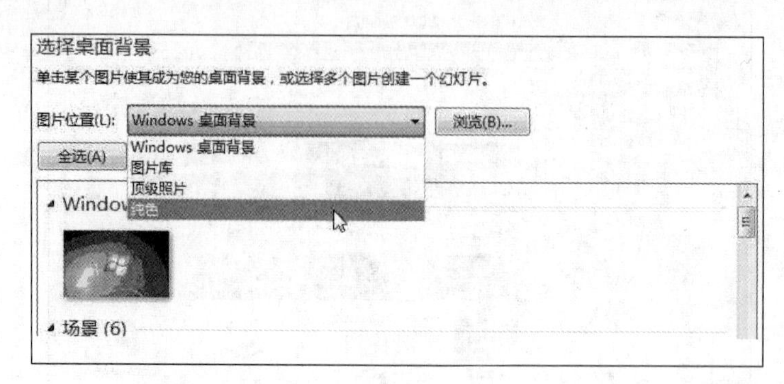

图 8-21　修改桌面背景

② 在出现的各种颜色中选择一个，单击“保存修改”按钮，如图 8-22 所示。

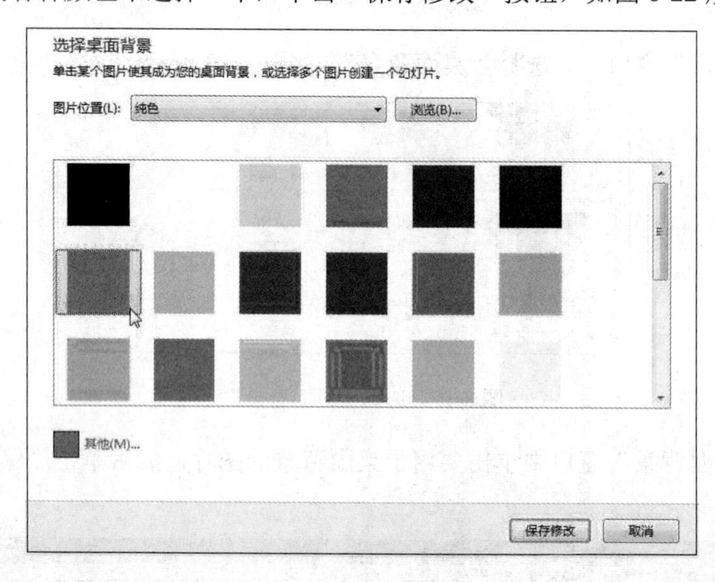

图 8-22　选择纯色背景

注意：若要使用存储在计算机上的其他图片作为桌面背景，在图片上用鼠标右键单击，选择“设置为桌面背景”即可。

（3）设置“屏幕保护程序”。

对于老式的 CRT（阴极射线显像管）显示器来说，屏幕保护是为了不让屏幕一直保持静态的画面太长时间，造成屏幕上的荧光物质老化进而缩短显示器的寿命。而现在常见的 LCD（液晶显示屏）与 CRT 的工作原理完全不同，关闭显示器或者设置成待机状态才能起到保护作用。

操作提示：

① 打开“个性化”窗口，在“个性化”窗口下方选择“屏幕保护程序”，如图 8-23 所示。

② 在弹出的“屏幕保护程序设置”对话框中，从“屏幕保护程序”下拉列表中选择屏幕保护的样式，如“气泡”。在“等待”文本框中设置时间为 1 分钟，即 1 分钟的无操作状态之

后，屏幕保护程序开始运行，如图 8-24 所示。

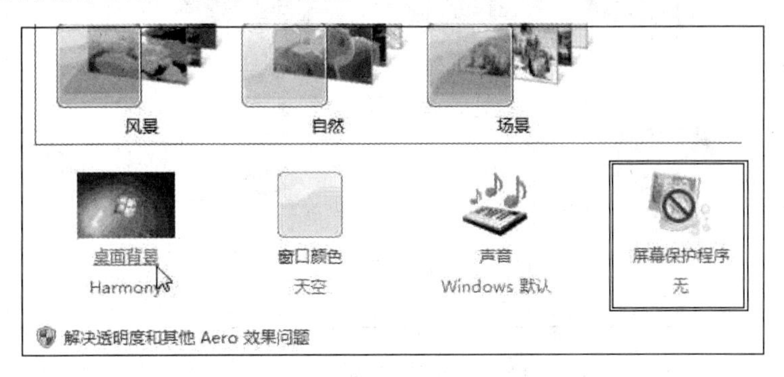

图 8-23　选择“屏幕保护程序”

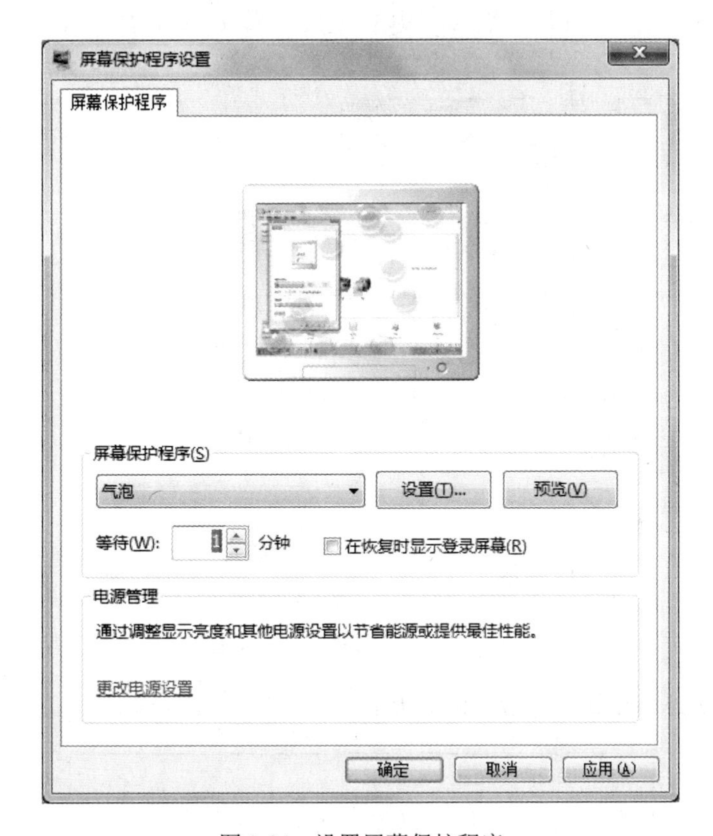

图 8-24　设置屏幕保护程序

③ 在“屏幕保护程序设置”对话框中，单击“确定”按钮。停止鼠标及键盘操作，静止 1 分钟，等待屏幕保护程序的启动，观察效果。

（4）设置窗口颜色和外观。

设置窗口边框、“开始”菜单和任务栏颜色为绿色，启用透明效果，修改高级外观设置。

操作提示：

① 打开“个性化”窗口，在“个性化”窗口下方选择“窗口颜色”，如图 8-25 所示。

② 在打开的“窗口颜色和外观”窗口中设置颜色并中“启用透明效果”，如图 8-26 所示。

图 8-25 选择“窗口颜色”

图 8-26 “窗口颜色和外观”窗口

③ 单击“高级外观设置”，如图 8-27 所示。

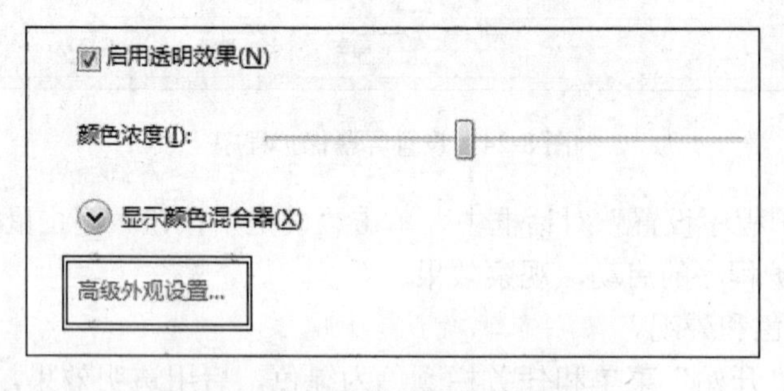

图 8-27 选择“高级外观设置”

④ 在弹出的“窗口颜色和外观”对话框中选择“项目”、“颜色”等，将选中项目的颜色、字体、大小等按个人所需设置，如图 8-28 所示。

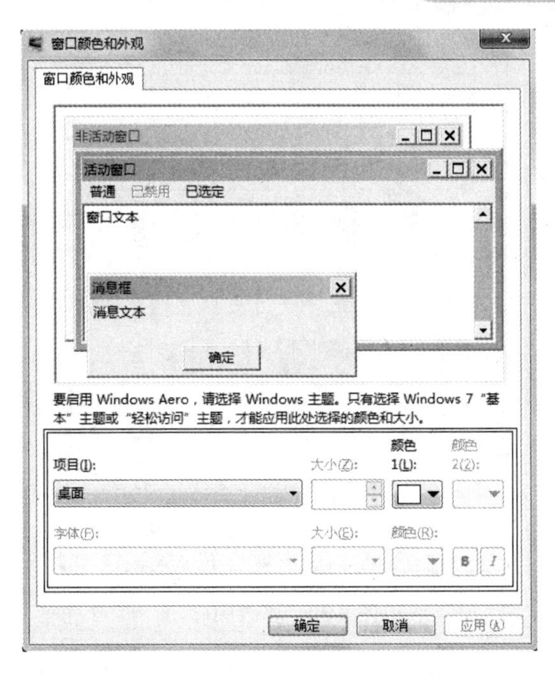

图 8-28 “窗口颜色和外观”对话框

（5）更改桌面图标。

操作提示：

① 打开“个性化”窗口，在“个性化”窗口左侧选择“更改桌面图标”，打开“桌面图标设置”对话框，如图 8-29 所示，在桌面图标区域选中所有项。

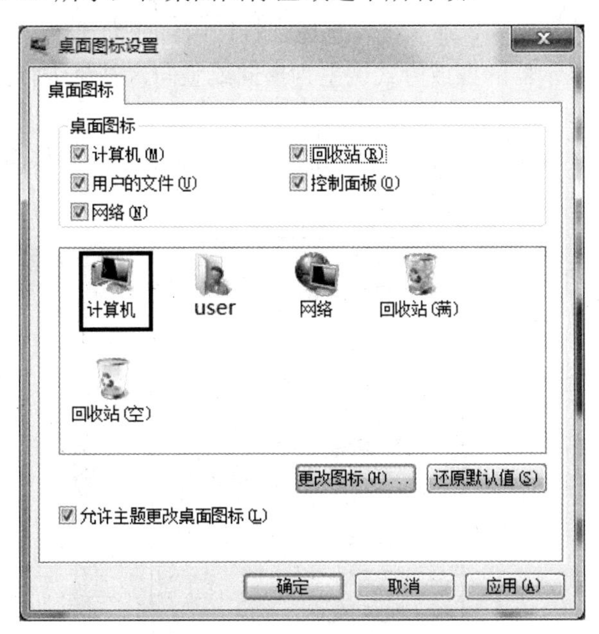

图 8-29 “桌面图标设置”对话框

② 在桌面图标区域下方选择图标，单击“更改图标”按钮，在弹出的“更改图标”对话框中挑选一个喜欢的图片替换默认图片，如图 8-30 所示，单击“确定”按钮。

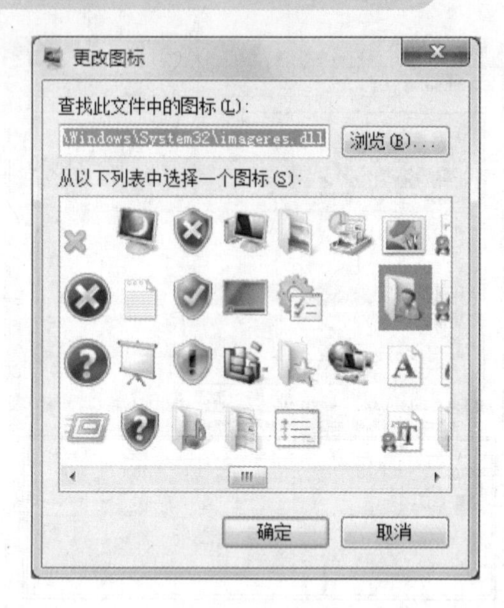

图 8-30　更改图标

③ 依次修改所有桌面图标的图片，单击“确定”按钮。观察修改后的桌面。

④ 打开“桌面图标设置”对话框，单击“还原默认值”按钮，依次将修改的桌面图标的图片还原。

（6）设置分辨率为适当大小，显示方向为横向。

分辨率就是屏幕上显示的像素个数，在屏幕尺寸不变的情况下，分辨率越高，像素的数目越多，显示的图像越精密。更改屏幕分辨率会影响登录到此计算机上的所有用户。如果将显示器设置为它不支持的屏幕分辨率，那么该屏幕在几秒钟内将变为黑色，显示器则还原至原始分辨率。显示方向可以随显示器的摆放方式调整为横向或竖向，甚至进行翻转。

操作提示：

① 在桌面空白处单击鼠标右键，从弹出的快捷菜单中选择“屏幕分辨率”，如图 8-31 所示。

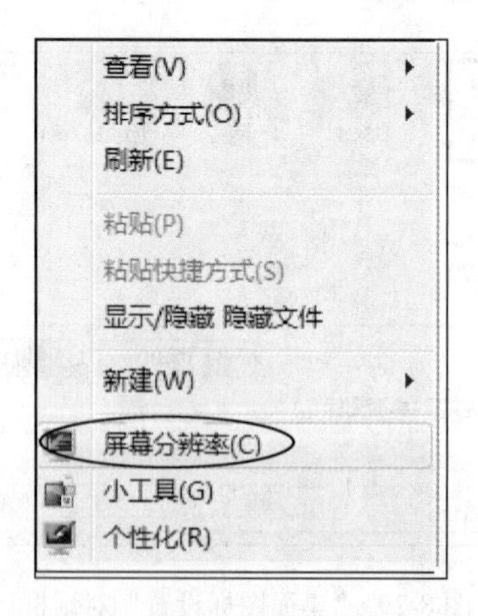

图 8-31　选择“屏幕分辨率”

② 打开“屏幕分辨率”窗口，如图 8-32 所示。

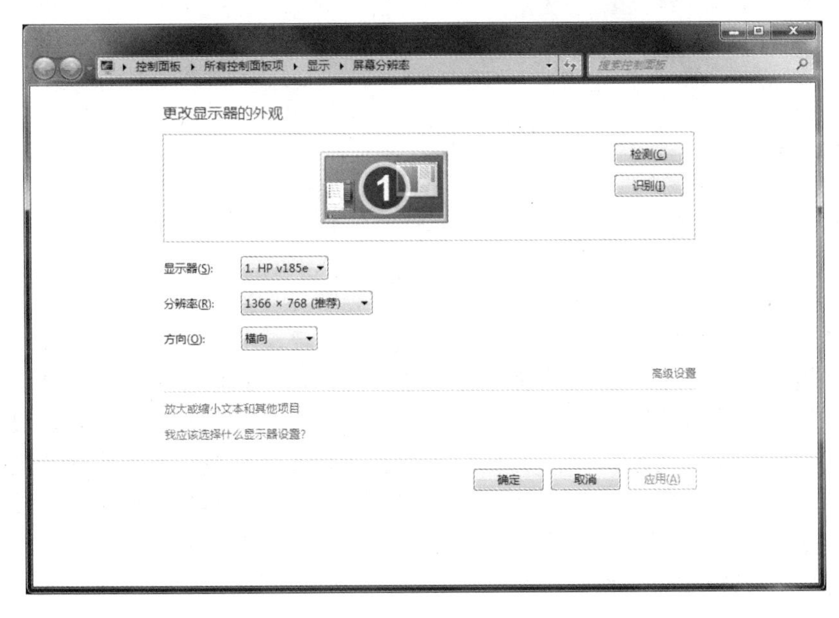

图 8-32 “屏幕分辨率”窗口

③ 在“屏幕分辨率”窗口中单击“分辨率”下拉列表，将滑块移动到所需的分辨率处，设置分辨率为适当的大小，如图 8-33 所示。

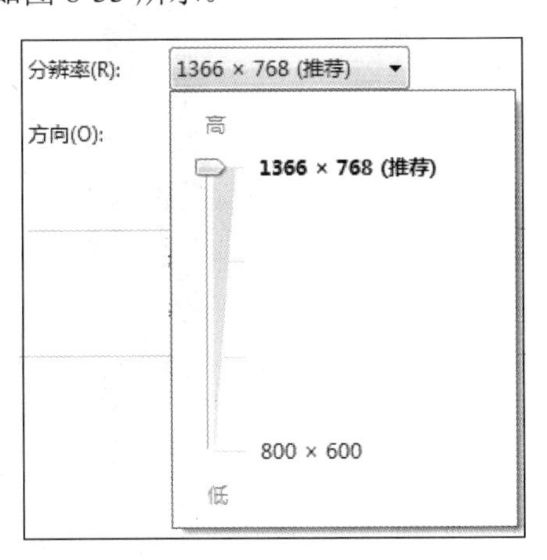

图 8-33 设置分辨率

④ 在“屏幕分辨率”窗口中单击“方向”下拉列表，选择需要的显示方向，如图 8-34 所示。

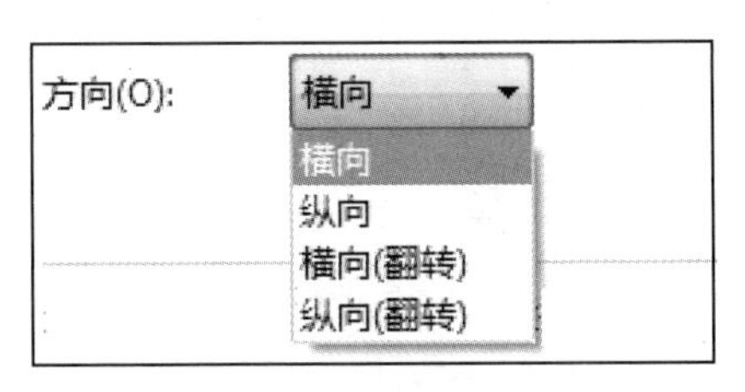

图 8-34 设置显示方向

⑤ 在“屏幕分辨率”窗口中单击“确定”或“应用”按钮。在弹出的“显示设置”对话

框中单击“保留更改”按钮，如图 8-35 所示。若单击“还原”按钮则会回到以前的分辨率。

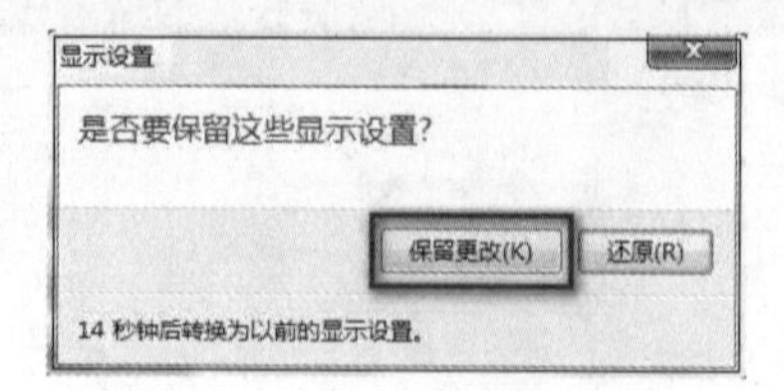

图 8-35　选择“保留更改”

2．修改“开始”菜单的设置。

“开始”菜单如图 8-36 所示。“开始”菜单最上方标明了当前登录计算机系统的用户，具体内容会根据登录的用户而不同。左边窗格是常用应用程序的快捷启动项，可以快速启动应用程序。左边窗格的底部是“搜索”框，通过输入搜索项可在计算机中查找程序或文件。右边窗格是系统控制工具菜单区域，包括“计算机”、“控制面板”、“文档”等选项，通过这些菜单项可以实现对计算机的操作与管理。“所有程序”中显示计算机系统中安装的全部应用程序。在“开始”菜单右下方是“关机”按钮。

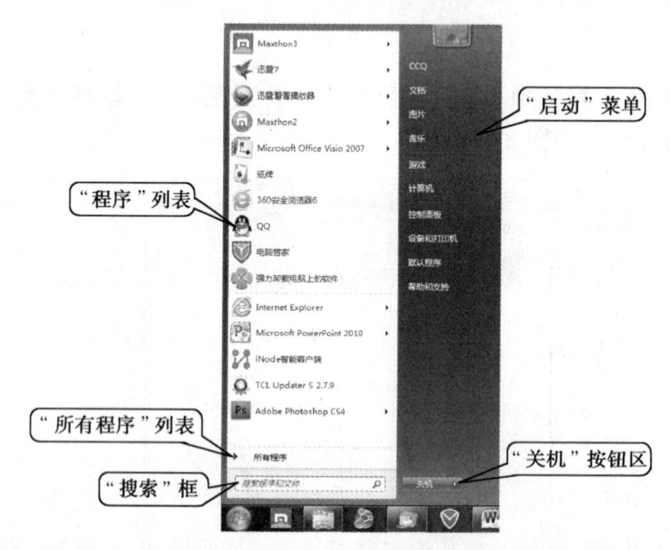

图 8-36　“开始”菜单

操作提示：

① 用鼠标右键单击任务栏的空白处或“开始”菜单按钮，选择“属性”命令，如图 8-37 所示。

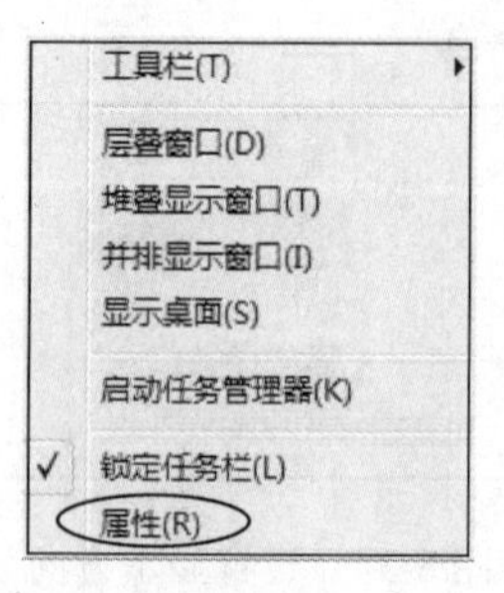

图 8-37　选择“属性”

② 在弹出的“任务栏和「开始」菜单属性”对话框中选择“「开始」菜单”选项卡，如图 8-38 所示。

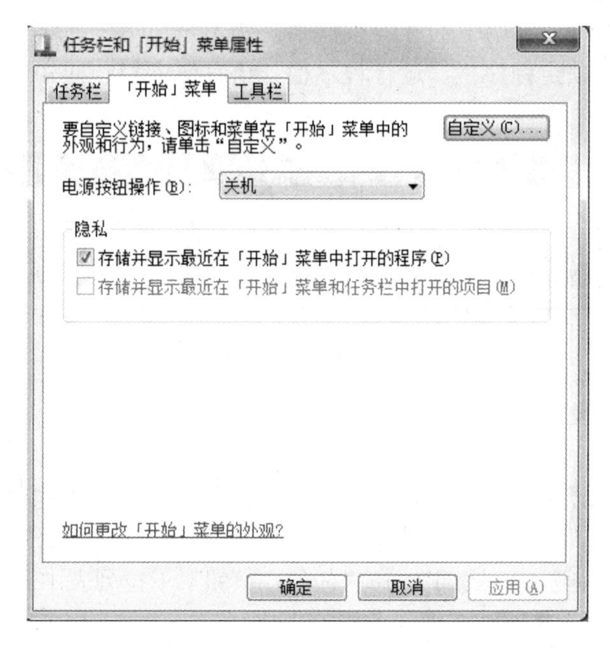

图 8-38 “任务栏和「开始」菜单属性”对话框

③ 在“「开始」菜单”选项卡中，单击“自定义”按钮，打开“自定义「开始」菜单”对话框，如图 8-39 所示。

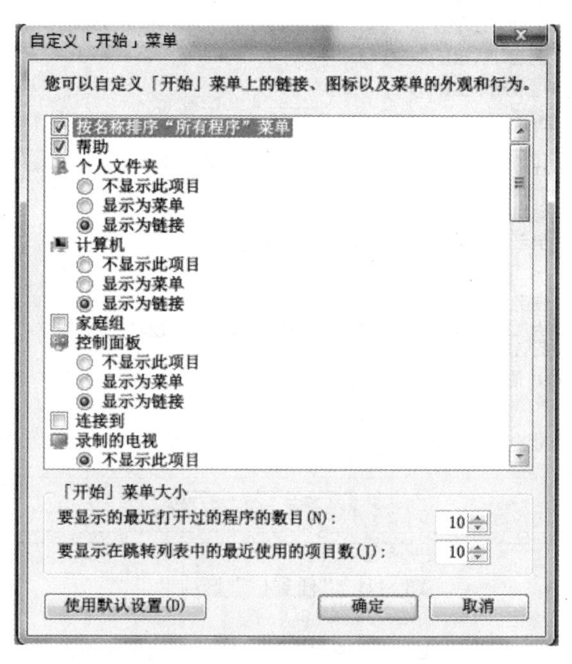

图 8-39 “自定义「开始」菜单”对话框

④ 在“自定义「开始」菜单”对话框中，设置图标大小、程序数目、显示类型等，设置完成后单击“确定”按钮。

⑤ 观察修改后的“开始”菜单。

3．修改任务栏的设置

任务栏如图 8-40 所示。任务栏位于桌面底部，是 Windows 7 的重要组件。从左到右依次是“开始”菜单按钮、锁定程序栏、运行程序栏、语言选项栏、通知区域、日期时间、显示桌面。

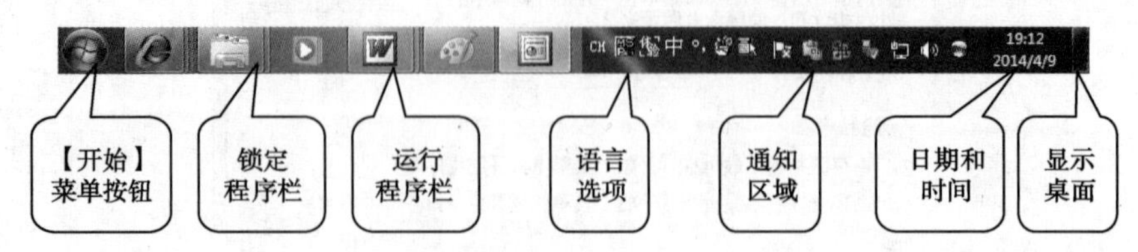

图 8-40　任务栏

（1）修改任务栏的设置。

操作提示：

① 在“任务栏和「开始」菜单属性”对话框中选择“任务栏”选项卡，如图 8-41 所示。

② 在“任务栏外观”区域，依次选中“锁定任务栏”、“自动隐藏任务栏”。在“屏幕上的任务栏位置”下拉列表中选择“底部”。在“任务栏按钮”下拉列表中选择 “始终合并、隐藏标签”。然后单击“应用”按钮，观察任务栏的变化。

图 8-41　“任务栏”选项卡

③ 在“通知区域”单击“自定义”按钮，打开“通知区域图标”窗口。在“通知区域图标”窗口中的“选择在任务栏上出现的图标和通知”下按照需要将程序图标对应的“行为”下拉列表选择为“显示图标和通知”，如图 8-42 所示，然后用鼠标左键单击“确定”按钮。

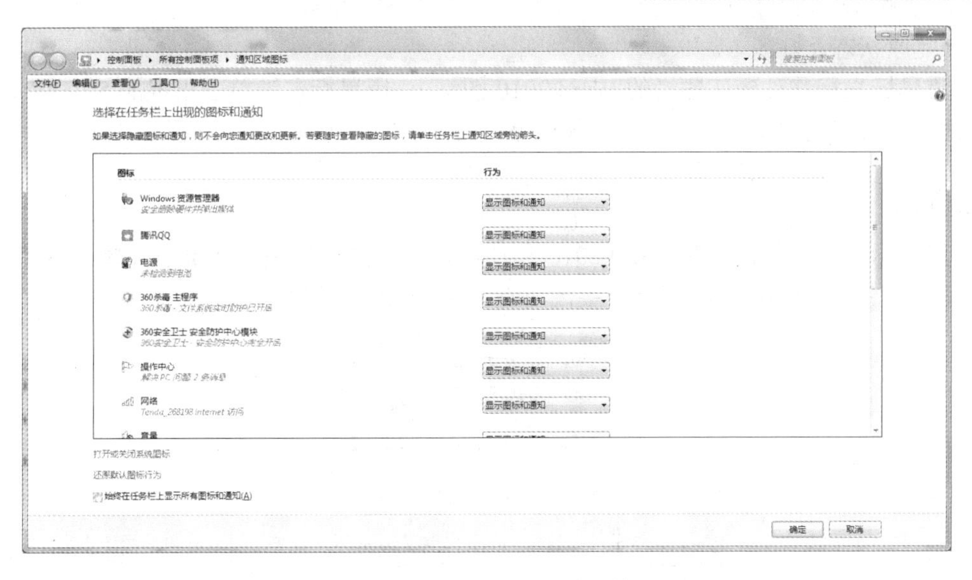

图 8-42　选择在任务栏上出现的图标和通知

④ 观察修改后的任务栏。

（2）使用 Aero Peek 预览桌面。

操作提示：

① 在“任务栏和「开始」菜单属性”对话框的“任务栏”选项卡中选中“使用 Aero Peek 预览桌面”。

② 从“开始”菜单中的“所有程序”打开 Internet Explorer。重复 5 次，打开 5 个 IE 浏览器窗口。从“开始”菜单选择“所有程序”→“Microsoft Office”选项，打开 Word 2010 程序。重复 5 次，打开 5 个 Word 2010 程序。

③ 将鼠标光标移动到任务栏最右侧的窄条“显示桌面”上，如图 8-43 所示。所有打开的程序及窗口将最小化，移开鼠标则会恢复原状态。若用鼠标左键单击任务栏通知区域最右侧的小长条“显示桌面”，移开鼠标不会恢复原状态，再次单击“显示桌面”才会恢复原状态。

图 8-43　“显示桌面”按钮

④ 将鼠标光标移动到任务栏的 Internet Explorer 图标上，此时会出现 5 个 Internet Explorer 预览图，如图 8-44 所示。

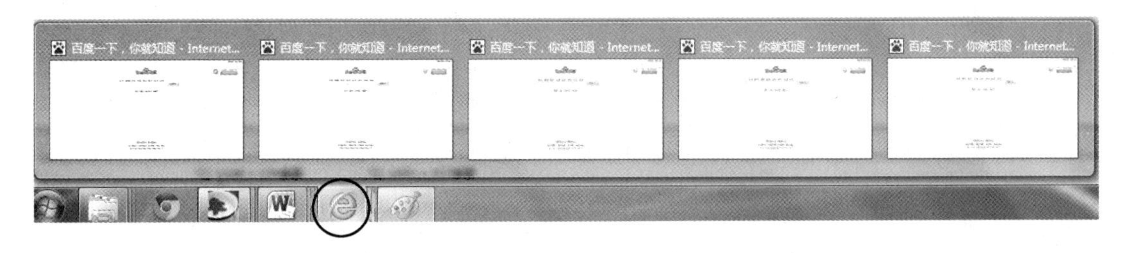

图 8-44　5 个 Internet Explorer 预览图

⑤ 将鼠标光标移动到 5 个 Internet Explorer 预览图之一上，则会切换到该 Internet Explorer 程序，移开鼠标则恢复原状态。若用鼠标左键单击 5 个 Internet Explorer 预览图之一，移开鼠

标不会恢复原状态。

⑥ 将鼠标光标移动到任务栏的 Word 2010 图标上。用鼠标左键单击出现的 5 个 Word 2010 预览图之一，可将当前窗口从 Internet Explorer 切换为所选的 Word 2010 程序。

（3）自定义快速启动按钮。

操作提示：

① 用鼠标右击任务栏上的 Word 2010 程序图标，从弹出的快捷菜单中选择“将此程序锁定到任务栏”命令，如图 8-45 所示。关闭所有的 Word 2010 程序。

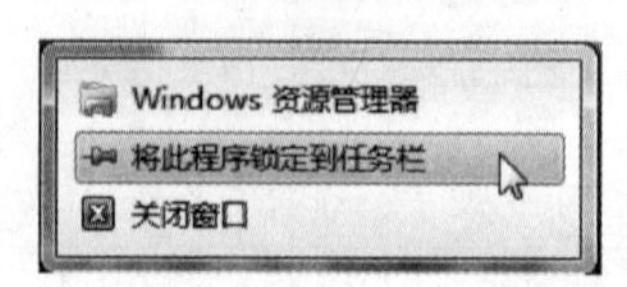

图 8-45　选择“将此程序锁定到任务栏”

② 用鼠标左键单击锁定到任务栏的 Word 2010 程序图标，可以启动 Word 2010 程序。再次单击任务栏 Word 2010 程序图标，则会将打开的 Word 2010 程序最小化到任务栏。

（4）移动并改变“任务栏”外观。

操作提示：

① 打开“任务栏和「开始」菜单属性”对话框，用鼠标左键依次清除“锁定任务栏”、“自动隐藏任务栏”选项。在“屏幕上的任务栏位置”下拉列表中选择“左侧”。在“任务栏按钮”下拉列表中选择“从不合并”。然后单击“应用”按钮，观察任务栏的变化。

② 将鼠标箭头置于任务栏的边界处，当鼠标指针变为⟺时，按住鼠标左键向右拖动，宽度合适时松开，观察任务栏的变化。

③ 将鼠标箭头置于任务栏的空白处，按住鼠标左键不放，依次拖动至桌面右侧、顶部、底部，观察任务栏的变化。

第9章 Word 2010文字处理实训

实验一　Word文档的建立与编辑

【实验目的】

1．掌握Word文档的基本操作。

2．掌握基本的中英文、符号的录入方法。

3．掌握制表位的设置方法。

4．掌握Word中文本的输入和编辑方法。

【实验内容】

1．文档的新建、保存、打开、关闭。

2．数字、英文字母、标点的输入。

3．全角、半角的区分。

4．特殊符号的使用。

5．制表位的设置。

6．查找/替换功能的使用。

7．着重号的使用。

8．文本的移动、复制、粘贴。

【实验步骤】

Windows操作系统自带了类似写字板、记事本等使用简单的文字处理程序，但要想完成更多的文字编辑任务，则需要使用专门的文字编辑软件，如Office Word 2010。该软件提供了大量符号和特殊符号，同时，类似制表位、查找/替换等功能更为普通文档的编辑提供了方便。本次实验通过一个实例来熟悉Word的基本操作、常用字符的输入和基本编辑方法。

按如下要求编辑一篇文档，熟悉Word的简单功能。

1．新建一个Word文档，以“W1—学号姓名.docx”为文件名保存于E盘。

（1）新建 Word 文档。

操作提示：

单击“开始”按钮，选择“所有程序”→“Microsoft Office”→“Microsoft Word 2010”选项或双击桌面 Word 快捷方式的图标。

（2）保存 Word 文档。新建 Word 文档后即可输入内容，建议在输入文字前首先将 Word 文档进行保存，这样可以充分利用 Word 的自动保存功能，又可以避免由于突然断电等意外情况丢失 Word 文档。

操作提示：

单击“文件”功能选项卡选择 “另存为”，弹出“另存为”对话框，如图 9-1 所示。在“文件名”下拉列表框中输入“W1—学号姓名.docx”，在“保存类型”下拉列表框中选择“Word 文档(*.docx)”。最后，单击“保存”按钮关闭此对话框。注意“保留与 Word 早期版本的兼容性”选项的应用。

图 9-1 “另存为”对话框

（3）关闭和打开已存在的 Word 文档。

操作提示：

① 关闭操作。

方法一：单击 Word 应用程序标题栏最右端的“关闭”按钮。

方法二：在“文件”选项卡中选择“退出”。

② 打开已存在的 Word 文档。

方法一：用鼠标左键双击已存在文档的图标，打开该文档。

方法二：新建一个 Word 文档，单击“文件”选项卡，选择“打开”，在弹出的对话框中找到需要打开的文档。

2．录入文字。

打开已新建的“W1—学号姓名.docx”文档，输入以下文字，设置中文为宋体、英文为 Times New Roman，字号为五号。同时，文中加粗文字的位置通过制表位控制，制表位位置分别设置为 1 字符、10 字符、22 字符、33 字符，对齐方式为居中。

Microsoft Word 中各种符号的录入

Microsoft Word 是微软公司的一个文字处理器应用程序，它最初是由 Richard Brodie 为了运行 DOS 的 IBM 计算机而在 1983 年编写的。Microsoft Word 是目前占有巨大优势的文字处理器，因此，其专用的档案格式 Word 文件(.doc)成为事实上最通用的标准。

在 Word 文档中，我们总会遇到一些键盘上没有的特殊符号，例如圆周率“π”，温度单位“℃”等。怎样才能快速、准确地输入这些符号呢？下面列出几种常用法及其优缺点：

名称	**插入符号法**	**插入特殊符号法**	**符号栏输入法**
优点	**符号丰富，可多次插入**	**符号丰富，查找迅速**	**插入符号方便、迅速**
缺点	**不利于快速找到需要的符号**	**插入多个符号时麻烦**	**可选符号太少**
用法	**单击“插入|符号”**	**单击“插入|特殊符号”**	**工具栏上点右键选择**

另外，Microsoft Word 中提供了大量符号的使用，符号录入注意以下几点：

1、标点符号：如逗号“，”、句号“。”、顿号“、”、感叹号“！”、书名号“《》”等等，要注意录入时的中/英文符号状态，中英文的逗号和句号等符号是有明显区别的：如英文逗号“,”，而中文逗号“，”；英文句号“.”，而中文句号“。”。

2、全角/半角：全角指一个字符占用两个标准字符位置，而半角指一个字符占用一个标准字符位置，如“1+2=3”是在半角状态下输入的，而“１＋２＝３”是在全角状态下输入的。

3、符号和特殊字符：符号和特殊字符不显示在键盘上，但是在屏幕上和打印时都可以显示。例如，可以插入符号，如¼和©；特殊符号，如长破折号(—)、省略号(…)或不间断空格(不间断空格：用来防止行尾单词间断的空格。例如，为防止“Microsoft Office”断开，改为将整个项移动到下一行的开头。)，以及许多国际通用字符，如 Ç 和 ë。

操作提示：

（1）中英文标点符号的输入。

一般的标点符号可以通过键盘或中文输入法提供的符号软键盘输入，如中文中的顿号（、）在中文输入法的中文标点状态下按下键盘上的“\”键，书名号（《》）在中文输入法的中文标点状态下按“Shift+<”组合键和“Shift+>”组合键。中、英文输入法可按“Ctrl+Shift”组合键进行切换。

（2）全角/半角字符的输入。

在中文输入法状态下，全角、半角之间通过“Shift+Space”组合键进行切换。

（3）符号和其他符号的输入。

在“插入”功能选项卡中的“符号”选项组中单击“符号”下拉菜单中的“其他符号”，弹出“符号”对话框，如图 9-2 所示。选中符号后单击“插入”按钮。同时，也可以通过“近期使用过的符号”快速找到一些常用的特殊符号进行插入。另外，某些标点符号也可以通过插入符号的方式进行输入。

（4）文本的复制和粘贴。

对于文中反复出现的文字，通过“复制”→“粘贴”选项的方式使输入更加方便。

方法一：按住鼠标左键从需要复制的文字起始位置拖动至终止位置，文字成反显状态，在其上单击鼠标右键选择“复制”命令，再在需要粘贴的位置单击鼠标右键选择“粘贴”命令。

方法二：选定要复制的文本，将鼠标指针指向选定文本，光标呈指向左上方的箭头，按住键盘上的“Ctrl”键，同时按住鼠标左键不放拖动到需要粘贴的位置。

图 9-2 “符号”对话框

（5）制表位的设置。

制表位是指水平标尺上的位置，它指定文字缩进的距离或一栏文字开始的位置。利用制表位可以把文本排列得像有表格一样规范，而利用“Space”键来调整字符的位置比较麻烦，同时也不能保证文字的排版规范。制表位的类型包括左对齐，居中对齐，右对齐，小数点对齐和竖线对齐等，这些制表位的使用方法大致相同。

文中加粗部分文字的输入通过设置居中对齐制表位完成，有如下两种设置方法。

方法一：在“开始”功能选项卡中的“段落”选项组中单击“扩展”按钮弹出对话框，在对话框中单击“制表位”按钮。

首先打开 Word 2010 文档窗口，在“开始”功能选项卡中的“段落”选项组中单击“扩展”按钮，如图 9-3 所示，弹出“段落”对话框，如图 9-4 所示。

图 9-3 “扩展”按钮

然后在对话框中单击“制表位”按钮，弹出“制表位”对话框，再依次设置制表位，如图 9-5 所示。

方法二：用鼠标单击法设置制表位。

在水平标尺与垂直标尺相交点处有一个小方框（也称“制表符”选择按钮），如图 9-6 左上角所示，单击此按钮找出所需要的“居中式制表符”，再用鼠标左键单击水平标尺上相应的位置设置制表位。

（6）对文字加粗。

用鼠标选中需要加粗的文字，在“开始”功能选项卡中的“字体”选项组中单击“扩展”

按钮弹出“字体”对话框，在出现的对话框中设置字形为“加粗”，如图 9-7 所示。单击“确定”按钮完成设置。

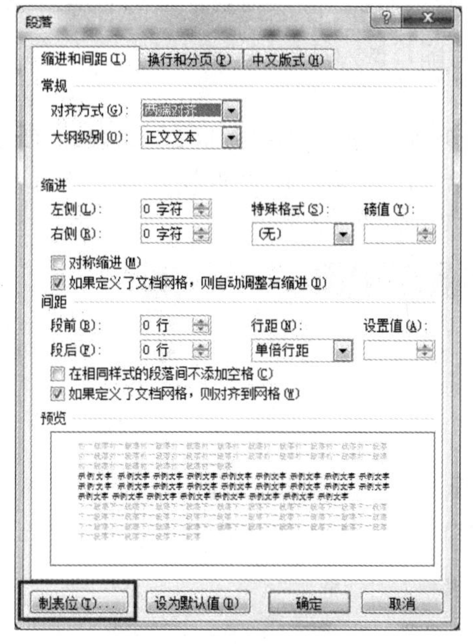

图 9-4 “段落”对话框

图 9-5 “制表位”对话框

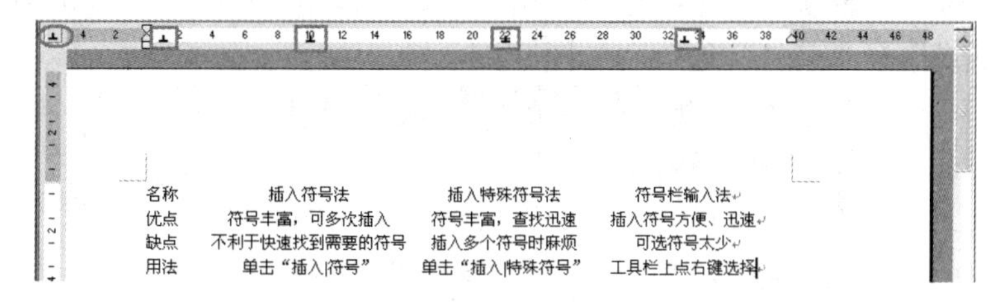

图 9-6 “制表符”选择按钮

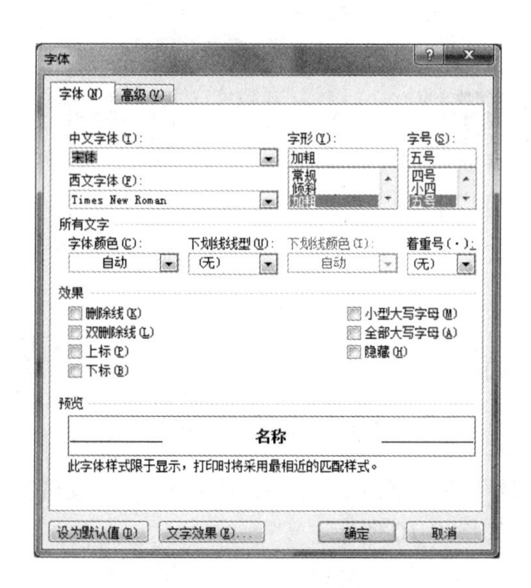

图 9-7 设置字体加粗

3．查找和替换。

在使用 Word 编辑文档时，经常会使用“查找和替换”功能来批量替换文档中特定的词语或句子，也可以为多处文字设置格式，因此灵活运用可以达到事半功倍的效果。

查找文中出现的所有“Microsoft”，并将其全部替换为红色的“微软”。

操作提示：

（1）在“开始”功能选项卡中的“编辑”选项组中单击“替换”，或通过按“Ctrl+H”组合键弹出“查找和替换”对话框。进入“替换”选项卡，在“查找内容”下拉框中输入“Microsoft”，在“替换为”下拉框中输入“微软”，如图 9-8 所示。

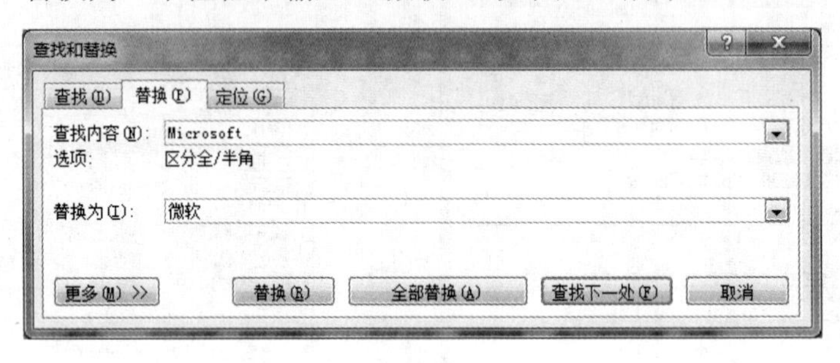

图 9-8 “查找和替换”对话框

（2）将“微软”设置成红色。

① 将光标定位到“替换为”下拉框，单击“更多”按钮，展开“搜索选项”。

② 选择“格式”→“字体”选项，如图 9-9 所示。

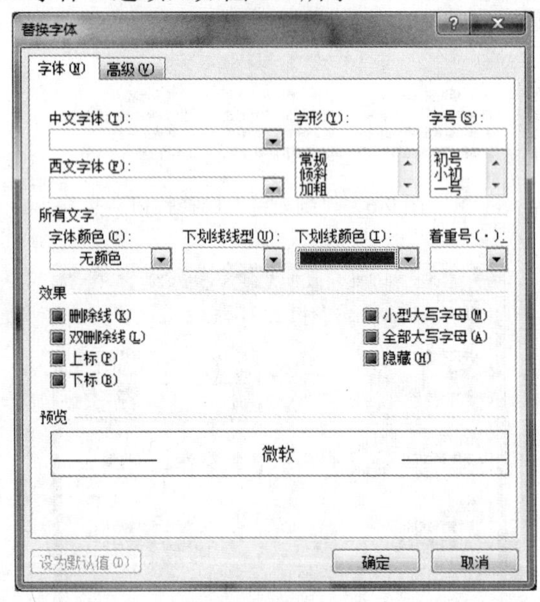

图 9-9 设置字体颜色

③ 在出现的“替换字体”对话框中进行字体颜色设置，设置完毕后单击“确定”按钮，再单击“全部替换”按钮，如图 9-10 所示。

4．着重号的使用。

在标题文字“微软 Word 中各种符号的录入”下面添加着重号。

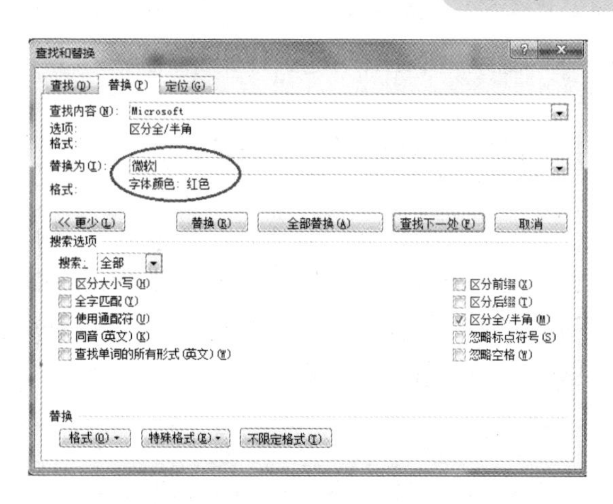

图 9-10 “搜索选项”展开图

操作提示：

选中文字，在“开始”功能选项卡中的“字体”选项组中单击“扩展”按钮，弹出“字体”对话框。在对话框中的“着重号”下拉列表框中进行选择，如图 9-11 所示。单击“确定”按钮完成设置。

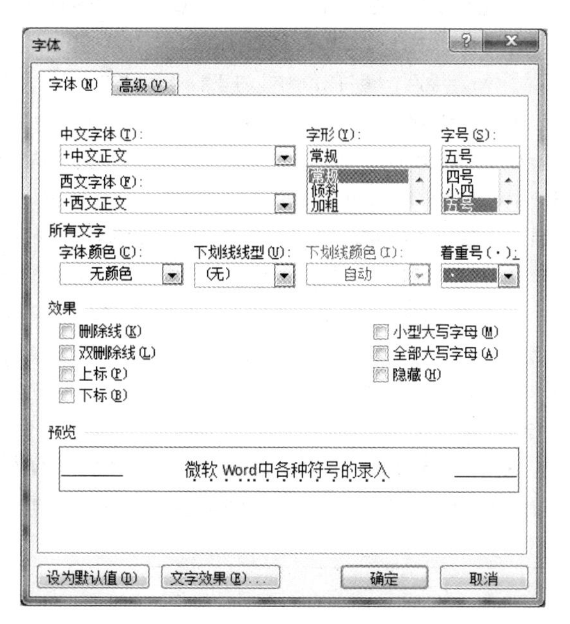

图 9-11 设置着重号

5．文本的选择、插入和删除。

在文中第一句话后插入以下文字：“Word 是 Office 中的主要组件之一，它集文字处理、电子表格、传真、电子邮件、HTML 和 Web 页面制作功能于一体，让用户能方便地处理文字、图形和数据等，适用于制作各种文档。”，再将其后一句文字删除。

操作提示：

（1）将光标定位到待插入处，输入需要插入的文字。

（2）选择需要删除的文字：按住鼠标左键从起始位置拖动到终止位置，使选定的文字成反显状态。

（3）按“BackSpace(←)”键或“Delete”键进行删除。

6．文本的移动。

将刚插入的文字移至文章最后，单独成为一个段落。

操作提示：

方法一：选定需要移动的文字，在其上单击鼠标右键选择“剪切”命令，再将光标移到新位置，单击鼠标右键选择“粘贴”命令（也可以通过组合键“Ctrl+X”和“Ctrl+V”完成）。

方法二：选定需要移动的文字，按住鼠标左键不放拖动至目标位置。

上述操作完成后，可以得到如下所示的文档：

微软 Word 中各种符号的录入

微软 Word 是微软公司的一个文字处理器应用程序，它最初是由 Richard Brodie 为了运行 DOS 的 IBM 计算机而在 1983 年编写的。

在 Word 文档中，我们总会遇到一些键盘上没有的特殊符号，例如圆周率“π”，温度单位“℃”等。怎样才能快速、准确地输入这些符号呢？下面列出几种常用方法及其优缺点：

名称	插入符号法	插入特殊符号法	符号栏输入法
优点	符号丰富，可多次插入	符号丰富，查找迅速	插入符号方便、迅速
缺点	不利于快速找到需要的符号	插入多个符号时麻烦	可选符号太少
用法	单击“插入|符号”	单击“插入|特殊符号”	工具栏上点右键选择

另外，微软 Word 中提供了大量符号的使用，符号录入注意以下几点：

1、标点符号：如逗号“，”、句号“。”、顿号“、”、感叹号“！”、书名号“《》”等等，要注意录入时的中/英文符号状态，中英文的逗号和句号等符号是有明显区别的：如英文逗号“,”，而中文逗号“，”；英文句号“.”，而中文句号“。”。

2、全角/半角：全角指一个字符占用两个标准字符位置，而半角指一个字符占用一个标准字符位置，如“1+2=3”是在半角状态下输入的，而“１＋２＝３”是在全角状态下输入的。

3、符号和特殊字符：符号和特殊字符不显示在键盘上，但是在屏幕上和打印时都可以显示。例如，可以插入符号，如％和©；特殊符号，如长破折号(—)、省略号(…)或不间断空格(不间断空格：用来防止行尾单词间断的空格。例如，为防止“微软 Office”断开，改为将整个项移动到下一行的开头。)，以及许多国际通用字符，如 Ç 和 ë。

Word 是 Office 中的主要组件之一，它集文字处理、电子表格、传真、电子邮件、HTML 和 Web 页面制作功能于一体，让用户能方便地处理文字、图形和数据等，适用于制作各种文档。

实验二　Word 文档的排版

【实验目的】

1．掌握文字格式、段落格式的设置方法。

2．掌握拼音指南、边框与底纹、项目符号与编号、首字下沉、分栏、水印、页面设置的设置方法。

3．掌握自选图形、页眉、尾注的插入和编辑方法。

4．掌握查找和替换、格式刷等工具的使用方法。

【实验内容】

1．文档的输入。

2．文字格式和段落格式的编辑。

3．拼音指南的使用。

4．格式刷的使用。

5．项目符号和编号的使用。

6．分栏的设置。

7．自选图形的插入。

8．脚注和尾注的设置。

9．页面和页眉、页脚的设置。

10．首字下沉的使用。

11．页面边框和底纹的设置。

12．水印的设置。

【实验步骤】

Word 是一种功能强大的文字处理软件，可惜大约 80%的用户只使用了约 20%的软件功能，排版软件只作为打字软件在用。使用 Word 编辑一篇美观的文章，除了输入文字以外，还要大量的使用编辑文字和段落格式、页面设置等功能，并配合适当的符号、图形和图片，才能更加生动形象。本次实验通过实例熟悉文档格式的设置、视图等常用排版工具的使用方法。

按照下面所给的操作要求和提示，编辑一篇文章，如图 9-12 所示。

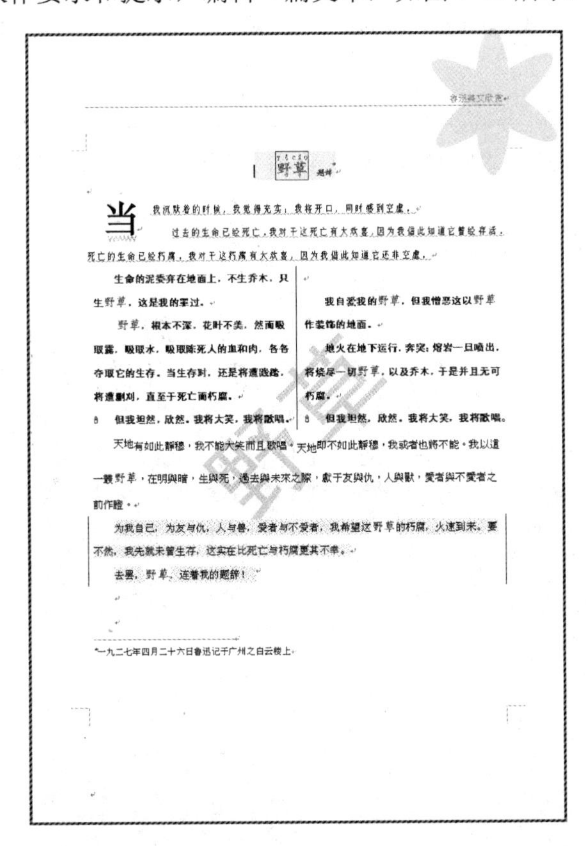
鲁迅散文欣赏

野草　题辞

当我沉默着的时候，我觉得充实；我将开口，同时感到空虚。

过去的生命已经死亡，我对于这死亡有大欢喜，因为我借此知道它曾经存活。死亡的生命已经朽腐，我对于这朽腐有大欢喜，因为我借此知道它还非空虚。

生命的泥委弃在地面上，不生乔木，只生野草，这是我的罪过。

野草，根本不深，花叶不美，然而吸取露，吸取水，吸取陈死人的血和肉，各各夺取它的生存。当生存时，还是将遭践踏，将遭删刈，直至于死亡而朽腐。

但我坦然，欣然。我将大笑，我将歌唱。

我自爱我的野草，但我憎恶这以野草作装饰的地面。

地火在地下运行，奔突；熔岩一旦喷出，将烧尽一切野草，以及乔木，于是并且无可朽腐。

但我坦然，欣然。我将大笑，我将歌唱。

天地有如此靜穆，我不能大笑而且歌唱。天地即不如此靜穆，我或者也將不能。我以這一叢野草，在明與暗，生與死，過去與未來之際，獻于友與仇，人與獸，愛者與不愛者之前作證。

为我自己，为友与仇，人与兽，爱者与不爱者，我希望这野草的朽腐，火速到来。要不然，我先就未曾生存，这实在比死亡与朽腐更其不幸。

去罢，野草，连着我的题辞！

一九二七年四月二十六日鲁迅记于广州之白云楼上

图 9-12　文档效果图

1．建立一个空白文档，输入以下文字，以“W2—学号姓名.docx”为文件名保存于E盘。（文字内容可以提前输入保存或由教师提供）

野草 题辞

当我沉默着的时候，我觉得充实；我将开口，同时感到空虚。

过去的生命已经死亡。我对于这死亡有大欢喜，因为我借此知道它曾经存活。死亡的生命已经朽腐。我对于这朽腐有大欢喜，因为我借此知道它还非空虚。

生命的泥委弃在地面上，不生乔木，只生野草，这是我的罪过。

野草，根本不深，花叶不美，然而吸取露，吸取水，吸取陈死人的血和肉，各各夺取它的生存。当生存时，还是将遭践踏，将遭删刈，直至于死亡而朽腐。

但我坦然，欣然。我将大笑，我将歌唱。

我自爱我的野草，但我憎恶这以野草作装饰的地面。

地火在地下运行，奔突；熔岩一旦喷出，将烧尽一切野草，以及乔木，于是并且无可朽腐。

但我坦然，欣然。我将大笑，我将歌唱。

天地有如此静穆，我不能大笑而且歌唱。天地即不如此静穆，我或者也将不能。我以这一丛野草，在明与暗，生与死，过去与未来之际，献于友与仇，人与兽，爱者与不爱者之前作证。

为我自己，为友与仇，人与兽，爱者与不爱者，我希望这野草的朽腐，火速到来。要不然，我先就未曾生存，这实在比死亡与朽腐更其不幸。

去罢，野草，连着我的题辞！

一九二七年四月二十六日鲁迅记于广州之白云楼上

2．打开此文件，将标题“野草 题辞”设置为居中，字体为楷体，字号为三号，绿色、加粗，将底纹设置为黄色；“野草”加深绿色边框及拼音指南；“题辞”设置为下标。

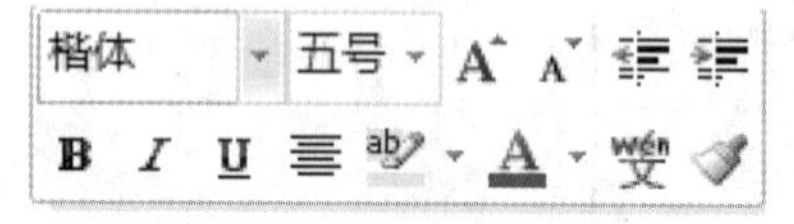

图9-13　Word浮动工具栏

操作提示：

（1）选中“野草 题辞”，单击鼠标右键，弹出如图9-13所示的浮动工具栏，通过快捷按钮设置居中。在“开始”功能选项卡中的“段落”选项组中选择“边框和底纹”，如图9-14所示。在打开的“边框和底纹”对话框中设置“底纹”为黄色。

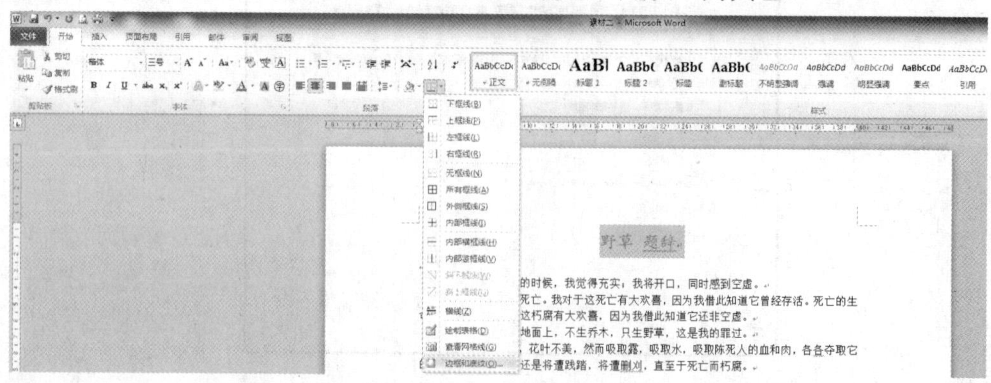

图9-14　选择“边框和底纹”

（2）在“开始”功能选项卡中的“字体”选项组中单击“扩展”按钮，弹出“字体”对话框，将“野草 题辞”设置为楷体、三号、绿色、加粗，如图 9-15 所示。

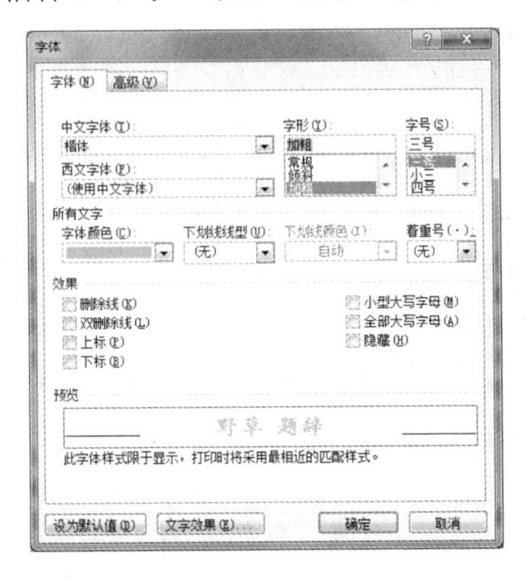

图 9-15 设置字体

（3）选中“野草”，按照图 9-14 所示的方法打开“边框和底纹”对话框，进入“边框”选项卡，分别设置“样式”和“颜色”，并在右边的“应用于”下拉列表框中选择“文字”选项，如图 9-16 所示。

（4）选中“题辞”，在“开始”功能选项卡中的“字体”选项组中单击“扩展”按钮，在弹出的对话框中设置“题辞”为下标。

（5）选中“野草”，在“开始”功能选项卡中的“字体”选项组中选择“拼音指南”，在确认内容无误后单击“确定”按钮。

注意：使用 Word 中的“拼音指南”功能，必须确定自己的计算机中安装了微软拼音输入法，否则此功能不能正常使用。“拼音指南”对话框的设置如图 9-17 所示。

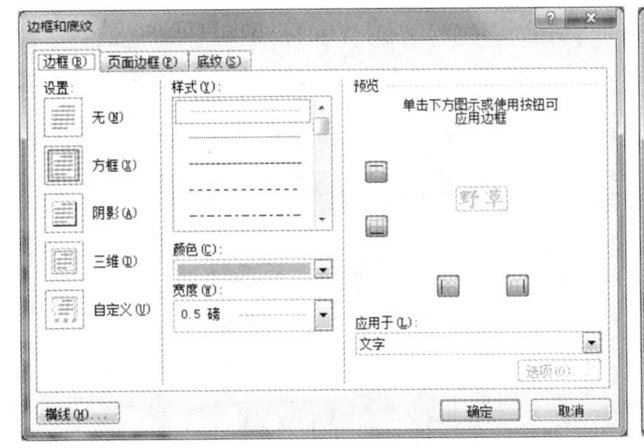

图 9-16 设置边框

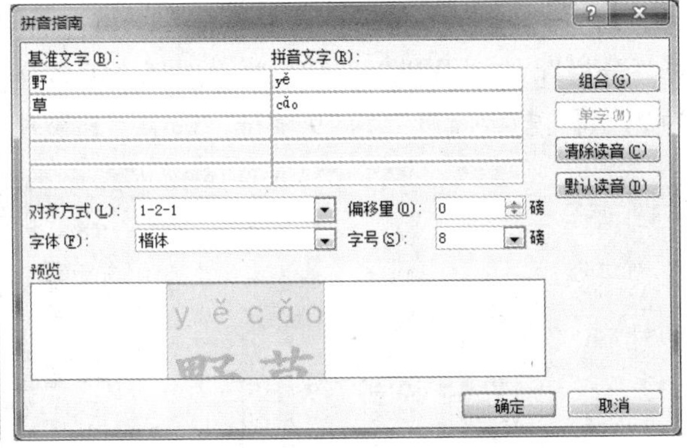

图 9-17 “拼音指南”对话框

3．设置正文一、二段的文字为宋体、五号、加浅灰色波浪形下画线，文字缩放 80%，文字间距加宽 1 磅。第一段首字下沉（“当”字下沉）两行，距正文 0.5 厘米。

操作提示：

（1）在“开始”功能选项卡中的“字体”选项组中设置文字的字体、字号，下画线线型和下画线颜色。

（2）在“开始”功能选项卡中的“字体”选项组中单击“扩展”按钮弹出“字体”对话框，在“高级”选项卡中设置文字缩放和间距，如图 9-18 所示。

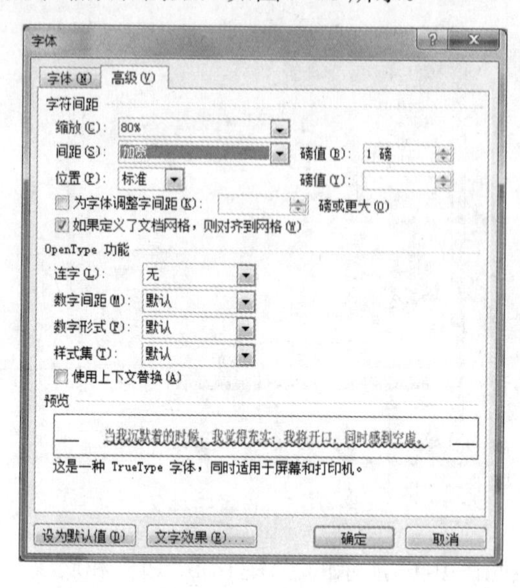

图 9-18　设置字符间距

（3）在“插入”功能选项卡中“文本”选项组中选择“首字下沉”，在下拉菜单中选择“首字下沉”选项，在弹出的对话框中设置首字下沉位置为下沉行数为 2，距正文 0.5 厘米，如图 9-19 所示。

4．将正文第 3～8 段文字分为等宽两栏，栏宽 19 厘米，栏间加分隔线，调整两栏左右文字，使之符合样文所示。将这部分文字设置为黑体、五号、深绿色。给“但我坦然，欣然。我将大笑，我将歌唱。”这句话加上项目符号“8”，并进行位置调整达到图 9-12 所示的效果。

操作提示：

（1）选中正文第 3～8 段文字，在“页面布局”功能选项卡中的“页面设置”选项组中选择“分栏”，在“分栏”下拉菜单中选择“更多分栏”，在弹出的“分栏”对话框中设置“栏数”为 2，每 1 栏“宽度”为 19 字符，选中“栏宽相等”和“分隔线”复选框，如图 9-20 所示。

图 9-19　“首字下沉”对话框

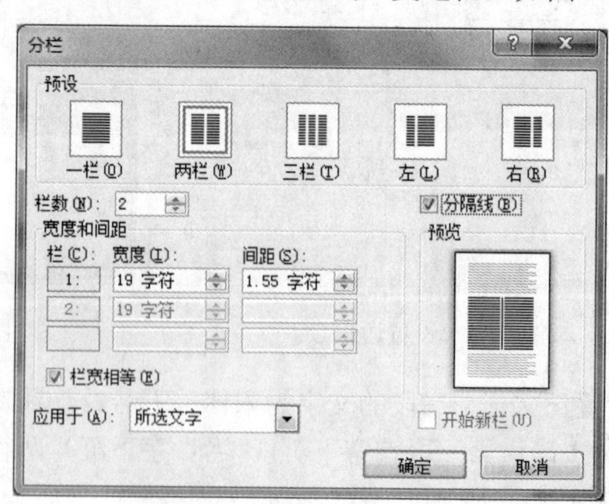

图 9-20　“分栏”对话框

（2）选中两处“但我坦然，欣然。我将大笑，我将歌唱。”，在“开始”功能选项卡中“段落”选项组中选择“项目符号”☰▾，在下拉菜单中选择“定义新项目符号”，弹出如图 9-21 所示的对话框。单击“符号”按钮，在“符号”对话框中选中“♁”，再根据最终效果图进行项目符号的调整。

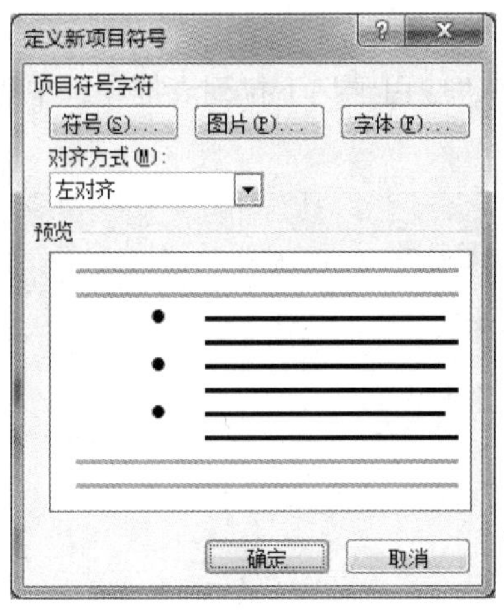

图 9-21　“定义新项目符号”对话框

5．将正文第 9 段文字设置为宋体、五号、繁体。将第一次出现的“天地”提升 3 磅，第二次出现的“天地”降低 3 磅。

操作提示：

（1）选中第 9 段文字，在“审阅”功能选项卡中的“中文简繁转换”选项组中选择“简转繁”进行中文简繁转换。

（2）选中“天地”，在“开始”功能选项卡中的“字体”选项组中单击“扩展”按钮弹出“字体”对话框，进入“高级”选项卡中设置文字的位置提升和降低，如图 9-22 所示。

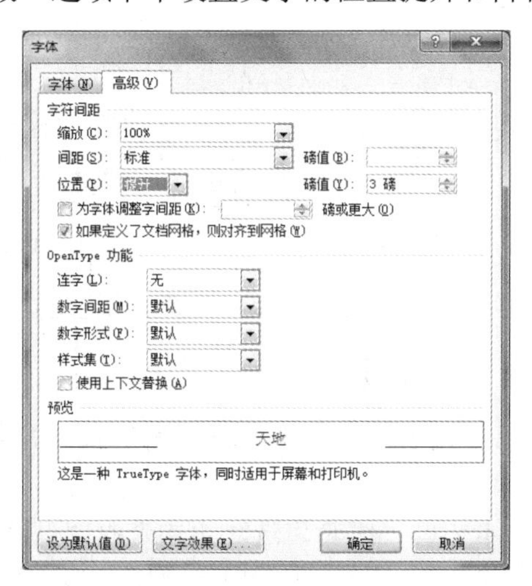

图 9-22　设置字符位置

6．将正文第 10～11 段文字设置为宋体、五号，加底纹，“填充”颜色为黄色，“图案样式”为浅色下斜线，颜色青绿色；给该段落加蓝色竖线边框。

操作提示：

（1）在“开始”功能选项卡中“字体”选项组中设置字体和字号。

（2）在“页面布局”功能选项卡中的“页面设置”选项组中单击“扩展”按钮弹出“页面设置”对话框，选择“版式”→“边框”，弹出“边框和底纹”对话框，选择“底纹”选项卡设置文字底纹。

注意：在对话框中的右下角“应用于”下拉列表框中选中“文字”。各选项设置如图 9-23 所示。

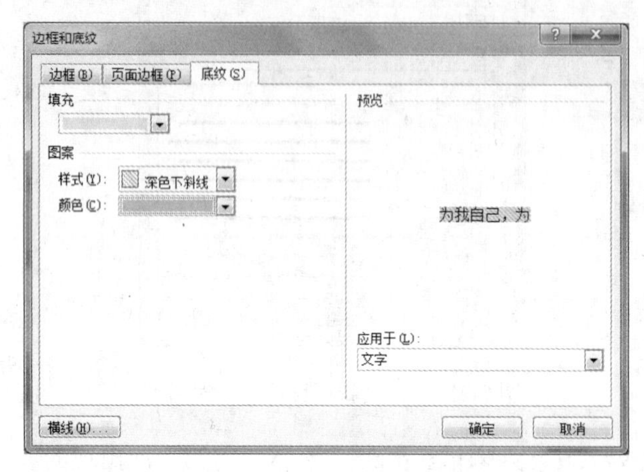

图 9-23　设置底纹

（3）在“边框”选项卡中设置段落的边框，如图 9-24 所示。

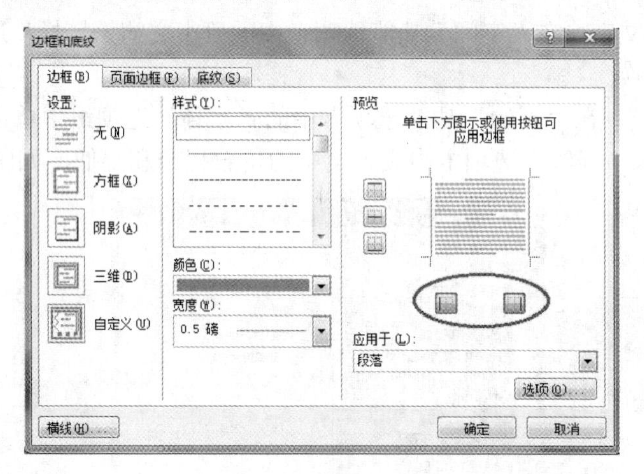

图 9-24　设置段落边框

7. 利用替换功能，将正文中所有的“野草”设置为仿宋、五号、红色。

操作提示：

（1）在“开始”功能选项卡中的“编辑”选项组中选择“替换”，弹出“查找和替换”对话框，在“查找内容”和“替换为”下拉框中均输入“野草”，单击对话框下方的“更多”按钮使对话框展开。

（2）单击“格式”按钮，选择“字体”命令，从弹出的“字体”对话框中设置要替换的文字格式（仿宋、五号、红色），单击“确定”按钮，再单击“全部替换”按钮，如图 9-25 所示。

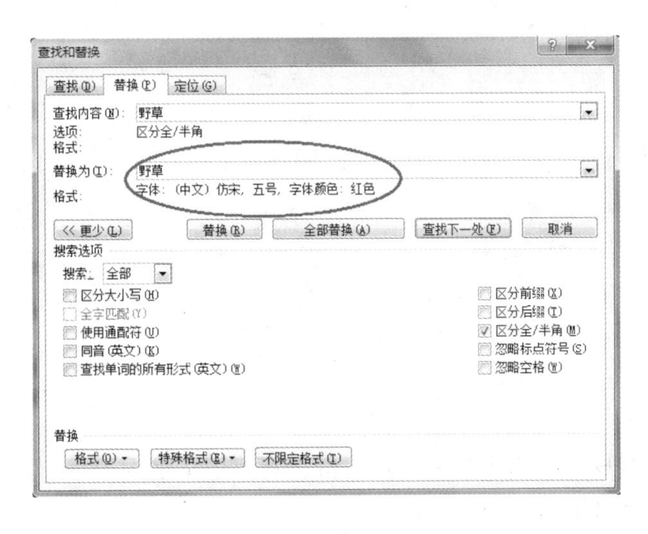

图 9-25 设置替换内容的格式

8．修改正文中第一次出现的“野草”为小四号字体。使用格式刷，将正文中其余“野草”设置为相同格式。

格式刷可以快速将指定段落或文本的格式应用到其他段落或文本上。单击格式刷，只能复制一次；如需要多次复制，双击格式刷即可。

操作提示：

（1）选中正文中第一次出现的“野草”并设置为小四号字体。

（2）双击“开始”功能选项卡中“剪贴板”选项组中的“格式刷”按钮，依次刷过正文中其余地方出现的“野草”。

（3）单击“格式刷”按钮取消格式刷功能。

9．设置页眉为“鲁迅美文欣赏”，对齐方式为右对齐。在页眉区域添加自选图形，用蓝色填充，边框无线条颜色，并设置“衬于文字下方”。

操作提示：

（1）在“插入”功能选项卡中的“页眉和页脚”选项组中选择“页眉”，在下拉菜单中选择“编辑页眉”进入页眉编辑区，输入页眉内容，右对齐。

（2）在页眉编辑状态下，单击“插入”功能选项卡中的“插图”功能组中的“形状”，在下拉菜单中选择“基本形状”中的“椭圆”绘制一个椭圆形，单击“绘图工具—格式”选项卡，将其填充为蓝色，在“形状轮廓”下拉菜单中选择“无轮廓”，如图 9-26 所示。

图 9-26 绘图工具—格式

（3）将该椭圆复制两个，拖动“转动柄”转动椭圆形，使三个椭圆形摆放成一个米字形。按住“Ctrl”键，同时用鼠标依次选中三个椭圆，在其上单击鼠标右键选择“组合”→“组合”，如图 9-27 所示。

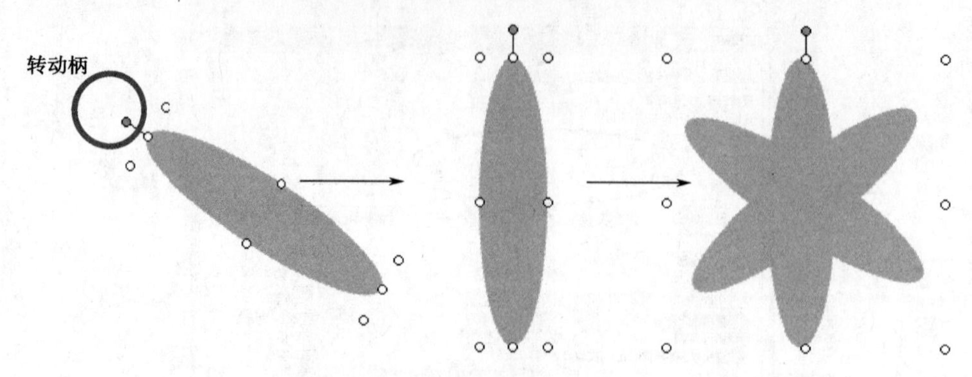

图 9-27　绘制“米字形”图形

（4）选中绘制的图形，在其上单击鼠标右键选择“置于底层”→“衬于文字下方”，如图 9-28 所示。双击文档区域退出页眉编辑区。

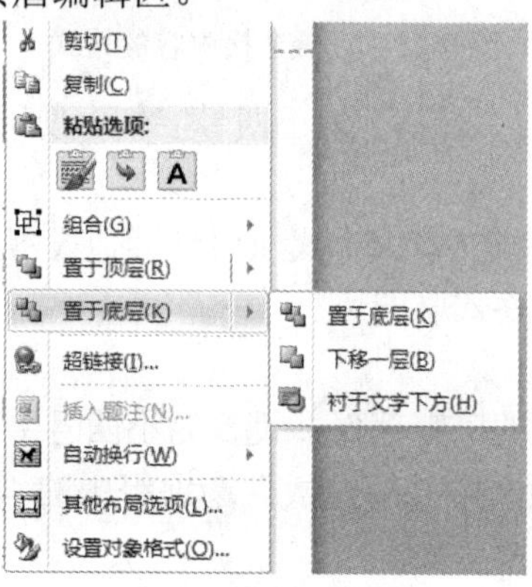

图 9-28　设置图形衬于文字下方

10．为标题文字“题辞”插入尾注内容“一九二七年四月二十六日鲁迅记于广州之白云楼上”，尾注引用标记格式为“*”，如图 9-29 所示。

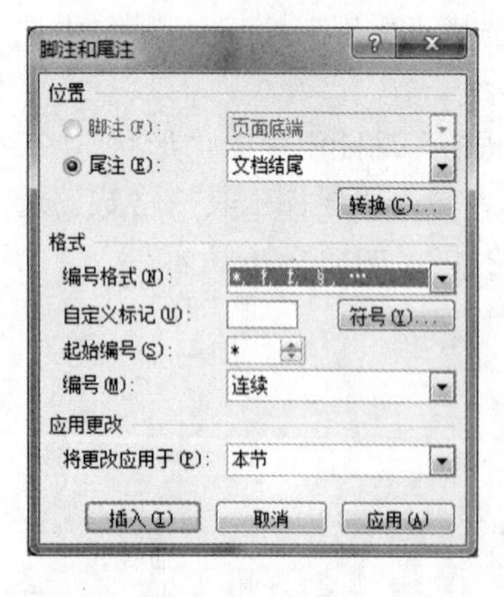

图 9-29　“脚注和尾注”对话框

尾注和脚注一样，是一种对文本的补充说明。脚注一般位于页面的底部，可以作为文档某处内容的注释；尾注一般位于文档的末尾，列出引文的出处等。尾注由两个关联的部分组成，包括注释引用标记和其对应的注释文本。

操作提示：

在“引用”功能选项卡中的“脚注”选项组中单击“扩展”按钮弹出“脚注和尾注”对话框，在“编号格式”下拉菜单中，选择“*”开头的一组，单击“插入”按钮，如图 9-29 所示。最后，将“一九二七年四月二十六日鲁迅记于广州之白云楼上”这句话移至在文档结尾的“*”后面。

11．将文档页面的纸张大小设置为“A4”，左右页边距为 3 厘米，上下页边距为 5 厘米。设置页眉、页脚距边界 3 厘米。

操作提示：

在“页面布局”功能选项卡中的“页面设置”选项组中单击“扩展”按钮弹出“页面设置”

对话框，进入“页边距”选项卡设置页边距，“纸张”选项卡设置纸张大小，“版式”选项卡设置页眉和页脚，如图 9-30 所示。

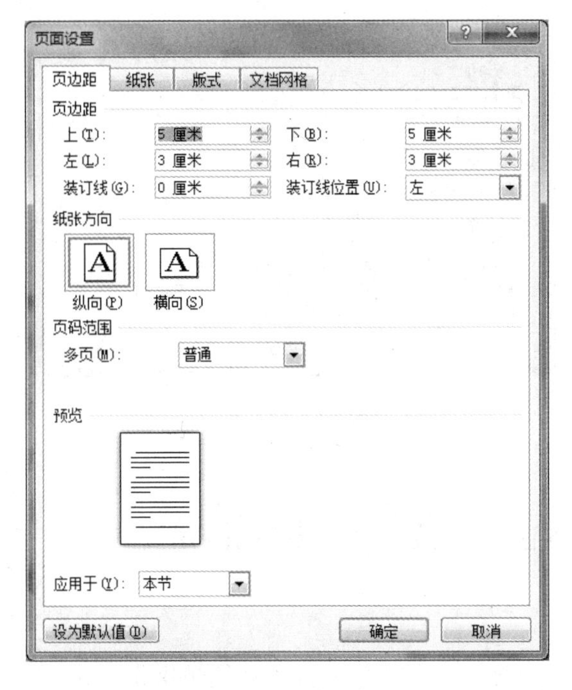

图 9-30 设置页边距

12．为文档添加页面边框，设置线型为，宽度为 3 磅。

操作提示：

在“页面布局”功能选项卡中的“页面设置”选项组中单击“扩展”按钮弹出“页面设置”对话框，在“版式”选项卡中单击“边框”按钮弹出“边框和底纹”对话框。在“页面边框”选项卡中设置线型和宽度，如图 9-31 所示。

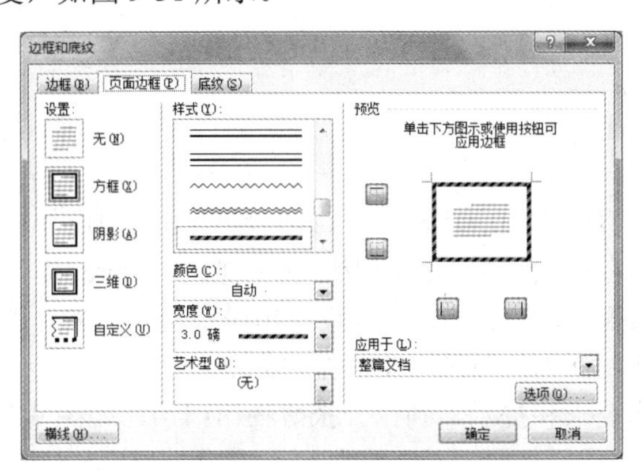

图 9-31 设置页面边框

13．为文档添加水印，文字为“野草”，字体为黑体，字号为 105，颜色为灰色，半透明，斜式。

操作提示：

在“页面布局”功能选项卡中的“页面背景”选项组中选择“水印”，选择“自定义水印”→“文字水印”单选按钮，在“文字”栏中输入“野草”，在“字体”下拉列表中选择“黑体”，

“字号”选择或写入“105”，“颜色”选择“灰色”，选中“半透明”复选框，“版式”为“斜式”，如图 9-32 所示。

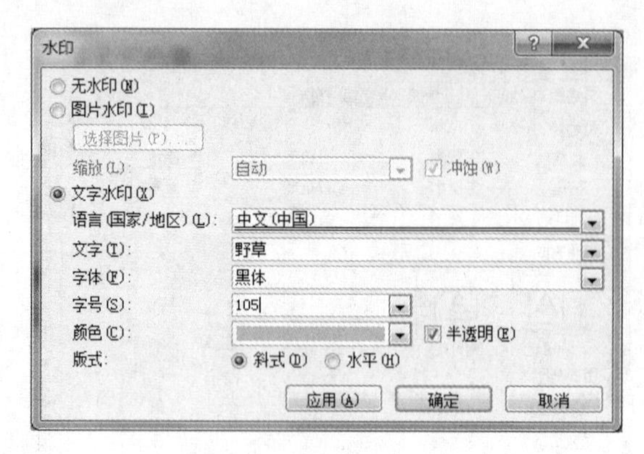

图 9-32　设置水印

实验三　Word 2010 文档的图文混排

【实验目的】

1．掌握文档中图片、艺术字及文本框的插入和编辑操作。

2．掌握文档中页面和页眉、页脚的设置方法。

3．掌握图文混排的方法。

【实验内容】

1．页面和页眉、页脚的设置。

2．自选图形的插入。

3．剪贴画的插入。

4．艺术字的插入。

5．文本框的插入。

6．边框和底纹的设置。

【实验步骤】

图文混排是制作精美页面常用的功能之一，通过将适当的图像与文字有效地排列组合在一起，可以大大丰富版面，在很大程度上提高版面的可视性。Word 提供的图文混排功能除了可以制作一些精美页面，如报纸、简历等，更能设计出类似贺卡、名片、门票等生动有趣的平面效果。本次实验将以设计门票为例熟悉图文混排的方法。

按照下面所给的操作要求和提示，制作一张博物馆门票，如图 9-33 所示。

1．页面设置。

新建一个 Word 文档，以“W3—学号姓名.docx”为文件名保存于 E 盘。

（1）页边距及纸张大小、方向的设置。

将页面方向更改为横向，设置上下页边距为 3 厘米，左右页边距为 2 厘米。设置纸张大小宽度为 30 厘米，高度为 20 厘米。

图 9-33　博物馆门票

操作提示：

在“页面布局”功能选择卡中的“页面设置”选项组中单击“扩展”按钮弹出“页面设置”对话框，在“页边距”选项卡中更改方向为“横向”，设置上、下、左、右页边距大小。在“纸张”选项卡中设置纸张大小并单击“确定”按钮。参数设置如图 9-34 所示。

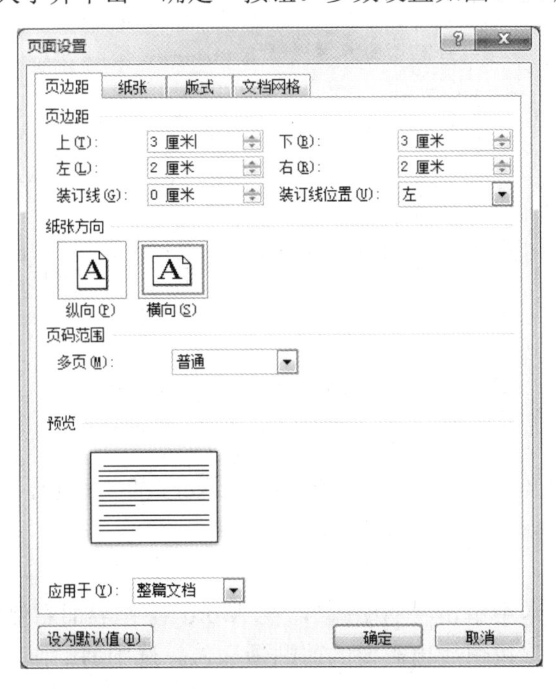

图 9-34　设置页面相关参数

（2）页眉和页脚的设置。

① 编辑页眉为“武汉博物馆门票”。

② 编辑页脚为“姓名：××× 学号：×××××”（相应更改为自己的姓名及学号）。

③ 文字设置为宋体、四号，页眉文字居中，页脚文字右对齐。

操作提示：

在“插入”功能选项卡中的“页眉和页脚”选项组中选择“页眉”，在下拉菜单中选择“编辑页眉”进入页眉编辑区，输入“武汉博物馆门票”。输入完毕后，在“页脚”中编辑页脚输入制作人姓名和学号并切换到“开始”功能选项卡，在“字体”选项组中修改字体及大小。最后，单击“关闭页眉和页脚”按钮退出页眉和页脚的编辑。

2．制作门票正文部分。

门票正文由自选图形、剪贴画、艺术字和文本框共同绘制而成。下面将分类进行介绍：

（1）插入自选图形。

在页面编辑区插入两个矩形框，左边矩形框高度为 13.5 厘米，宽度为 17 厘米，右边矩形框高度为 13.5 厘米，宽度为 9 厘米，填充颜色分别为浅蓝和黄色，形状轮廓为无轮廓。将两个矩形设置为“衬于文字下方”。

操作提示：

在“插入”功能选项卡“插图”选项组中的“形状”下拉菜单中选择“矩形”并绘制。在“绘图工具—格式”选项卡中设置两个矩形的填充颜色、形状轮廓，并在“自动换行”下拉菜单中设置为“衬于文字下方”，如图 9-35 所示。

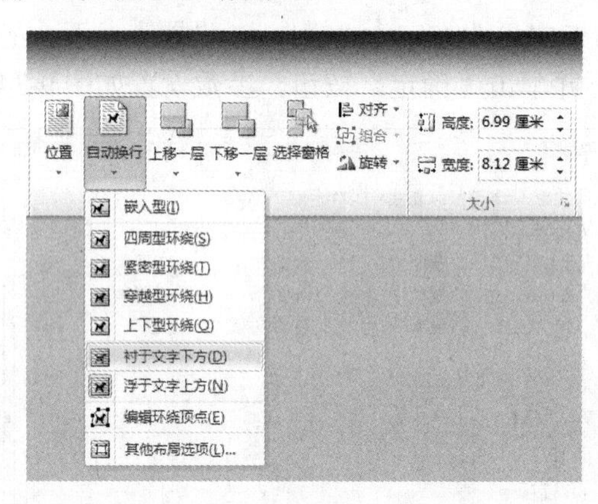

图 9-35 设置自选图形“衬于文字下方”

（2）插入剪贴画。

在左边矩形框中插入名为 agriculture 和 backpackers 的剪贴画，并调整其大小及位置使整体协调。效果如图 9-33 所示。

操作提示：

在“插入”功能选项卡中单击“剪贴画”，在 Word 工作界面右侧的“剪贴画”窗格中输入搜索文字，单击“搜索”按钮找出需要的剪贴画插入。选中剪贴画，在“图片工具—格式”选项卡中设置“浮于文字上方”。最后，调整其位置并通过图片周围的尺寸柄来改变其大小以适应整体效果。

（3）插入文本框。Word 中的文本框是一种可移动、可调大小的文字或图形容器。插入的文本框，可以像处理图形对象一样来处理，方便组合、叠放及设置各种效果，在图文混排中使用广泛。

门票中大部分元素是由文本框组成，通过六个文本框（其中①为竖排文本框，其余为横排文本框）分别绘制出如下字样，调整文本框大小和位置如图 9-33 所示。

① 设置“WUHAN　MUSEUM 武汉博物馆”为中文宋体、英文 Times New Roman，字号二号、白色、加粗，填充颜色绿色，无轮廓。

② 设置“成人票”为中文宋体，字号四号、绿色、加粗；设置“￥20.00”为宋体，字号小二、红色、加粗；设置“开放时间：……发票号码：0004717”为中文宋体、英文 Times New Roman，字号小四、黑色（发票号码为红色显示）、加粗。设置文本框无填充颜色，无轮廓。

③ 设置右侧“成人票”为中文宋体，字号四号、绿色、加粗；设置“￥20.00”为宋体，字号小二、红色、加粗。设置文本框无填充颜色，无轮廓。

④ 设置底部的“地址：中国湖北武汉市汉口青年路***号　联系电话：027-8560****”为中文宋体、英文 Times New Roman，字号小四、黑色。设置文本框无填充颜色，无轮廓。

操作提示：

在“插入”功能选项卡中“文本”选项组中选择“文本框”，在下拉菜单中单击“绘制文本框”（或“绘制竖排文本框”）进行绘制。编辑“￥20.00”时需要注意“￥”在中文输入法下由“Shift+$”组合键进行输入。

（4）插入艺术字。

在右边矩形框中插入艺术字“副券”，设置为宋体、初号、加粗，艺术字样式为第 3 排第 4 个。

操作提示：

在“插入”功能选项卡中的“文本”选项组中选择艺术字的样式，在弹出的编辑文本框中输入文字并设置相应的字体和字号。

（5）绘制门票右半部分的虚线和十六角星形，并在十六角星形中添加“武汉博物馆”。调整艺术字和自选图形位置如图 9-36 所示。

图 9-36　添加虚线和自选图形

操作提示：

① 在“插入”功能选项卡中的“插图”选项组中选择“形状”，在下拉菜单中选择“线条”中的“直线”，按住“Shift”键绘制一条直线。在直线上单击鼠标右键，选择“设置自选图形

格式”，在弹出的对话框中进行线条的参数设置，如图 9-37 所示。

注意：太细则显示仍为实线。

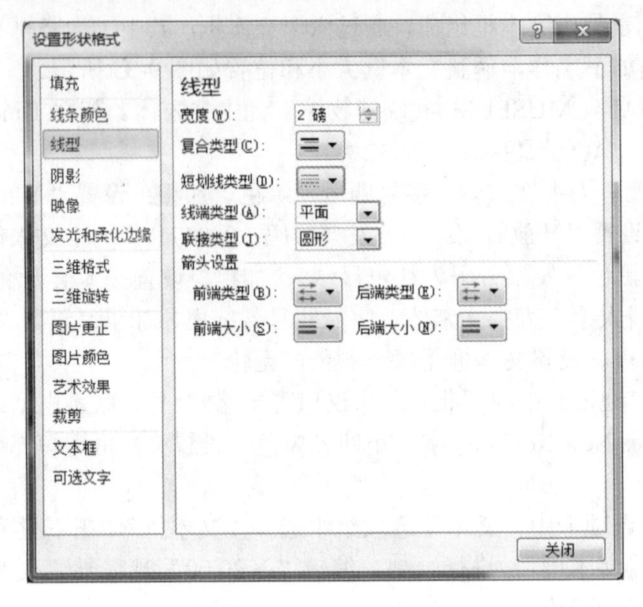

图 9-37　设置线条类型及宽度

② 在绘图工具栏的自选图形中选择“十六角星”进行绘制，并在其上单击鼠标右键，选择“添加文字”，输入“武汉博物馆”。

实验四　Word 2010 文档的论文排版

【实验目的】

1. 掌握论文排版的技巧。
2. 掌握表格的新建、编辑方法。
3. 掌握页码、分隔符、大纲视图、样式、目录等功能的使用。

【实验内容】

1. 字符和行间距的设置。
2. 表格的编辑。
3. 样式的设置和使用。
4. 大纲视图的使用。
5. 文档结构图的使用。
6. 分隔符的使用。
7. 目录的插入和编辑。
8. 页眉和页脚的使用。

【实验步骤】

一篇好的论文不仅表现在内容上，形式也非常重要。熟练使用 Word 提供的样式、自动生成目录等论文排版的功能和技巧，不仅可以将论文设计得清晰美观，还大大减轻了用户的工作量。同时，在文档中添加表格，也将使得文档显得更加专业。本次实验通过实例熟悉论文排版的方法和技巧，以及表格的编辑方法。

按照下面所给的操作要求和提示，给下面的论文排版。

1．建立一个空白文档，输入以下文字，以“W4—学号姓名.docx”为文件名保存于E盘。（文字内容可以提前输入保存或由教师提供）

社会学专业攻读硕士学位

研究生培养方案

一、培养目标

本专业培养较好地掌握马克思主义、毛泽东思想和邓小平理论，拥护党的基本路线，树立正确的世界观、人生观和价值观，遵纪守法，具有较强的事业心和责任感，具有良好的道德品质和学术修养，愿为社会主义现代化建设事业服务，掌握坚实的社会学基础理论和系统的社会学专业知识和社会学研究方法，较好地掌握一门外国语，能独立从事科学研究、教学工作或社会调查，身心健康的社会学专门人才。

二、研究方向

1．发展社会学

研究古今中外的社会发展理论，研究发展研究和发展社会学研究的源与流，特别是研究中国社会现代化的过程、特点与规律等。

2．经济与社会发展

研究和评析国外经济社会学理论，重点是结合中国社会实际进行如下两方面的研究：一方面研究经济在中国社会发展或社会现代化过程中的地位与作用；另一方面研究中国经济发展或体制改革过程中的社会促进和社会制约因素。

3．文化与社会发展

研究在现代化进程中文化变迁与社会发展问题，包括社会人类学的一般理论及其应用，全球化与本土化相互关系问题，民族文化类型的比较，族群关系，家族与社区文化的转型等。

4．婚姻家庭与妇女研究

研究婚姻家庭与社会关系，婚姻家庭与妇女关系的理论与实践，以及相关的道德与法律约束机制。包括婚姻家庭理论、妇女理论、婚姻法、妇女法以及妇女伦理等。

三、学习年限

三年，实行中期分流。在职攻读社会学硕士学位或跨学科专业攻读社会学硕士学位的学习年限为三至四年。

四、课程设置及学分分配（见下表）

略。

五、应修满的学分总数

36～40学分，其中学位课程不得低于28学分。

六、学位论文

优先选择我国现代化过程中应用性较强的课题作为学位论文选题，力求能够解决一些较为重要的实际问题，鼓励研究生参与导师承担的科研项目。于第四学期在导师指导下提出学位论文题目和撰写计划，并在一定范围内作开题报告。开题报告主要内容是：①论文选题的理由或意义；②国内外关于该课题的研究现状及趋势；③本人的详细研究计划；④主要参考书目。

硕士学位论文对所研究的课题应具有一定的新见解和新内容，有所创新。

七、其他学习项目安排

1．教学实践 2 周，时间为第 2 学年。

2．1～2 年级时每年交学年论文 1 篇，要求在读期间在公开刊物上至少发表学术论文 1 篇。

3．1～2 年级独立从事或参与导师课题做一次全过程的社会调查。

4．鼓励参加地方或全国性学术会议。

八、培养方式

充分发挥导师指导研究生的主导作用，采取导师与专业小组集体培养相结合的方式，发挥学术群体作用，导师全面负责。采用理论与实践相结合的学习方式，强调加强学生的理论水平、写作能力、表达能力、社会调查能力的培养。

2．调整每行 37 个字符，每页 42 行。

操作提示：

（1）在“页面布局”功能选项卡中的“页面设置”选项组中，单击“扩展”按钮弹出“页面设置”对话框，进入“文档网格”选项卡，在“网格”选项下选中“指定行和字符网格”。

（2）调整“字符数”选项为每行“37”个字符，“行数”选项为每页“42”行，如图 9-38 所示。

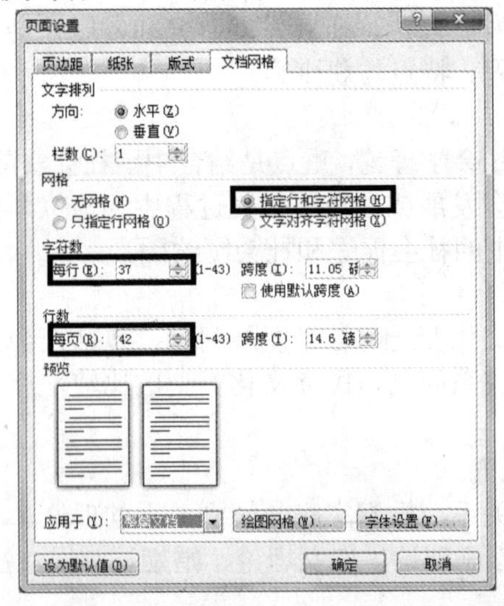

图 9-38　设置文档网格

3．以“表格.docx”命名新建文档，在正文中输入标题“社会学专业硕士研究生课程计划表（核心课程）”，字体为宋体、小四、加粗，再编辑表 9-1，并保存。

表 9-1　社会学专业硕士研究生课程计划表（核心课程）

类别		课程编码	课程名称	学分	学时	开课学期	教学方式	考核方式	备注
学位课程	公共必修课	0000A0001	科学社会主义理论与实践	2	36	1	讲授	考试	
		0000A0002	马克思主义经典著作选读	2	36	2	讲授	考试	
		0000A0004	第一外国语	6	180	1，2	讲授	考试	
	专业必修课	0303B0101	社会学理论	2	36	1	讲授	论文	
		0303B0102	社会学方法	2	36	2	讲授	调查报告	
		0303B0103	社会统计分析	3	54	3	讲授	闭卷考试	
	研究	0303C0101	社会学原著选读	2	36	2	讲授	考试	各方向必修

续表

类别		课程编码	课程名称	学分	学时	开课学期	教学方式	考核方式	备注
学位课程	研究	0303C0102	西方社会学理论专题	2	36	3	讲授	论文	
		0303C0103	发展社会学专题	3	54	4	讲授	论文	
		0303C0104	经济社会学专题	3	54	3	讲授	讲授	
		0303C0105	社会文化人类学理论与方法	3	54	3	讲授，田野工作	论文或田野报告	
		0303C0106	婚姻与家庭专题	3	54	4	讲授	论文	
		0303C0107	社会分层与流动	2	36	4	讲授	论文	
		0303C0108	社会问题专题	2	36	4	讲授	论文	
		0303C0109	社会心理学专题	2	36	3	讲授	闭卷考试	

操作提示：

（1）在“插入”功能选项卡中的“表格”选项组中，新建一个16行10列的空表。

（2）选中第一行的1～2列，单击鼠标右键选择“合并单元格”，然后依次选中第一列2～16行，第二列2～4、4～7、8～16行，第十列8～9行，以相同方式合并，得到如表9-2所示的空表格。

表9-2 合并后的空表格

<table>
<tr><td colspan="2"></td><td></td><td></td><td></td><td></td><td></td><td></td><td></td><td></td></tr>
<tr><td rowspan="15"></td><td rowspan="3"></td><td></td><td></td><td></td><td></td><td></td><td></td><td></td><td></td></tr>
<tr><td></td><td></td><td></td><td></td><td></td><td></td><td></td><td></td></tr>
<tr><td></td><td></td><td></td><td></td><td></td><td></td><td></td><td></td></tr>
<tr><td rowspan="3"></td><td></td><td></td><td></td><td></td><td></td><td></td><td></td><td></td></tr>
<tr><td></td><td></td><td></td><td></td><td></td><td></td><td></td><td></td></tr>
<tr><td></td><td></td><td></td><td></td><td></td><td></td><td></td><td></td></tr>
<tr><td rowspan="9"></td><td></td><td></td><td></td><td></td><td></td><td></td><td></td><td rowspan="2"></td></tr>
<tr><td></td><td></td><td></td><td></td><td></td><td></td><td></td></tr>
<tr><td></td><td></td><td></td><td></td><td></td><td></td><td></td><td></td></tr>
<tr><td></td><td></td><td></td><td></td><td></td><td></td><td></td><td></td></tr>
<tr><td></td><td></td><td></td><td></td><td></td><td></td><td></td><td></td></tr>
<tr><td></td><td></td><td></td><td></td><td></td><td></td><td></td><td></td></tr>
<tr><td></td><td></td><td></td><td></td><td></td><td></td><td></td><td></td></tr>
<tr><td></td><td></td><td></td><td></td><td></td><td></td><td></td><td></td></tr>
<tr><td></td><td></td><td></td><td></td><td></td><td></td><td></td><td></td></tr>
</table>

（3）按照表9-1的内容填入文字。选中第一、二列的文字，单击鼠标右键选择“文字方向”，在弹出的对话框中设置文字方向，如图9-39所示。

（4）单击表格左上角的⊞，选中整个表格，在选中的文字上单击鼠标右键，选择“单元格对齐方式”→“水平居中”选项，如图9-40所示。

图9-39 设置文字方向

图9-40 设置单元格对齐方式

（5）在“页面布局”功能选项卡中的“页面设置”选项组中，单击“纸张方向”，设置纸张的方向为“横向”。

（6）在表格上单击鼠标右键选择“自动调整”→“根据窗口调整表格”，使表格的宽度正好布满整个页面。

4．在“W4—学号姓名.docx”文档中，按照以下规格设置文字样式，并应用于全文。

（1）“新—标题 1”：样式基准“标题 1”，后续段落样式“正文”。仿宋、二号、加粗、居中、段前 1 行、段后 2 行、单倍行距。

（2）“新—标题 2”：样式基准“标题 2”，后续段落样式“正文”。黑体、小三号、加粗、左对齐、段前 0.5 行、段后 0.5 行、1.5 倍行距。

（3）“新—标题 3”：样式基准“标题 3”，后续段落样式“正文”。楷体、四号、加粗、左对齐、段前 0.5 行、段后 0.5 行、单倍行距。

（4）“新—正文”：样式基准“正文”，后续段落样式“正文”。宋体、五号、左对齐、首行缩进两个字符、1.5 倍行距。

排版后部分效果如图 9-41 所示。通过设置样式可以将常用的格式定义在样式栏中，重复使用。

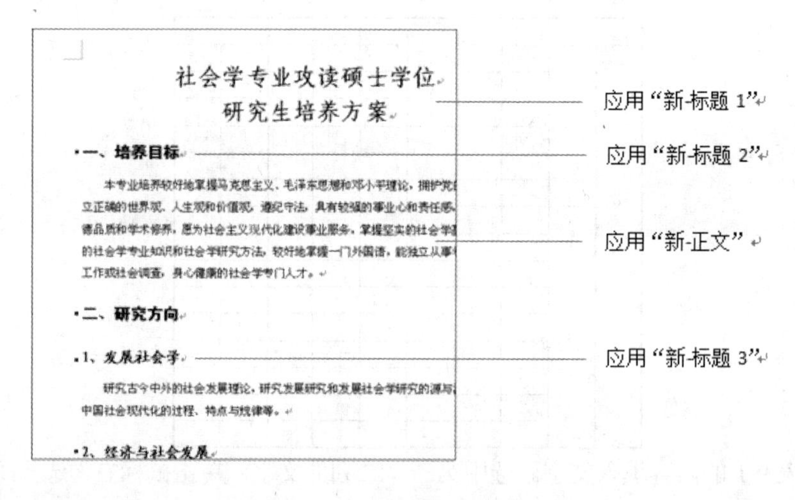

图 9-41　排版后部分效果图

操作提示：

（1）在“开始”功能选项卡中的“样式”选项组中，单击“扩展”按钮，在下拉菜单中单击“新建样式”按钮。

（2）单击“新建样式”按钮后，弹出“根据格式设置创建新建样式”对话框，如图 9-42 所示。

（3）在“名称”文本框中填入“新-标题 1”，在“样式类型”下拉列表中选择“段落”，在“样式基准”下拉列表中选择“标题 1”，在“后续段落样式”下拉列表中选择“正文”。

（4）设置新样式的格式：仿宋、二号、加粗、居中。

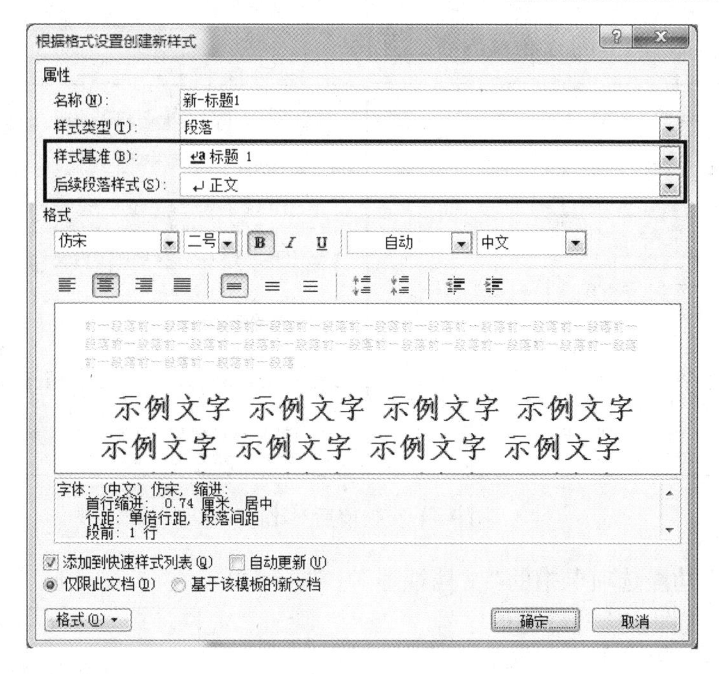

图 9-42 “根据格式设置创建新样式”对话框

（5）设置段落格式：在“根据格式设置创建新建样式”对话框中单击“格式”按钮，选择“段落”，在弹出的对话框中设置段前 1 行、段后 2 行、单倍行距。单击“确定”按钮后，在“样式”选项组中的任务窗格中会出现一个新的样式——“新-标题 1”。

（6）以相同的方式，依次新建样式“新-标题 2”、“新-标题 3”、“新-正文”，如图 9-43 所示。

（7）保持“样式”任务窗格打开，单击文章标题，再选择“格式和样式”任务窗格中的“新-标题 1”。这时标题就被设置成为“新-标题 1”样式。

（8）按上述方法，依次设置文章中的所有标题或正文的样式。

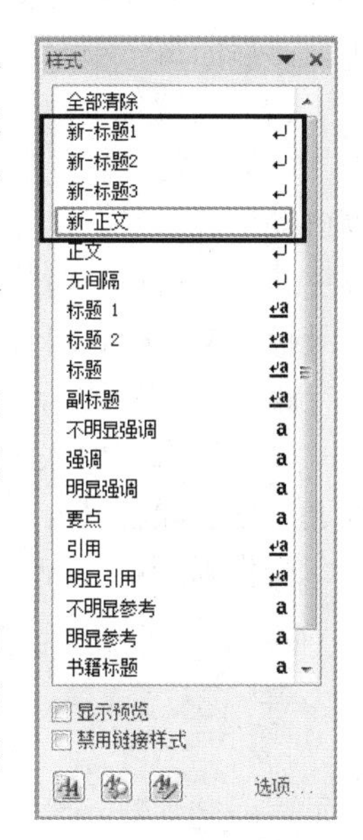

图 9-43 新建样式

5．导航窗格是一个显示文档结构的窗口，可以方便地查看文档的各级标题（当然是在设置文档标题之后）。大纲视图用缩进文档标题的形式代表标题在文档结构中的级别，该视图为用户调整文档的结构提供了方便。

通过“导航窗格”定位到文章标题：“七、其他学习项目安排”。在大纲视图中，将第七节内容与第八节内容位置调换，并交换标题序号。交换前后的效果图如图 9-44 所示。

操作提示：

（1）在“视图”功能选项卡中的“显示”选项组中选择“导航窗格”。在左侧“导航”中显示文档层次结构，单击标题，可以快速定位到相应位置。

（2）在“视图”功能选项卡中的“文档视图”选项组中选择“大纲视图”，双击标题前的“十字”图标，可以将标题下的内容收起，如图 9-45 所示。

（3）选中标题“七、其他学习项目安排”，按住鼠标左键不放向下拖动到“八、培养方式”

的下面。松开鼠标后，两节的标题及内容已互换。

交换前	交换后
要参考书目。 硕士学位论文对所研究的课题应具有一定的新见解和新内容，有所创新。 **七、其他学习项目安排** 1．教学实践 2 周，时间为第 2 学年。 2．1-2 年级时每年交学年论文 1 篇，要求在读期间在公开刊物上至少发表学术论文 1 篇。 3．1-2 年级独立从事或参与导师课题做一次全过程的社会调查。 4．鼓励参加地方或全国性学术会议。 **八、培养方式** 充分发挥导师指导研究生的主导作用，采取导师与专业小组集体培养相结合的方式，发挥学术群体作用，导师全面负责。采用理论与实践相结合的学习方式，强调加强学生的理论水平、写作能力、表达能力、社会调查能力的培养。	要参考书目。 硕士学位论文对所研究的课题应具有一定的新见解和新内容，有所创新。 **七、培养方式** 充分发挥导师指导研究生的主导作用，采取导师与专业小组集体培养相结合的方式，发挥学术群体作用，导师全面负责。采用理论与实践相结合的学习方式，强调加强学生的理论水平、写作能力、表达能力、社会调查能力的培养。 **八、其他学习项目安排** 1．教学实践 2 周，时间为第 2 学年。 2．1-2 年级时每年交学年论文 1 篇，要求在读期间在公开刊物上至少发表学术论文 1 篇。 3．1-2 年级独立从事或参与导师课题做一次全过程的社会调查。 4．鼓励参加地方或全国性学术会议。

图 9-44 交换前后对比图

（4）在“视图”功能选项卡中的“文档视图”中选择“页面视图”回到页面视图，修改标题的序号。

社会学专业攻读硕士学位
研究生培养方案
一、培养目标
二、研究方向
三、学习年限
四、课程设置及学分分配（见下表）
五、应修满的学分总数
六、学位论文
七、其他学习项目安排
八、培养方式

图 9-45 大纲视图

6．编辑文章使之满足以下几点：

（1）利用分隔符将文章分页，第一页为标题，第二页为目录，后面每一节一页。

（2）设置第一页的标题为一号字，并在页面中间显示。

（3）如果一篇文章中各章节的标题都设置了样式，就可以自动生成目录。并且当文章标题或者页码发生改变时，目录更新功能可以及时进行调整。在第二页中添加文章目录，目录标题为宋体、四号、加粗，目录内容为宋体、五号、1.5 倍行距，目录格式为默认。

（4）设置第四张内容为横向显示，插入之前编辑的表格（“社会学专业硕士研究生课程计划表（核心课程）”）。

操作提示：

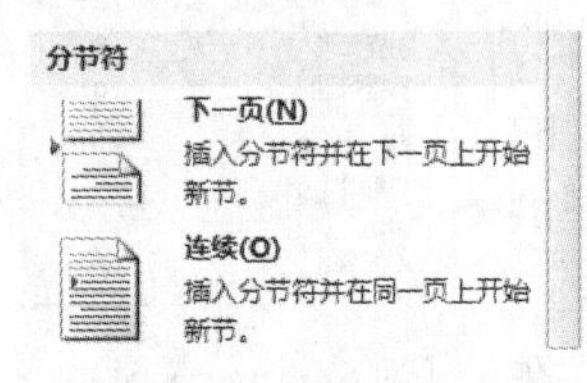

图 9-46 插入分隔符

（1）将光标定位在标题“一、培养方案”的前面，在“页面布局”功能选项卡中的“页面设置”选项组中选择“分隔符”。在下拉菜单中选择“分节符”中的“下一页”选项，如图 9-46 所示。以相同的方法设置其余每节内容。

（2）将第一页的标题用“Enter”键移到页面中间，并在标题中间增加一个空行，设置字号为一号，效果如图 9-47 所示。

（3）在文章标题和第一节标题中，通过分页符插入一个空白页，输入文字“目录”。在“引用”功能选项卡中的“目录”选项组中选择“目录”，在下拉菜单中选择“插入目录”，在弹出的对话框中选择“目录”选项卡确定即可。设置字体和段落格式后得到如图 9-48 所示的目录。

（4）使用“导航窗格”定位到第四节，设置页面方向为“横向”。将前面编辑的表格粘贴至这一页。调整表格的行高，使其能完整的显示在一页中，如图 9-49 所示。

社会学专业攻读硕士学位

研究生培养方案

图 9-47　标题页面

目　录

一、培养目标 3
二、研究方向 4
　　1、发展社会学 4
　　2、经济与社会发展 4
　　3、文化与社会发展 4
　　4、婚姻家庭与妇女研究 4
三、学习年限 5
四、课程设置及学分分配（见下表） 7
五、应修满的学分总数 8
六、学位论文 9
七、培养方式 10
八、其他学习项目安排 11

图 9-48　目录页面

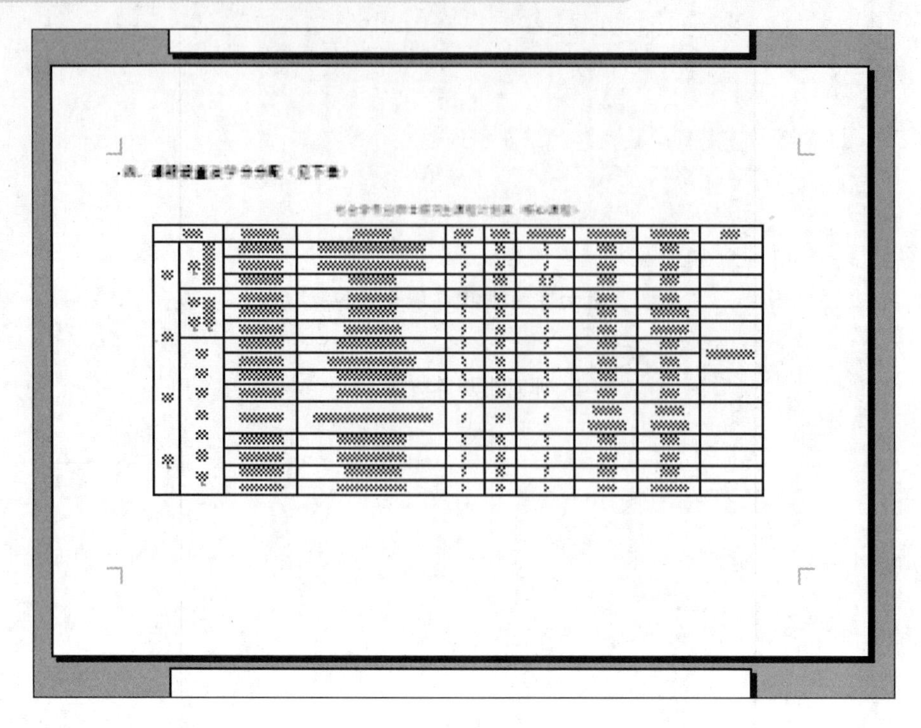

图 9-49　插入表格后的效果图

7．从第三页开始，添加页眉 “社会学专业攻读硕士学位研究生培养方案”，格式为宋体、小五号、右对齐；添加页脚，格式为“—页码—”，小五号、居中。更新目录的页码。（注意：第一页和第二页不显示页眉和页脚）

页眉效果如图 9-50 所示。

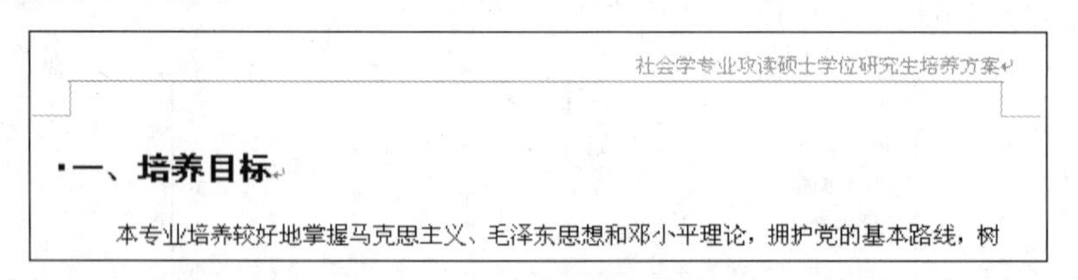

图 9-50　页眉效果图

页脚效果如图 9-51 所示。

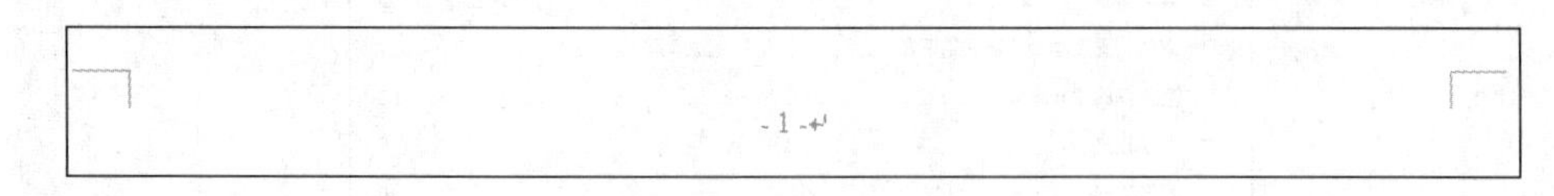

图 9-51　页脚效果图

操作提示：

（1）将光标定位到第三页，在“插入”功能选项卡中的“页眉和页脚”选项组中选择“页眉”→“编辑页眉”进入页眉编辑区。在“页眉和页脚工具”中使“链接到前一条页眉/页脚”按钮呈“未选中状态”，再输入页眉内容，并设置格式。

（2）在页脚编辑区，使“链接到前一条页眉/页脚”按钮呈“未选中状态”，在“页眉和页脚”中选择“页码”，在下拉菜单中选中“页面底端”中的“普通数字 2”，再选择“设置页码格式”，如图 9-52 所示。

图 9-52 设置页码格式

在弹出的“页码格式”对话框中设置页码编号的起始页码为“1”，如图 9-53 所示。

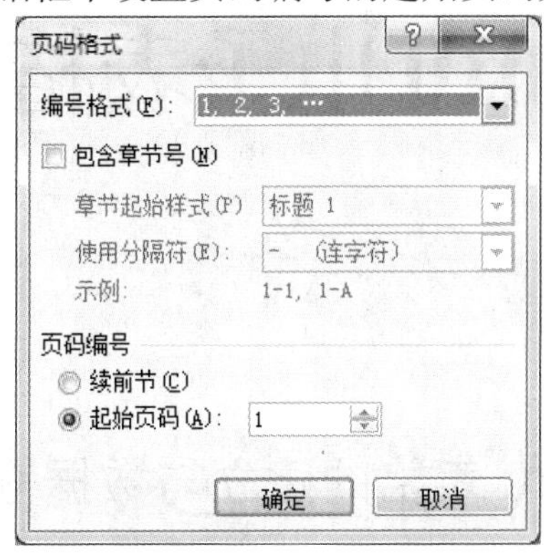

图 9-53 设置起始页码

（3）定位到文章第二页，在目录内容上单击鼠标右键，选择“更新域”，在弹出的“更新目录”对话框中选择“只更新页码”，效果如图 9-54 所示。

目 录

一、培养目标 1
二、研究方向 2
1、发展社会学 2
2、经济与社会发展 2
3、文化与社会发展 2
4、婚姻家庭与妇女研究 2
三、学习年限 3
四、课程设置及学分分配（见下表） 4
五、应修满的学分总数 5
六、学位论文 6
七、培养方式 7
八、其他学习项目安排 8

图 9-54 更新后的目录

第10章

Excel 2010 电子表格实训

实验一 Excel 2010 表格的建立与数据输入

【实验目的】

1．掌握工作簿和工作表的新建、保存方法。

2．掌握不同类型数据的输入方法。

3．掌握系列数据的自动填充方法。

【实验内容】

1．工作簿的基本操作。

2．工作表的基本操作。

3．工作表中数据的输入。

4．数据的移动和复制。

5．单元格的插入和删除。

6．数据的查找与替换。

【实验步骤】

Excel 是微软办公套装软件的一个重要的组成部分，它可以进行各种数据的处理、统计分析和辅助决策操作，广泛地应用于管理、统计、财务、金融等众多领域。本次实验通过建立某班级成绩表来熟悉 Excel 的基本操作。

新建一个工作簿，在工作表 Sheet1 中输入如图 10-1 所示的数据，以文件名“实验一.xlsx”保存在 E 盘。

1．工作簿的基本操作。

Excel 是以工作簿为单位来处理和存储数据的。

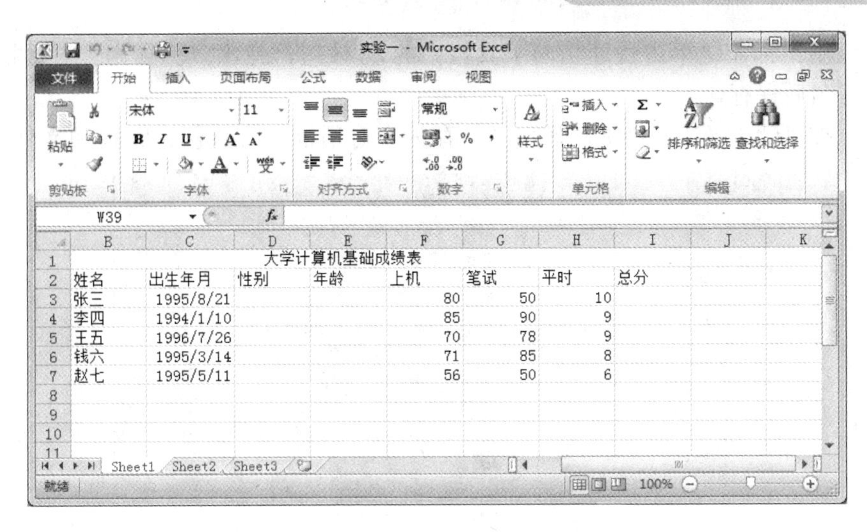

图 10-1　新建工作簿

（1）新建一个工作簿。

操作提示：

方法一：启动 Microsoft Excel 2010 应用程序，自动新建一个空白工作簿。

方法二：用鼠标左键单击“文件”功能选项卡中的“新建”命令，在右侧选择“空白工作簿”后单击界面右下角的“创建”图标就可以新建一个空白的表格，如图 10-2 所示。

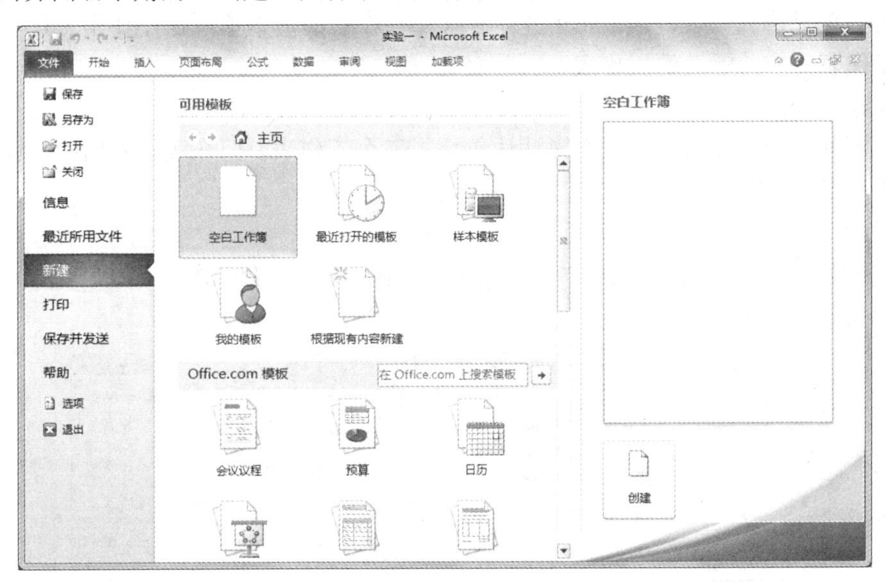

图 10-2　创建空白表格

（2）保存工作簿文件。

操作提示：

方法一：

① 用鼠标左键单击“文件”功能选项卡中的“保存”命令，弹出“另存为”对话框，如图 10-3 所示。

② 选择要保存的路径，在“文件名”下拉框中输入名称后保存。

方法二：用鼠标左键单击快速访问工具栏中的按钮，弹出“另存为”对话框，修改保存路径和文件名后保存。

方法三：按“Ctrl+S”组合键，弹出“另存为”对话框，修改保存路径和文件名后保存。

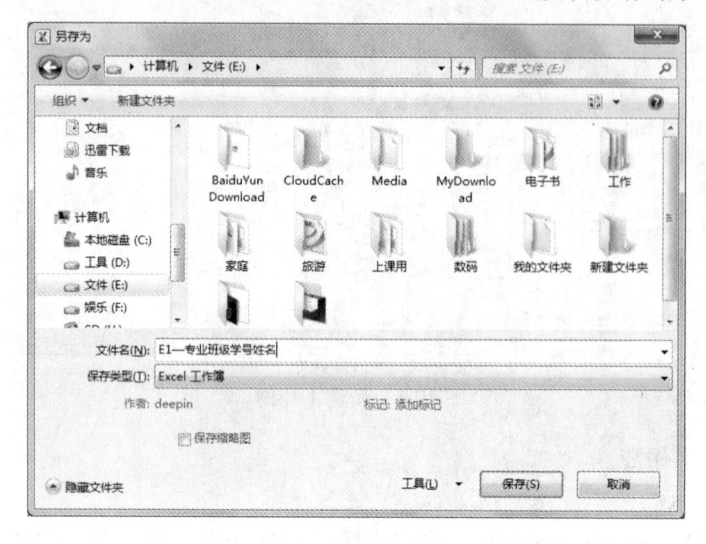

图 10-3　保存工作簿文件

2．工作表的基本操作。

工作表是单元格的集合，是 Excel 进行一次完整作业的基本单位，在使用工作簿文件时，只有一个工作表是当前活动的工作表。

（1）新建一个工作表。

在首次创建一个工作簿时，工作簿默认包括了三个工作表，但在实际应用中，有时需要在工作簿中添加工作表。

操作提示：

用鼠标左键单击工作表标签处的“插入工作表”按钮。新工作表 Sheet4 会出现在 Sheet3 的右侧，如图 10-4 所示。

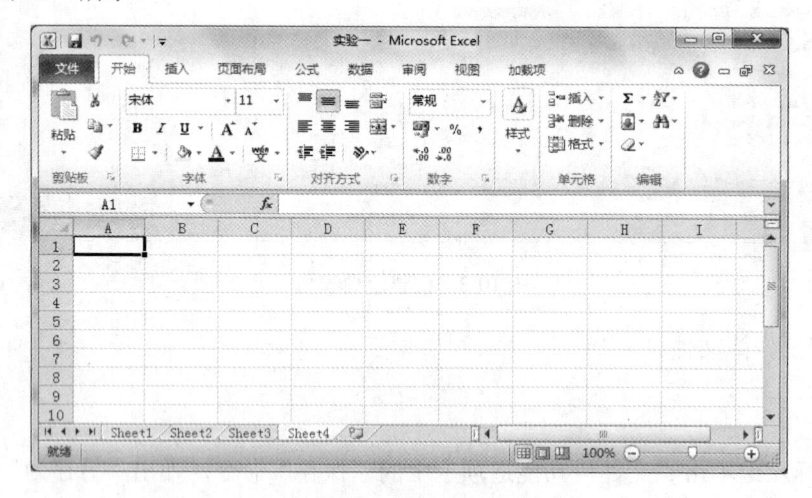

图 10-4　新建工作表

（2）重命名工作表。

用 Excel 创建一个新的工作簿时，工作表都以 Sheet1、Sheet2 的形式命名，不方便记忆和进行有效的管理，此时可以更改这些工作表的名称。试将工作表“Sheet4”重命名为“新的工作表”。

操作提示：

方法一：在“Sheet4”标签上单击鼠标右键，在弹出的快捷菜单中选择“重命名”命令，输入“新的工作表”。

方法二：双击“Sheet4”标签，输入“新的工作表”。

（3）移动工作表。

将“新的工作表”移动到“Sheet1”和“Sheet2”之间。

操作提示：

按住鼠标左键拖动“新的工作表”标签，当鼠标移动时标签上方会出现一个向下的黑三角，当黑三角移动到“Sheet1”和“Sheet2”之间后松开鼠标左键即可。

（4）复制工作表。

复制“新的工作表”为“新的工作表（2）”。

操作提示：

移动工作表“新的工作表”标签时，同时按下“Ctrl”键，即可实现工作表的复制，如图 10-5 所示。

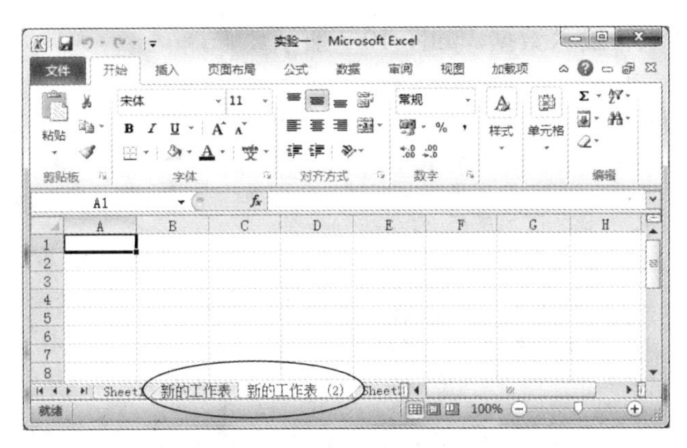

图 10-5　复制工作表

（5）删除工作表。

删除“新的工作表”和“新的工作表（2）”。

操作提示：

在“新的工作表”标签和“新的工作表（2）”标签上单击鼠标右键，选择“删除”命令。

3．在工作表中输入数据。

Excel 中基本的常量数据主要有 3 类：文本型数据、数值型数据和日期时间型数据。在向工作表中输入这些常量数据时，要先分清数据所属的类型，再按相应的数据类型规范输入，以便 Excel 正确识别和区分。下面介绍这 3 类数据的输入方法：

（1）输入如图 10-6 所示的文本型数据。

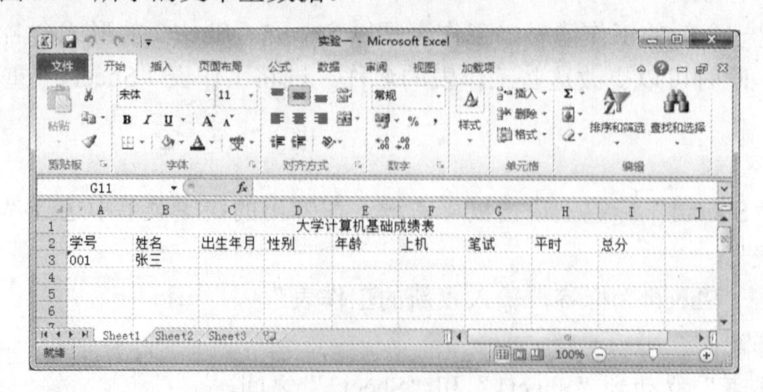

图 10-6　输入文本型数据

操作提示：

① 在“Sheet1”工作表中，选择 A1:I1 区域，在“开始”功能选项卡中的“对齐方式”选项组中单击“合并后居中”按钮，然后在此区域中输入“大学计算机基础成绩表”。

② 学号是数字形式的文本型数据，输入时应在数字前加一个英文的单撇号“’”，如“’001”。

③ 姓名为普通文本型数据，可直接输入。

（2）输入数值型数据。

在“Sheet1”工作表中输入数据，如图 10-7 所示。

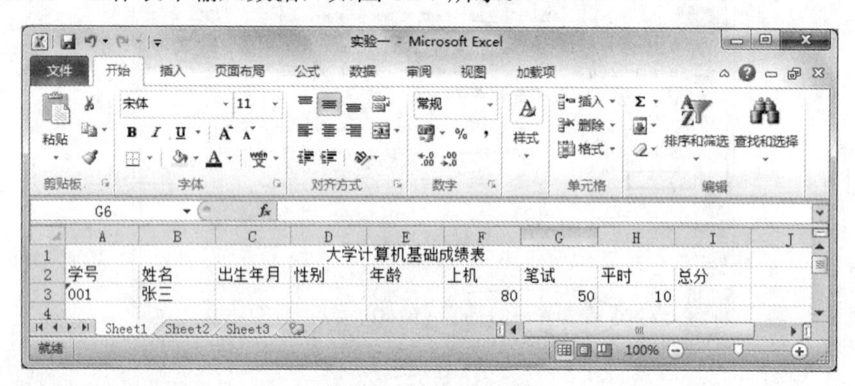

图 10-7　输入数值型数据

操作提示：

上机成绩、笔试成绩和平时成绩均为普通数值型数据，直接输入即可。

（3）输入日期和时间。

在“Sheet1”中输入如图 10-8 所示的出生年月。

操作提示：

① 出生年月为日期型数据，张三同学的出生年月应输入“1995-08-21”或者“1995/8/21”。

② 在 C3 单元格上单击鼠标右键，选择“设置单元格格式”命令。

③ 如图 10-9 所示，选中“数字”选项卡，在“分类”列表框中选择“日期”。

④ 在窗口右侧的“类型”列表框中选择需要显示的日期格式类型。

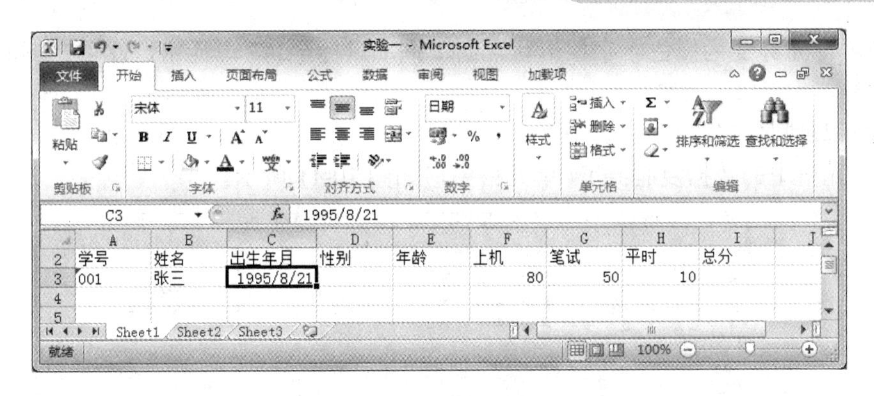

图 10-8　输入出生年月

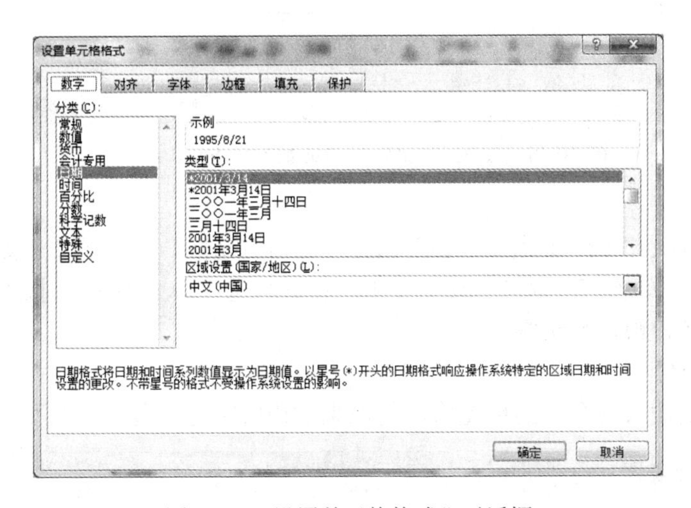

图 10-9 “设置单元格格式”对话框

（4）自动填充序列。

Excel 对于具有一定排列顺序的数据提供自动填充的功能，从而简化输入工作。试在“Sheet1”中使用“自动填充柄”自动填充学号，效果如图 10-10 所示。

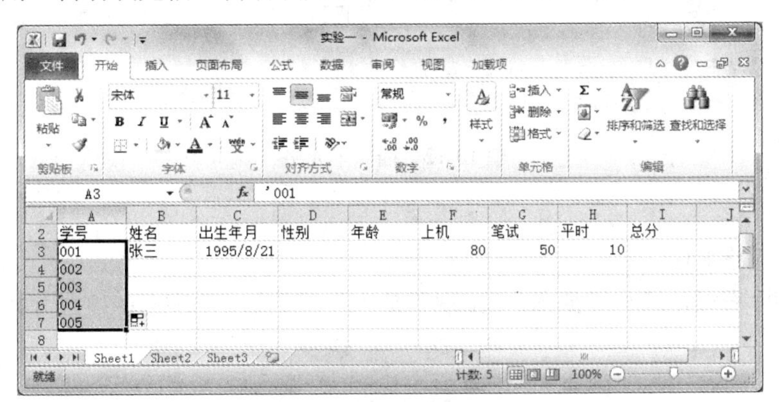

图 10-10　使用“自动填充柄”自动填充学号

操作提示：

学号是递增的一组数据，可使用自动填充进行输入。将鼠标移动到 A3 单元格右下角的小黑点处，当鼠标光标变为黑色十字架形状，向下拖动鼠标至 A7 单元格，即可在下面单元格中自动填充学号。

4．移动和复制数据。

将 F3 单元格中的数据复制到 F4 单元格中，如图 10-11 所示。

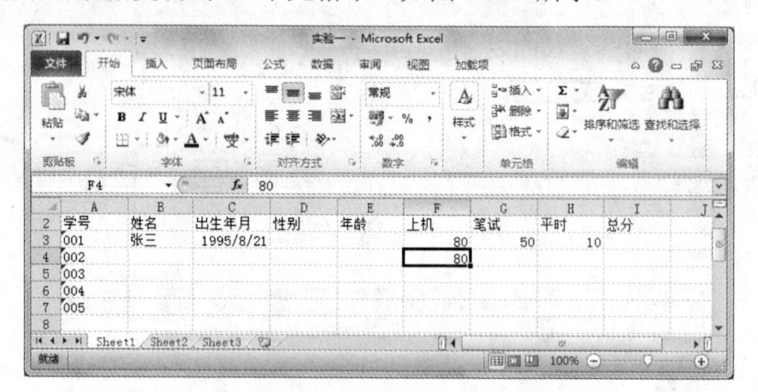

图 10-11　复制 F3 单元格中的数据到 F4 单元格中

操作提示：

方法一：右击单元格 F3，选择“复制”选项，右击单元格 F4，选择“粘贴”选项。

方法二：选中单元格 F3，按“Ctrl+C”组合键；再选中单元格 F4，按“Ctrl+V”组合键。

5．插入单元格和删除单元格。

（1）插入单元格。

在 F4 单元格处插入一个空的单元格，使原来的内容下移一行，效果如图 10-12 所示。

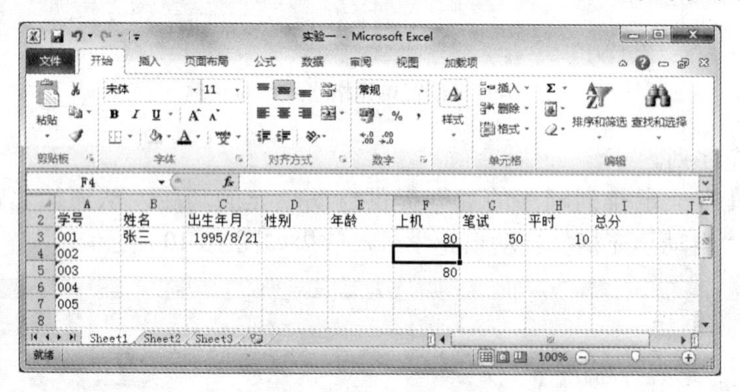

图 10-12　插入单元格

操作提示：

① 选中单元格 F4。

② 单击鼠标右键，选择“插入”，出现“插入”对话框，如图 10-13 所示。

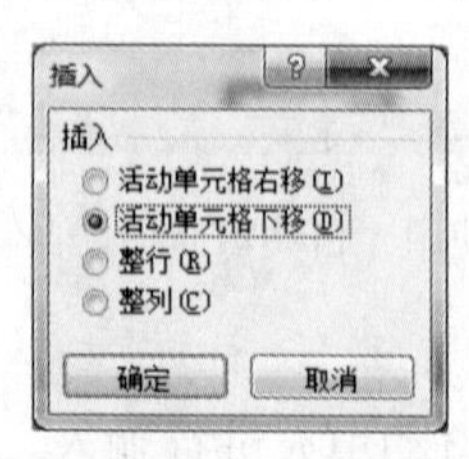

图 10-13　“插入”对话框

③ 选中“活动单元格下移”单选按钮并单击“确定”按钮。

（2）删除单元格 F5，如图 10-14 所示。

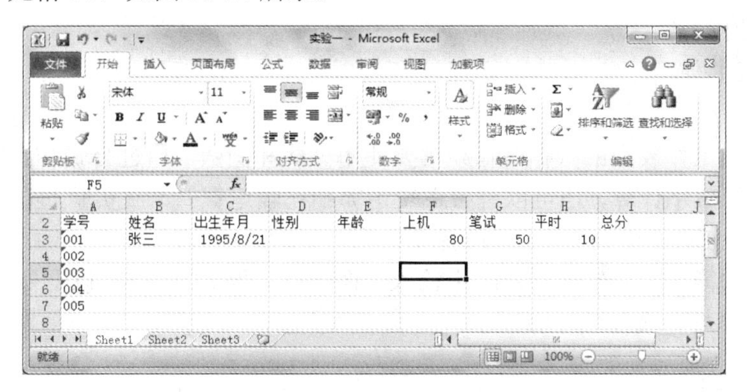

图 10-14　删除单元格 F5

操作提示：

① 在单元格 F5 上单击鼠标右键，选择“删除”命令。

② 在弹出的“删除”对话框中选中“下方单元格上移”单选按钮并单击“确定”按钮，如图 10-15 所示。

6．如图 10-1 所示依次输入其他学生的姓名、出生年月、上机、笔试和平时。

7．查找姓名为“李四”的学生。

操作提示：

① 选中姓名区域 B2:B7，按“Ctrl+F”组合键，弹出“查找和替换”对话框。

② 在“查找内容”下拉框中输入“李四”，用鼠标左键单击“查找全部”或“查找下一个”按钮，如图 10-16 所示。

图 10-15　选择删除方式

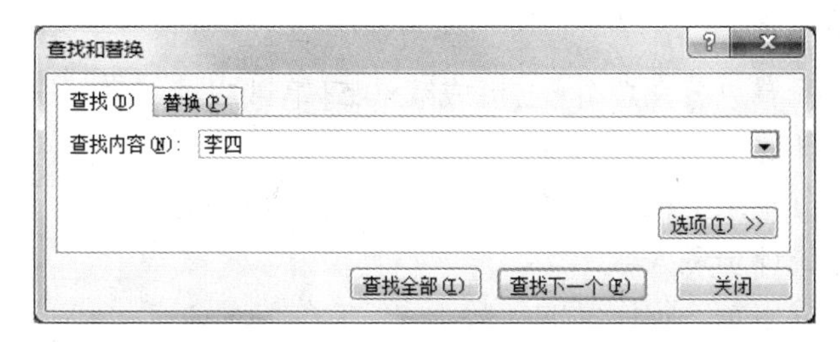

图 10-16　“查找和替换”对话框

实验二　Excel 2010 表格的公式与函数

【实验目的】

1．掌握公式的使用。

2．掌握常用统计函数的使用。

3．掌握日期与时间函数的使用。

【实验内容】

1．工作表的编辑。

2．有效范围的设置。

3．公式的使用。

4．函数的使用。

5．条件格式的使用。

【实验步骤】

在分析和处理工作表中的数据时，经常要使用公式和函数。通过公式和函数，用户不仅可以在工作表中进行数字计算，还可以进行逻辑运算和比较运算。本次实验通过完善实验一中建立的成绩表来熟悉 Excel 中公式和函数的使用。

新建一个工作簿，在工作表 Sheet1 中输入如图 10-17 所示的数据，以文件名“实验二.xlsx”保存在 E 盘，按要求完成各项计算。

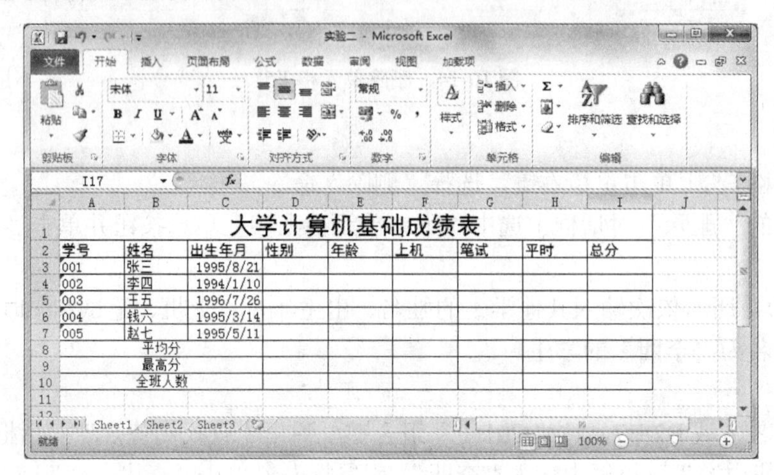

大学计算机基础成绩表								
学号	姓名	出生年月	性别	年龄	上机	笔试	平时	总分
001	张三	1995/8/21						
002	李四	1994/1/10						
003	王五	1996/7/26						
004	钱六	1995/3/14						
005	赵七	1995/5/11						
平均分								
最高分								
全班人数								

图 10-17　原始数据表

要求如下：

（1）计算总分，总分=上机成绩×0.5+笔试成绩×0.4+平时成绩。

（2）计算平均分。

（3）分别求上机、笔试、平时和总分的最高分。

（4）统计全班人数。

（5）求出每一位同学的年龄。

（6）出错时给出相应的提示。

计算后的数据表如图 10-18 所示。

1．编辑如图 10-17 所示的工作表。

操作提示：

（1）启动 Excel 2010，新建一个工作簿，以文件名“E2—专业班级姓名学号.xlsx”保存在 E 盘。选中“Sheet1”工作表，从 A1 单元格开始，按照原始数据表，依次输入各项数据。

（2）选择表格标题 A1:I1 区域，用鼠标左键单击“合并后居中”按钮。

（3）分别对 A8:E8 区域、A9:E9 区域和 A10:E10 区域使用“合并后居中”。

（4）用鼠标左键单击表格标题“大学计算机基础成绩表”所在区域，在“开始”功能选项卡中的“字体”选项组中设置字体为黑体、字号为 20 号。

（5）选中 A2:I2 区域，在“开始”功能选项卡中的“字体”选项组中设置字体为黑体、字号为 12 号。

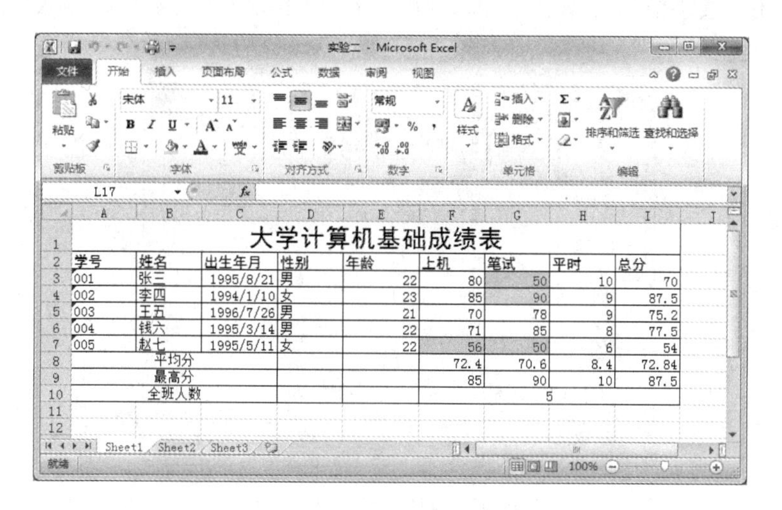

大学计算机基础成绩表

学号	姓名	出生年月	性别	年龄	上机	笔试	平时	总分
001	张三	1995/8/21	男	22	80	50	10	70
002	李四	1994/1/10	女	23	85	90	9	87.5
003	王五	1996/7/26	男	21	70	78	9	75.2
004	钱六	1995/3/14	男	22	71	85	8	77.5
005	赵七	1995/5/11	女	22	56	50	6	54
平均分					72.4	70.6	8.4	72.84
最高分					85	90	10	87.5
全班人数						5		

图 10-18 最终结果表

（6）选中 A1:I10 区域，单击鼠标右键，选择“设置单元格格式”，出现“设置单元格格式”对话框，选择“边框”选项卡，选中“外边框”和“内部”，单击“确定”按钮，如图 10-19 所示。

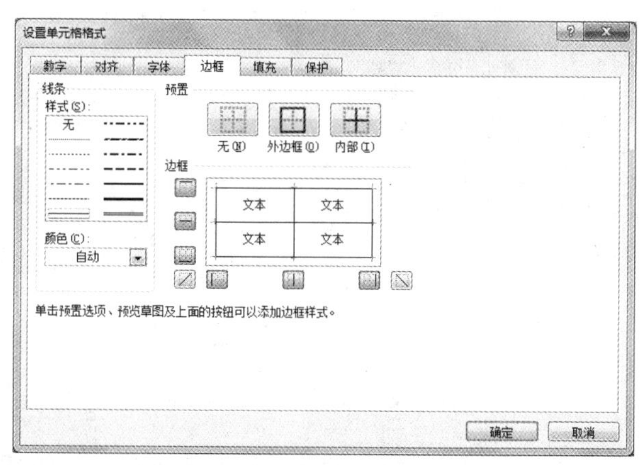

图 10-19 设置单元格边框

2．设置有效范围。

如果输入的数据是有一定规律的：数据来源固定且多有重复，或者范围固定，在这种情况下可以设置数据的有效范围，用来保证输入数据的快速和准确性。试在以下任务中设置数据的有效范围。

（1）设置上机成绩和笔试成绩有效范围在 0～100，如果超过范围，将弹出“数据超过范围”对话框。

操作提示：

① 选择 F3:G7 区域（“上机”和“笔试”两栏）。

② 在“数据”功能选项卡中的“数据工具”选项组中选择“数据有效性”选项，弹出“数据有效性”对话框。

③ 选择“设置”选项卡，在“允许”下拉列表中选择“小数”，在“数据”下拉列表项中

选择“介于”，在“最小值”文本框中输入“0”，在“最大值”文本框中输入“100”。具体设置如图 10-20 所示。

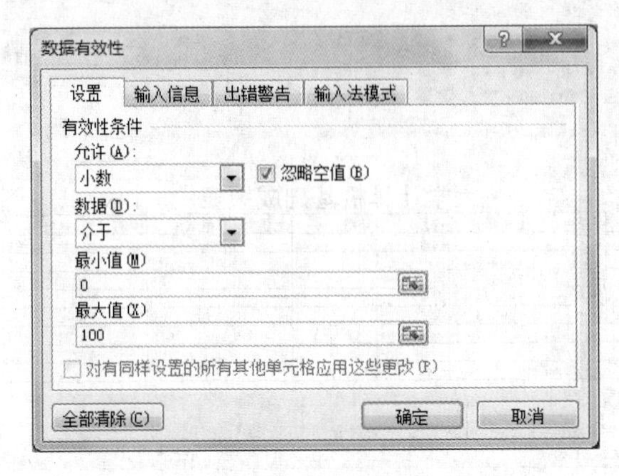

图 10-20　设置数据有效性范围

④ 在“数据有效性”对话框中选择“输入信息”选项卡。在“标题”文本框中输入“上机成绩和笔试成绩”；在“输入信息”文本框中输入“满分 100 分”，并单击“确定”按钮，如图 10-21 所示。

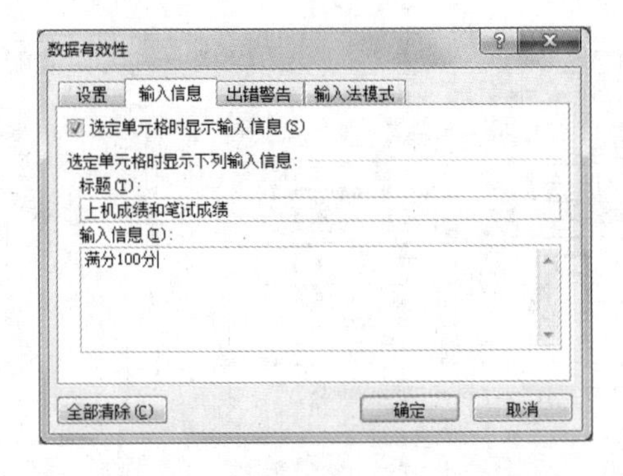

图 10-21　设置数据有效性输入信息

设置完成后，当选中“上机”或“笔试”两列的任一单元格时，旁边会出现提示信息，如图 10-22 所示。

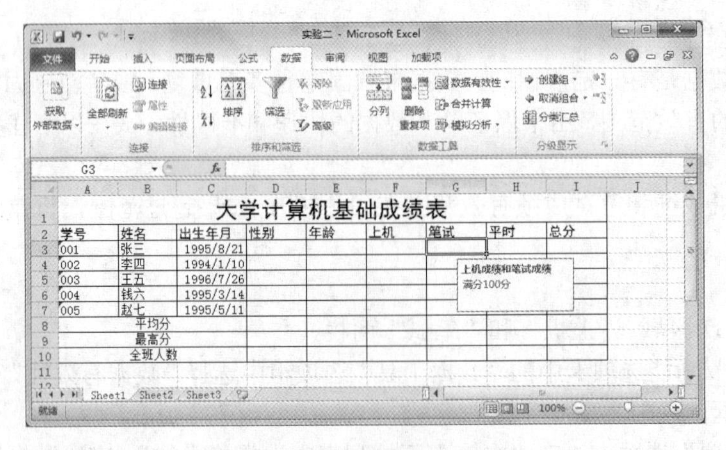

图 10-22　数据有效性提示信息

⑤ 在“数据”功能选项卡中的“数据工具”选项组中选择“数据有效性”选项，在弹出的“数据有效性”对话框中选择“出错警告”选项卡，在“样式”下拉列表框中选择“停止”，在“标题”文本框中输入“无效”，在“错误信息”文本框中输入“数据超过范围”，并单击“确定”按钮，如图 10-23 所示。

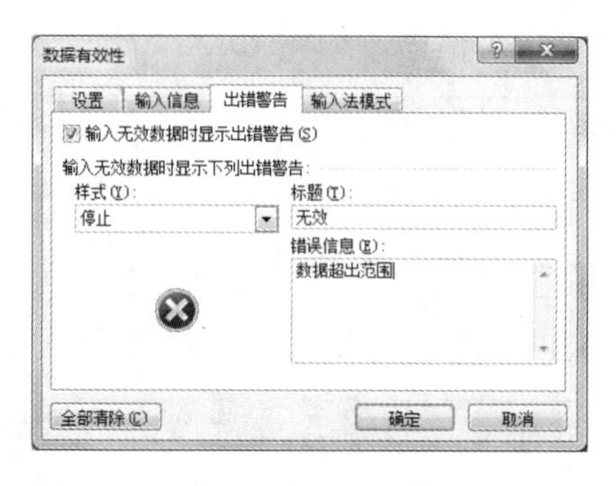

图 10-23　设置数据有效性出错警告

设置完成后，如果在“上机”或“笔试”两列的单元格中输入大于 100 或小于 0 的数据或非数值数据时，则会出现刚才所设置的出错警告，如图 10-24 所示。

图 10-24　出错警告

⑥ 按照相同的步骤设置 H3:H7 区域的数据有效范围为 0～10。

（2）设置 D3:D7 区域的有效范围。

选择“性别”区域（D3:D7）时，会出现提示信息“单击下拉按钮，可进行选择性输入”，同时在单元格的右边出现下拉按钮，在下拉菜单中可以选择“男”或“女”，如图 10-25 所示。

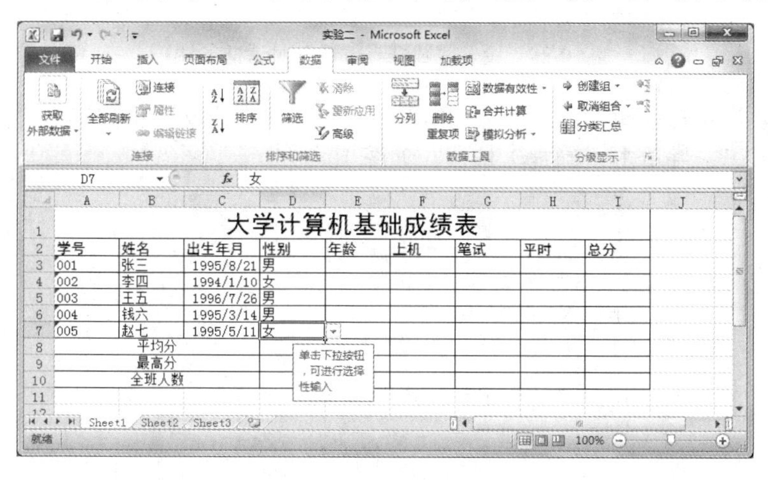

图 10-25　设置数据有效范围

操作提示：

① 在 K17，L17 单元格中分别输入“男”，“女”。这两个数据是“性别”数据来源所在，

也可放在工作表的其他单元格中。

② 选中 D3:D7 区域，在“数据”功能选项卡中的“数据工具”中选择“数据有效性”，弹出“数据有效性”对话框。

③ 选择“设置”选项卡，在“允许”下拉列表框中选择“序列”，单击“来源”右侧的“选择”按钮，弹出“数据有效性”对话框，如图 10-26 所示。

图 10-26 “数据有效性”对话框

④ 用鼠标在工作表中选择 K17:L17 单元格，所选范围被填入文本框中，如图 10-27 所示。

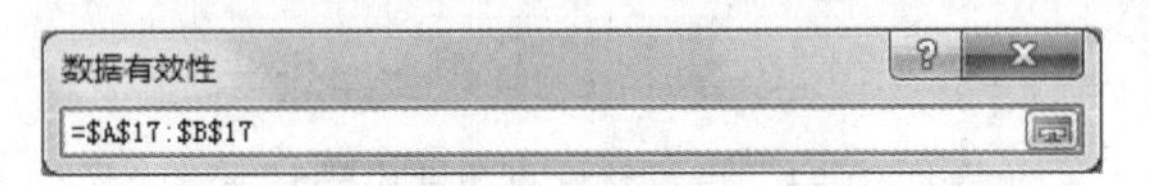

图 10-27 选择性别有效性范围

⑤ 用鼠标左键单击“数据有效性”窗口右侧的“选择”按钮，则回到“数据有效性”对话框，所选范围自动填入“来源”文本框中，如图 10-28 所示，单击“确定”按钮即可。

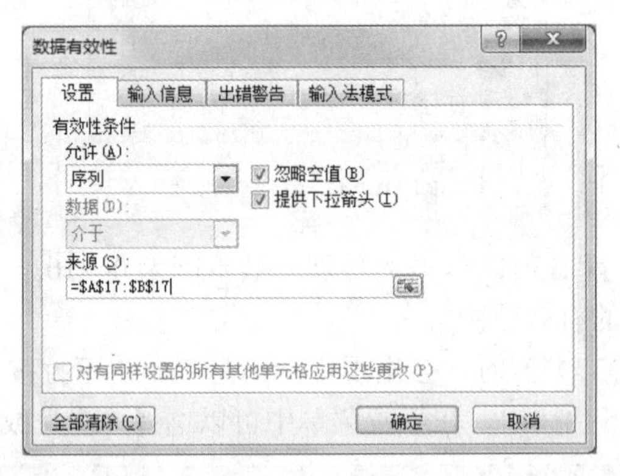

图 10-28 设置“数据有效性”对话框条件

⑥ 用鼠标左键单击“输入信息”选项卡。在“输入信息”文本框中输入“单击下拉按钮，可进行选择性输入”，并单击“确定”按钮，如图 10-29 所示。

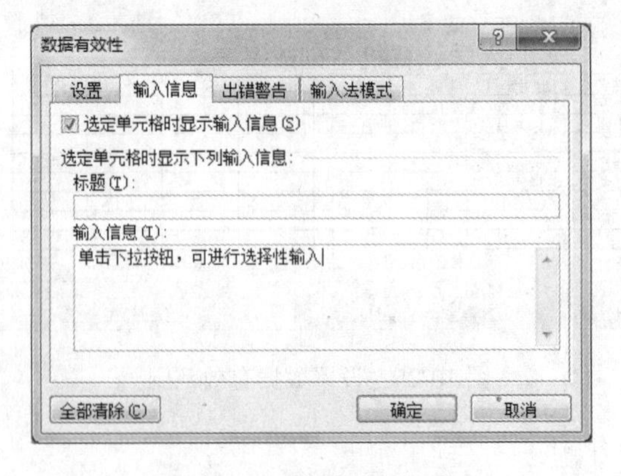

图 10-29 设置输入信息

⑦ 按照如图 10-25 所示，设置 D3:D7 区域的性别。

3．按照如图 10-30 所示，输入上机、笔试和平时成绩，使用公式计算出总分。

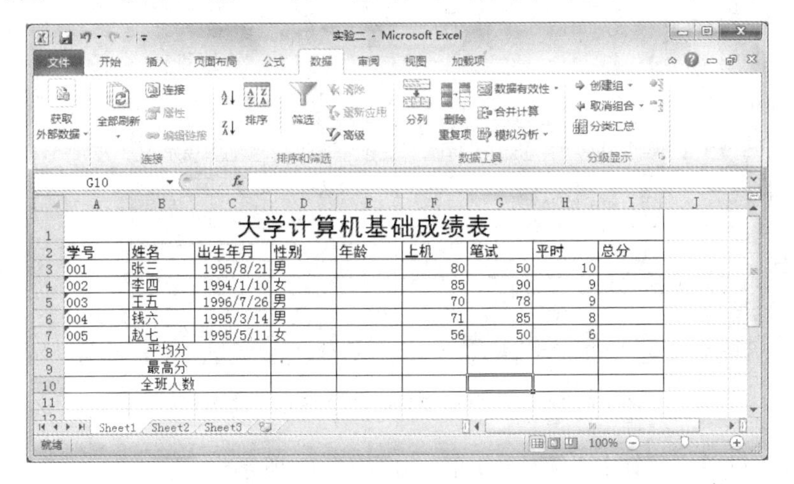

图 10-30　输入上机、笔试和平时成绩

操作提示：

（1）在单元格 I3 中输入计算公式“= F3*0.5+G3*0.4+H3”，如图 10-31 所示，并按“Enter”键确认。这时，I3 单元格显示计算结果 70，并在编辑栏显示完整的公式。

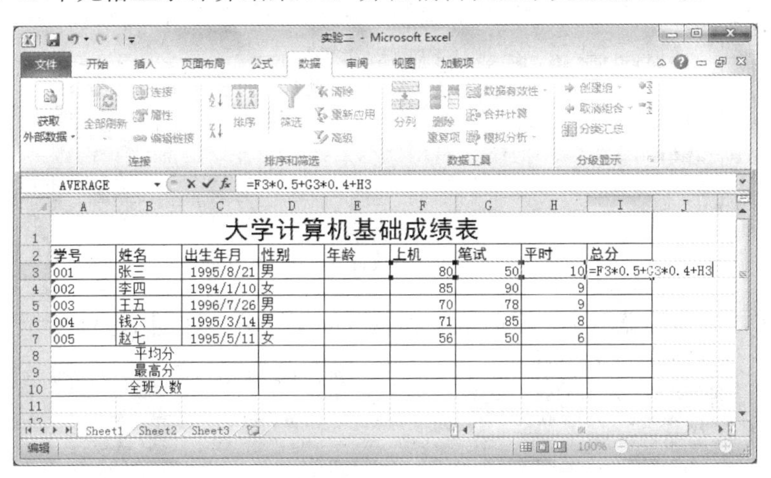

图 10-31　在单元格 I3 中输入计算公式

（2）使用自动填充功能，填充 I3:I7 单元格，如图 10-32 所示。

4．使用函数。

函数是指用一些称为参数的特定数值按照特定的顺序进行计算的方法，可以直接使用函数对某个区域内的数据进行一系列计算。试使用函数完成以下计算。

（1）分别计算上机、笔试、平时和总分的平均分。

操作提示：

① 选择 F8 单元格，在“公式”功能选项卡中的“函数库”选项组中选择“最近选择的函数”，在下拉菜单中选择“AVERAGE”，弹出“函数参数”对话框，系统会自动选择 F3:F7 为 Number1 数据区域。

实验二 - Microsoft Excel
=F3*0.5+G3*0.4+H3
大学计算机基础成绩表
学号 姓名 出生年月 性别 年龄 上机 笔试 平时 总分
001 张三 1995/8/21 男 80 50 10 70
002 李四 1994/1/10 女 85 90 9 87.5
003 王五 1996/7/26 男 70 78 9 75.2
004 钱六 1995/3/14 男 71 85 8 77.5
005 赵七 1995/5/11 女 56 50 6 54
平均分
最高分
全班人数
平均值: 72.84 计数: 5 求和: 364.2

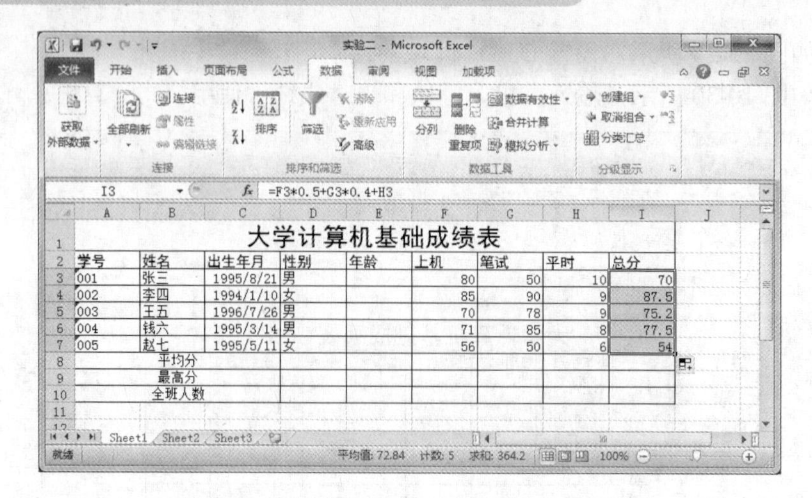

图 10-32　使用自动填充功能填充 I3：I7 单元格

② 用鼠标左键单击“确认”按钮即可，如图 10-33 所示。

函数参数
AVERAGE
Number1 F3:F7 = {80;85;70;71;56}
Number2 = 数值
= 72.4
返回其参数的算术平均值；参数可以是数值或包含数值的名称、数组或引用
Number1: number1,number2,... 是用于计算平均值的 1 到 255 个数值参数
计算结果 = 72.4
有关该函数的帮助(H)
确定
取消

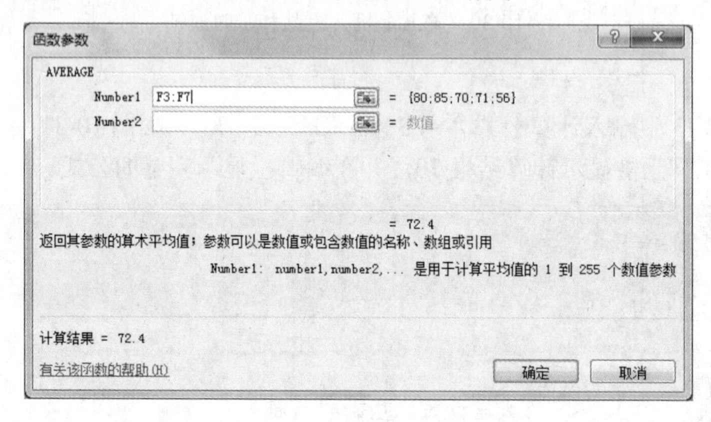

图 10-33　使用函数计算上机平均分

按上述操作，分别计算笔试、平时成绩和总分的平均分，如图 10-34 所示。

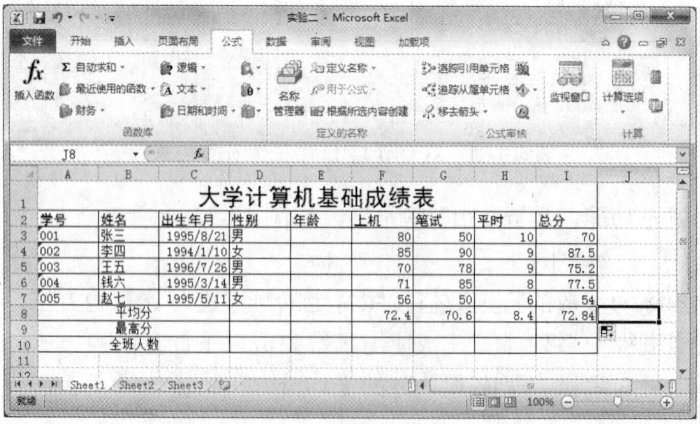

实验二 - Microsoft Excel
大学计算机基础成绩表
学号 姓名 出生年月 性别 年龄 上机 笔试 平时 总分
001 张三 1995/8/21 男 80 50 10 70
002 李四 1994/1/10 女 85 90 9 87.5
003 王五 1996/7/26 男 70 78 9 75.2
004 钱六 1995/3/14 男 71 85 8 77.5
005 赵七 1995/5/11 女 56 50 6 54
平均分 72.4 70.6 8.4 72.84
最高分
全班人数

图 10-34　使用函数分别计算笔试、平时和总分的平均分

（2）计算最高分。

操作提示：

选择 F9 单元格，在“公式”功能选项卡中的“函数库”选项组中选择“最近选择的函数”，在下拉菜单中选择“MAX”，弹出“函数参数”对话框，系统会自动选择 F3:F8 为 Number1 数据区域，应将其修改为 F3:F7，再用鼠标左键单击“确定”按钮进行确认，如图 10-35 所示。

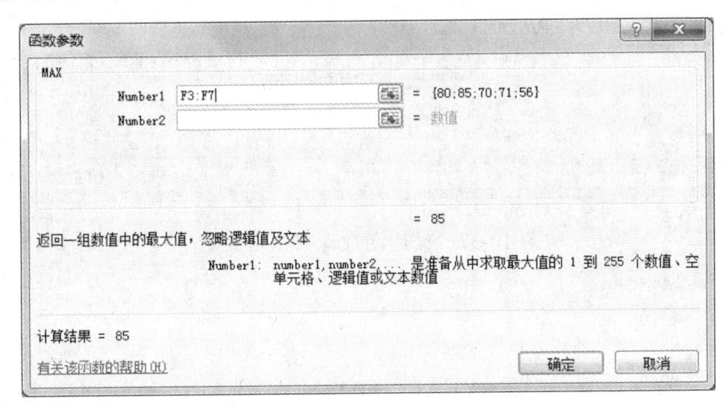

图 10-35 使用函数计算上机最高分

按上述操作，计算笔试、平时成绩和总分的最高分，如图 10-36 所示

大学计算机基础成绩表

学号	姓名	出生年月	性别	年龄	上机	笔试	平时	总分
001	张三	1995/8/21	男		80	50	10	70
002	李四	1994/1/10	女		85	90	9	87.5
003	王五	1996/7/26	男		70	78	9	75.2
004	钱六	1995/3/14	男		71	85	8	77.5
005	赵七	1995/5/11	女		56	50	6	54
平均分					72.4	70.6	8.4	72.84
最高分					85	90	10	87.5
全班人数								

图 10-36 使用函数计算分别计算机笔试、平时和总分的最高分

（3）计算全班人数。

操作提示：

① 选择 F10:I10 区域，在“开始”功能选项卡中的“对齐方式”选项组中单击“合并后居中”按钮。

② 选择 F10 单元格，在“公式”功能选项卡中的“函数库”选项组中选择“最近选择的函数”，在下拉菜单中选择“COUNT”，弹出“函数参数”对话框，系统会自动选择 F3:F9 为 Value1 数据区域，应将其修改为 F3:F7，用鼠标左键单击“确定”按钮进行确认，如图 10-37 所示。

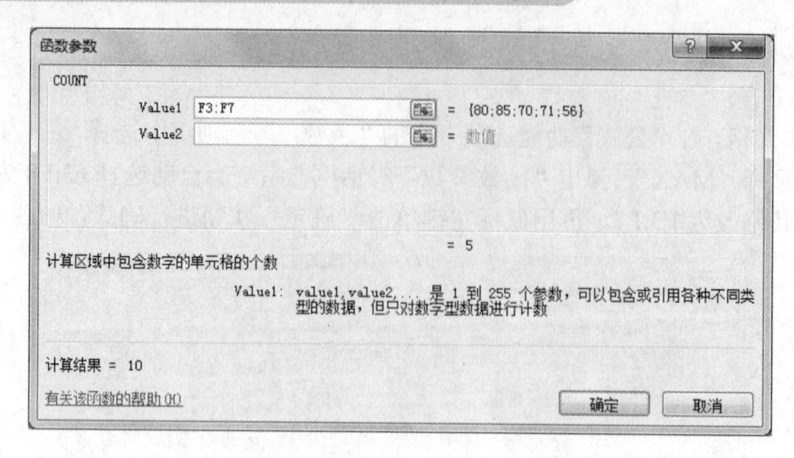

图 10-37　使用函数计算全班人数

（4）计算年龄。

操作提示：

选择单元格 E3，输入计算公式“=YEAR(TODAY())-YEAR(C3)”，再单击鼠标右键选择“设置单元格格式”，选择“数字”选项卡中的“常规”并单击“确定”按钮，最终结果如图 10-38 所示。

实验二 - Microsoft Excel

E3　=YEAR(TODAY())-YEAR(C3)

大学计算机基础成绩表

学号	姓名	出生年月	性别	年龄	上机	笔试	平时	总分
001	张三	1995/8/21	男	22	80	50	10	70
002	李四	1994/1/10	女		85	90	9	87.5
003	王五	1996/7/26	男		70	78	9	75.2
004	钱六	1995/3/14	男		71	85	8	77.5
005	赵七	1995/5/11	女		56	50	6	54
	平均分				72.4	70.6	8.4	72.84
	最高分				85	90	10	87.5
	全班人数					5		

图 10-38　使用函数计算年龄

最后，使用自动填充功能完成对 E4:E7 区域的填充。

5．使用条件格式。

条件格式是指当指定条件为真时，Excel 自动应用于单元格的格式。使用条件格式功能可以根据单元格内容有选择地设置单元格格式。试用条件格式功能完成以下任务。

将“上机”和“笔试”成绩中小于 60 的所有单元格颜色设置为“浅红填充色深红色文本”，大于 85 的所有单元格颜色设置为“绿填充色深绿色文本”。

操作提示：

（1）选中 F3:G7 区域，在“开始”功能选项卡中的“样式”选项组中选择“条件格式”，在下拉菜单中选择“突出显示单元格规则”，选择“大于”，如图 10-39 所示。

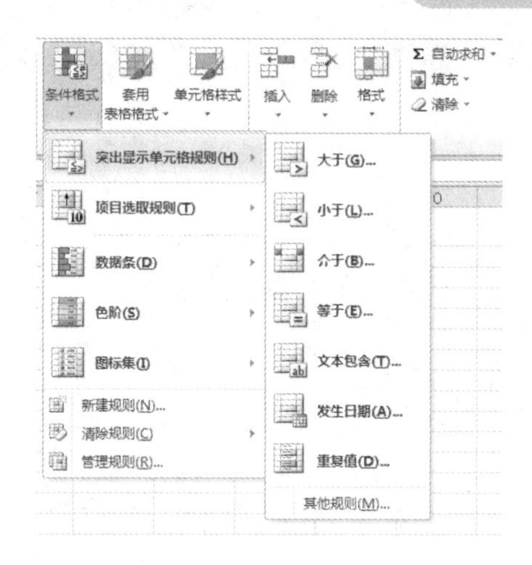

图 10-39　设置条件格式

（2）在“大于”对话框设置单元格数值为 85，设置颜色为“绿填充色深绿色文本”，如图 10-40 所示。

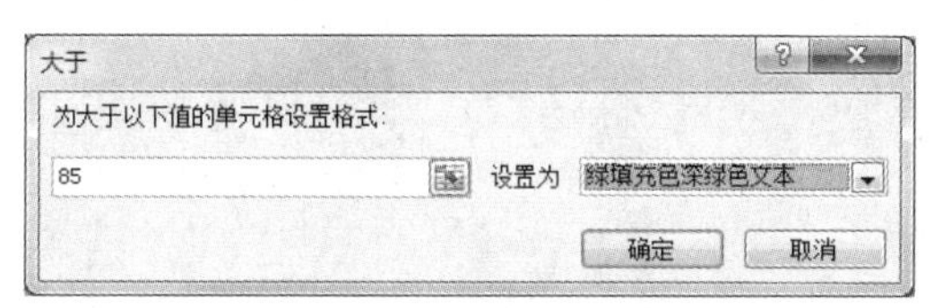

图 10-40　设置“大于”对话框

（3）同理，设置“小于”对话框单元格数值为 60，颜色为“浅红填充色深红色文本”。

实验三　Excel 2010 表格的数据分析与图表

【实验目的】

1．掌握对数据排序的方法。

2．掌握对数据筛选和汇总的方法。

3．掌握图表创建和编辑的方法。

【实验内容】

1．数据的排序。

2．数据的筛选。

3．分类汇总的使用。

4．图表的创建和编辑。

【实验步骤】

常见的数据分析包括数据排序、根据条件对数据进行筛选和对数据进行分类汇总。本次实验通过对 Excel 实验二中建立的数据进行排序、筛选、分类汇总和创建图表来熟悉 Excel 中的数据分析和图表功能。

打开本章实验二中建立的表，删除 B8:I10 单元格，结果如图 10-41 所示，以文件名“实验三.xlsx”另存到 E 盘。

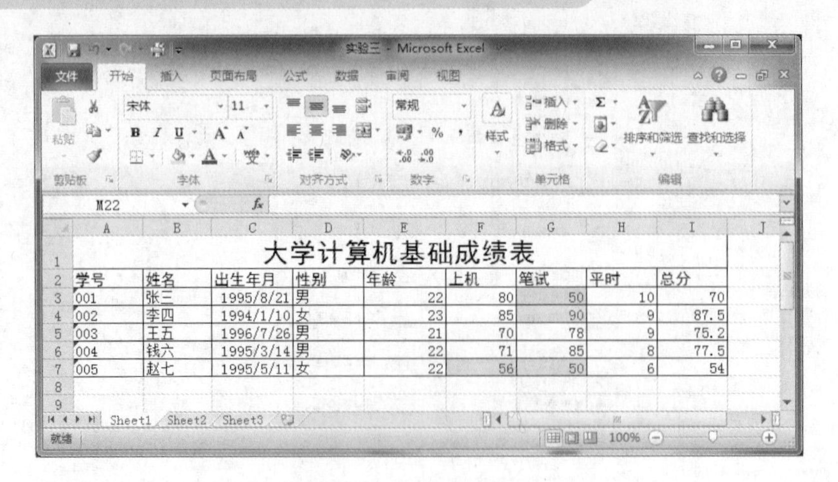

大学计算机基础成绩表

学号	姓名	出生年月	性别	年龄	上机	笔试	平时	总分
001	张三	1995/8/21	男	22	80	50	10	70
002	李四	1994/1/10	女	23	85	90	9	87.5
003	王五	1996/7/26	男	21	70	78	9	75.2
004	钱六	1995/3/14	男	22	71	85	8	77.5
005	赵七	1995/5/11	女	22	56	50	6	54

图 10-41　原始数据表

1．将表 Sheet1 复制一张，并重命名为“排序”。

在“排序”表中将记录按总分从高到低排序，如果总分相同，则按笔试成绩从高到低进行排序。完成效果如图 10-42 所示。

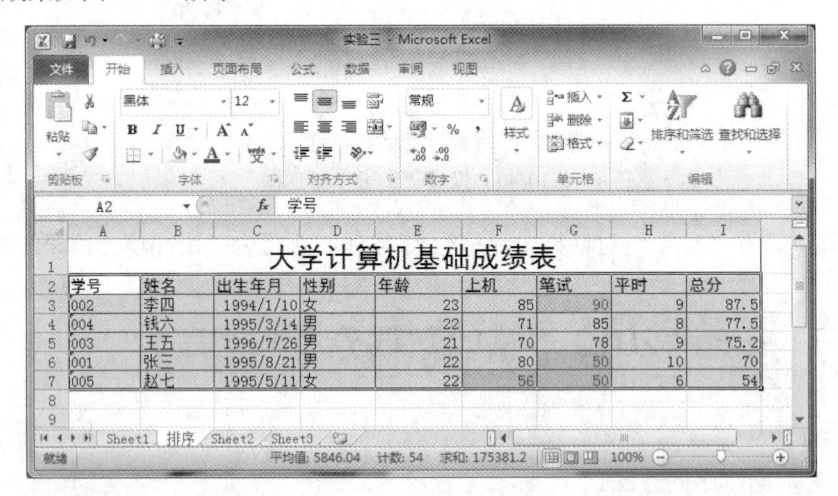

大学计算机基础成绩表

学号	姓名	出生年月	性别	年龄	上机	笔试	平时	总分
002	李四	1994/1/10	女	23	85	90	9	87.5
004	钱六	1995/3/14	男	22	71	85	8	77.5
003	王五	1996/7/26	男	21	70	78	9	75.2
001	张三	1995/8/21	男	22	80	50	10	70
005	赵七	1995/5/11	女	22	56	50	6	54

图 10-42　排序结果表

操作提示：

（1）按住“Ctrl”键，用鼠标拖动“Sheet1”工作表标签，将 Sheet1 表复制一张，并重命名为“排序”。

（2）选中数据清单 A2:I7。

（3）在“数据”功能选项卡中的“排序和筛选”选项组中选择“排序”，弹出“排序”对话框。

（4）在“主要关键字”下拉列表框中选择“总分”，在“排序依据”下拉列表框中选择“数值”，在“次序”下拉列表框中选择“降序”，如图 10-43 所示。

（5）单击“添加条件”按钮，在“次要关键字”下拉列表框中选择“笔试”，在“排序依据”下拉列表框中选择“数值”，在“次序”下拉列表框中选择“降序”，如图 10-44 所示。

（6）用鼠标左键单击“确定”按钮。

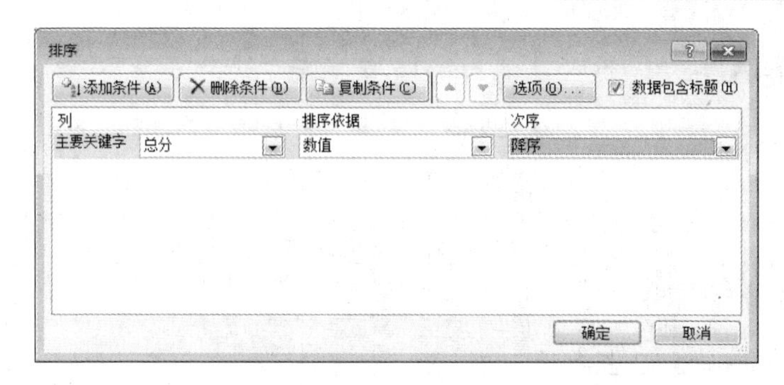

图 10-43 设置总分排序条件

图 10-44 设置笔试排序条件

2．将“排序”表复制一张，并重命名为“筛选”，按如下要求进行数据筛选。

（1）使用自动筛选功能显示所有的男同学记录，结果如图 10-45 所示。

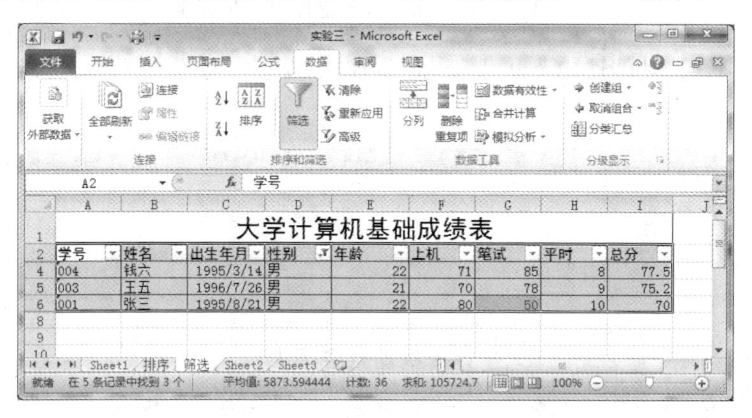

图 10-45 使用自动筛选功能显示所有的男同学记录

操作提示：

① 将“排序”表复制一张，并重命名为“筛选”。

② 选中数据清单 A2:I7。在“数据”功能选项卡中的“排序和筛选”选项组中选择“筛选”，各列标题都变成下拉式列表，如图 10-46 所示。

③ 用鼠标左键单击“性别”列标题右侧的下拉箭头，在弹出的下拉列表框中选中“男”，如图 10-47 所示。

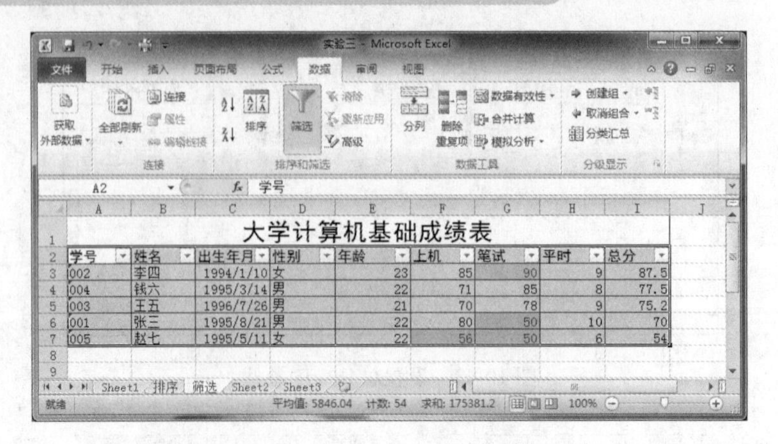

图 10-46　使用自动筛选功能

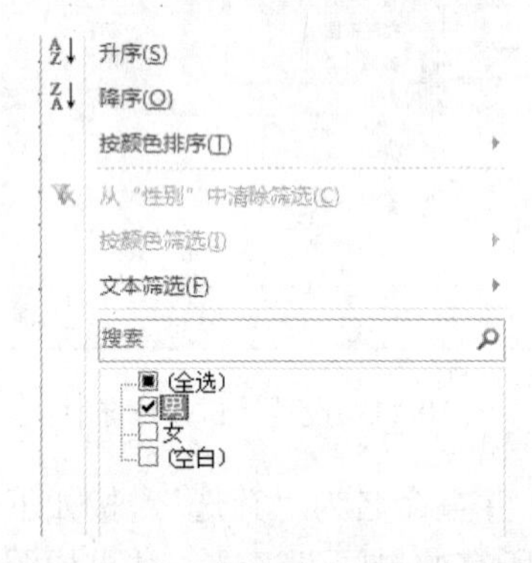

图 10-47　使用自动筛选功能显示男同学

（2）使用高级筛选功能选出上机大于 80 分且总分大于 70 分的学生，最终结果如图 10-48 所示。

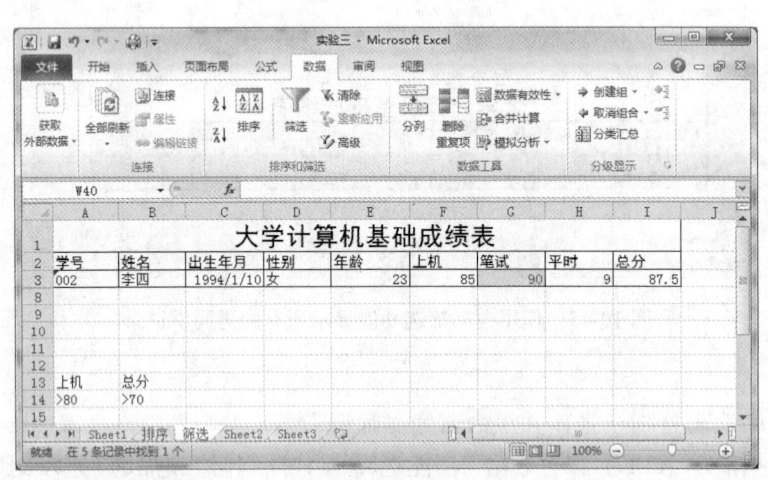

图 10-48　使用高级筛选功能选出上机大于 80 分且总分大于 70 分的学生

操作提示：

① 在“数据”功能选项卡中的“排序和筛选”选项组中选择“筛选”，取消自动筛选，显示所有数据。

② 按如图 10-49 所示输入条件，在 A13 单元格输入“上机”，在 A14 单元格输入“>80”。在 B13 单元格输入“总分”，在 B14 单元格输入“>70”。

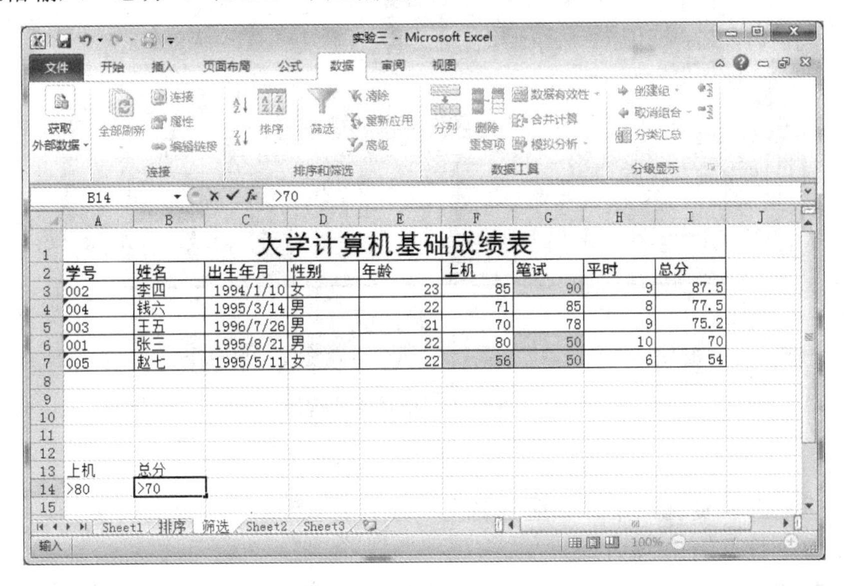

图 10-49　输入筛选条件

③ 选中数据清单 A2:I7，在“数据”功能选项卡中的“排序和筛选”选项组中选择“高级”，弹出“高级筛选”对话框。

④ 用鼠标左键单击“条件区域”编辑框右侧的“选取”按钮，打开“高级筛选-条件区域”对话框，用鼠标选择“筛选”工作表中的“A13:B14”区域，所选定的区域自动填入“高级筛选-条件区域”编辑框，再单击编辑框右侧的“选取”按钮，回到“高级筛选”对话框，如图 10-50 所示。

图 10-50　设置筛选方式和区域

⑤ 设置完毕，用鼠标左键单击“确定”按钮。

3．分类汇总。

分类汇总是将数据清单中关键字相同的一些记录合并为一组，对于每组记录进行相关的汇总计算。试在以下任务中使用分类汇总功能。

将“排序”表复制一张，并重命名为“分类汇总”。在“分类汇总”表中分别求出男生和女生的上机、总分的平均分。完成后效果如图 10-51 所示。

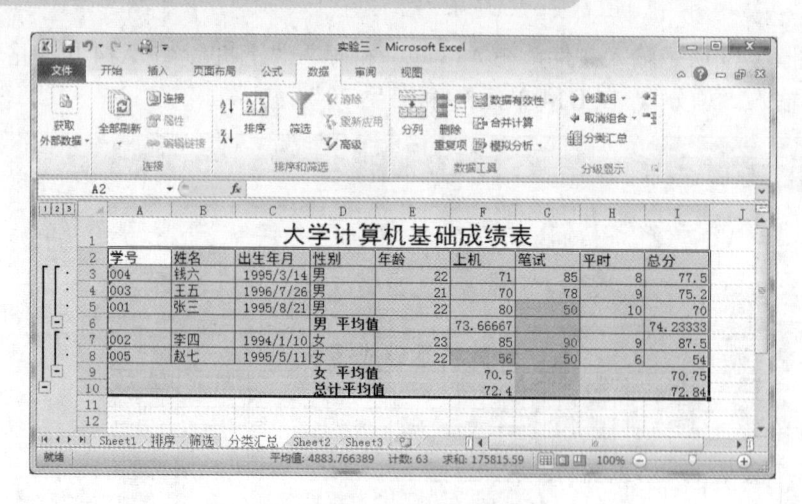

图 10-51　分类汇总结果表

操作提示：

（1）将“排序”表复制一张，并重命名为“分类汇总”。

（2）选中整个数据清单 A2:I7。

（3）在“数据”功能选项卡中的“排序和筛选”选项组中选择“排序”，以性别为主要关键字进行设置，如图 10-52 所示。

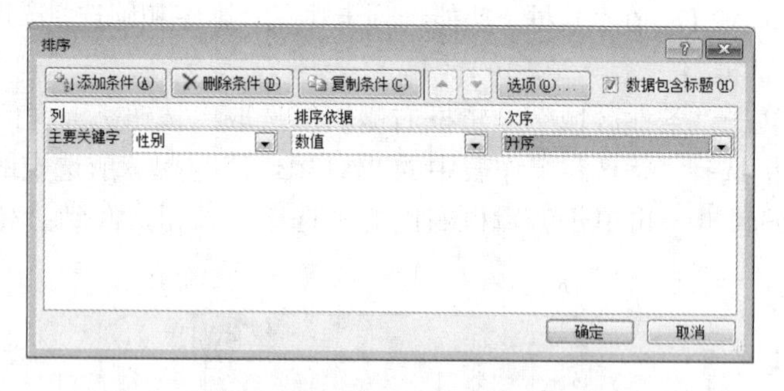

图 10-52　设置排序条件

（4）按“性别”汇总，在“分类汇总”对话框中设置相关数据。

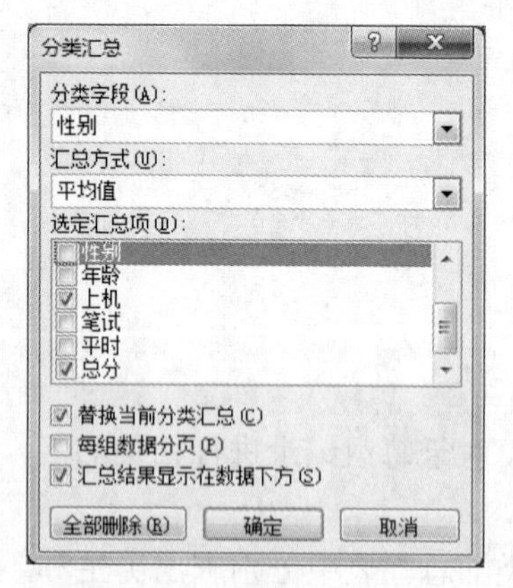

图 10-53　设置分类汇总条件

在“数据”功能选项卡中的“分级显示”选项组中选择“分类汇总”，弹出“分类汇总”对话框，如图 10-53 所示。

① 在“分类字段”下拉列表框中，选择“性别”。

② 在“汇总方式”下拉列表框中，选择“平均值”。

③ 在“选定汇总项”列表框中选择“上机”和“总分”并用鼠标左键单击“确定”按钮。

注意：分类汇总操作将为每个“性别”分类插入汇总行，并在选定列“上机”和“总分”上执行设定的求“平均值”计算，同时，还在该数据清单尾部加入总计平均值。

4．将“排序”表复制一张，并重命名为“图表”。在工作表“图表”中创建图表，将学生的上机成绩和总分成绩在图表中对比，如图 10-54 所示。

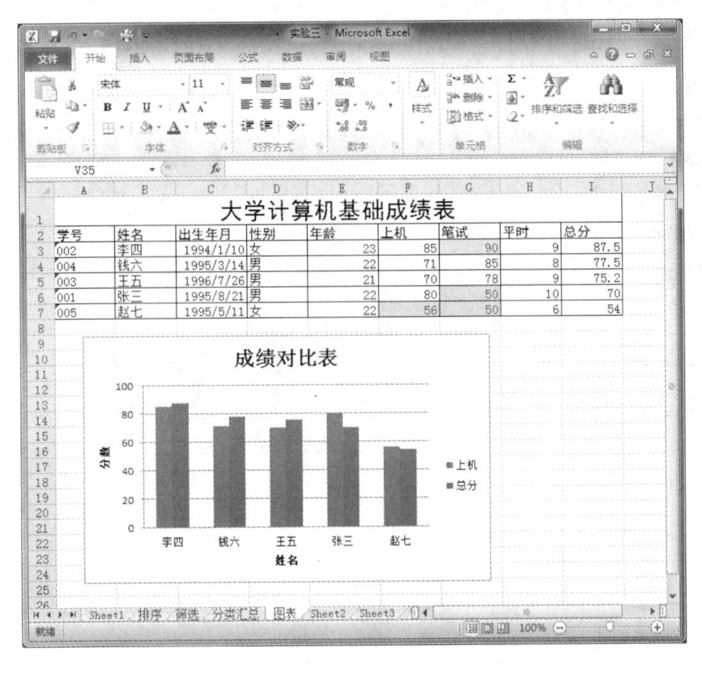

图 10-54　创建图表

操作提示：

（1）将“排序”表复制一张，并重命名为“图表”。

（2）选中 B2:B7 区域，按住“Ctrl”键选中 F2:F7 和 I2:I7，此时，姓名、上机和总分三列数据同时被选中。

（3）在“插入”功能选项卡中的“图表”选项组中选择“柱形图”，在弹出的下拉列表中选择“二维柱形图”→“簇状柱形图”。效果如图 10-55 所示。

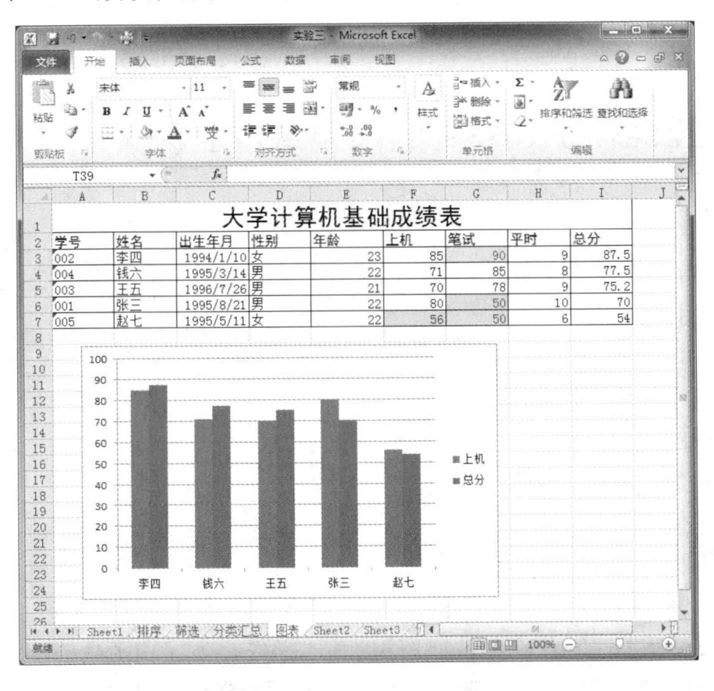

图 10-55　选择图表类型

（4）在“图表工具”中的“设计”功能选项卡中，在“图表布局”选项组中选择“布局 9”，结果如图 10-56 所示。

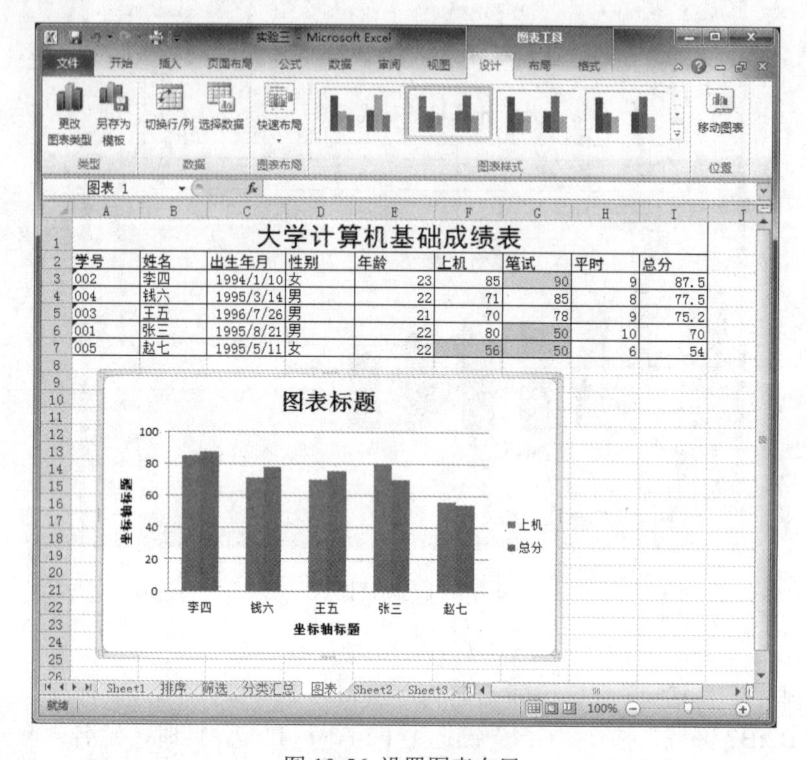

图 10-56 设置图表布局

单击柱形图中的“图表标题”、横轴的“坐标轴标题”和纵轴的“坐标轴标题”，分别修改为“成绩对比表”、“姓名”和“分数”。

（5）单击嵌入的图表，调整图表的大小；选中图表，按住鼠标左键拖动，调整图表的位置。

实验四 Excel 2010 表格的高级综合应用

【实验目的】

掌握建立与编辑工作表，格式化工作表，使用公式与函数，数据的排序、分类汇总、筛选，建立图表的综合应用。

【实验内容】

1．工作表的基本操作。

2．公式和函数的使用。

3．数据排序与数据筛选的使用。

4．分类汇总的使用。

5．图表的使用。

【实验步骤】

前 3 个实验循序渐进地介绍了 Excel 软件的基本操作、公式和函数的使用方法、技巧以及数据分析的方法。本次实验以一个实例综合性运用前面所学的全部知识。

1．新建一张工作表，在表中输入如下数据，如图 10-57 所示，以文件名“实验四.xlsx”保存在 E 盘。

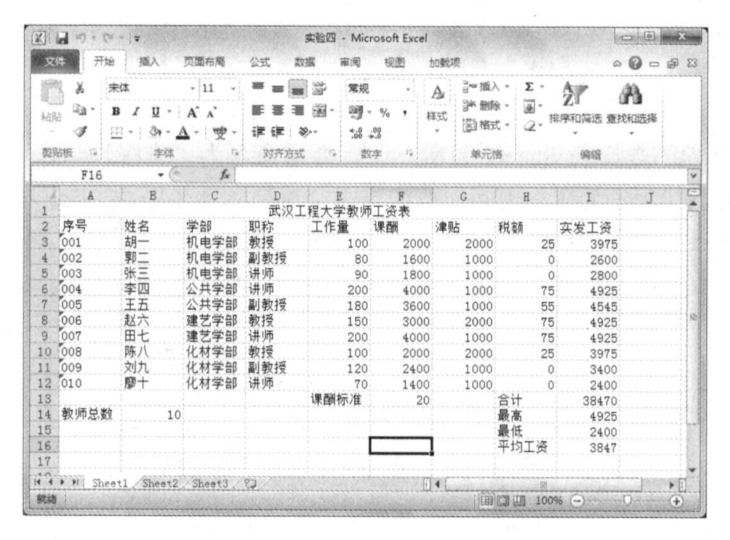

	A	B	C	D	E	F	G	H	I
1				武汉工程大学教师工资表					
2	序号	姓名	学部	职称	工作量	课酬	津贴	税额	实发工资
3	001	胡一	机电学部	教授	100	2000	2000	25	3975
4	002	郭二	机电学部	副教授	80	1600	1000	0	2600
5	003	张三	机电学部	讲师	90	1800	1000	0	2800
6	004	李四	公共学部	讲师	200	4000	1000	75	4925
7	005	王五	公共学部	副教授	180	3600	1000	55	4545
8	006	赵六	建艺学部	教授	150	3000	2000	75	4925
9	007	田七	建艺学部	讲师	200	4000	1000	75	4925
10	008	陈八	化材学部	教授	100	2000	2000	25	3975
11	009	刘九	化材学部	副教授	120	2400	1000	0	3400
12	010	廖十	化材学部	讲师	70	1400	1000	0	2400
13					课酬标准	20		合计	38470
14	教师总数	10						最高	4925
15								最低	2400
16								平均工资	3847

图 10-57　最终结果表

要求：

（1）手工输入序号、姓名、学部、职称、工作量和课酬标准。使用函数和公式计算课酬、津贴、税额、实发工资、教师总数、合计、最高、最低和平均工资。

注意：切不可手工按表中数据输入。

（2）表中需使用的公式或函数。

① 课酬：工作量×课酬标准。

② 津贴：教授职称 2000 元，副教授和讲师均为 1000 元。

③ 税额：如果课酬与职务津贴之和大于 3500 元，则大于 3500 元的部分按 5%计税，否则不计税。

④ 实发工资：课酬与津贴之和减去税额。

⑤ 合计：所有教师实发工资之和。

⑥ 最高：所有教师中实发工资的最高值。

⑦ 最低：所有教师中实发工资的最低值。

⑧ 平均工资：所有教师实发工资的平均值。

操作提示：

（1）序号、姓名、学部、职称、工作量和课酬标准为手工输入的数据。其中序号可以使用自动填充功能。

（2）课酬输入：在 F3 单元格中输入“=E3*$F$13”。F4:F12 使用自动填充输入。

（3）津贴输入：在 G3 中输入“=IF(D3="教授",2000,1000)”。G4:G12 使用自动填充输入。

（4）税额输入：在 H3 中输入“=IF(SUM(F3:G3)>3500,(SUM(F3:G3)-3500)*5%,0)”。H4:H12 可使用自动填充输入。

（5）实发工资输入：在 I3 中输入“=SUM(F3:G3)-H3”。I4:I12 可使用自动填充输入。

（6）教师总数输入：在 A14 中输入“教师总数”，在 B14 中输入“=COUNTA(B3:B12)”。

（7）工资合计值输入：在 H13 中输入“合计”，在 I13 中输入“=SUM(I3:I12)”。

（8）最高工资输入：在 H14 中输入“最高”，在 I14 中输入“=MAX(I3:I12)”。

（9）最低工资输入：在 H15 中输入“最低”，在 I15 中输入“=MIN(I3:I12)”。

（10）平均工资输入：在 H16 中输入“平均工资”，在 I16 中输入“=AVERAGE(I3:I12)”。

注意：以上公式中使用的标点符号均在英文模式下输入。

2．数据排序。

将步骤 1 中新建的数据表 Sheet1 复制一张，并重命名为“排序”。在“排序”表中将数据按工作量从高到低排序，工作量相同的按实发工资从高到低排序，实发工资相同的按职称从低到高排序。排序结果如图 10-58 所示。

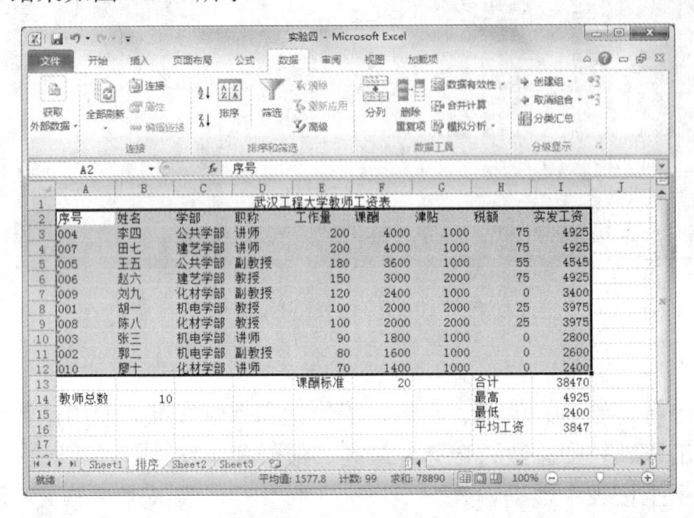

武汉工程大学教师工资表

序号	姓名	学部	职称	工作量	课酬	津贴	税额	实发工资
004	李四	公共学部	讲师	200	4000	1000	75	4925
007	田七	建艺学部	讲师	200	4000	1000	75	4925
005	王五	公共学部	副教授	180	3600	1000	55	4545
006	赵六	建艺学部	教授	150	3000	2000	75	4925
009	刘九	化材学部	副教授	120	2400	1000	0	3400
001	胡一	机电学部	教授	100	2000	2000	25	3975
008	陈八	化材学部	教授	100	2000	2000	25	3975
003	张三	机电学部	讲师	90	1800	1000	0	2800
002	郭二	机电学部	副教授	80	1600	1000	0	2600
010	廖十	化材学部	讲师	70	1400	1000	0	2400
				课酬标准	20		合计	38470
教师总数	10						最高	4925
							最低	2400
							平均工资	3847

图 10-58　排序结果表

操作提示：

（1）将 Sheet1 表复制一张，并重命名为“排序”。

（2）选中需要排序的区域 A2:I12，在“数据”功能选项卡中的“排序和筛选”选项组中选择“排序”，出现“排序”对话框，设置关键字及升降序关系，并单击“确定”按钮，如图 10-59 所示。

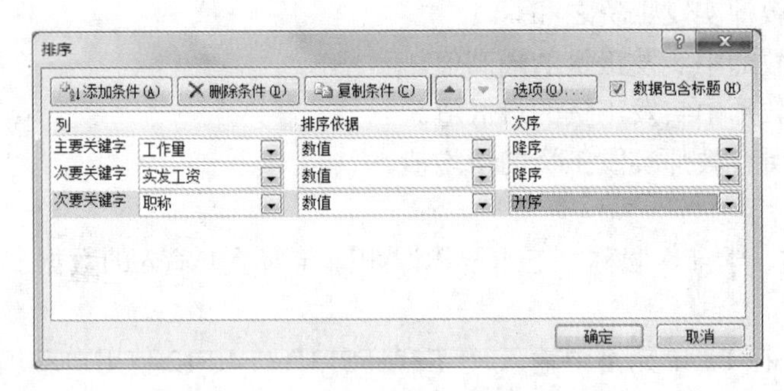

图 10-59　设置排序条件

3．数据筛选。

将步骤 1 中新建的数据表 Sheet1 复制一张，并重命名为“筛选”。在“筛选”工作表中，筛选出课酬大于 2000 元（含 2000 元）且少于 3000 元（含 3000 元）的高级职称（教授或副教授）的教师，如图 10-60 所示。

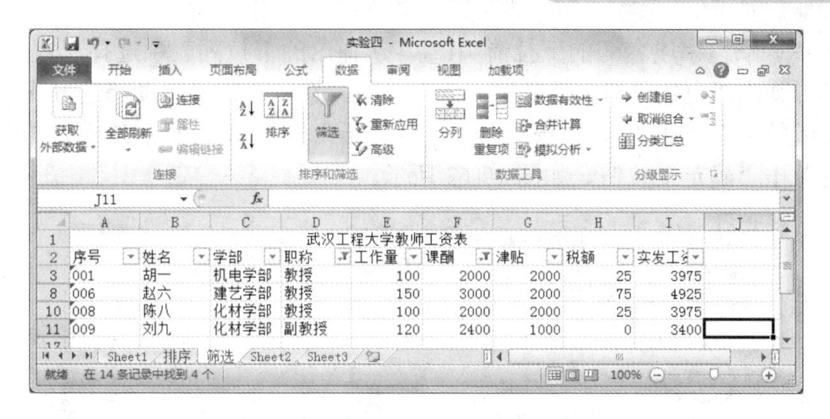

图 10-60　筛选结果表

操作提示：

（1）将 Sheet1 表复制一张，并重命名为“筛选”。

（2）选定数据区域 A2:I12，在“数据”功能选项卡的“数据和筛选”选项组中选择“筛选”。

（3）用鼠标左键单击“职称”字段名旁的下拉箭头，在弹出的下拉列表中选择“文本选择”中的“等于”，弹出“自定义自动筛选方式”对话框。

（4）在“自定义自动筛选方式”对话框中，先选择“等于”、“教授”，再选择“等于”、“副教授”，最后选中“或”单选按钮，如图 10-61 所示。

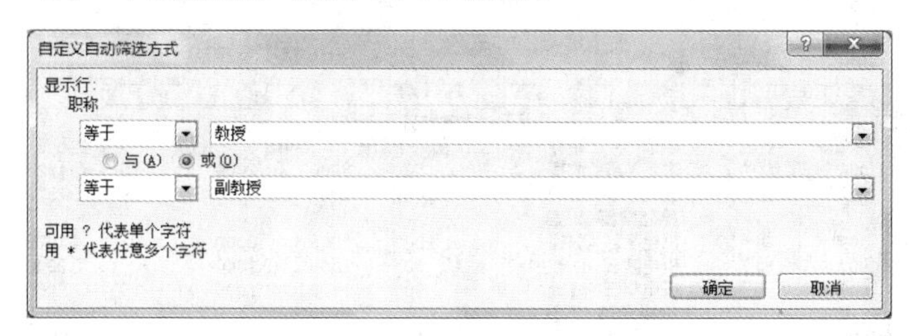

图 10-61　设置职称筛选条件

（5）用鼠标左键单击“确定”按钮即可筛选出高级职称的教师。筛选后的结果如图 10-62 所示。

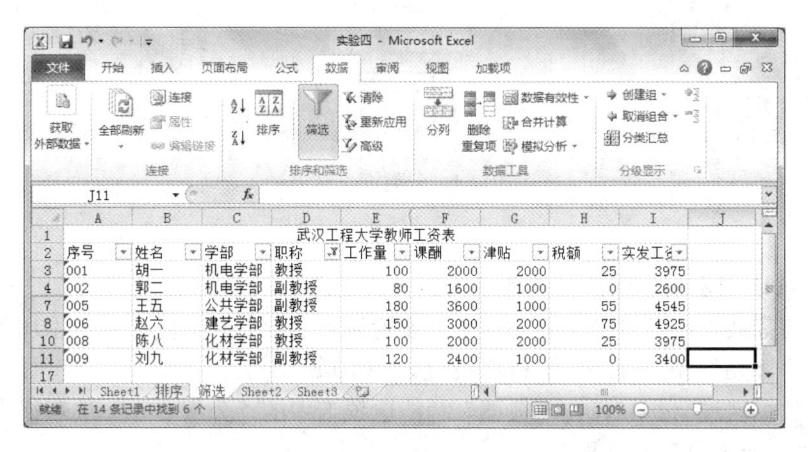

图 10-62　筛选出高级职称的教师

（6）单击“课酬”字段名旁的下拉箭头，从弹出的下拉列表中选择“数字筛选”中的“大于或等于”，弹出“自定义自动筛选方式”对话框。在“自定义自动筛选方式”对话框中，先选择“大于或等于”、“2000”，再选择“小于或等于”、“3000”，最后选中“与”单选按钮，并用鼠标左键单击“确定”按钮，如图 10-63 所示。

图 10-63　设置课酬筛选条件

4．分类汇总。

将步骤 1 中新建的数据表 Sheet1 复制一张，并重命名为“分类汇总”，统计分析各个学部教师的课酬。分类汇总结果如图 10-64 所示。

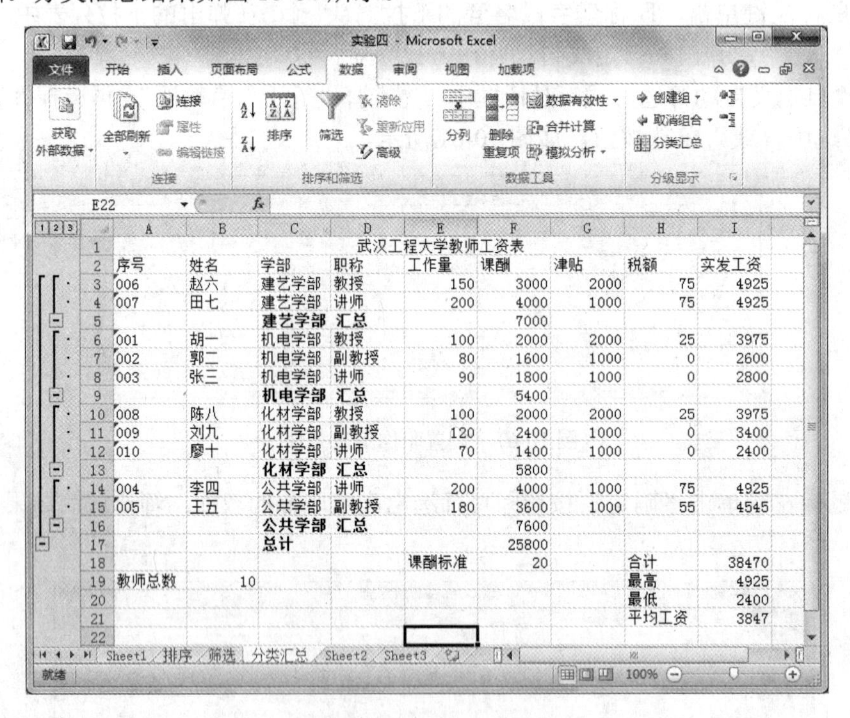

	A	B	C	D	E	F	G	H	I
1	武汉工程大学教师工资表								
2	序号	姓名	学部	职称	工作量	课酬	津贴	税额	实发工资
3	006	赵六	建艺学部	教授	150	3000	2000	75	4925
4	007	田七	建艺学部	讲师	200	4000	1000	75	4925
5			建艺学部 汇总			7000			
6	001	胡一	机电学部	教授	100	2000	2000	25	3975
7	002	郭二	机电学部	副教授	80	1600	1000	0	2600
8	003	张三	机电学部	讲师	90	1800	1000	0	2800
9			机电学部 汇总			5400			
10	008	陈八	化材学部	教授	100	2000	2000	25	3975
11	009	刘九	化材学部	副教授	120	2400	1000	0	3400
12	010	廖十	化材学部	讲师	70	1400	1000	0	2400
13			化材学部 汇总			5800			
14	004	李四	公共学部	讲师	200	4000	1000	75	4925
15	005	王五	公共学部	副教授	180	3600	1000	55	4545
16			公共学部 汇总			7600			
17			总计			25800			
18					课酬标准	20		合计	38470
19	教师总数	10						最高	4925
20								最低	2400
21								平均工资	3847
22									

图 10-64　分类汇总结果

操作提示：

（1）将 Sheet1 表复制一张，并重命名为“分类汇总”。

（2）汇总前需要先排序。“主要关键字”设置为“学部”和“降序”；添加条件，“次要关键字”选择“津贴”和“降序”。排序设置如图 10-65 所示。

（3）选定数据区域 A2:I12，在“数据”功能选项卡中的“分级显示”选项组中选择“分类汇总”，弹出“分类汇总”对话框。

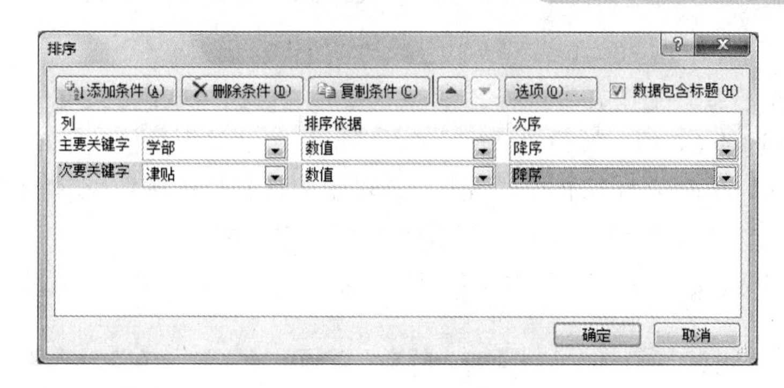

图 10-65 “排序”对话框

（4）在“分类字段”下拉列表框中选择“学部”，在“汇总方式”下拉列表框中选择“求和”，在“选定汇总项”列表框中选中“课酬”，并去掉不需要汇总的项，如图 10-66 所示。单击“确定”按钮即可得到分类汇总的结果。

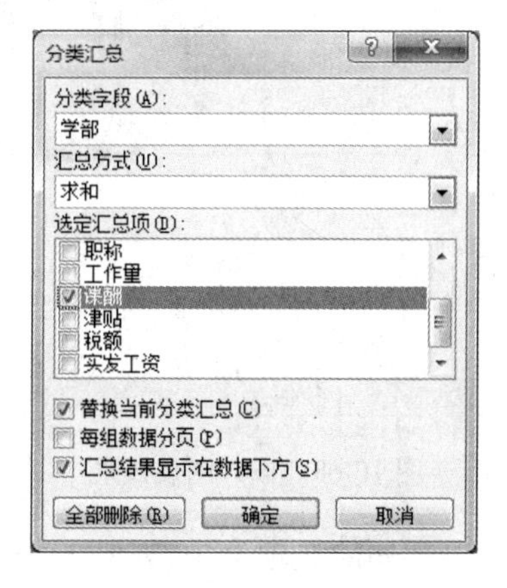

图 10-66 “分类汇总”对话框

（5）嵌入图表。

在“分类汇总”表中嵌入各学部总课酬按比例分布的图表，结果如图 10-67 所示。

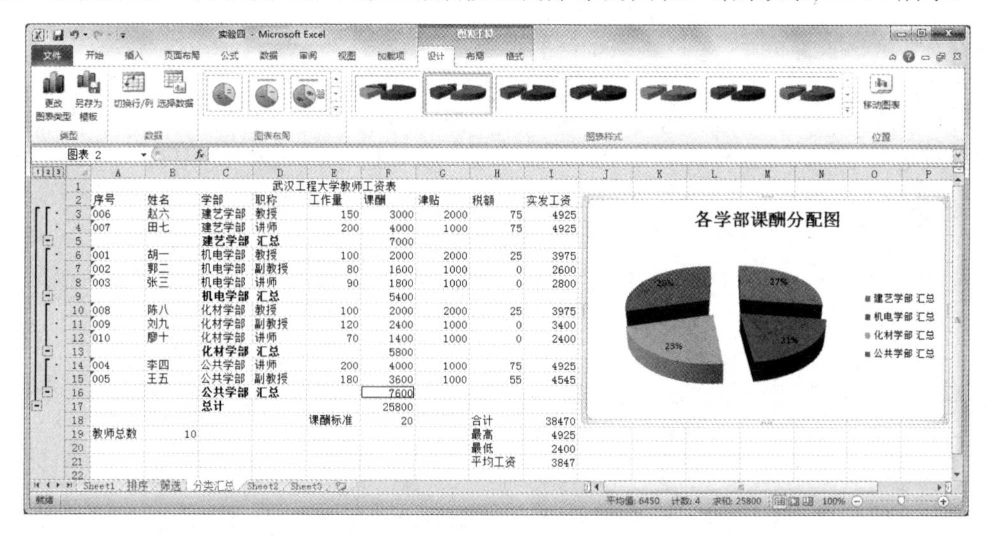

图 10-67 嵌入图表最终结果

操作提示：

（1）在“分类汇总”工作表中选择各学部汇总后的数据区域：C5、F5、C9、F9、C13、F13、C16、F16（选择 C5 后，按住“Ctrl”键，用鼠标左键单击其他几个单元格）。

（2）在“插入”功能选项卡中的“图表”选项组中选择“饼图”，在弹出的下拉列表中选择“三维饼图”→“分离型三维饼图”。效果如图 10-68 所示。

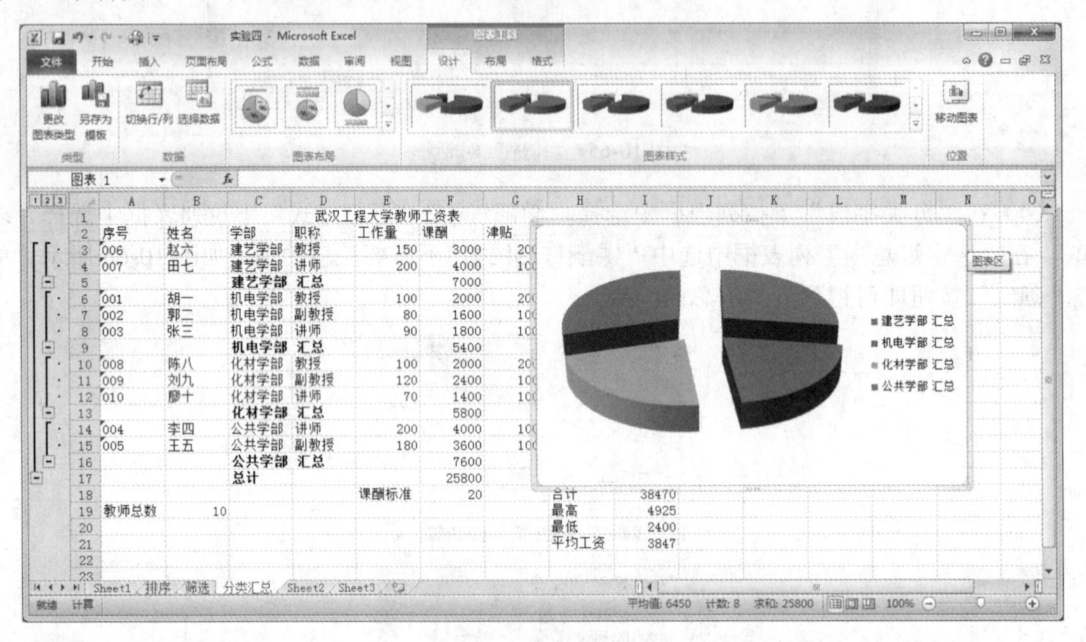

图 10-68　嵌入图表效果

（3）在“图表工具”中的“设计”功能选项卡中选择“图表布局”选项组，选择“布局 6”。单击图中的“图表标题”，修改为“各学部课酬分配图”。

（4）选择图表，按住鼠标左键拖动，调整图表的位置。

第11章 PowerPoint 2010演示文稿实训

实验一 PowerPoint 2010基本操作

【实验目的】

1．掌握PowerPoint文档的基本操作。

2．掌握幻灯片设计的方法。

3．掌握幻灯片版式的使用方法。

4．掌握PowerPoint文档中插入图片、图形、艺术字和文本框的方法。

5．掌握幻灯片的放映方法。

【实验内容】

1．幻灯片的新建和保存。

2．幻灯片页面的插入。

3．自选图形、剪贴画、艺术字的插入和编辑。

4．文本框的使用。

5．幻灯片版式的使用。

6．放映功能的使用。

【实验步骤】

PowerPoint 2010，简称PowerPoint，和Word、Excel等应用软件一样，都是Microsoft公司推出的Office系列产品之一。PowerPoint是制作和演示幻灯片的软件，能够制作出集文字、图形、图像、声音以及视频剪辑等多媒体元素于一体的演示文稿，把自己所要表达的信息组织在一组图文并茂的画面中，用于介绍公司的产品、展示自己的学术成果。本次实验通过一个实例来熟悉PowerPoint软件的基本操作、幻灯片处理和编辑、播放效果的设置。

以“新年”为主题，设计一个PowerPoint文档，效果如图11-1所示。

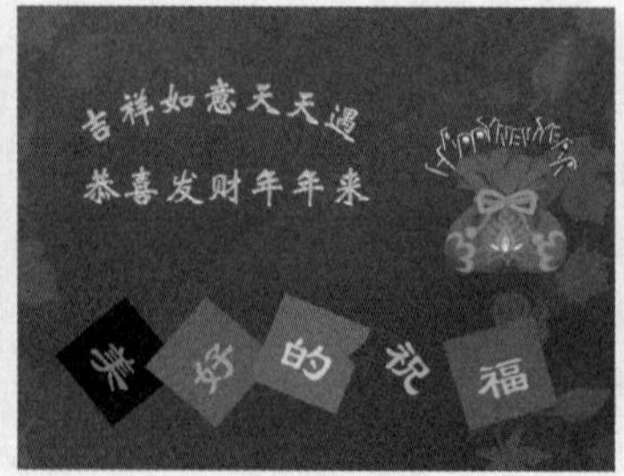

图 11-1 幻灯片“新年”效果图

1．新建一个 PowerPoint 文档，以“P1—学号姓名.pptx”为名保存在 E 盘。

（1）选择“设计”功能选项卡下“主题”选项组的“Autumn”主题，新建一个 PowerPoint 文档，并保存。

主题是指一个演示文稿的整体上的外观设计方案，它包含预定义的字体样式、颜色，以及幻灯片的背景图案等。

操作提示：

① 用 PowerPoint 2010 打开一个空白的演示文稿，并按要求保存。

② 用鼠标左键单击选择“设计”功能选项卡，在“主题”选项组中选择“Autumn”主题。该主题将用于当前演示文稿，如图 11-2 所示，并保存。

图 11-2 应用“Autumn”主题

（2）利用背景样式，将背景设置为红色。

背景作用于幻灯片的整个页面，一个幻灯片页面只能设置一个背景。

操作提示：

在“设计”功能选项卡下“背景”选项组中选择“背景样式”，在弹出的下拉列表中选择

“设置背景格式”，在其对话框中选中“填充”选项，选中“渐变填充”单选按钮，将“渐变光圈”下“停止点 2”的位置移到 100%，将颜色修改为红色，如图 11-3 所示，然后用鼠标左键单击“全部应用”按钮。

图 11-3　设置背景

2．设计幻灯片第一页。

（1）删除“标题”和“副标题”文本框，添加竖排文本框，设置背景为深红、线条为金色，发光为酸橙色；输入文字“恭贺新”，设置文字为隶书、48 号、金色。

默认情况下，首张幻灯片包含两个文本框，用来设置主标题及副标题，也可以根据需要删除文本框，自定义设置，比如添加艺术字、图片等。

操作提示：

① 按住“Ctrl”键，选中“标题”和“副标题”文本框，按“Delete”键删除。

② 用鼠标左键单击选择“插入”功能选项卡下的“文本”选项组中的“垂直文本框”，在幻灯片页面左侧绘制一个矩形文本框，输入“恭贺新”，设置字体为隶书，字号为 48，颜色为金色。

③ 选择文本框并用鼠标右键单击此文本框，在下拉列表中选择“设置形状格式”。在弹出的对话框中选择“填充”选项的中“纯色填充”，设置填充色为红色。在“线条颜色”选项中选择“实线”，设置颜色为金黄色。在“文本框”选项中设置“文字版式”下的“水平对齐方式”为“居中”，并在“自动调整”下选中“不自动调整”单选按钮，如图 11-4 所示。

④ 用鼠标左键单击文本框，在“格式”功能选项卡下的“形状样式”选项组中选择“形状效果”下拉列表，在其中选择“发光”→“酸橙色”。

⑤ 调整文本框的形状和位置，如图 11-5 所示。

（2）插入艺术字“春”，在艺术字库中选择一种艺术字样式，如“填充—金色，强调文字颜色 3，轮廓—文本 2”，设置文字为楷体、88 号、加粗、颜色金色，无线条颜色。

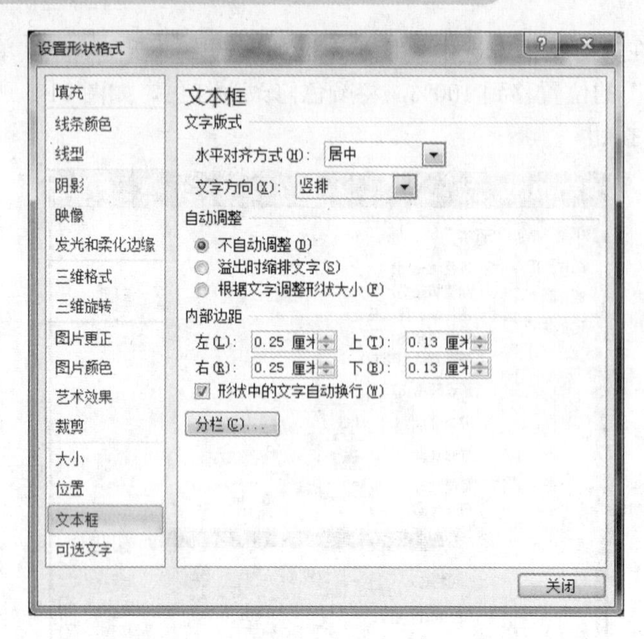

图 11-4 “设置形状格式”对话框

图 11-5 调整文本框的形状和位置

操作提示：

① 选择“插入”功能选项卡下的“文本”选项组中的“艺术字”，选择艺术字样式后输入文字“春”。

② 选中艺术字，在“开始”功能选项卡下的“字体”选项组中设置字体、字号、字体颜色；在“绘图”选项组中分别设置“形状填充”，“形状轮廓”为无填充颜色，无轮廓。

③ 调整艺术字的大小和位置，如图 11-6 所示。

（3）插入英文“Happy New Year!”，设置文字为 Comic Sans MS、48 号、金色、加粗。

操作提示：

在“插入”功能选项卡下“文本框”选项组中选择“横排文本框”，在幻灯片右下方绘制文本框，输入文字，并设置文字格式和调整文本框位置。

（4）插入新年主题的剪贴画（内容自定），并设置其大小及位置。

图 11-6　调整艺术字的大小和位置

PowerPoint 自带许多剪贴画，但软件安装不完整时，可能出现某些图片搜索不到的情形，可用以下方式解决：

（1）有安装盘的条件下，将安装盘放入光驱中，使用安装盘的“修复”功能。

（2）网络畅通条件下，在右侧的“剪贴画”中单击“搜索范围”，选中“包括 office.com 内容”，在“搜索文字”中输入图片描述文本，单击“搜索”按钮。

操作提示：

① 选择“插入”功能选项卡下“图像”选项组中的“剪贴画”，在右侧的“剪贴画”任务窗格中“搜索文字”一栏里输入“新年”，用鼠标左键单击“搜索”按钮。

② 单击搜索结果中的剪贴画插入到幻灯片页面中，并调整剪贴画的大小和位置，如图 11-7 所示。

图 11-7　幻灯片第 1 页效果图

3．设计幻灯片第二页。

（1）插入一张新的幻灯片，设置版式为“空白”。

幻灯片版式是一张幻灯片上的各种对象（文本、表格、图表等）的格式和排列形式。

操作提示：

① 插入一张新的幻灯片。

方法一：单击“开始”功能选项卡下“幻灯片”选项组中的“新建幻灯片”按钮。

方法二：在“幻灯片”窗格中右键单击第一张幻灯片，然后在下拉列表中选择“新建幻灯片”。

② 在“开始”功能选项卡下的“幻灯片”选项组中设置“版式”为“空白”。

（2）插入艺术字“吉祥如意天天遇 恭喜发财年年来”，在艺术字库中选择样式“填充—金色，强调文字颜色 4”，文字效果为“按钮”，字体为华文新魏、48 号、金色。

操作提示：

① 插入艺术字，在“插入”功能选项卡中的“文本”选项组下，设置“艺术字”的样式和文字格式。

② 选中艺术字，然后在“格式”功能选项卡下“艺术字样式”选项组中设置“文字效果”，选择“文字效果”→“转换”→“跟随路径”→“按钮”选项，如图 11-8 所示。

图 11-8 设置艺术字效果

③ 调整艺术字的位置和大小，如图 11-9 所示。

（3）插入剪贴画（具体内容自定）。

操作提示：

① 选择“插入”功能选项卡下“插图”选项组中的“剪贴画”。

② 单击搜索结果中的剪贴画插入幻灯片中，并调整剪贴画的大小和位置，如图 11-9 所示。

图 11-9 插入艺术字和剪贴画

（4）插入形状及文字，如图 11-10 所示。第 2 页最终效果如图 11-11 所示。

图 11-10　自选图形和文字的效果

操作提示：

① 选择“插入”功能选项卡下“插图”选项组中的“形状”，选择形状“矩形”，在幻灯片中按住“Shift”键绘制一个正方形。在正方形上单击鼠标右键，选择“编辑文字”，并输入“美”。设置文字字体为华文隶书、66 号、浅蓝色。

② 在正方形上单击鼠标右键，选择“设置形状格式”，选择“填充”选项卡，在“填充”下选择“图案填充”，选择一种图案并确定，然后旋转正方形。

③ 对完成的形状进行复制，分别设置其他的文字、颜色及填充图案。

图 11-11　幻灯片第 2 页效果图

4．设计幻灯片第三页。

（1）插入一张新的幻灯片，设置版式为“空白”。

（2）在幻灯片中间绘制一个正方形，填充为橙色，线条为金色，线型宽度为 6 磅，复合类型为由细到粗，如图 11-12 所示。

操作提示：

① 选择“插入”功能选项卡下“插图”选项组中的“形状”，选择形状“矩形”，在幻灯片中按住“Shift”键绘制一个正方形。

② 在正方形上单击鼠标右键，选择“设置形状格式”，选择“填充”选项卡。在“填充”选项卡中设置纯条填充，颜色橙色。

③ 进入“线型”选项卡，设置线型宽度为 6 磅、复合类型为由细到粗。

（3）对正方形进行旋转，绘制的正方形如图 11-14 所示。

（4）插入艺术字“福”，在艺术字库中选择样式“填充—金色，强调文字颜色 4”，设置字体为方正舒体、字号 250，并按住旋转手柄将艺术字旋转 180°，调整艺术字的位置，如图 11-14 所示。

图 11-12　设置线型

（5）插入两个形状“横卷形”，填充为橙色，线条为金色，调整大小、位置和方向，如图 11-13 所示。

图 11-13　幻灯片第 3 页效果图

（6）插入两个竖形文本框，将文本框的填充色设为深红色，线条设为金色，对齐方式设置为中部居中，“自动调整”选中“不自动调整”，然后分别输入“万象更新辞旧岁”和“福禄齐至贺新春”，文字字体为黑体、40 号、金色，调整文本框的位置和大小，如图 11-13 所示。

（7）插入“新年”主题的剪贴画，将其裁剪成两部分，分别移动到横卷形上方，并“置于底层”，如图 11-13 所示。

操作提示：

① 插入剪贴画如图 11-14（a）所示，并复制一张。选中剪贴画，在“格式”功能选项卡下“大小”选项组里选择“裁剪”下拉列表中的“裁剪”，将图片裁剪为两部分，如图 11-14（b）所示。

② 调整图片的大小和位置。在“格式”功能选项卡下的“排列”选项组中选择“下移一层”，在弹出的下拉列表中选择“置于底层”。

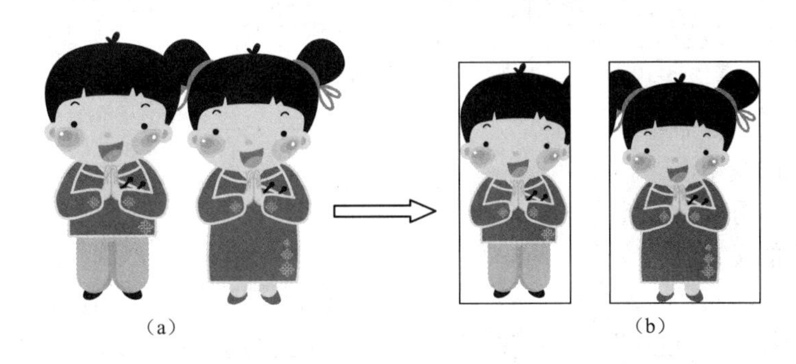

图 11-14　裁剪剪贴画

5. 幻灯片放映。

（1）设置自动放映，幻灯片切换间隔时间为 5s。

操作提示：

用鼠标左键单击“切换”功能选项卡下的“切换到此幻灯片”选项组，在此选项组中选择“无”，选中“计时”选项组中的“设置自动换片时间”，修改间隔时间为 5s，取消“单击鼠标时”选项，并用鼠标左键单击“全部应用”按钮，如图 11-15 所示。

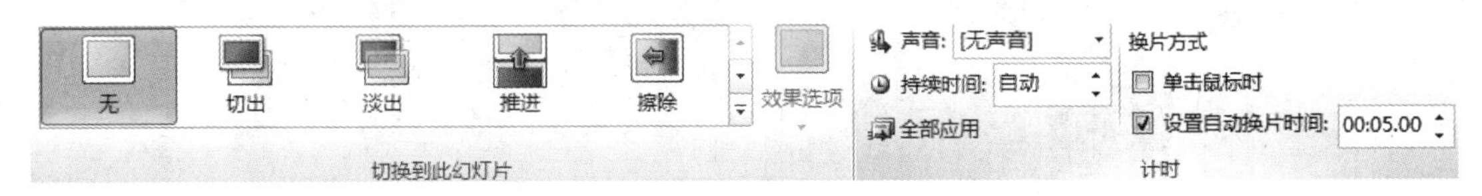

图 11-15　设置换片方式

（2）观看放映。

操作提示：

方法一：按下“F5”键。

方法二：在 “幻灯片放映”功能选项卡下“开始放映幻灯片”选项组中选择“从头开始”。

方法三：用鼠标左键单击状态栏下的“放映”按钮 。

实验二　PowerPoint 2010 高级操作

【实验目的】

1. 掌握设置动画的方法。
2. 掌握设置幻灯片切换的方法。
3. 掌握插入超链接的方法。
4. 掌握编辑母版的方法。

【实验内容】

1. 自选图形的使用。
2. 剪贴画的使用。
3. 文本框的设置。

4．动画的添加与设置。

5．母版的编辑。

6．超链接的插入和编辑。

7．动作按钮的使用。

8．幻灯片切换方式的设置。

9．放映方式的设置。

【实验步骤】

PowerPoint 不仅可以设计图文并茂的演示文稿，还可以通过自定义动画的设置，形成动态显示效果；通过动作按钮、超级链接的设置，使用户在插入过程中可以进行插入内容的切换。本次实验通过一个实例来熟悉 PowerPoint 图形动画效果的设置、动作按钮和超链接的设置、幻灯片放映的设置。

以“大学，我的梦想舞台”为主题设计一个 PowerPoint 文档，效果如图 11-15 所示。

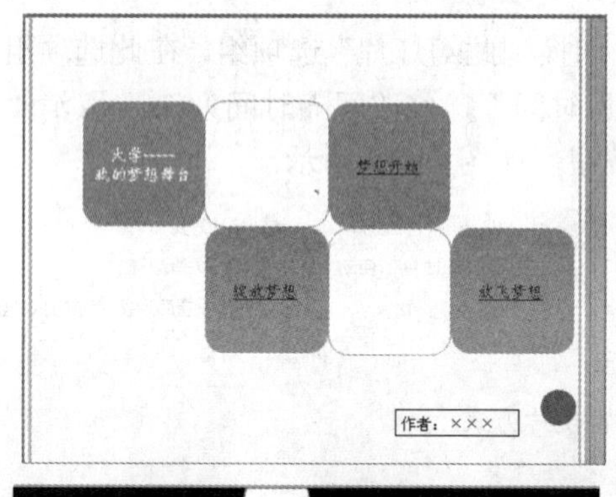

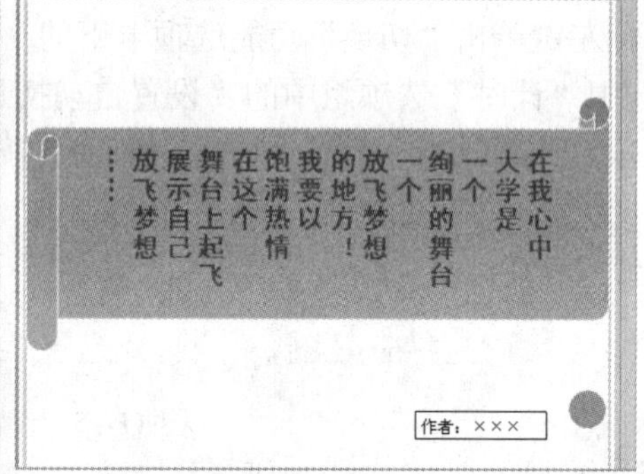

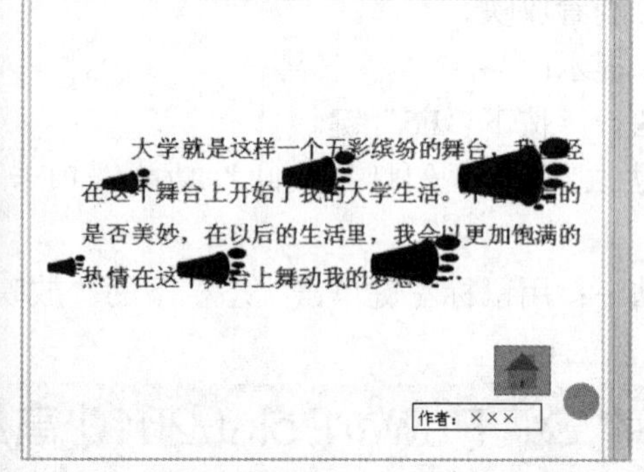

图 11-15　幻灯片“大学，我的梦想舞台”效果图

1．使用“凸显”主题，新建一个 PowerPoint 文档，以“P2—学号姓名.pptx”为名保存在 D 盘。

2．设计第一页幻灯片，如图 11-16 所示。

（1）设置第一张幻灯片页面的版式为“空白”。

（2）使用自选图形绘制六个圆角正方形，调整大小和位置，摆放如图 11-16 所示，然后组合。

（3）设置第一、三、四、六个正方形的填充颜色为橙色，线条颜色为白色，并添加文字如图 11-16 所示。设置文字字体为楷体、20 号、白色。

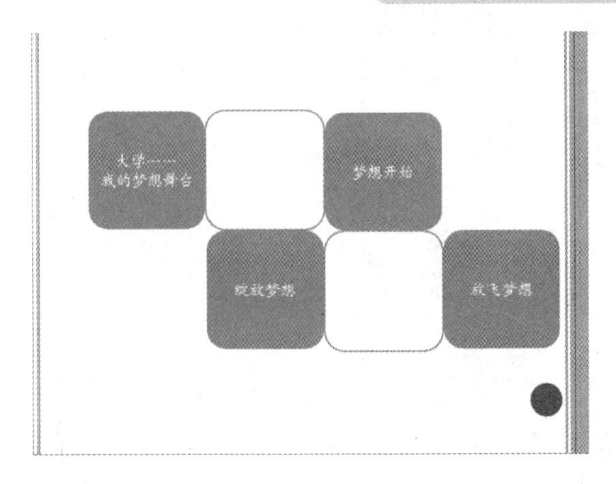

图 11-16　第一页幻灯片

（4）设置第二、五个正方形的填充颜色为白色，线条颜色为橙色。

3．设计第二页幻灯片，如图 11-17 所示。

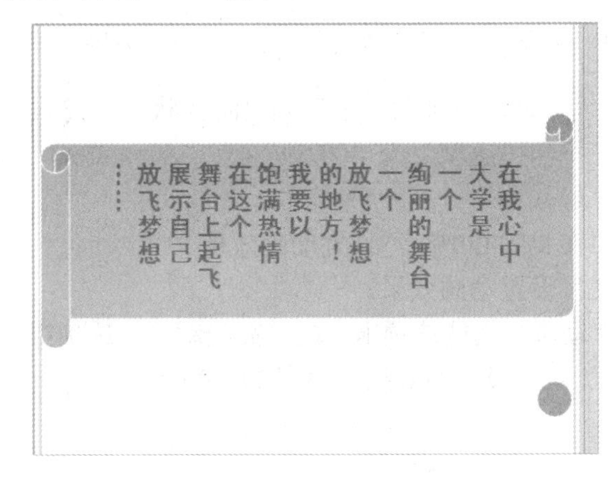

图 11-17　第二页幻灯片

（1）插入一张新的幻灯片，设置版式为“空白”。

（2）使用自选图形绘制一个“横卷形”卷轴，设置填充颜色为浅蓝色，透明度为 30%，线条颜色为白色、两磅。调整卷轴大小和位置，如图 11-17 所示。

（3）在卷轴上绘制一个垂直文本框，输入文字（内容如图 11-17 所示），每列文字以“Enter”键结束。设置文字字体为黑体、32 号、加粗、蓝色，调整文本框的大小和位置。

（4）使用添加动画设置卷轴的进入效果为“伸展”，伸展方向“自右侧”，持续时间为 2s。

动画可以使静止的幻灯片具备动态效果，通过设置对象运动的时间和方式来增强演示效果。

操作提示：

① 选中卷轴，在 “动画” 功能选项卡下“高级动画”选项组中选择“添加动画”，在其下拉列表中选择“更多进入效果”选项，如图 11-18 所示。

② 在“添加进入效果”对话框中选择“切入”并确定。

③ 在“动画”功能选项卡下“动画”选项组中选择“效果选项”，在弹出的下拉列表中的选择“自右侧”，在持续时间中设置为“02.00”，如图 11-19 所示。

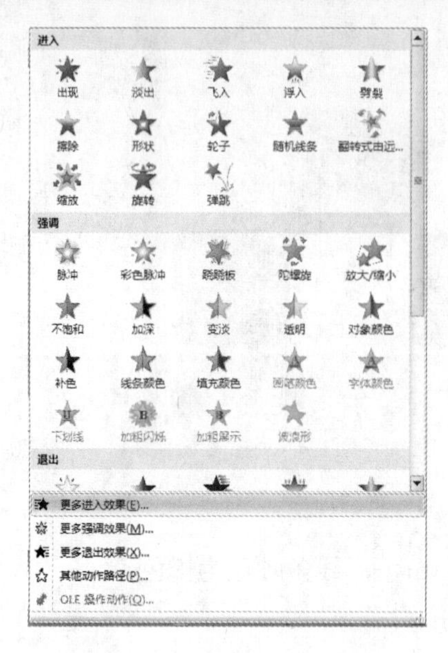

开始：单击时

持续时间：02.00

延迟：00.00

图 11-18　添加“进入”效果　　　　图 11-19　设置时间

（5）设置文本框中的“每列文字进入效果”为“阶梯状”，“开始”为“上一动画之后”，“效果”选项的方向为“左下”，“速度”为“00.50”。

操作提示：

① 选择第一列文字“在我的心中”，设置动画效果。

② 然后对后面每列文字设置动画效果。

③ 用鼠标左键单击“动画”功能选项卡下的“高级动画”选项组中的“动画窗格”按钮，右侧将出现“动画窗格”，显示设置的效果，如图 11-20 所示。

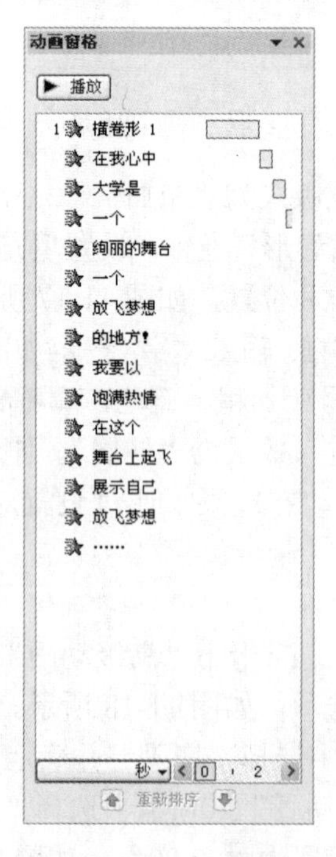

图 11-20　动画窗格

4．设计幻灯片第三页，效果如图 11-21 所示。

图 11-21　第三页幻灯片

（1）插入一张新的幻灯片，设置版式为“空白”。

（2）将背景设置为黑色。

操作提示：

在“设计”功能选项卡下的“背景”选项组中选择“背景样式”，在弹出的下拉列表中选择“设置背景格式”，在弹出对话框中的“填充”选项中选择“纯色填充”，设置为黑色，并选中“隐藏背景图形”，如图 11-22 所示。

图 11-22　设置背景格式

（3）在幻灯片中绘制一个梯形，填充为白和黄的渐变色，并复制两个，调整大小、位置、形状及方向，如图 11-21 所示。

操作提示：

① 在“插入”功能选项卡下的“插图”选项组中选择“形状”，在弹出的下拉列表中选

择“梯形”绘制一个梯形。

② 用鼠标右击梯形，选择“设置形状格式”，在弹出的对话框中选择“填充”选项卡，选择“渐变填充”，在“渐变光圈”中将“停止点 1”的颜色设置为白色，将“停止点 2”的颜色设置为黄色，将“透明度”调整为 30%，如图 11-23 所示。

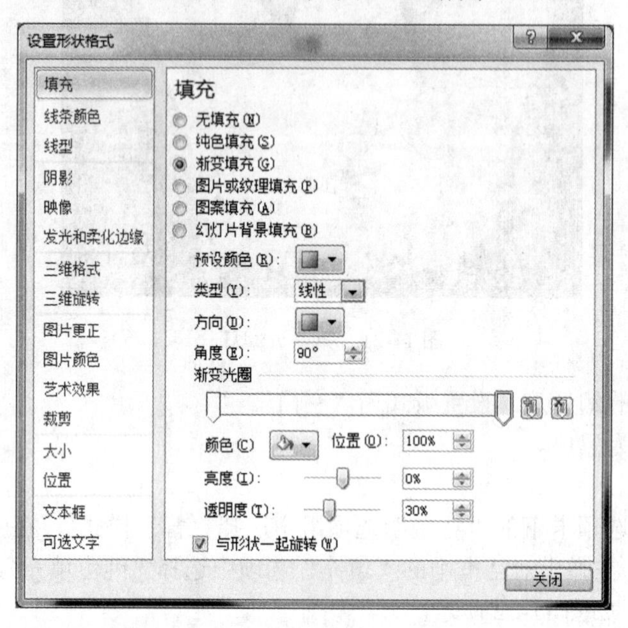

图 11-23　设置自选图形的填充效果

③ 复制两个同样的梯形，调整三个梯形的大小、形状、位置及方向。

（4）在幻灯片底部绘制一个椭圆，填充颜色为“白黄渐变色”，调整大小、形状及位置，如图 11-21 所示。

（5）插入一张主题为“跳舞”的剪贴画置于椭圆之上，如图 11-21 所示。

操作提示：

① 用鼠标左键单击“插入”功能选项卡下的“插图”选项组中的“剪贴画”，在“剪贴画”任务窗格的“搜索文字”一栏中输入“跳舞”，用鼠标左键单击“搜索”按钮。

② 在搜索结果中选择一张剪贴画，并调整其大小及位置。

（6）按如下顺序设置动画效果：

① 设置左侧梯形进入效果为“下浮”，持续时间为“01.00”。

② 设置椭圆进入效果为“盒状”，持续时间为“02.00”，开始为“与上一动画同时”。

③ 设置右侧梯形进入效果为“下浮”，持续时间为“00.50”，开始为“与上一动画同时”，设置延迟“00.50”。

④ 设置中间梯形进入效果为“下浮”，持续时间为“00.50”，开始为“与上一动画同时”，设置延迟“00.80”。

⑤ 设置剪贴画进入效果为“旋转”，持续时间为“03.00”，开始为“上一动画之后”。

5．设计幻灯片第四页，如图 11-24 所示。

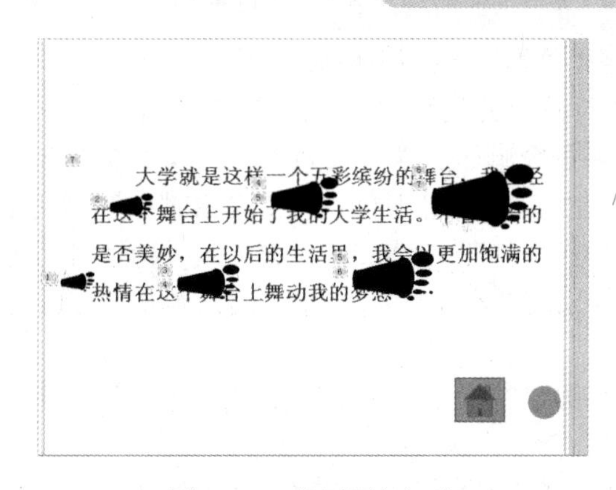

图 11-24　第四页幻灯片

（1）插入一张新的幻灯片，设置版式为“空白”。

（2）插入一个文本框，输入如图 11-25 所示的文字，设置字体为宋体、28 号、加粗、深红色，行距为 1.5 倍。

大学就是这样一个五彩缤纷的舞台，我已经在这个舞台上开始了我的大学生活。不管开始的是否美妙，在以后的生活里，我会以更加饱满的热情在这个舞台上舞动我的梦想……

图 11-25　文本框内容

（3）绘制脚印如图 11-26 所示。

常用的绘图工具有多种，如 Microsoft Office Word、画图板、Photoshop 等。本例采用 Word 中的自选图形绘制。

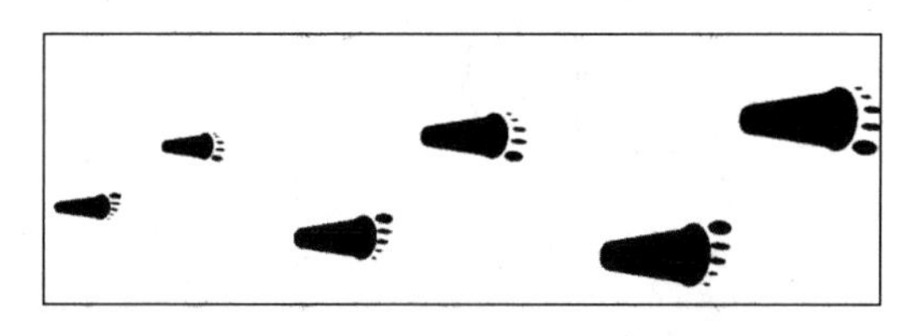

图 11-26　脚印效果

操作提示：

① 绘制 1 个梯形作为脚的主干部分；绘制两个较大的椭圆，分别作为前脚掌和脚跟；绘制 5 个较小的椭圆作为脚趾。

② 调整已绘制图形的大小和位置并组合（通过调整脚趾的排列顺序，分别绘制左右脚），如图 11-27 所示。

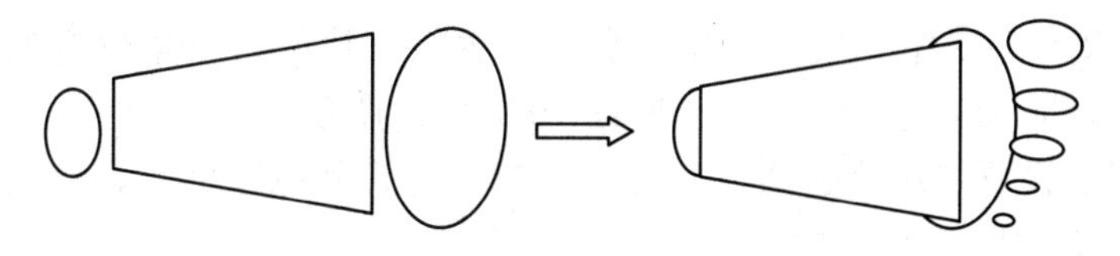

图 11-27　脚印的绘制方法

③ 设置组合图形填充颜色为黑色，线条颜色为无。

④ 复制“脚印”到幻灯片，并调整大小和位置。

（4）从左往右依次设置每个脚印进入效果为“飞入”，“效果”选项为“自左侧”，退出效果为“收缩”，第一个脚印进入动画开始时间设为“单击时”，其余动画开始时间均设为“上一动画之后”，设置进入效果持续时间为“00.50”，退出效果持续时间为“01.00”。

（5）设置文字的进入效果为“阶梯状”，开始时间为“上一动画之后”，“效果”选项为“右下”，持续时间为“02.00”。

（6）在幻灯片右下角添加“第一张”按钮，用于返回第一页。

操作提示：

① 用鼠标左键单击“插入”功能选项卡下的“插图”选项组中的“形状”下拉列表，选择“动作按钮”→“第一张”，如图 11-28 所示。

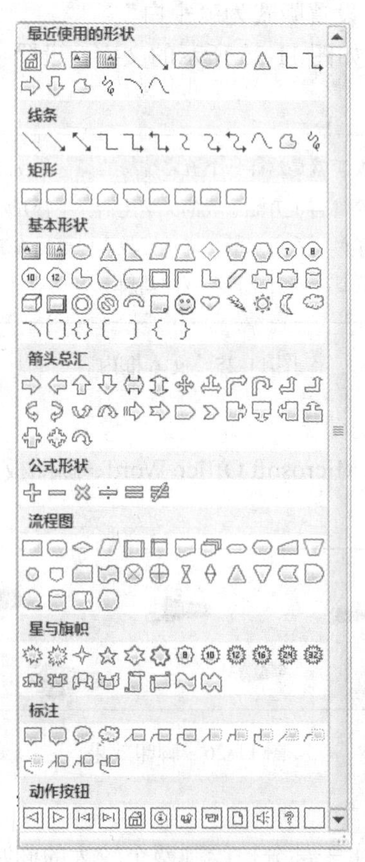

图 11-28　添加动作按钮

② 在幻灯片右下角绘制一个按钮，弹出“动作设置”对话框，用鼠标左键单击“确定”按钮即可，如图 11-29 所示。

6．使用母版为幻灯片加上版权信息，在每一页幻灯片的右下角位置添加文字“作者：×××”，字体为宋体、20 号，黑色，如图 11-30 右下角所示。

幻灯片母版用于设置幻灯片的样式，可供用户设定各种标题文字、背景、属性等，只需更改一项内容就可更改所有幻灯片的设计。

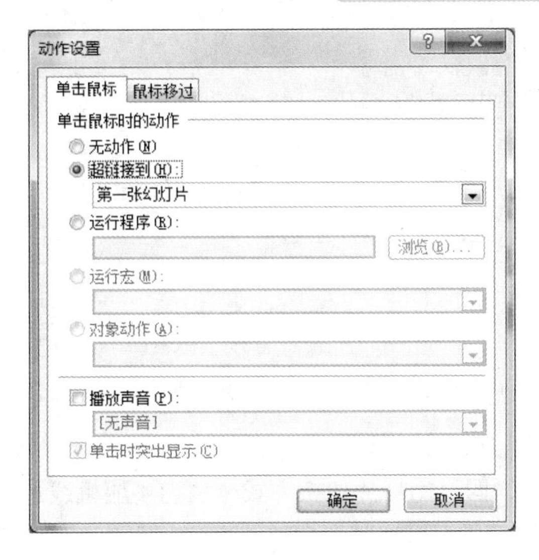

图 11-29 “动作设置”对话框

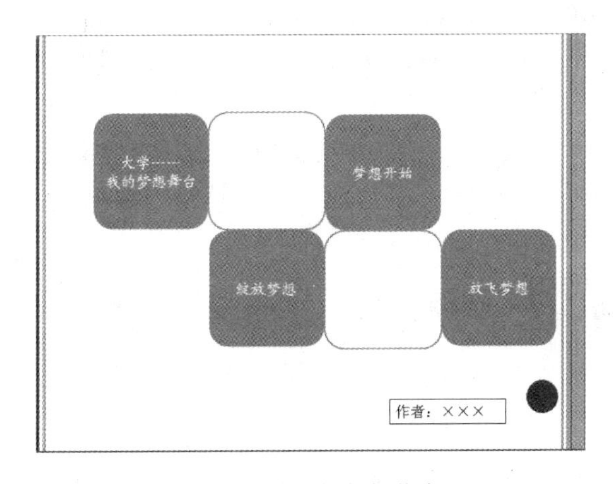

图 11-30 添加版权信息

操作提示：

(1) 在“视图”功能选项卡下的“母版视图”选项组中选择“幻灯片母版”，使用文本框在幻灯片页面右下角加入“作者：×××”，按要求设置字体格式。

(2) 在“视图”功能选项卡下的“演示文稿视图”选项组中选择“普通视图”，退出母版视图。

7. 为第一张幻灯片添加超级链接，将第三个正方形链接到第二页，第四个正方形链接到第三页，第六个正方形链接到第四页。

演示文稿中的所有对象都可以设置超级链接，即将对象链接到当前文稿中的其他幻灯片、其他演示文稿、Word 文档、Excel 表格和网页等，演示时会跳转到链接点进行联机演示。

操作提示：

(1) 选中第三个正方形中的文字，单击鼠标右键选择“编辑超链接”。

(2) 在“编辑超链接”对话框中左侧“链接到”区域选择“本文档中的位置”，在“请选择文档中的位置”一列中选择“2.幻灯片 2”，如图 11-31 所示，并确定。

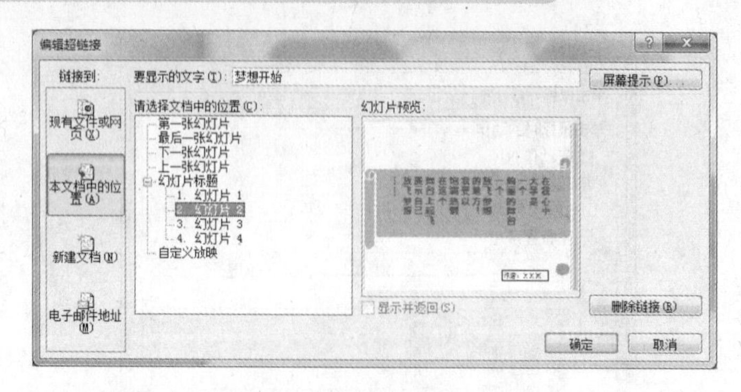

图 11-31　设置超链接

（3）按上述操作，分别为第四、六个正方形设置超链接。

8．设置第一、二、三、四页幻灯片切换方式分别为“随机线条”、“门”、“溶解”和“形状”，持续时间为“02.00”，“单击鼠标时”切换。

幻灯片的切换效果即片间动画，它是指演示文稿放映时，幻灯片的切换方式的效果，包括切换方式、时间间隔、切换伴音等。PowerPoint 可以单独为每一张幻灯片设置切换效果，也可以在“幻灯片”区域中按住“Shift”键，然后选中多张幻灯片设置切换效果。

操作提示：

（1）选择第一张幻灯片，在“切换”功能选项卡下选择“切换到此幻灯片”选项组，在此选项组中选择“随机线条”，在“持续时间”一栏中选择“02.00”，“换片方式”选中“单击鼠标时”，如图 11-32 所示。

图 11-32　设置幻灯片切换方式

（2）按上述操作，分别为第二、三、四页设置幻灯片切换方式。

9．设置幻灯片放映方式，使幻灯片循环放映。

操作提示：

在“幻灯片放映”功能选项卡下的“设置”选项组中选择“设置幻灯片放映”，在弹出的对话框中在“放映选项”中选中“循环放映，按 Esc 键终止”，并确定，如图 11-33 所示。

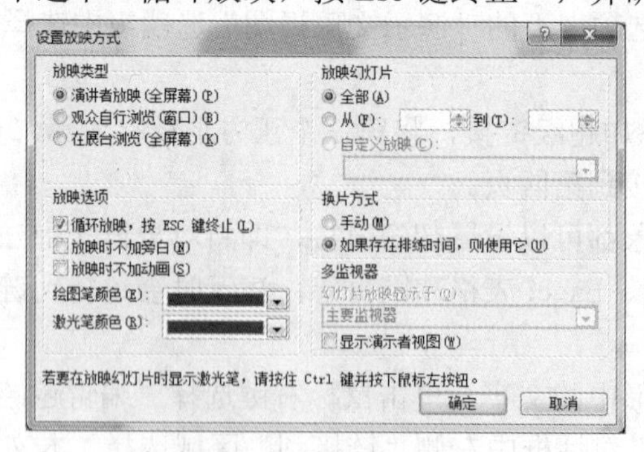

图 11-33　设置“循环放映”方式

10．观看放映效果。

第12章

计算机网络基础实训

实验一　网络设置及常见命令

【实验目的】

1．掌握创建 ADSL 宽带连接的方法。

2．掌握使用宽带连接的方法。

3．掌握删除连接的方法。

4．掌握常见的网络命令。

【实验内容】

1．宽带连接的创建。

2．宽带连接的使用。

3．宽带连接的删除。

4．常见的网络命令。

【实验步骤】

ADSL（Asymmetric Digital Subscriber Line）技术即非对称数字用户环路技术，利用分频技术，把普通电话线路所传输的低频信号和高频信号分离。3400Hz 以下的低频部分供电话使用；3400Hz 以上的高频部分供上网使用，即在同一条电话线上同时传送数据和语音信号，数据信号不通过电话交换机设备。因此，ADSL 业务不但可进行高速度的数据传输，而且上网的同时不影响电话的正常使用，这也意味着使用 ADSL 上网，不需要缴付额外的电话费。在已有电话线路的情况下，只要加装一台 ADSL MODEM 和一个话音分离器，无须对线路做任何改动，ADSL 即可轻松到家。

1．创建宽带连接。

创建 ADSL 连接可以在已有电话线路的情况下，通过拨号上网方式连接到 Internet 网络。

操作提示：

（1）选择“开始”→“控制面板”选项，打开“控制面板”窗口，如图 12-1 所示。

图 12-1 “控制面板”窗口

（2）用鼠标左键单击“网络和 Internet”选项进入“网络和 Internet”窗口。

（3）用鼠标左键单击“网络和共享中心”选项，在打开的窗口中选择“设置新的连接或网络”。

（4）打开“设置连接或网络”对话框，如图 12-2 所示。

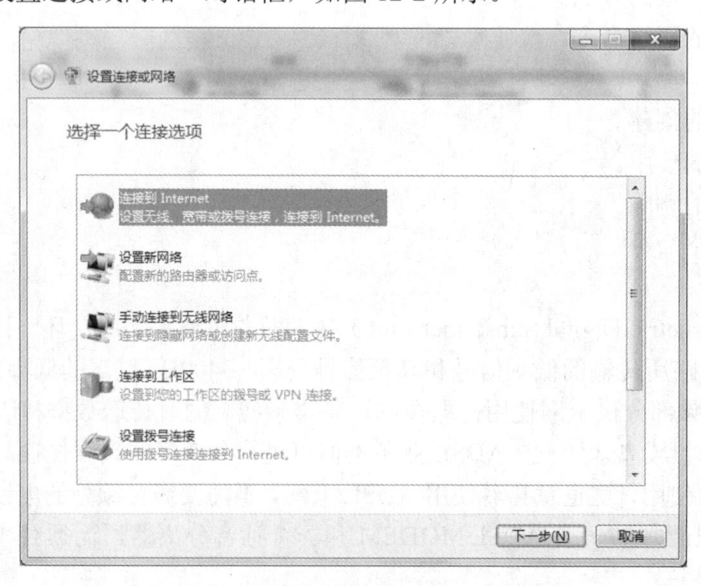

图 12-2 “设置连接或网络”对话框

（5）选择“连接到 Internet”选项，用鼠标左键单击“下一步”按钮，在弹出的对话框中选择“宽带 PPPoE”选项，如图 12-3 所示。

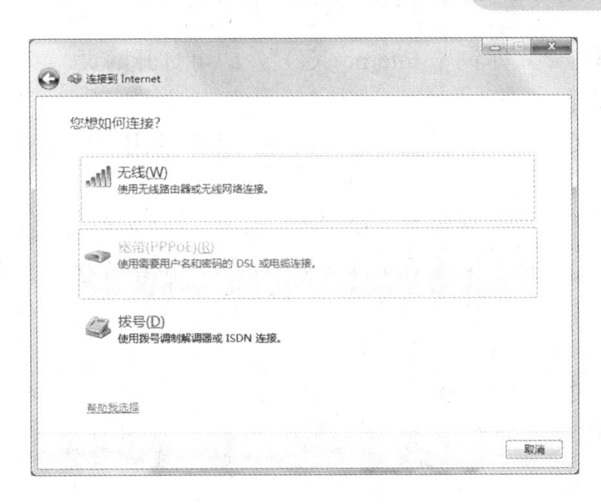

图 12-3 选择宽带连接

（6）在显示的对话框中输入宽带连接所需的用户名和密码后，单击“连接”按钮，如图 12-4 所示。

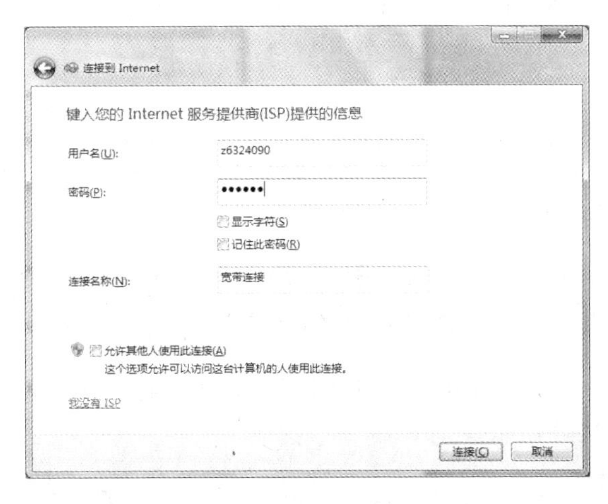

图 12-4 输入 Internet 账户信息

（7）打开对 Internet 的连接测试，测试成功将可浏览 Internet，如图 12-5 所示。

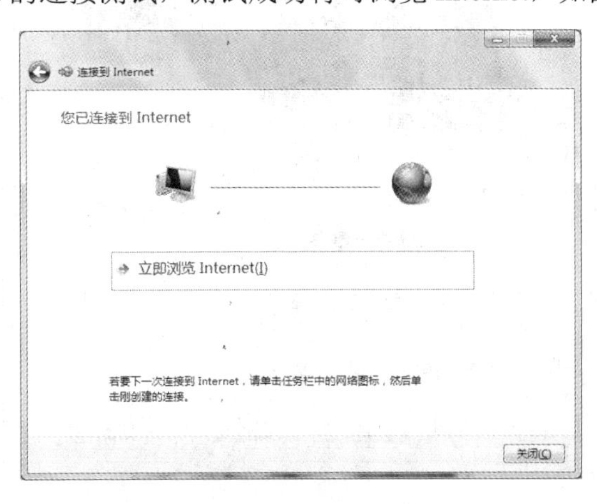

图 12-5 测试网络连接

（8）用鼠标左键单击“立即浏览 Internet（I）”，即可打开网页。

2．拨号连接的使用。

创建好宽带拨号连接以后，选择宽带连接，输入正确的用户名和密码即可连入网络。

操作提示：

（1）通过控制面板进入“网络和 Internet”窗口，单击“网络和共享中心”进入窗口。

（2）在左侧选项卡中选择“更改适配器设置”进入“网络连接”窗口，如图 12-6 所示。

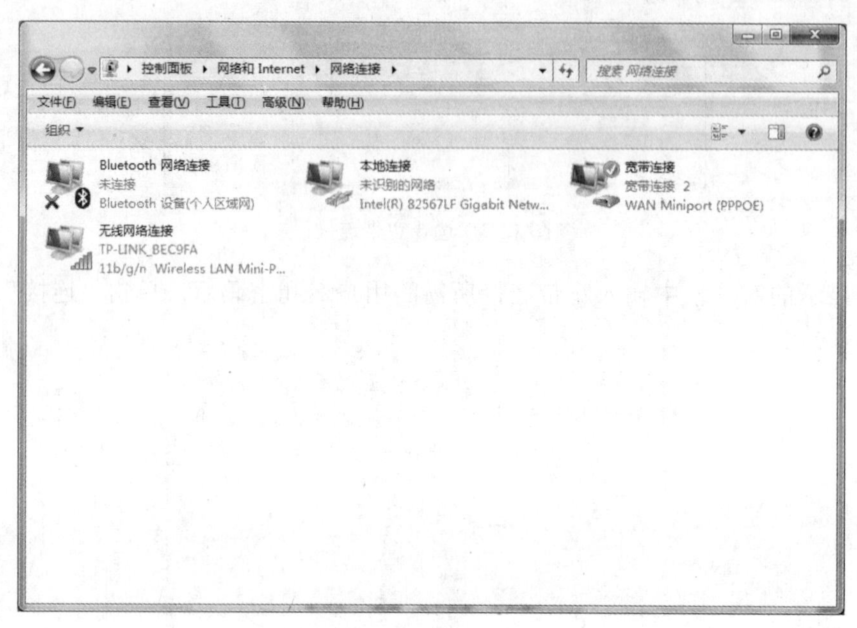

图 12-6 “网络连接”窗口

（3）用鼠标左键双击“宽带连接”打开“连接 宽带连接”对话框，在其中输入正确的用户名和密码即可，如图 12-7 所示。

图 12-7 “连接 宽带连接”对话框

3．删除宽带连接。

这里介绍两种删除宽带连接的方法，从“Internet 选项”中删除已建立好的“宽带连接”，或直接从“网络连接”窗口中删除连接。

（1）从“Internet 选项”中删除宽带连接。

操作提示：

① 用鼠标左键双击桌面 Internet Explorer 图标，在打开的窗口主菜单上选择“工具”→“Internet 选项”，进入“Internet 选项”对话框。选择“连接”选项卡，如图 12-8 所示。

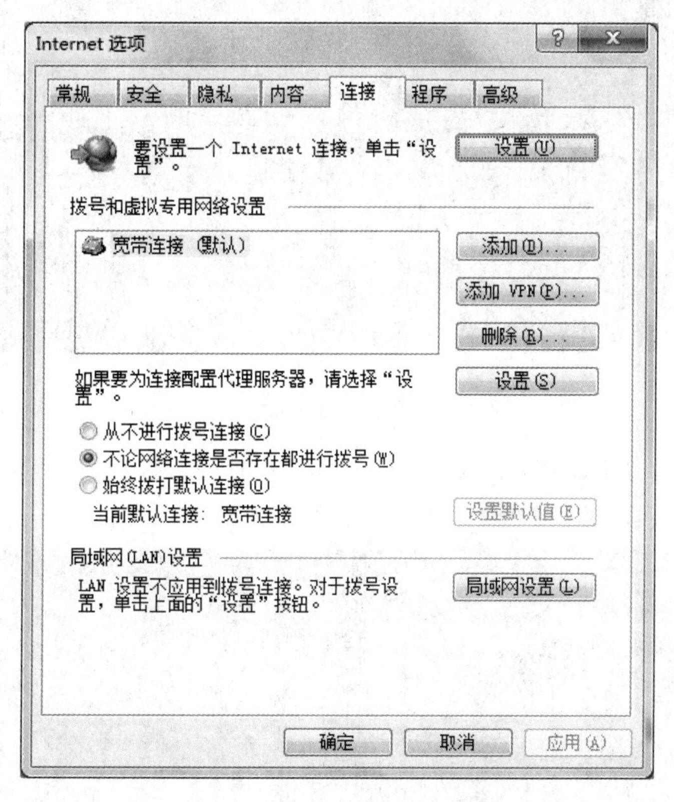

图 12-8　“Internet 选项”对话框

② 用鼠标左键单击“删除”按钮，将宽带连接删除。

（2）从“网络连接”窗口删除宽带连接。

操作提示：

进入“网络连接”窗口，右键选择“宽带连接”，在显示的下拉列表中选择“删除”选项，删除此连接即可。

4．常见的网络命令。

（1）ipconfig 命令。

该诊断命令显示所有当前的 TCP/IP 网络配置值，ipconfiglall 显示完整信息。在没有该参数的情况下，ipconfig 只显示 IP 地址、子网掩码和每个网卡的默认网关值。命令格式为“ipconfig”或“ipconfig/all”。

操作提示：

① 选择“开始”→“所有程序”→“附件”→“命令提示符”，打开“管理员：命令提

示符”窗口，如图 12-9 所示。

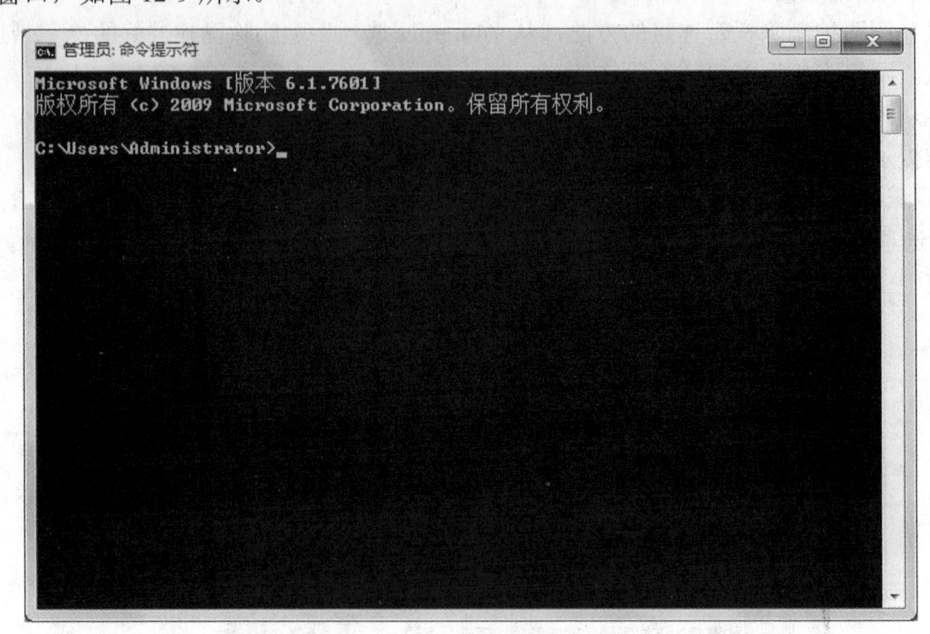

图 12-9 “管理员：命令提示符”窗口

② 在其中输入命令 ipconfig 显示 TCP/IP 的基本配置，如图 12-10 所示。

图 12-10　Windows 的 IP 配置

③ 在其中输入命令“ipconfig/all”显示全部信息，如图 12-11 所示。

（2）ping 命令。

ping 命令用于验证与远程计算机的连接，该命令只有在安装了 TCP/IP 协议后才可使用。命令格式为“ping 域名”或“ping IP 地址”

```
管理员: 命令提示符
无线局域网适配器 无线网络连接:

   连接特定的 DNS 后缀 . . . . . . . :
   描述. . . . . . . . . . . . . . . : 11b/g/n  Wireless LAN Mini-PCI Express Ad
apter II
   物理地址. . . . . . . . . . . . . : 00-24-2C-E7-69-6C
   DHCP 已启用 . . . . . . . . . . . : 是
   自动配置已启用. . . . . . . . . . : 是
   本地链接 IPv6 地址. . . . . . . . : fe80::302d:767a:9b88:7d1%16(首选)
   IPv4 地址 . . . . . . . . . . . . : 192.168.1.103(首选)
   子网掩码  . . . . . . . . . . . . : 255.255.255.0
   获得租约的时间  . . . . . . . . . : 2014年4月20日 8:47:45
   租约过期的时间  . . . . . . . . . : 2014年4月20日 15:47:50
   默认网关. . . . . . . . . . . . . : 192.168.1.1
   DHCP 服务器 . . . . . . . . . . . : 192.168.1.1
   DHCPv6 IAID . . . . . . . . . . . : 402662444
   DHCPv6 客户端 DUID  . . . . . . . : 00-01-00-01-1A-E3-CD-E3-00-22-68-10-D1-7F

   DNS 服务器  . . . . . . . . . . . : 211.161.158.10
                                       211.161.159.66
   TCPIP 上的 NetBIOS  . . . . . . . : 已启用

以太网适配器 Bluetooth 网络连接:

   媒体状态  . . . . . . . . . . . . : 媒体已断开
```

图 12-11　ipconfig/all 设置显示

操作提示：

① ping 域名，在“管理员：命令提示符”窗口中输入“ping www.baidu.com”查看结果。

② ping IP 地址，在窗口中输入“ping 网关（网关由 ipconfig 命令中获取）”，查看与网关的连通性，如图 12-12 所示。

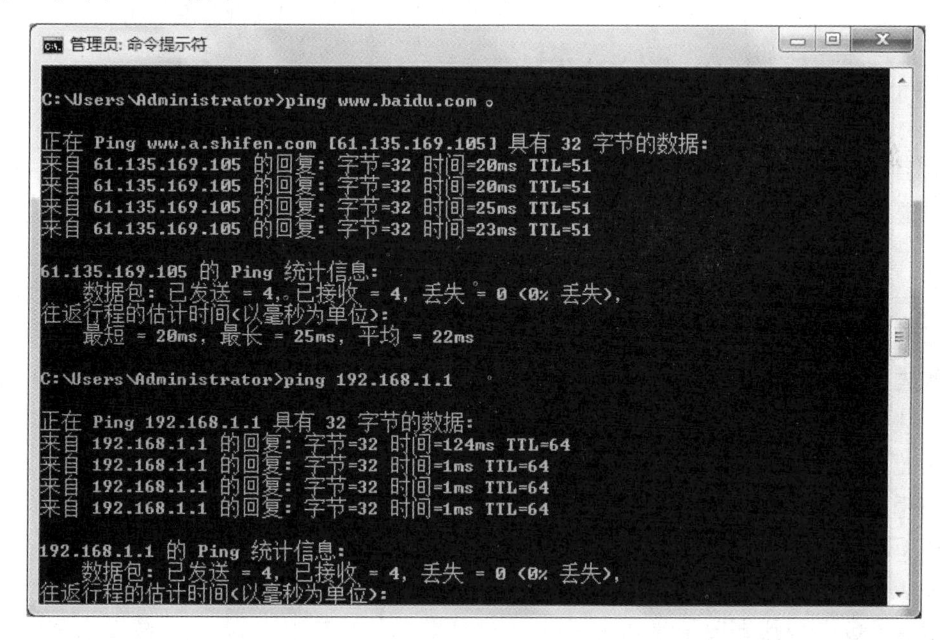

图 12-12　ping 命令的使用

（3）tracert 命令。

tracert 命令可以用来跟踪一个报文从一台计算机到另一台计算机所走的路径，并显示到达每个节点的时间，主要用于网络发生问题时，检测网络发生问题的节点。命令格式为“tracert

域名”或“tracert IP 地址”。

操作提示：

tracert IP 地址，在“管理员：命令提示符”窗口中输入 tracert 网关的 IP 地址跟踪到网关的路径（如 tracert 192.168.1.1），如图 12-13 所示。

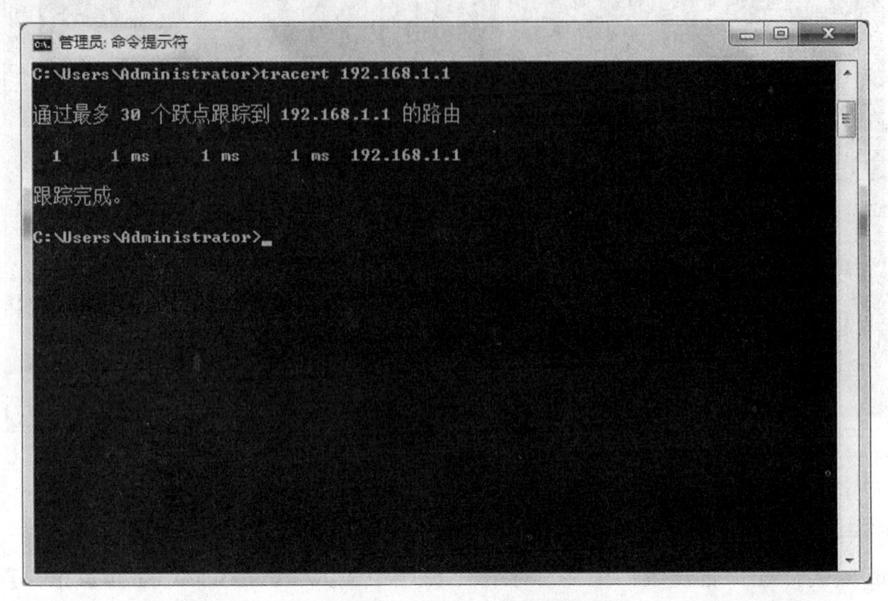

图 12-13 tracert 命令的使用

实验二 网络浏览器与即时通信工具

【实验目的】

1. 掌握 Chrome 浏览器的安装。
2. 掌握 Chrome 浏览器的操作。
3. 掌握 QQ 通信工具的使用。
4. 掌握 QQ 通信工具的特殊用法。

【实验内容】

1. 安装 Chrome 浏览器。
2. 浏览新浪门户网站。
3. 将指定网站添加书签。
4. 用 Chrome 阅读 PDF 文件。
5. 安装 QQ 聊天工具。
6. 登录 QQ 并发送即时信息。
7. 设置字体与颜色格式和表情。
8. QQ 好友管理。

【实验步骤】

Chrome 浏览器是一款专为现代互联网开发的网络浏览器，高速、简约而且安全。该浏览器具有启动快速、界面简约、安全性能高等特点。本次实验通过安装 Chrome 及其基本操作熟悉其使用方法。

1．首先在 Google 主页上下载 Chrome 浏览器软件，并保存于 E 盘或在线安装。双击图标，按提示操作进行 Chrome 浏览器安装。

操作提示：

（1）在 IE 浏览器地址栏中输入“www.google.com.hk”，单击“搜索”按钮，进入 Google 主页，在搜索栏中输入“Chrome”，进入安装页面，如图 12-14 所示。

图 12-14　下载 Chrome 浏览器

（2）单击“下载 Chrome”安装程序，浏览器自动安装，完成后自动运行 Chrome 浏览器，如图 12-15 所示。

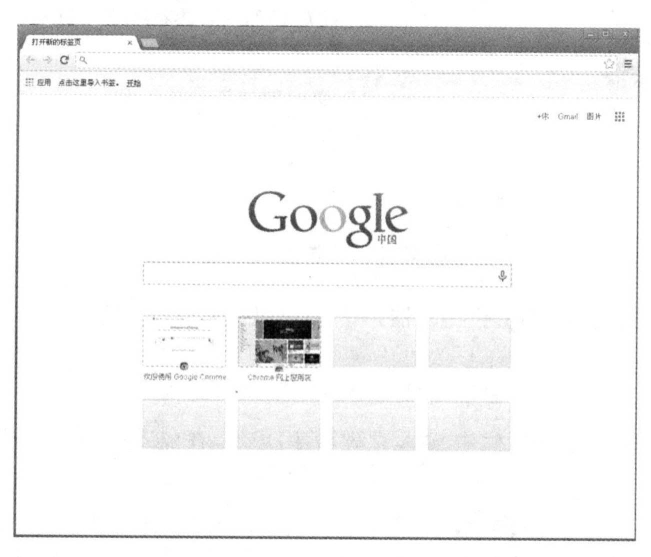

图 12-15　Chrome 浏览器主界面

2．进入 Chrome 浏览器，在地址栏中输入“www.sina.com.cn”，进入新浪主页。单击“教育”栏目，进入教育频道，为该页面添加书签。

操作提示：

（1）在 Chrome 地址栏中输入“www.sina.com.cn”，弹出新浪主页面，如图 12-16 所示。

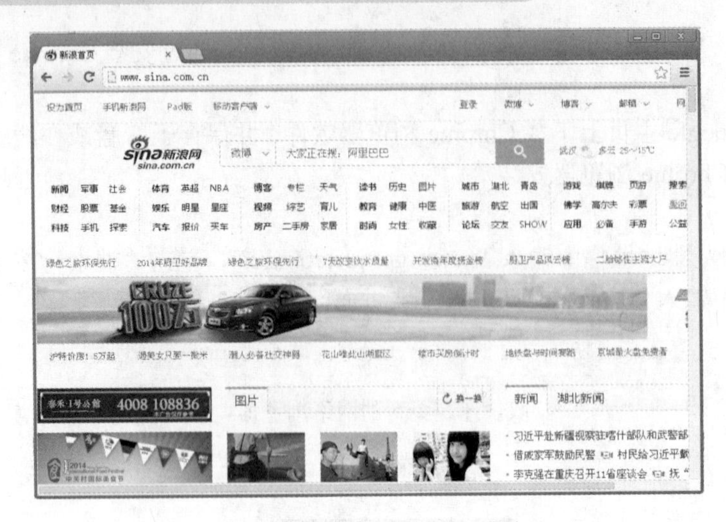

图 12-16　新浪首页

（2）单击“教育”，进入教育频道。单击地址栏后的“扩展”按钮，在下拉列表中选择“书签”→“为此网页添加书签”，如图 12-17 所示。

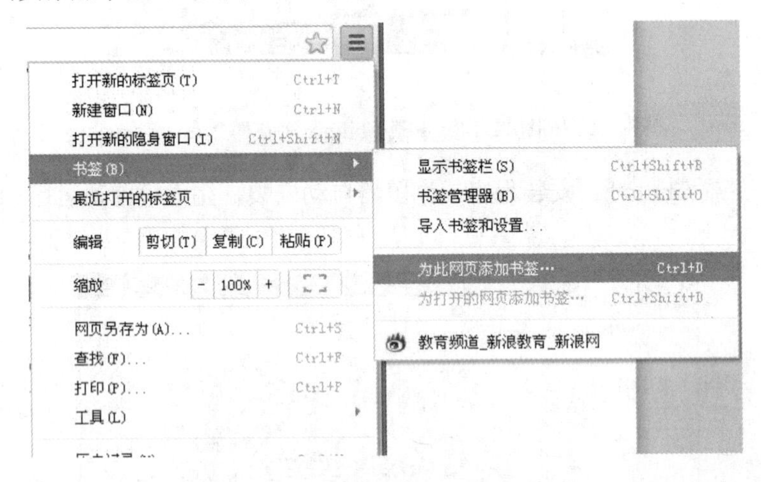

图 12-17　“书签”设置

3．Chrome 浏览器内置了 PDF 阅读器，因此可以直接阅读 PDF 格式文件，并可以将 PDF 文件保存并打印。

操作提示：

（1）在 Google 主页的搜索栏中输入“教育 PDF”，在结果中选一个，单击进入该网页，如图 12-18 所示。

（2）文件加载成功后，直接浏览，如图 12-19 所示，单击鼠标右键可以选择“打印”等操作。

4．腾讯 QQ 是一款即时通信软件，支持在线聊天、视频电话、点对点断点续传文件、共享文件、QQ 邮箱等多种功能，并可与移动通信终端等多种通信方式相连。可以使用 QQ 方便、实用、高效地和朋友联系。

登录腾讯主页，下载 QQ 聊天工具，将安装文件下载到 E 盘中保存。双击图标进行软件安装，成功后自动弹出登录界面。

操作提示：

（1）在 Chrome 地址栏中输入“www.qq.com”，进入腾讯主页，下载 QQ 聊天软件保存到 E 盘中，双击图标进行安装，安装成功后弹出如图 12-20 所示的登录界面。

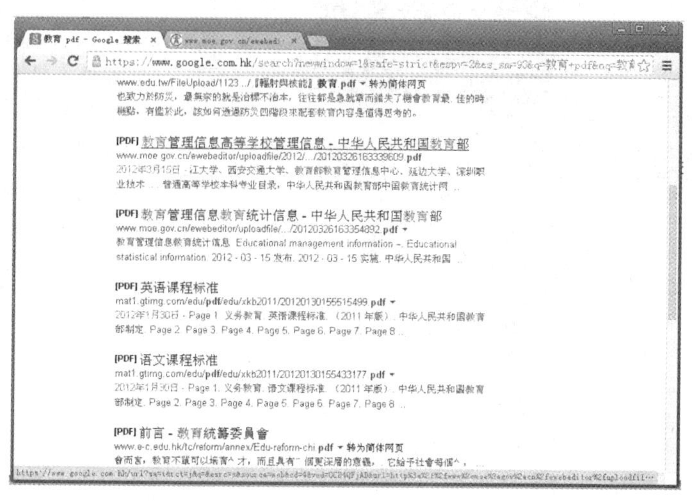

图 12-18　搜索“PDF 文件”

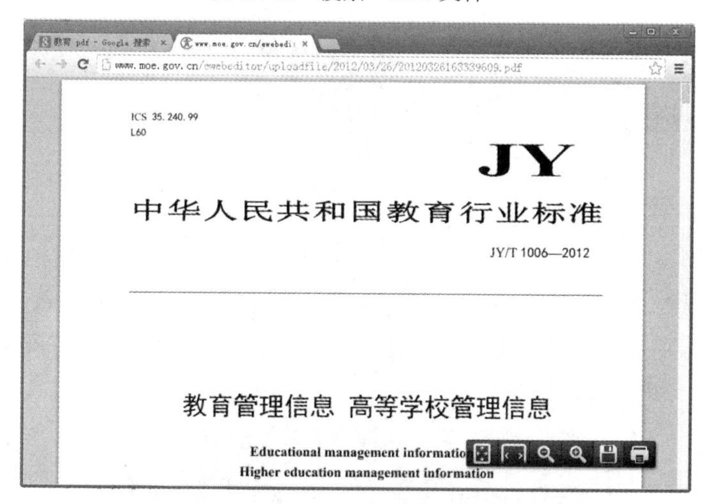

图 12-19　加载 PDF 文件

图 12-20　QQ 登录界面

（2）输入账号和密码后，弹出QQ的主界面如图12-21所示。

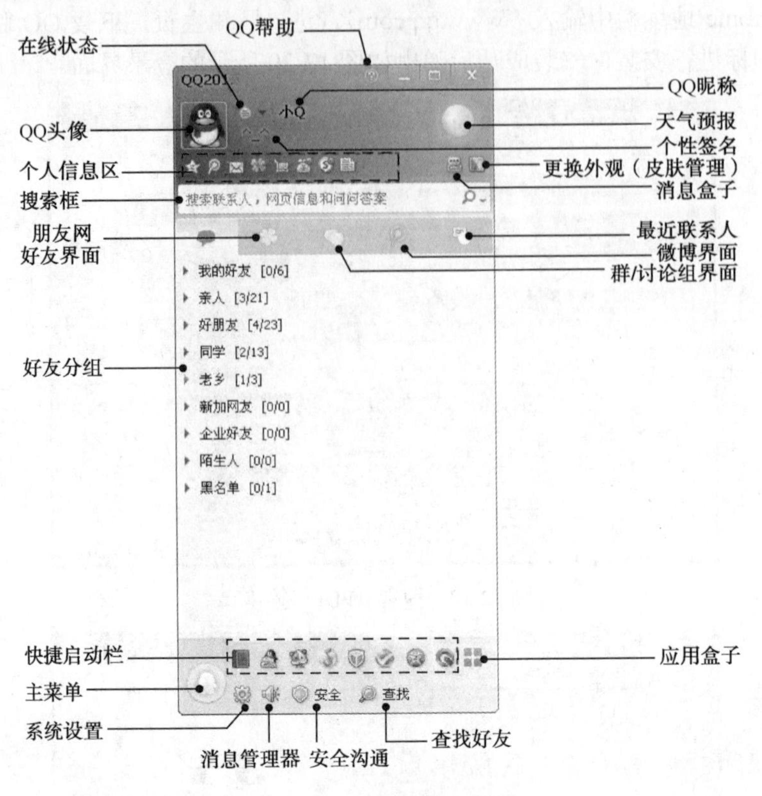

图12-21　QQ软件主界面

（3）在“查找”中搜索“好友”，并成功添加好友。在好友较多的情况下，可以将好友分组。在好友分组中选择一个分组，在该分组下选择一个图像双击，弹出即时通讯对话框，或者用鼠标右键单击好友头像选择发送即时消息，在聊天窗口中输入消息，单击“发送”，即可向好友发送即时消息，如图12-22所示。

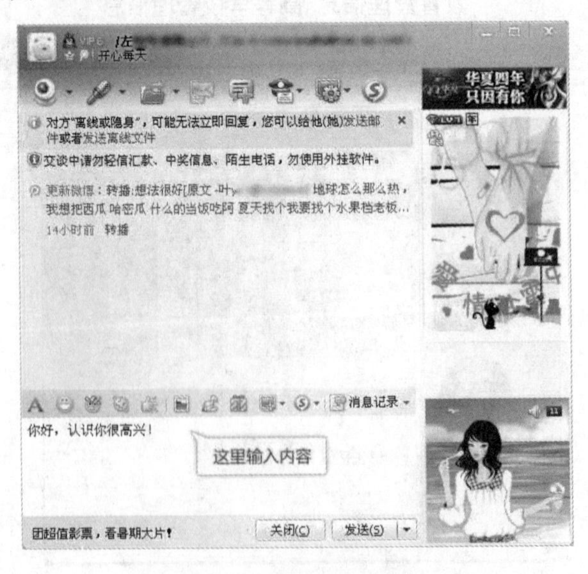

图12-22　QQ通信对话框

5．设置字体与颜色格式是最简单、普通的一个功能。在 QQ 上除了可以打字之外，还有很多 QQ 表情可以展现。

操作提示：

（1）选择前面带有“@”标志的字体，在对话框中打出来的字是颠倒的，如图 12-23 所示。

图 12-23　个性字体设置

（2）QQ 本身带有的默认表情十分多，如图 12-24 所示。除去默认的表情，还可以保存自定义表情，如图 12-25 所示。个性、搞笑、可爱的表情都可以搜集起来，供以后使用。

图 12-24　默认表情

图 12-25　添加到表情

6．好友较多时为了更好地打理 QQ 上的好友及相关资料，可以使用“我的 QQ 中心”平台帮助进行管理。

可以通过登录 http://id.qq.com/进入，或登录 QQ 客户端在状态栏中选择“我的 QQ 中心”。我的 QQ 中心提供了好友管理、好友恢复等多项功能，实现了批量删除、移动好友等其他操作，同时可以设置个人资料、查看账号信息、了解好友动态等更多增值功能。

操作提示：

在 QQ“主菜单”的下拉菜单中选择“我的 QQ 中心”，如图 12-26 所示。弹出“我的 QQ 中心”对话框，如图 12-27 所示。可以在 QQ 中心管理好友，进行分组、备注等操作。备注是为了识别好友，可以根据自己的方式备注好友的名称，无论好友换何昵称，都可以识别出来。

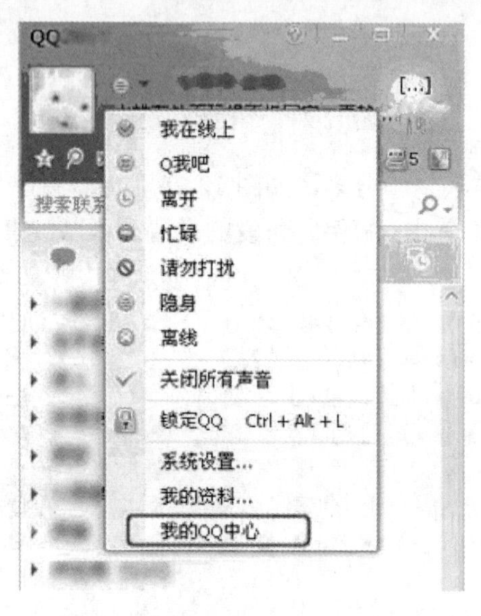

图 12-26 选择“我的 QQ 中心”

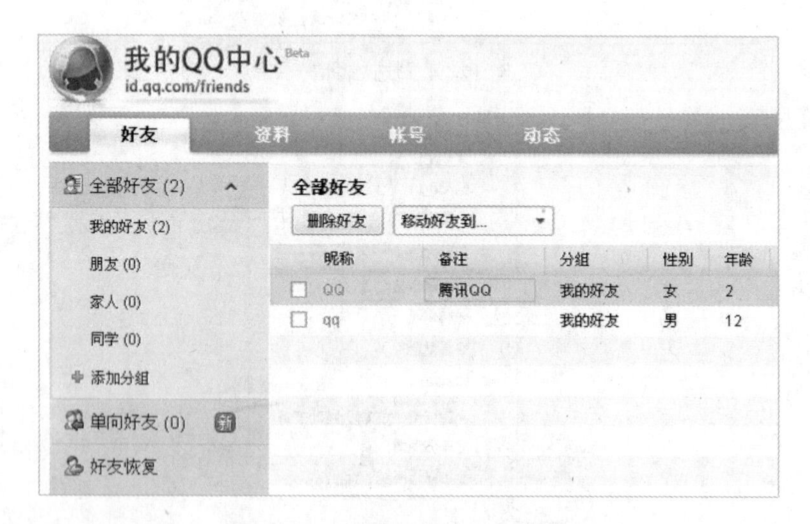

图 12-27 “我的 QQ 中心”对话框

实验三　FTP 文件传输服务

【实验目的】

1．掌握 Windows 7 FTP 组件的安装方法。

2．掌握 Windows 7 FTP 服务器的配置、管理方法。

3．掌握 FTP 文件的上传、下载方法。

【实验内容】

1．安装 IIS 及其 FTP 组件。

2．配置 FTP 服务器。

3．练习 FTP 文件的上传与下载。

【实验步骤】

FTP（File Transfer Protocol）文件传输协议，是用来在客户机和服务器之间实现文件传输的标准协议。FTP 服务器中通常存有大量的允许存取的共享软件和免费资源，如文本文件、图像文件、程序文件、声音文件、电影文件等。FTP 客户端可以通过用户名口令方式或者是无须用户名口令的匿名方式登录 FTP 服务器，获得相应的服务。本次实验主要介绍 Windows 7 中提供的 FTP 服务的基本知识和基本操作。

1．安装 IIS 及其 FTP 组件。

IIS（Internet Information Server，Internet 信息服务）是一种 Web（网页）服务组件，其中包括 Web 服务器、FTP 服务器、NNTP 服务器和 SMTP 服务器，分别用于网页浏览、文件传输、新闻服务和邮件发送等方面，它使得在网络（包括互联网和局域网）上发布信息成了一件很容易的事。由于 Windows 7 安装时默认没有自动安装 IIS，故 FTP 的设置第一步就是安装 IIS 及其 FTP 组件。

操作提示：

① 从“开始”菜单打开“控制面板”，如图 12-28 所示。

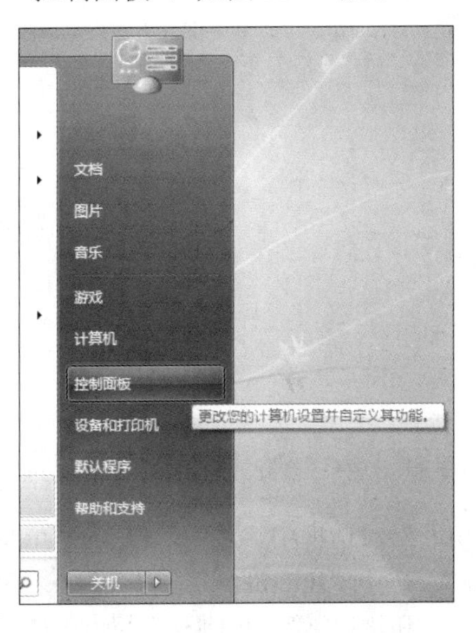

图 12-28　打开“控制面板”

② 在打开的“控制面板”窗口中，单击“程序”，如图 12-29 所示。

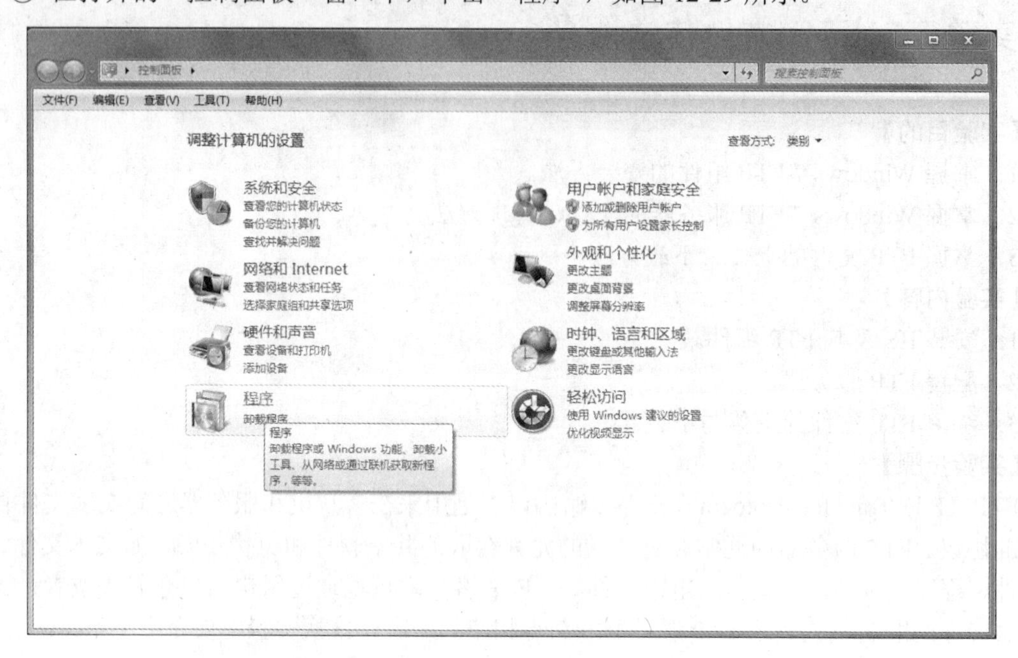

图 12-29　选择“程序”

③ 在打开的“程序”窗口中，单击选择“程序和功能”下的“打开或关闭 Windows 功能”，如图 12-30 所示。

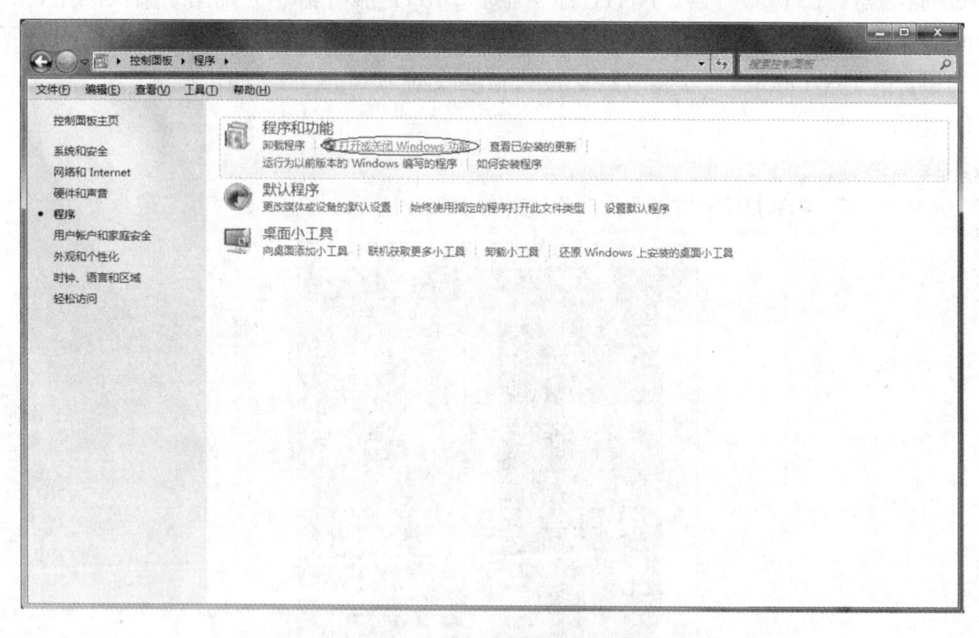

图 12-30　选择“打开或关闭 Windows 功能”

④ 在打开的“Windows 功能”对话框中，选中“Internet 信息服务”→“FTP 服务器”下的“FTP 服务”、“FTP 扩展性”，选中“Internet 信息服务”→“Web 管理工具”下的“IIS 管理服务”、“IIS 管理脚本和工具”和“IIS 管理控制台”，如图 12-31 所示。

图 12-31　选中 FTP 及 IIS 的有关项目

⑤ 鼠标左键单击“确定”按钮，等待 Windows 7 安装 FTP，如图 12-32 所示。

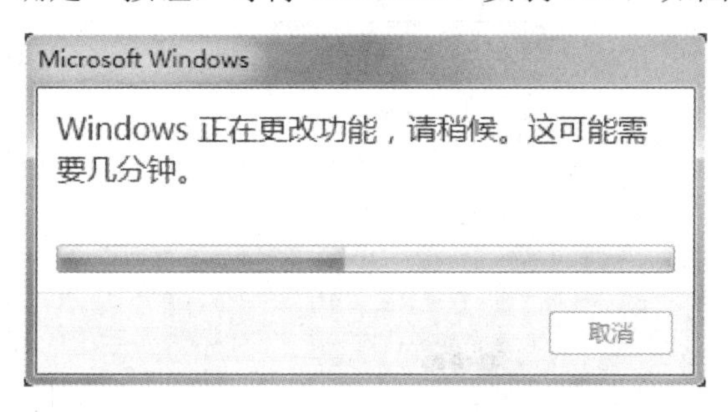

图 12-32　等待 Windows 7 安装 FTP

2．配置 FTP 服务器。

操作提示：

（1）创建测试用的文件夹、文件。

① 在桌面上打开“计算机”，在 E 盘新建文件夹“FTPtest”。

② 在文件夹“FTPtest”中新建文本文档“test1.txt”。

（2）创建测试用的用户、用户组。

① 在桌面上用鼠标右键单击“计算机”，在弹出的快捷菜单中选择“管理”。在弹出的“计算机管理”窗口左侧栏中选择“系统工具”→“本地用户和组”→“用户”选项。在弹出的菜单中选择“新用户”，如图 12-33 所示。

② 在弹出的“新用户”对话框中的“用户名”文本框中输入“FTPuser”，在“密码”、“确认密码”文本框中输入密码“123”。清除“用户下次登录时须更改密码”，选中“用户不能更改密码”、“密码永不过期”，如图 12-34 所示。同样再创建新用户“FTPadmin”，“密码”设为“456”。

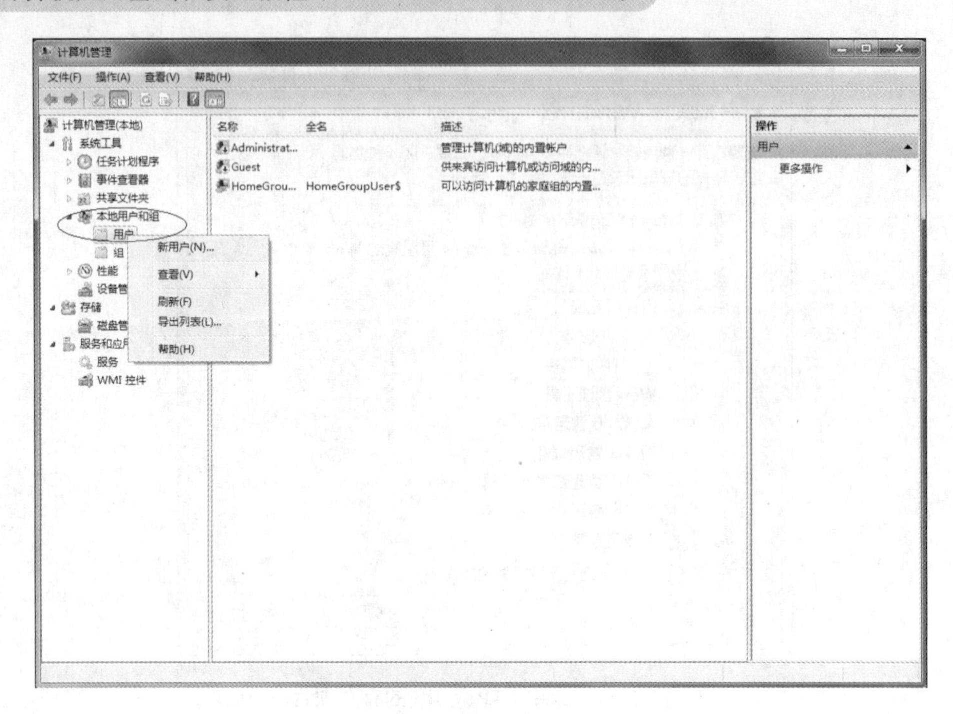

图 12-33　选择“新用户”

图 12-34　新建用户“FTPuser”

③ 选择“计算机管理”窗口左侧栏中的“系统工具”→“本地用户和组”→“组”选项。在弹出的菜单上选择“新建组”，如图 12-35 所示。

④ 在弹出的“新建组”对话框中的“组名”文本框内输入“FTPusers”，如图 12-36 所示，单击“添加”按钮。

图 12-35　选择“新建组”

图 12-36　新建组“FTPusers”

⑤ 在弹出的“选择用户”对话框中单击“高级”按钮，然后单击“立即查找”按钮。在下方的搜索结果中找到并选中刚才创建的用户“FTPadmin”和“FTPuser”，如图 12-37 所示。

⑥ 在“选择用户”对话框中单击“确定”按钮，如图 12-38 所示。

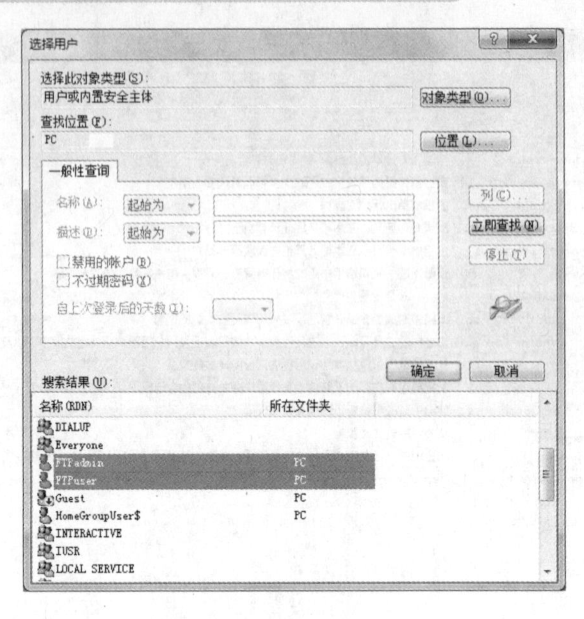

图 12-37　查找并选择 FTP 用户

图 12-38　确定选择的 FTP 用户

⑦ 在“新建组”对话框中用鼠标左键单击“创建”按钮，如图 12-39 所示。创建完毕，单击“新建组”对话框中的“关闭”按钮。

图 12-39　完成创建组“FTPusers”

⑧ 选择“计算机管理”窗口左侧栏中“系统工具”→“本地用户和组”→“组”选项。在右侧窗格中用鼠标左键双击“Users”，如图 12-40 所示。

图 12-40　选择“Users”组

⑨ 在弹出的“Users 属性”对话框中选择刚才创建的用户“FTPadmin”和“FTPuser”，如图 12-41 所示，单击“删除”按钮，然后单击“确定”按钮。

图 12-41　从“Users”组中删除 FTPadmin

（3）添加 FTP 站点。

① 从“开始”菜单选择“控制面板”→“系统和安全”选项，打开“系统和安全”窗口，如图 12-42 所示，选择“管理工具”。

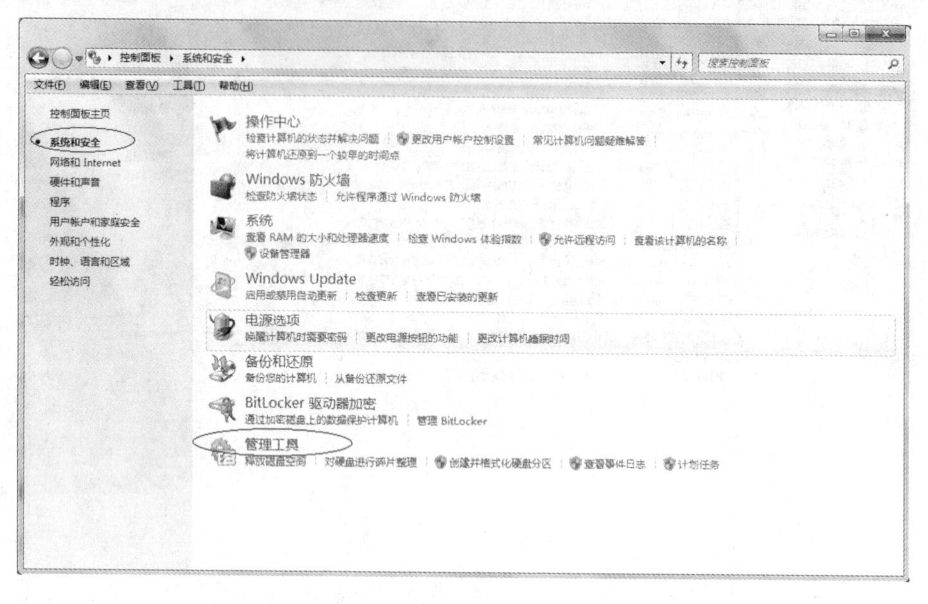

图 12-42 “系统和安全”窗口

② 打开“管理工具”窗口，双击选择“Internet 信息服务（IIS）管理器”，如图 12-43 所示。

图 12-43 “管理工具”窗口

③ 打开“Internet 信息服务（IIS）管理器”窗口，在左侧栏中用鼠标右键单击计算机名字，如图 12-44 所示。在弹出的快捷菜单中选择“添加 FTP 站点”。

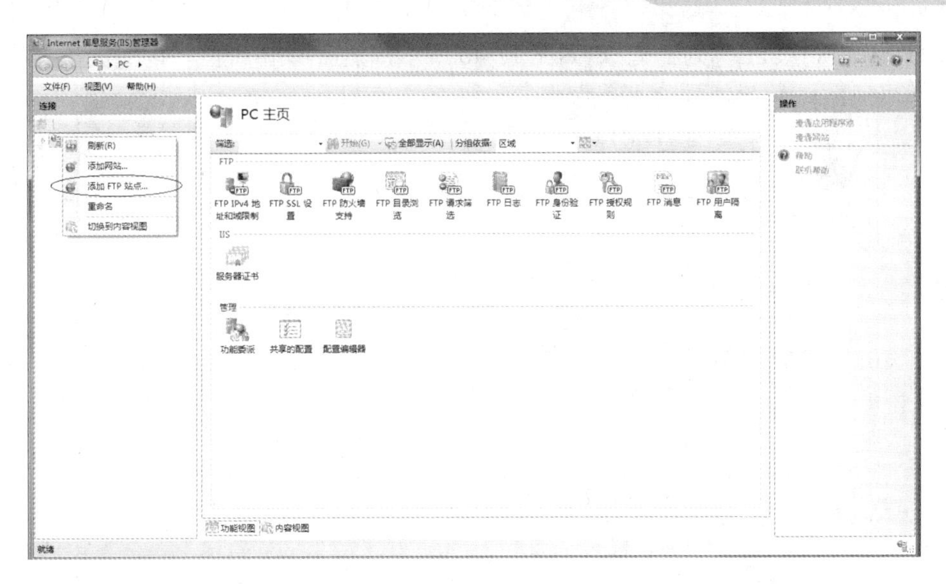

图 12-44　“Internet 信息服务（IIS）管理器”窗口

④ 打开“添加 FTP 站点”对话框，在“FTP 站点名称”处输入“FTPtest”，在“物理路径”处单击[...]按钮选择刚才在 E 盘创建的文件夹“E:\FTPtest”，如图 12-45 所示，然后单击“下一步”按钮。

图 12-45　“添加 FTP 站点”对话框—“站点信息”

⑤ 在新打开的对话框中设置“IP 地址”为本机 IP 地址，“端口”为默认值“21”，选中“自

动启动 FTP 站点”，“SSL”为“无”，如图 12-46 所示，然后单击“下一步”按钮。

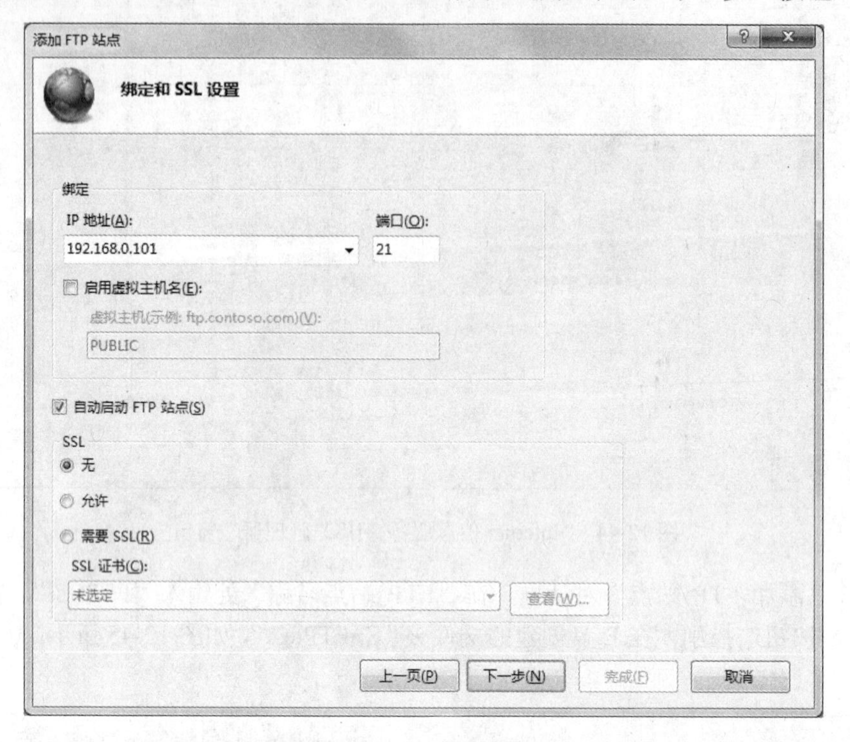

图 12-46 “添加 FTP 站点”对话框—“绑定和 SSL 设置”

⑥ 在新打开的对话框中设置“身份验证”为“基本”，“允许访问”为“未选定”，如图 12-47 所示，然后单击“完成”按钮。

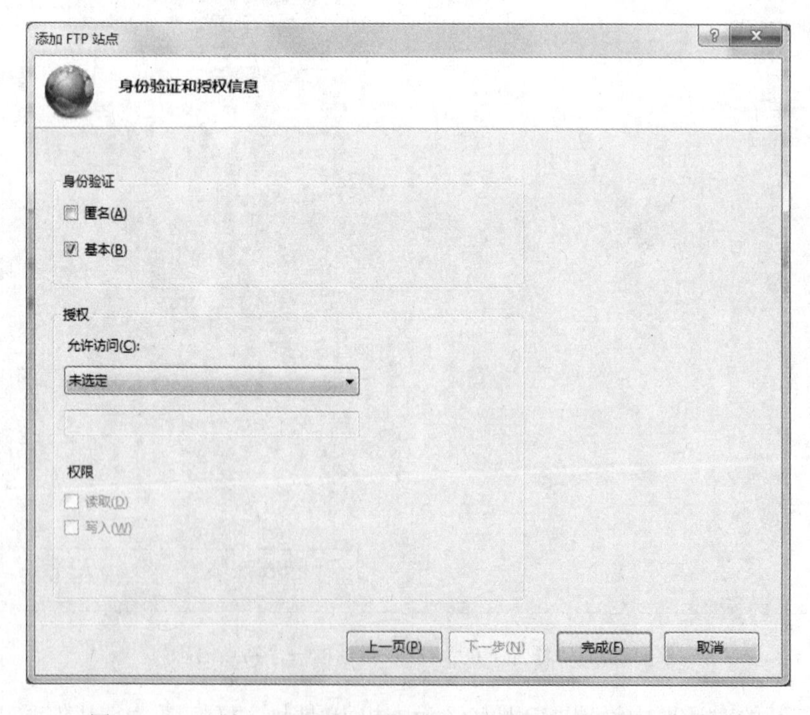

图 12-47 “添加 FTP 站点”对话框—“身份验证和授权信息”

（4）设置用户访问权限。

① 在“Internet 信息服务（IIS）管理器”窗口左侧栏中选择刚才添加的 FTP 站点“FTPtest”。在中间栏“FTPtest 主页”下，用鼠标右键单击“FTP 授权规则”，在弹出的快捷菜单中选择“编辑权限”，如图 12-48 所示。

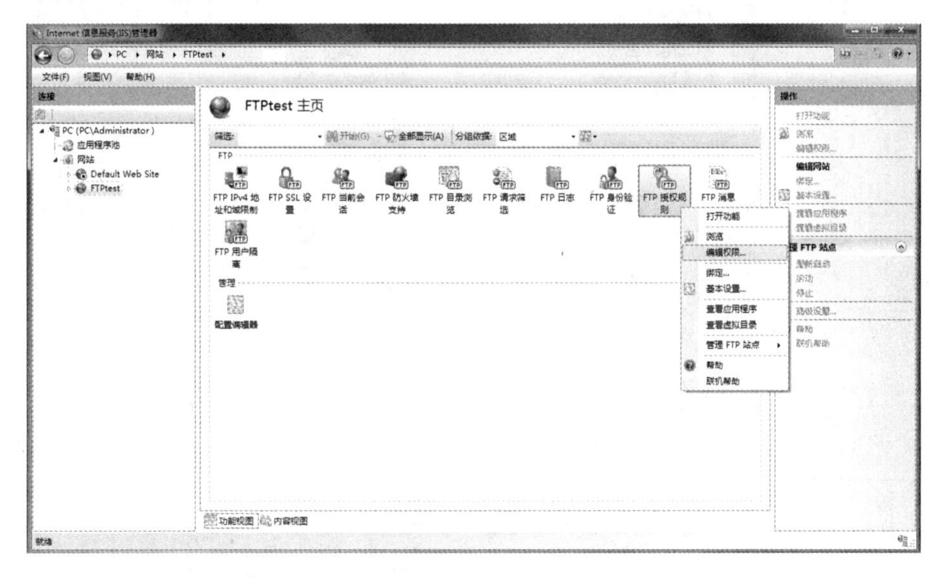

图 12-48　“FTPtest 主页”窗口

② 在打开的“FTPtest 属性”对话框中选择“安全”选项卡，单击“编辑”按钮，如图 12-49 所示。

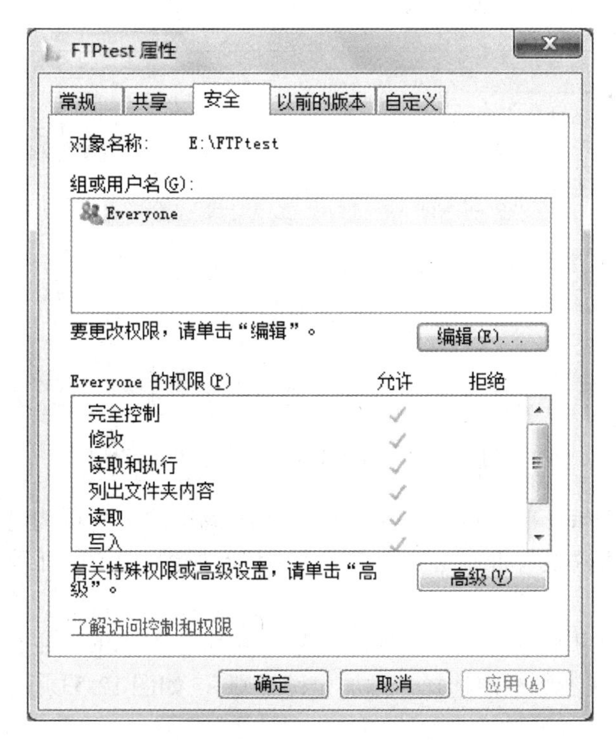

图 12-49　“FTPtest 属性”对话框

③ 在打开的“FTPtest 的权限”对话框中单击“添加”按钮，如图 12-50 所示。

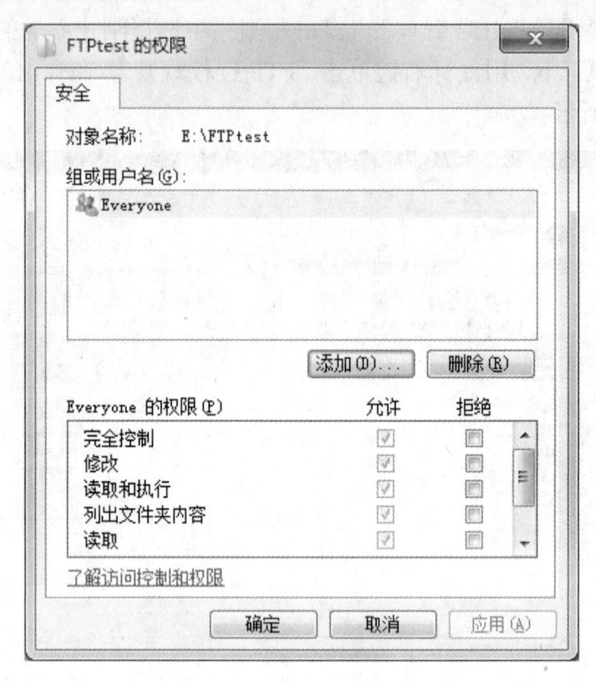

图 12-50 “FTPtest 的权限”对话框

④ 在打开的“FTPtest 的权限”对话框中单击“添加”按钮，在弹出的“选择用户或组”对话框下的“输入对象名称来选择”文本框中输入“FTPadmin；FTPuser”，如图 12-51 所示，然后单击“确定”按钮。

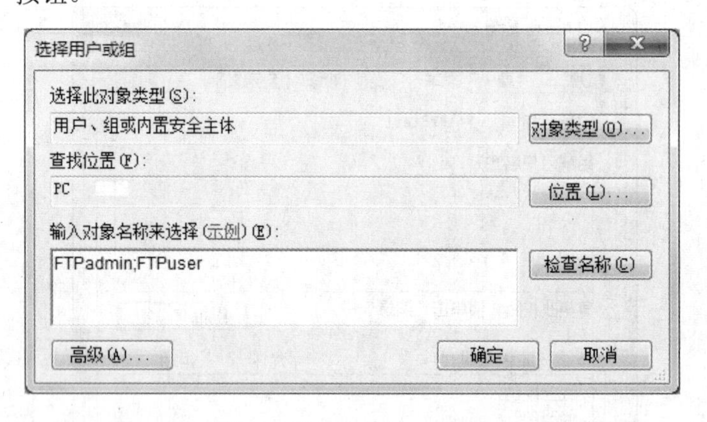

图 12-51 添加“FTPadmin”、“FTPuser”用户

⑤ 在打开的“FTPtest 的权限”对话框中在“组或用户名”框内选中“FTPadmin”。在下方的“FTPadmin 的权限”框中选中“完全控制”，如图 12-52 所示，然后单击“确定”按钮。

⑥ 在“Internet 信息服务（IIS）管理器”窗口中间栏“FTPtest 主页”下，用鼠标左键双击“FTP 授权规则”。在右侧栏中选择“添加允许规则”，如图 12-53 所示。

图 12-52　设定“FTPadmin 的权限”

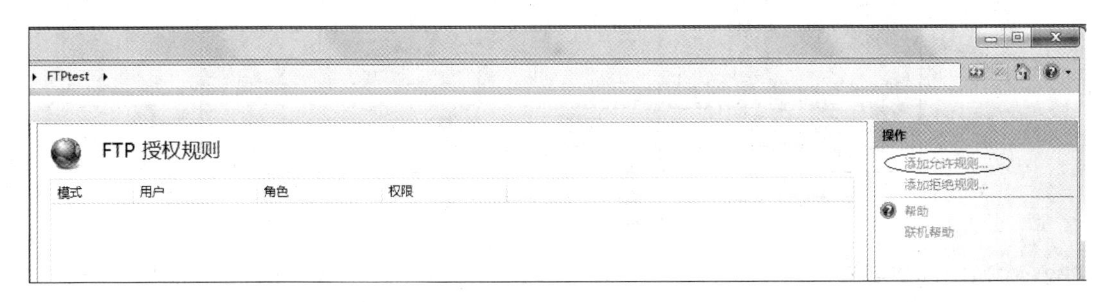

图 12-53　“FTP 授权规则”

⑦ 在“添加允许授权规则”对话框的“指定用户”文本框中填写“FTPadmin”，在“权限”中选中“读取”和“写入”，如图 12-54 所示，然后单击“确定”按钮。同样添加“FTPuser”的“权限”为“读取”。

3．练习 FTP 文件的上传与下载。

在 FTP 的使用当中经常遇到两个概念：“下载”（Download）和“上传”（Upload）。“下载”文件是从远程主机复制文件至自己的计算机中；“上传”文件是将文件从自己的计算机中复制至远程主机中。

操作提示：

（1）使用“FTPadmin”用户登录 FTP 服务器。

① 打开“计算机”窗口，在地址栏输入“FTP://本机 IP 地址”，按下“Enter”键，如图 12-55 所示。

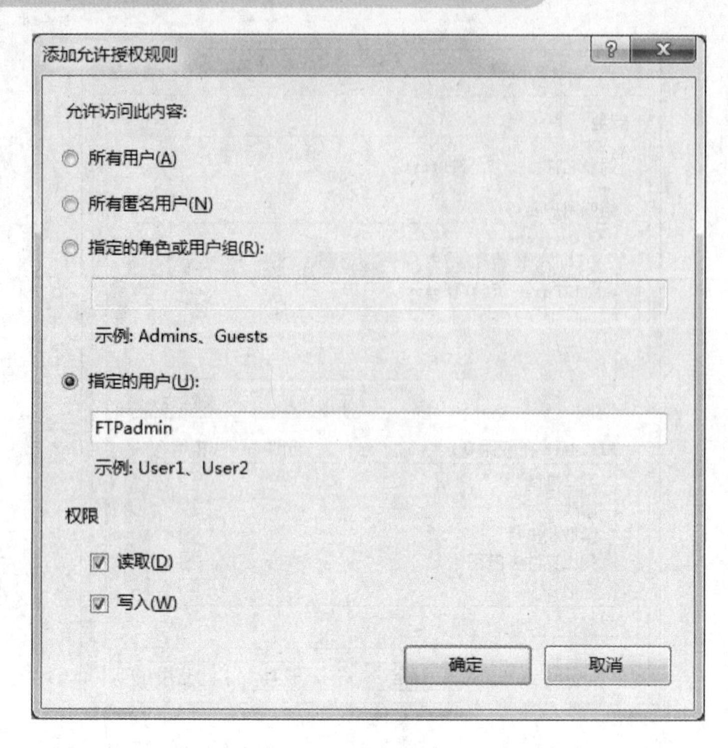

图 12-54 “添加允许授权规则”对话框

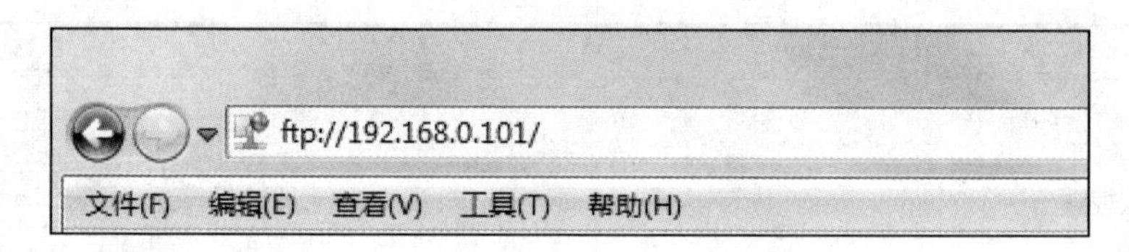

图 12-55 在地址栏输入“FTP://本机 IP 地址”

② 在弹出的“登录身份”对话框中，在“用户名”文本框输入“FTPadmin”，“密码”文本框输入“456”，如图 12-56 所示，然后单击“登录”按钮。

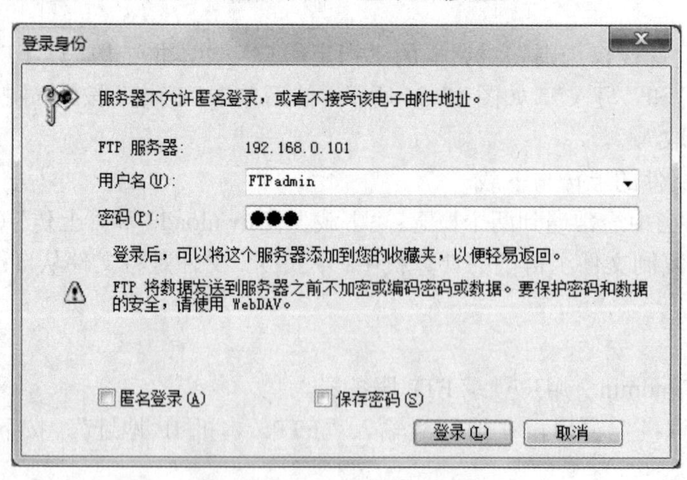

图 12-56 “登录身份”对话框

（2）从 FTP 服务器中下载文件“test1.txt”到桌面。

方法一：

① 在打开的 FTP 服务器窗口中使用鼠标右击刚才建立的测试文件“test1.txt”。在弹出的菜单中选择“复制”，如图 12-57 所示。

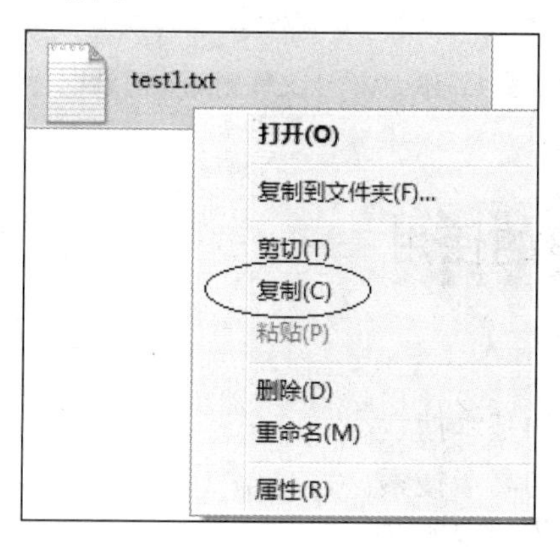

图 12-57　复制测试文件

② 在桌面空白处单击鼠标右键，在弹出的快捷菜单中选择“粘贴”。

方法二：

在打开的 FTP 服务器窗口中使用鼠标左键单击刚才建立的测试文件“test1.txt”，按住鼠标左键不放拖动到桌面空白处。

（3）将桌面上刚才下载的“test1.txt”重命名为“test2.txt”，然后上传到 FTP 服务器。

方法一：

① 在桌面上使用鼠标右击刚才重命名的测试文件“test2.txt”，在弹出的快捷菜单中选择“复制”。

② 在 FTP 服务器窗口空白处单击鼠标右键，在弹出的快捷菜单中选择“粘贴”。

方法二：

在桌面上使用鼠标左键单击刚才重命名的测试文件“test2.txt”，按住鼠标左键不放拖动到 FTP 服务器窗口中。

（4）在 FTP 服务器中将刚才上传的测试文件“test2.txt”重命名为“test3.txt”。

（5）在 FTP 服务器中删除文件“test3.txt”。

方法一：

① 在打开的 FTP 服务器窗口中使用鼠标右击测试文件“test3.txt”，在弹出的快捷菜单中选择“删除”。

② 在弹出的“确认文件删除”对话框中单击“是”按钮，如图 12-58 所示。

方法二：

① 在打开的 FTP 服务器窗口中选中刚才上传的测试文件“test3.txt”，按下“Delete”键或“Del”键。

② 在弹出的“确认文件删除”对话框中单击“是”按钮。

（6）使用 FTPuser 用户登录 FTP 服务器，重复以上（2）～（5）步，比较与 FTPadmin 用户操作时的不同之处。

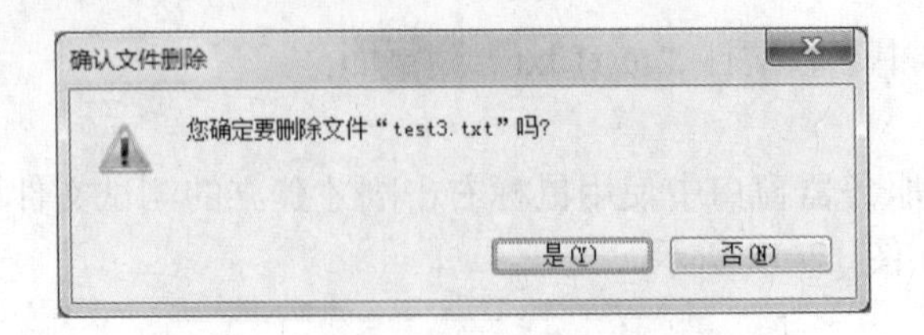

图 12-58 “确认文件删除”对话框

实验四　搜索引擎的使用

【实验目的】

1．掌握 Google 搜索引擎的基本搜索。

2．掌握 Google 搜索引擎的高级搜索。

3．了解 Google 搜索引擎的检索服务。

【实验内容】

1．Google 搜索引擎的基本搜索。

2．Google 搜索引擎的高级搜索。

3．Google 搜索引擎的检索服务。

【实验步骤】

搜索引擎是对互联网上的信息资源进行搜集整理以供查询的系统。利用搜索引擎进行搜索，具有信息量大，准确性较高，搜索速度快的特点，充分体现了网络的互动功能。

Google 搜索引擎是由 Google 公司推出的一个互联网搜索引擎，它是互联网上最大、影响最广泛的搜索引擎。

1．Google 搜索引擎的基本搜索。

（1）精确搜索。

给搜索关键词加上半角的双引号，可实现精确搜索，即查询结果精确匹配，不包括衍变形式。加双引号和不加双引号分别搜索“计算机网络的发展”，查看区别。

操作提示：

① 打开 IE 浏览器，在地址栏输入“https://www.google.com.hk/”，打开 Google 搜索引擎。

② 在搜索框输入“ 计算机网络的发展 ”，单击“搜索”按钮，显示结果如图 12-59 所示。

③ 在搜索框输入“ "计算机网络的发展" ”，单击“搜索”按钮，显示结果如图 12-60 所示。

（2）搜索包含多个关键词的网页。

搜索多个关键词，Google 搜索引擎只需输入这几个关键词，并在关键字之间加上空格。搜索包含关键词“苹果”和“手机”的网页。

操作提示：

① 打开 Google 搜索引擎。

② 在搜索框输入“苹果 手机”，单击“搜索”按钮，显示结果如图 12-61 所示。

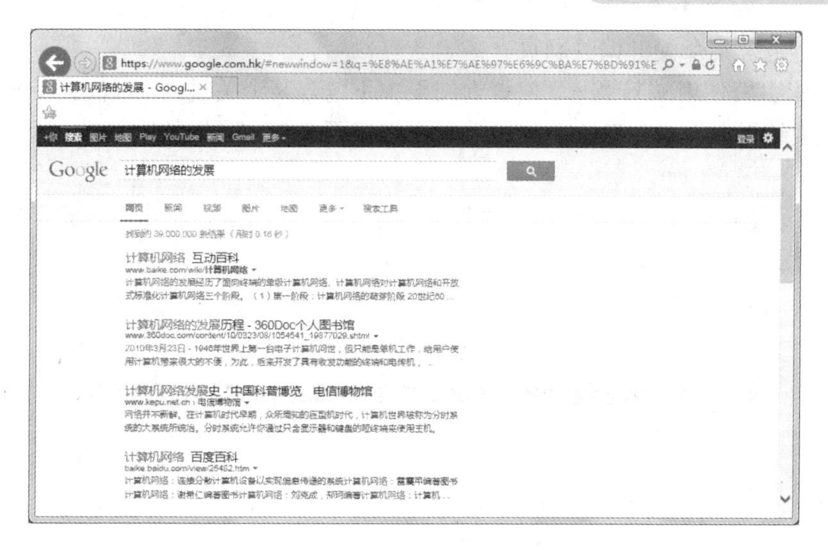

图 12-59　无双引号搜索结果

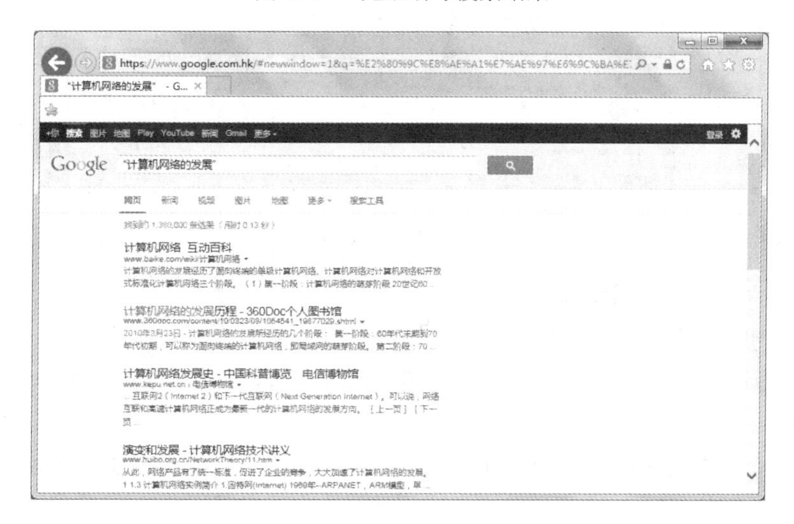

图 12-60　有双引号搜索结果

图 12-61　包含多个关键词的搜索结果

（3）搜索不包含某个关键词的网页。

Google 搜索引擎使用减号“－”使查询结果中不包含某个关键词。（注：减号前需加上空格才能得到搜索结果）搜索包含“搜索引擎历史”但不含“文化”的网页。

操作提示：

在 Google 搜索引擎的搜索框中输入“搜索引擎历史—文化”，单击“搜索”按钮，显示结果如图 12-62 所示。

图 12-62　不包含某个关键词的搜索结果

（4）关键字的字母大小写搜索。

Google 搜索引擎不区分英文搜索关键词的大小写。

分别以“internet”和“INTERNET”为关键词进行搜索，比较搜索结果。

操作提示：

① 在 Google 搜索引擎的搜索框中输入“internet”，单击“搜索”按钮，显示结果如图 12-63 所示。

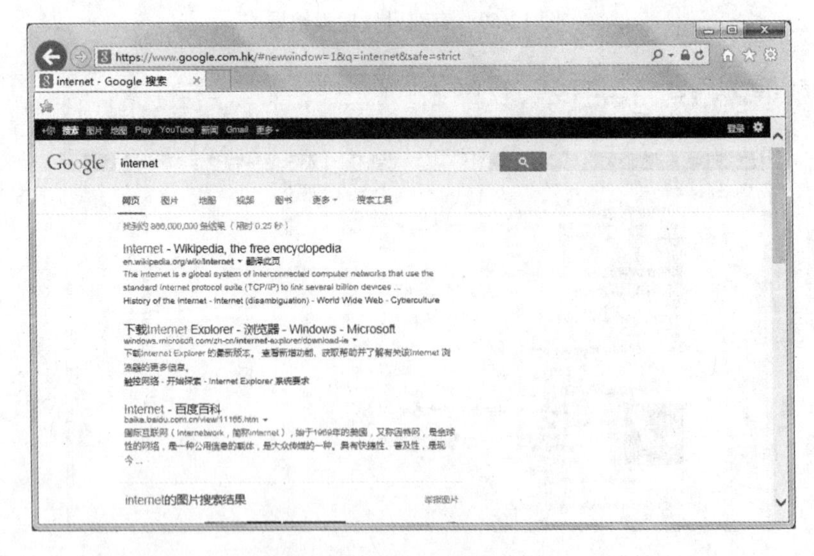

图 12-63　字母小写的搜索结果

② 在 Google 搜索引擎的搜索框中输入“INTERNET”，单击“搜索”按钮，显示结果如图 12-64 所示。

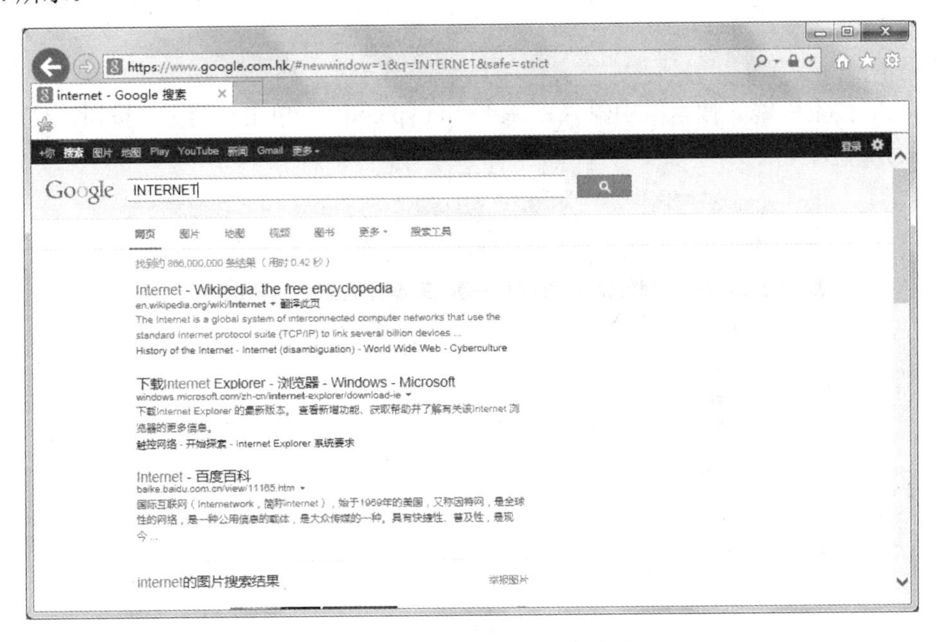

图 12-64　字母大写的搜索结果

2．Google 搜索引擎的高级搜索。

（1）对搜索的网站进行限制。

Google 搜索引擎使用“site:”表示搜索结果只限于某个网站。

搜索新浪网（www.sina.com.cn）上关于“奥斯卡”的页面。

操作提示：

在 Google 搜索引擎的搜索框中输入“奥斯卡 site:www.sina.com.cn”，单击“搜索”按钮，显示结果如图 12-65 所示。

图 12-65　限制网站的搜索结果

（2）在特定类型的文件中查找信息。

Google 搜索引擎使用“filetype:”表示搜索结果只限于某种特定类型的文件。搜索有关韩寒的 PDF 文档。

操作提示：

在 Google 搜索引擎的搜索框中输入“韩寒 filetype:pdf”，单击“搜索”按钮，显示结果如图 12-66 所示。

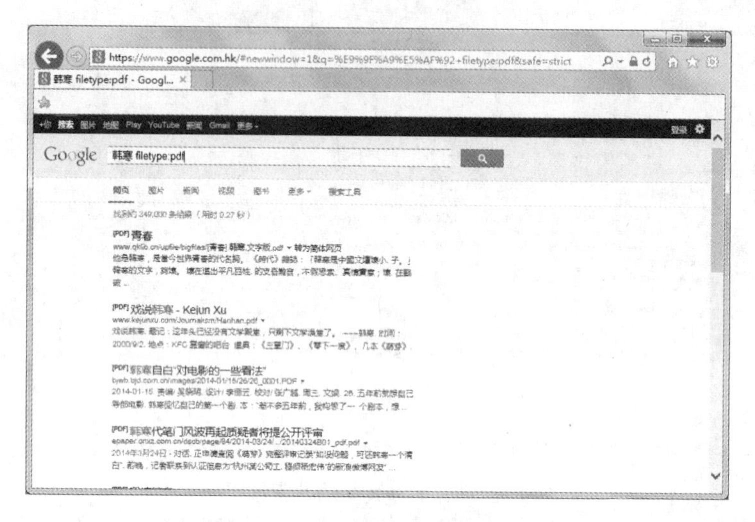

图 12-66　限制类型的搜索结果

（3）搜索的关键字包含在网页标题中。

Google 搜索引擎使用“intitle: ”表示搜索关键字包含在网页标题中。查找网页标题中含有“吴彦祖图片”的页面。

操作提示：

在 Google 搜索引擎的搜索框中输入“intitle:吴彦祖图片”，单击“搜索”按钮，显示结果如图 12-67 所示。

图 12-67　搜索关键词包含在网页标题的搜索结果

3．Google 搜索引擎的检索服务。

（1）中英文字典。

Google 搜索引擎提供了中英文字典服务，方便用户进行中英文转换。搜索英文单词“success”的中文含义。

操作提示：

在 Google 搜索引擎的搜索框中输入“success”，单击“搜索”按钮，显示结果如图 12-68 所示。

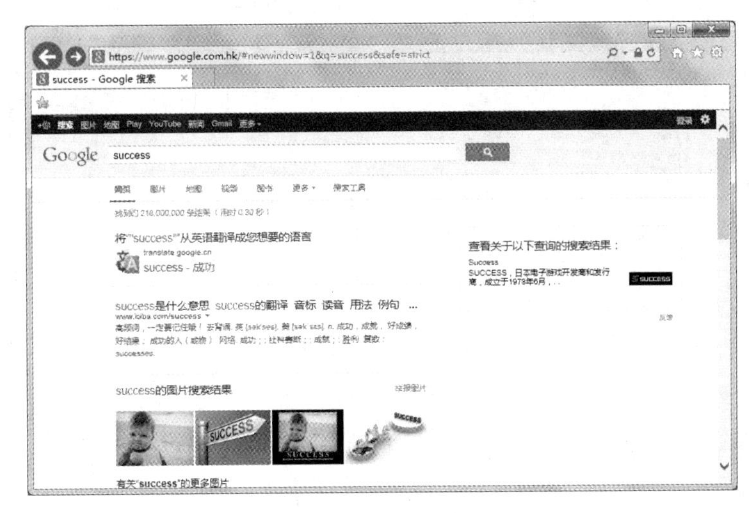

图 12-68 中英文字典服务

（2）邮政编码和电话区号查询。

Google 搜索引擎提供邮政编码和电话区号，用户据此能够获得所要查询的省市名称，邮政编码及电话区号。需要注意的是用户只能查询到城市级别的邮政编码和区号，而无法进一步查询区县的具体信息。搜索武汉的邮政编码。

操作提示：

在 Google 搜索引擎的搜索框中输入“武汉 邮政编码”，单击“搜索”按钮，显示结果如图 12-69 所示。

图 12-69 邮政编码服务

（3）计算器服务。

Google 有计算器的功能，在搜索框中输入运算公式，即可得到结果。计算 20×12+54 的值。

操作提示：

在 Google 搜索引擎的搜索框中输入“20*12+54”，单击“搜索”按钮，显示结果如图 12-70 所示。

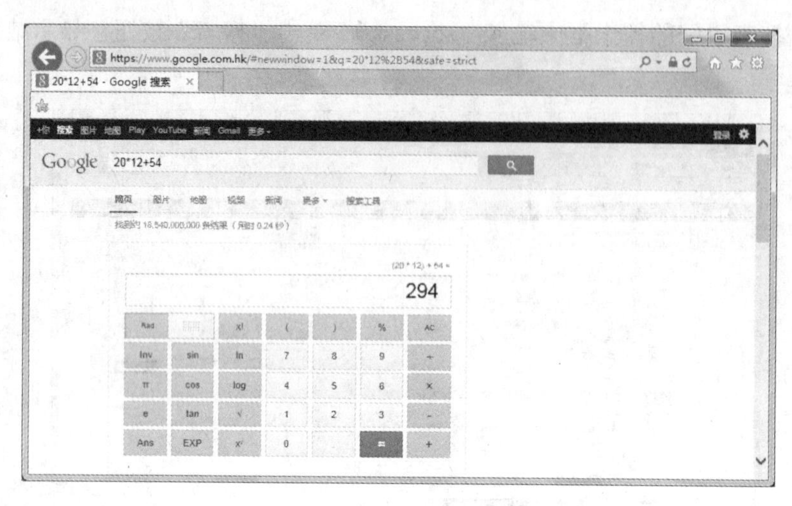

图 12-70　计算器服务

练习题

一、选择题

1．计算机网络是计算机与（　　）结合的产物。

A．其他计算机　B．通信技术　C．电话　D．通信协议

2．目前，Internet 网最主要的服务方式是（　　）。

A．E-mail　B．FTP　C．USEnet　D．WWW

3．将计算机网络按拓扑结构分类，不属于该类的是（　　）。

A．星形网络　B．总线型网络

C．环形网络　D．双绞线网络

4．目前 Internet 中常用的 IPv4 地址采用（　　）位二进制代码。

A．16　B．32　C．64　D．128

5．在计算机网络术语中，ISO/OSI-RM 是指（　　）。

A．WWW 国家标准协议

B．TCP/IP 的开放系统互联协议

C．Internet 的开放系统互联参考模型

D．计算机网络的开放系统互联参考模型

6．在 Internet 提供的基本服务中，远程登录所使用的协议是（　　）。

A．FTP　B．HTTP　C．HTML　D．TELNET

7．TCP/IP 协议是（　　）层协议。

A．4　　B．5　　C．6　　D．7

8．已被广泛采纳和应用的开放系统互联参考模型，从逻辑上把网络的功能分为 7 层，最低层为物理层，最高层为（　　）。

A．网络层　　B．表示层　　C．应用层　　D．会话层

9．URL 的中文全称是（　　）。

A．环球信息网址　　B．超文本链接地址

C．统一资源定位器　　D．计算机联网地址

10．浏览 Internet 上的信息资源，需要使用（　　）工具。

A．电子邮件　　B．Windows

C．Web 浏览器　　D．调制解调器

11．电子邮件由邮件头和邮件体组成，它包括（　　）。

A．收信人电子邮件地址　　B．发信人电子邮件地址

C．邮件主题　　D．以上都是

12．Internet 的每一台计算机都必须指定唯一的（　　）。

A．域名　　B．IP 地址　　C．账号　　D．用户名

13．OSI 网络模型中一共有（　　）层。

A．3　　B．5　　C．7　　D．9

14．在同一个信道上的同一时刻，能够进行双向数据传送的通信方式是（　　）。

A．单工　　B．半双工

C．全双工　　D．上述三种均不是

15．DNS 顶级域名中表示商业组织的是（　　）。

A．COM　　B．GOV　　C．MIL　　D．ORG

16．广域网的英文缩写为（　　）。

A．LAN　　B．WAN　　C．ISDN　　D．MAN

17．FTP 是 Internet 中（　　）。

A．发送电子邮件的软件　　B．浏览网页的工具

C．用来传送文件的一种服务　　D．一种聊天工具

18．计算机网络最基本的功能是（　　）。

A．降低成本　　B．打印文件　　C．资源共享　　D．文件调用

19．一座办公大楼内各个办公室中的计算机进行联网，这个网络属于（　　）。

A．WAN　　B．LAN　　C．MAN　　D．GAN

20．最早出现的计算机网络是（　　）。

A．Internet　　B．Bitnet　　C．Arpanet　　D．Ethernet

二、填空题

1．因特网上最基本的通信协议是________。

2．常用的通信介质有有线介质和________两种。

3．Internet 提供的主要服务有 E-mail 服务，文件传输 FTP 服务，远程登录 TELNET 服务，以及________等。

4．电子邮件由邮件头和邮件体组成，其中邮件头包括________、________、________。

5．计算机网络可分为________、________和________。

6．数据可定义为有意义的实体，它涉及事物的存在形式，数据可分为________和________两大类。

7．串行数据通信的方向性结构有三种，即________、________和________。________数据传输只支持数据在一个方向上传输，________数据传输允许数据在两个方向上但不能同时传输，________数据传输则允许数据同时在两个方向上传输。

8．计算机网络的拓扑结构主要有________、________、________、________、________5种。

9．整个计算机网络可以划分为________和________两大组成部分。

10．资源共享主要包括________、________和________。

三 简答题

1．什么是计算机网络？计算机网络的主要功能是什么？

2．TCP/IP 协议模型分为几层？每层包含什么协议？

3．Internet 主要提供了哪些服务？

4．试描述常见的计算机网络拓扑结构及其特点。

反侵权盗版声明